AF574014

GUIDE D'IDENTIFICATION DES

ARBRES DU BURKINA FASO

Moctar Sacande, Lassina Sanou et Henk Beentje

Première édition publiée en 2012 par
Royal Botanic Gardens, Kew,
Richmond, Surrey, TW9 3AB, Royaume-Uni
www.kew.org

Distribué au nom du Royal Botanic Gardens, Kew, en Amérique du Nord par University of Chicago Press, 1427 East 60th Street, Chicago, IL 60637, USA

ISBN 978-1-84246-470-0

Catalogage dans les Données de Publications à la British Library
Un registre de catalogue de cet ouvrage est disponible à la British Library

Editeur de la production: Sharon Whitehead
Maquette, Couverture et Mise en page: Nicola Thompson à Culver Design

Photo de couverture: un pied adulte de *Securidaca longipedunculata* dans la savane arbustive

Imprimé en Malte par Melita Press

Pour plus d'informations ou pour acheter tout ouvrage de Kew, veuillez visiter www.kewbooks.com ou par courriel publishing@kew.org

La mission de Kew est d'inspirer et de délivrer la conservation fondée sur la science des plantes dans le monde entier, tout en améliorant la qualité de la vie.

Kew reçoit la moitié de ses frais de fonctionnement du Gouvernement à travers le Ministère de l'Environnement, de l'Alimentation et des Affaires rurales (Defra). Tout autre financement nécessaire pour soutenir le travail essentiel de Kew provient des membres, des fondations, des donateurs et des activités commerciales, y compris les ventes de livres.

Sommaire

Préface

Je suis ravi de l'opportunité d'écrire la préface du *Guide d'identification des arbres du Burkina Faso*, le premier du genre, consacré aux arbres et ligneux que l'on trouve exclusivement au Burkina Faso. Considérant leur importance pour nous, il est d'autant plus étonnant que nous connaissons si peu les arbres. Il y a environ 100,000 espèces d'arbre connues dans le monde, et comme tout forestier peut le confirmer, nous avons une connaissance approfondie d'environ une centaine seulement de ces arbres. Ce livre avance notre connaissance et compréhension de plus de 200 espèces natives du Burkina Faso. Il inclut les caractéristiques de leurs identifications, leurs habitats, leurs statuts de conservation, leurs utilisations et, d'une manière plus importante, les méthodes pour les faire germer et les domestiquer.

La plupart des arbres décrits dans ce livre ont des utilisations directes connues par les populations; tous sont importants pour des écosystèmes fonctionnels. En outre, tous sont bien adaptés aux conditions locales, et n'exigent pas d'intrants intensifs tels l'irrigation, l'engrais ou les traitements pesticides pour leur croissance et leur développement. Ces espèces représentent notre opportunité de s'adapter à la désertification, la démographie galopante, l'insécurité alimentaire et à la disponibilité limitée de terres exploitables. Au lieu de continuer à planter les *Eucalyptus*, les *Pinus* ou les *Citrus*, nous devrons innover, et apprendre à cultiver ces espèces locales, qui fournissent non seulement beaucoup de ces mêmes avantages, mais aussi, qui n'épuisent pas la nappe phréatique et n'exigent pas de traitements couteux.

Ce document sera utile à un éventail de personnes comprenant des forestiers, des managers de parcs, des agronomes, des horticulteurs, des écologistes, des touristes, des enseignants et des étudiants. Naturellement, ce volume n'adresse pas simplement un sujet d'utilité. Il est également pour les personnes qui n'aiment juste que les arbres. Qui ne serait pas inspiré par le majestieux acajou de cosse (*Afzelia africana*), la beauté grotesque du baobab (*Adansonia digitata*), ou le fruit savoureux de la prune de Mobola (*Parinari curatellifolia*)?

En conclusion, je voudrais rendre hommage aux auteurs de ce livre — et les autres forestiers, écologistes et botanistes qui ont travaillé pour le projet Millennium Seed Bank au Burkina Faso, au cours des 10 dernières années (2000–2009). Ensemble, cette équipe de personnes a récolté et mis en banque des semences de plus de 1,000 espèces de plantes sauvages du Burkina et de la sous région. Non pas seulement qu'ils ont ajouté ces espèces à nos connaissances – ce livre est l'un des résultats de ces nouvelles connaissances. J'espère que vous aurez le plaisir de l'exploiter autant que notre équipe a eu plaisir à apprendre plus au sujet de ces merveilleuses plantes.

Dr Paul P. SMITH
Head of Seed Conservation, RBG Kew & Leader of the Millennium Seed Bank Partnership,
Kew, Mai 2012

Remerciements

La présente publication est le fruit d'un partenariat dynamique de dix années (2000 – 2010) entre le Centre National de Semences Forestières, Burkina Faso et le Royal Botanic Gardens de Kew, Royaume Uni. Nous saisissons l'opportunité pour remercier (i) toute l'équipe du CNSF pour leur engagement technique et leur motivation dans le management et la réalisation des activités du projet Millennium Seed Bank tant sur le terrain qu'au siège de l'institution à Ouagadougou; (ii) le Ministère chargé des Forêts au Burkina Faso, pour son appui administratif dans l'accompagnement du programme et la facilitation des activités au Burkina et à l'extérieur, notamment au Mali; (iii) les agents forestiers de terrain et les communautés rurales pour leurs guides et conseils avisés pendant les descentes de recherche et de collecte des espèces sur le terrain; (iv) les partenaires du projet tels que le Département de Biologie Végétale de l'Université de Ouagadougou, et Département de la Production Forestière de l'Institut National des Recherches Agricoles du Burkina. (v) L'équipe MSB du Mali, notamment Sidi SANOGO, Kader A. SANOGO, René DAKOUO et Yaya TRAORE, pour les missions conjointes de collectes.

Il est également primordial d'adresser nos reconnaissances envers l'équipe de Royal Botanic Gardens de Kew, particulièrement les collègues de l'unité GIS Kew qui ont supporté et participé aux activités du projet au Burkina. Nous remercions spécialement Charlotte COLE et Steve BACHMAN de l'unité GIS Kew pour le travaille ardu abattu pour l'encodage des données et l'élaboration des cartes de distribution des espèces dans ce document.

Nous tenons à remercier particulièrement les personnes ci-après pour leur appui indéniable dans la conduite des activités et l'implémentation du projet au Burkina: le Ministre Dr Arsène Bongnessan YE, des Eaux et Forêts, qui a signé le premier protocole d'accord de collaboration avec Kew en Septembre 2000; les Directeurs Dr Lambert OUEDRAOGO, Mr Moussa OUEDRAOGO, et récemment Dr Sibidou SINA, qui ont été les promoteurs du projet du Burkina; Mr Roger SMITH et Dr Paul P. SMITH, les Leaders du projet MSB qui ont toujours soutenu le partenariat du Burkina Faso.

Les Auteurs

Introduction

Le Royal Botanic Gardens Kew a accompli sa mission en achevant le projet Millennium Seed Bank (phase 1) avec succès, en respectant le temps imparti et le budget prévu. Le projet MSB a célébré en Décembre 2009 son succès de collections et de mise en banque des semences de 24,200 espèces de plantes à fleur (phanérogames). Ce total de collections réalisées après 10 ans d'opération représente environ 10% de l'ensemble des plantes connues de la flore terrestre. Ces collections de graines sont conservées dans la plupart des pays d'origine partenaires et sont dupliquées au MSB. Chacune de ces collections, activement étudiée, constitue et contribue à la richesse de connaissances sur les espèces sauvages et qui potentiellement serait d'une importance vitale pour les futures générations. Certaines de ces collections ont déjà prouvé leurs valeurs, particulièrement celles des espèces connues pour leur rareté, celles des espèces menacées et abondamment exploitées et celles des espèces connues pour leurs utilisations importantes pour l'homme.

La présente publication est un des produits dérivés des résultats et acquis du projet MSB, qui spécifiquement informe sur l'état des lieux en matière de Conservation des Ressources Phytogénétiques du Burkina Faso. D'abord, nous rappelons que le Burkina Faso, à travers son Ministère de l'Environnement et des Forêts, a été un des premiers pays signataires des accords de coopération en Septembre 2000 avec le Royal Botanic Gardens Kew, soit le même jour pratiquement que deux autres pays africains, à savoir le Kenya et Madagascar. Depuis lors, le Burkina a non seulement été un partenaire actif dès le lancement du programme international du MSB, mais également il a été le premier pays Sahélien à entreposer plus de 1,000 espèces sauvages dans sa banque de semences. En 2010, le stock actif de graines est constitué de collections de plus de 1,100 espèces du Burkina, qui sont conservées à un haut standard en banques au Centre National de Semences Forestières (CNSF, Ouagadougou) et dupliquées à la MSB (en Angleterre); soit plus des deux tiers de la flore burkinabè qui compte environ 1,500 espèces répertoriées.

La préservation et l'utilisation des ressources phytogénétiques sont capitales pour nous tous et pour les animaux. Malheureusement, chaque année, le Burkina perd une grande partie de sa végétation et de son capital floristique à cause des pressions et menaces attribuées d'une part aux activités humaines (cultures sur brûlis, exploitations forestières, feux de brousse, etc.) et d'autre part, aux perturbations naturelles comme les sécheresses (ou les inondations) de plus en plus fréquentes et accentuées dans certaines régions du pays. Heureusement, plusieurs initiatives de conservation et d'utilisation durable des ressources sont mises en place par le gouvernement Burkinabè dans le but d'atténuer ces catastrophes et pour la protection des espèces et de leurs habitats. Dans ce sens, le projet MSB apporte une contribution appréciable dans la conservation *ex-situ* des espèces de la flore du Burkina Faso. Ainsi, les équipes du projet MSB se sont organisées au cours du développement de ce programme, pour effectuer chaque année des expéditions régulières de collecte de graines, d'échantillons d'herbiers et de données écologiques sur les espèces de la flore. Les expéditions nationales ou conjointes avec le staff de Kew et surtout avec l'équipe du Mali, ont sillonné le pays d'Est en Ouest et du Nord au Sud pour rechercher et trouver les espèces dans leurs habitats, les récolter, les apprêter, les étudier et les conserver dans des conditions adéquates. Ces opérations constituent une course contre la montre pour sécuriser la sauvegarde les ressources existantes, bien avant que certaines ne disparaissent complètement de la nature. Pour chacune de ces espèces récoltées, nous maitrisons leur régénération (germination), leur propagation potentielle et leurs types d'habitat de prédilection, ce qui nous donne des perspectives pour les domestiquer et les utiliser durablement.

L'exécution du projet Millennium Seed Bank au cours de ces 10 années d'opération (2000–2010) a généré de nombreux autres impacts en marge des activités de conservation de ressources phytogénétiques. Le partenariat a permis de développer et de renforcer la capacité technique et scientifique des ressources humaines Burkinabè par le biais de la formation à différents niveaux, de l'universitaire jusqu'au technicien, et dans divers domaines. Les chercheurs du CNSF ont été formés et ont pu adopter la méthodologie d'études de la physiologie des semences forestières, applicable aux espèces autochtones. Les données détaillées et les informations biologiques ont été scientifiquement compilées et documentées sur des espèces d'utilités importantes comme *Bombax costatum, Lannea microcarpa, Parkia biglobosa* et *Vitellaria paradoxa* à travers des investigations doctorales fondamentales. Les équipements pour les travaux de recherche en laboratoire et sur le terrain ont également été améliorés avec l'appui du projet. Le développement institutionnel n'a pas été en reste. Ainsi, le CNSF en tant que structure gestionnaire des ressources génétiques forestières au Burkina, fait maintenant partie non seulement du réseau de partenariat global MSB dans le monde, mais aussi d'autres réseaux tels que l'OCDE. L'herbier du CNSF est à un standard international et est inscrit au réseau mondial d'herbiers *Index Herbariorum* avec près de 10,000 échantillons. Le partenariat MSB apporte également des impacts scientifiques par ces recherches et ces investigations sur la flore et les potentialités d'utilisation des espèces sauvages. Ces impacts scientifiques se traduisent par les vérifications taxonomiques, l'accroissement du nombre d'espèces locales conservées dans la banque nationale de semences forestières et par les informations disponibles dans la base de données dénommée *Botanical Research and Herbarium Management System* (BRAHMS) ainsi que dans *Seed Information Database* (SID).

Inspiré par le manque crucial d'informations minimales fiables et la non-disponibilité de flore nationale, le présent document aide à combler ce vide et se rapporte spécifiquement sur les arbres (ligneux) du Burkina Faso. Par ailleurs, la quasi-totalité de ces espèces d'arbres a déjà été retrouvée, récoltée et conservée, grâce aux précédents guides de collectes du MSB, qui sont des documents de premier plan et d'aide à succès pour l'identification et la localisation d'habitat de ces espèces sauvages. Les informations regroupées aident à la reconnaissance et à l'identification des plantes sur le terrain. Cependant, nous n'occultons pas qu'il existe déjà d'autres types de documents-guides similaires au nôtre, quoique ces ouvrages demeurent plus général sur les espèces typiques que l'on trouve au Burkina. Ils nous ont d'ailleurs servi à vérifier certaines de nos informations.

La définition de l'arbre parait plus complexe que l'on ne pense. Cependant, nous avons inclus dans ce document certaines espèces primordiales comme par exemple les bambous, les palmiers, certaines espèces communes (semi)-exotiques comme cultivées, qui ne sont pas *stricto sensu* des arbres, afin d'élargir son utilité et son utilisation par divers lecteurs, notamment des écoles et en faire une référence en la matière. Il existe environ 100,000 espèces connues d'arbre dans le monde,

mais nous n'avons une connaissance approfondie que sur environ 1% de ces arbres. Ce livre permet une avancée de nos connaissances et de notre compréhension sur les 226 espèces ligneuses du Burkina qui y sont décrites. Les données de distributions (ou de répartitions) proviennent surtout de *African Plant database*, de *Flora of West Tropical Africa*, de *Flora of Tropical East Africa, Tropicos*, de *Aluka*, et de bien d'autres sources, que nous avons pu trouver. Nous souhaitons rendre ces informations accessibles aux utilisateurs de terrain, parmi lesquels les forestiers, les conservateurs, les éducateurs, les enseignants, les éleveurs, les producteurs et les tradi-praticiens, etc. [**NOTE importante d'avertissement ici:** *nous* ***avertissons*** *les lecteurs de ne pas suivre les instructions et prescriptions ou employer les remèdes mentionnées ici comme* ***UTILISATIONS*** *surtout médicinales de ces plantes– se référer toujours aux spécialistes- nous ne prenons aucun risque et aucune responsabilité à mettre les gens en danger ou causer des problèmes aux lecteurs!*].

Ce livre fait la différence avec les autres documents sur le contenu qui concerne essentiellement les espèces qui se trouvent au Burkina Faso. Pour chaque espèce, les descriptions et caractéristiques botaniques permettent de la reconnaitre ou de l'identifier. Les photographies et illustrations sont des aides visuelles pour les vérifications taxonomiques de l'espèce décrite. Les études biologiques menées sur les collections comportent les volets sur la phénologie des arbres et la physiologie des semences. La qualité physique et physiologique des graines obtenues ainsi que leur germination et comportement en conservation, ont été étudiées et présentées dans le document, procurant ainsi les options de leur régénération, reproduction et leur propagation. Nous estimons que la maîtrise du maintien de la viabilité et des techniques de germination s'avèrent être capitales en vue de futures réintroductions des espèces dans leurs habitats, ou de domestication et de restauration de sites. Par ailleurs, l'annexe du document présente des résultats détaillés des analyses physiologiques des échantillons de graines au laboratoire du MSB à Kew. Les cartes de répartition géographique donnent un aperçu de l'existence géographique connue des espèces en Afrique et dans le monde. L'objectif est de relier ces informations au statut de conservation de ces espèces. Des informations ethnobotaniques sur les espèces identifient les types d'utilisations, incluant l'alimentation humaine et animale, le bois d'énergie, d'œuvre ou de service, la médecine traditionnelle, les us et rites (culture), les insecticides et pesticides (pour la lutte biologique), l'ornementation et les poisons. Avec l'ensemble de ces informations, nous croyons munir le lecteur d'éléments techniques utiles et utilisables pour mieux connaitre et sauvegarder cette riche diversité de plantes pour les générations futures.

En perspectives, le partenariat Millennium Seed Bank au Burkina Faso devient un programme entier sur la conservation et l'utilisation durable des ressources phytogénétiques. Par conséquent, pour la phase 2 du MSB au Burkina, le CNSF a établi, avec l'appui de la coordination régionale, de nouvelles stratégies et démarches, tirant leçons de la première phase. La description des activités de collaboration technique est élaborée dans un document sur une nouvelle assise basée sur les acquis de la recherche et la vision du CNSF envisagée pour la phase 2010–2020. Le CNSF s'emploiera donc à travers les trois objectifs spécifiques à (i) Collecter les semences et spécimens botaniques d'espèces originaires du Burkina afin de compléter au maximum le répertoire des espèces de la flore du pays; (ii) valoriser les collections ainsi que les données associées à travers un accroissement et une facilitation de leur conservation et utilisation durables par les populations, les utilisateurs et le monde de la recherche; et (iii) poursuivre les programmes de recherche sur la physiologie et conservation des semences dans l'objectif global d'améliorer l'exploitation durable des plantes des régions tropicales. De nouvelles collaborations stratégiques de support sont élargies à d'autres structures actives œuvrant dans la conservation des ressources phytogénétiques du Burkina. Un effort d'amélioration de la visibilité du partenariat Millennium Seed Bank au Burkina béneficiera au programme et ses acquis.

Ce document offre de meilleures prospectives pour l'identification, l'utilisation durable et la conservation des ressources phytogénétiques du Burkina. Il informe des potentialités de régénération des espèces communes, endémiques, rares et menacées. Aujourd'hui il n'y a aucune justification technologique pour laisser une espèce disparaitre. Nous espérons que les résultats et acquis de cette première phase MSB assisteront et entraineront bien d'autres projets et itinéraires techniques qui visent l'amélioration de l'utilisation et la conservation durable de la flore Burkinabè — et nous sommes tous interpelés.

Clef des principaux groupes (A–K) basée sur les caractères végétatifs

1. Palmiers; plantes à tronc sans branches et à feuilles très larges regroupées au sommet .... Groupe A p11

   Arbres ne ressemblant pas aux palmiers ou bambous 2

   [Bambous – plantes ligneuses, mais pas vraiment des arbres .... *Oxythenanthera, Bambusa* p263

2. Plantes avec épines .... Groupe B p19

   Plantes sans épines 3

3. Feuilles opposées ou verticillées en 3–4 .... Groupe C p68

   Feuilles alternes ou en touffes très denses 4

4. Feuilles alternes, non divisées ou lobées 5

   Feuilles divisées en folioles, ou feuilles lobées 6

5. Feuilles à bords de limbe entiers .... Groupe D p112

   Feuilles à bords de limbe dentés ou crénelés .... Groupe E p180

6. Feuilles lobées, mais non divisées en folioles séparées .... Groupe F p190

   Feuilles divisées en folioles séparées 7

7. Feuilles avec 2 folioles .... *Guibourtia copallifera* p262

   Feuilles avec plus de 2 folioles 8

8. Feuilles composées digitées avec 3–5 folioles .... Groupe G p199

   Feuilles composées pennées avec 3 ou plus de folioles 9

9. Feuilles pennées: axe central avec simples folioles arrangées tout le long 10

   Feuilles bipennées: axe central, duquel dérive des axes secondaires, chacun ayant des folioles arrangées tout le long .... Groupe H p204

10 Feuilles avec paires de folioles opposées, sans foliole unique au bout (paripennée) .... Groupe J p218

   Feuilles avec foliole alternes, unique foliole au bout de l'axe (imparipennée) .... Groupe K p233

Groupe A - Palmiers

A1 Feuilles en éventail .... A 2

Feuilles pennées .... A 3

(feuilles pas divisées: *Pandanus candelabrum* peut être confondu avec les palmiers, mais à des racines épineuses émanant du tronc au dessus de la terre, et des feuilles entières, spiralées autour les rameaux)

A 2 Tronc souvent gonflé à son milieu; tige feuillée non épineuse, feuilles de 3 m .... A 5

Tronc non gonflé, souvent ramifié; tige feuillée épineuse, feuilles de 1.5 m....... *Hyphaene*

A 3 Tige feuillée épineuse, feuilles de 4 m; folioles lisses.............................. A 4

Tige feuillée non épineuse, feuilles de 3 m; folioles avec petites épines .... *Raphia*

A 4 Folioles re-dupliquées, ∧ (palmier à huile) .... *Elaeis*

Folioles non-dupliquées, ∨ (dattier) .... *Phoenix*

A 5 Feuilles avec nervures tertiaires espacées, 5–7 par cm .... *Borassus akeassii*

Feuilles avec nervures tertiaires 10–14 par cm...................... *Borassus aethiopum*

Borassus aethiopum

Arecaceae/Palmae

Mart. [décrit en 1838]

Synonyme *Borassus flabellifer* var. *aethiopum*

Palmier au tronc jusqu'à 25 m avec gonflement à mi-tronc. Feuilles au nombre de 18–27, pétiole de 2 m de long, feuilles jusqu'à 2 m de long et large, avec 86–120 segments de 100 x 5 cm. Fleurs (arbres sont ♀ ou ♂) males 2–7 mm, en groupes branchées; fleurs femelles de 30 mm en épis. Fruit ovoïde, jusqu'à 17 x 11 cm, rouge à maturité.

Noms locaux
Mooré: koan-bédré; **Dioula**: Seebé yiri; **Bambara**: Sesbé yiri

Utilisations
le bois dur est résistant aux attaques d'insectes, et est utilisé pour des ponts, des poteaux télégraphiques, des traverses et en général dans les constructions; il est aussi utilisé comme canne, cendrier, pipes, gouttières ou conduits d'irrigation, pirogues et ruches. Le bout du tronc est mangé cru ou cuit, mais la collecte répétée tue la plante. Les feuilles matures sont utilisées pour des toitures; les jeunes feuilles sont utilisées pour faire des paniers; la fibre de feuilles est utilisée pour faire de la corde et des nattes, des ballets et des filets de pêche. On en extrait le vin de palme, de façon durable si cela est opéré proprement. Le fruit produit une teinture rouge, et la pulpe est mangée.

Habitat
Savane, le long des cours d'eau ou en sites périodiquement inondées, localement abondant. Floraison en saison des pluies.

Répartition géographique
Sénégal, Gambie, Guinée-Bissau, Guinée, Sierra Leone, Liberia, Mali, Burkina Faso, Cote d'Ivoire, Ghana, Togo, Benin, Nigeria, Cameroun, République Centrafricaine, Congo-Brazzaville, Congo-Kinshasa, Soudan, Erythrée, Ethiopie, Ouganda, Kenya, Tanzanie, Zambie, Mozambique, Zimbabwe, Afrique du Sud.

Domaine biogeographique
Afrotropicale.

Categorie liste rouge D'UICN
Préoccupation mineure (LC), évalué ici sur la base de sa distribution et son habitat, et le fait que l'espèce peut être commun localement; cependant, l'exploitation locale au Sénégal et Guinée est dite d'être excessif.

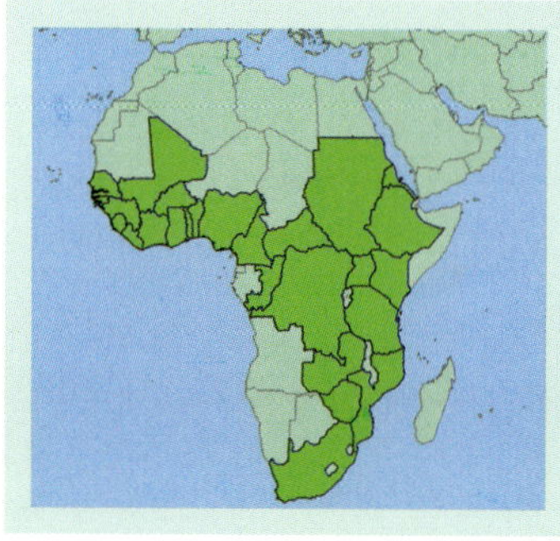

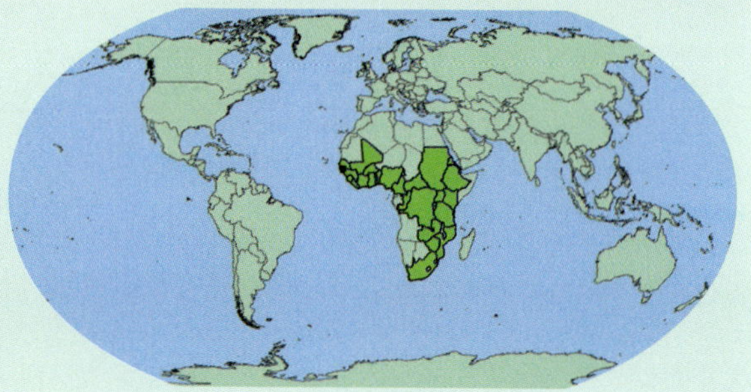

Borassus akeassii

Arecaceae/Palmae

Bayton, Ouédraogo & Guinko [2006]

Palmier au tronc jusqu'à 15 m avec gonflement à mi-tronc. Feuilles 8–22, pétiole à 1.6 m long, feuilles jusqu'à 1.6 m long et large, avec 45–82 segments. Fleurs (arbres sont ♀ ou ♂) males 4–6 mm, dans groupes branchées; fleurs femelles 30–35 mm, en épis ou en groupes ramifiés. Fruit ovoïde, jusqu'à 15 x 12 cm, jaune-verdâtre à maturité.

Noms locaux
(?Souvent confondu au *Borassus aethiopum*)
Français: rônier; **Dioula**: sébé yiri; **Bambara**: sébé; **Mooré**: kuanga

Utilisations
(?Souvent confondues à celles de *Borassus aethiopum*)

Habitat
Savane. Floraison?

Répartition géographique
Sénégal, Burkina Faso, Mali, ?Congo.

Domaine biogeographique
Afrotropicale.

Categorie liste rouge D'UICN
DD (manque d'information) selon la Protologue: Bot. J. Linn. Soc., 150: 419 (2006).

Poids des 1,000 graines = 100,000 g.

La distinction entre les deux espèces de *Borassus* est fait par:

Feuilles avec nervures tertiaires espacées, 5–7 par cm	***Borassus akeassii***
Feuilles avec nervures tertiaires 10–14 par cm	***Borassus aethiopum***

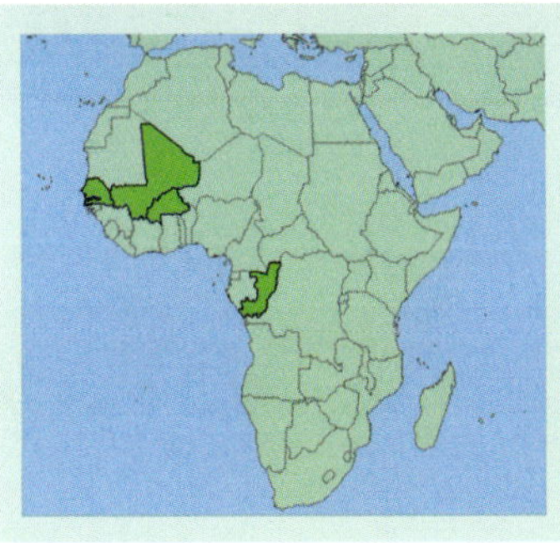

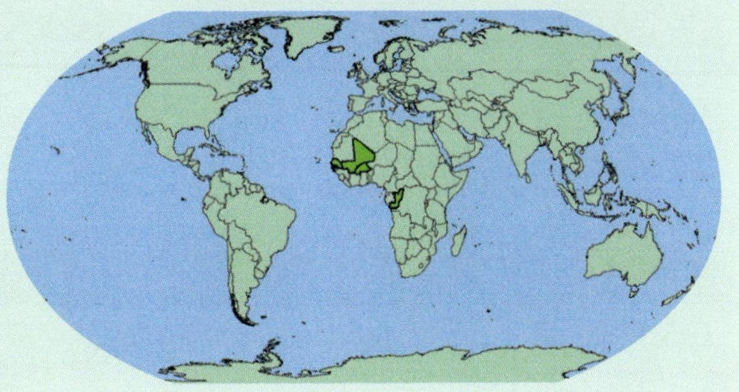

Elaeis guineensis

Jacq. [1763]

Arecaceae/Palmae

Palmier au tronc jusqu'à 15 m (rarement plus grand encore). Feuilles au nombre de ± 50, jusqu'à 5 m de long, pétiole épineux; segments 150 à chaque coté, jusqu'à 120 x 8 cm. Fleurs ♀ et ♂ sur le même pied, en groupes courtes et très ramifiées. Fruit ovoïde, rouge et noir, jusqu'à 4 cm de long.

Noms locaux
Français: palmier à huile; **Dioula**: tin yiri; **Bambara**: tin yiri

Utilisations
bois n'est pas beaucoup utilisé parce qu'il n'est pas résistant aux termites. Le bout de la tige est comestible, mais sa collecte tue la plante. Les feuilles sont utilisées pour des toitures, des clôtures et des nattes; la nervure primaire est utilisée pour la construction de case et comme cadre de lits, pôles de support et escaliers, etc.; les jeunes feuilles sont utilisées en fibres pour les lignes de pêches, cordage fin, etc. La pulpe de fruit est riche en huile; elle est comestible et produit la célèbre huile de palme, qui est utilisée dans l'alimentation et la cuisine et est source de vitamine A. L'huile des graines est utilisée dans la fabrication du savon. On extrait de vin de palme de l'arbre et de façon durable si cela est fait proprement.

Habitat
Originaire de l'Afrique de l'Est, cultivée et subspontanée. Floraison en saison des pluies.

Répartition géographique
Afrique tropicale en dehors de la zone de forêt humide, du Sénégal à l'Ethiopie et Sud de l'Angola, Mozambique et Afrique du Sud. Introduit en partie en Asie.

Domaine biogeographique
Afrotropicale.

Categorie liste rouge D'UICN
Préoccupation mineure (LC), évalué ici sur la base de sa culture; sa zone d'origine n'est pas sur mais est probablement en l'Afrique de l'Est.

Poids des 1,000 graines = 3,000 g.

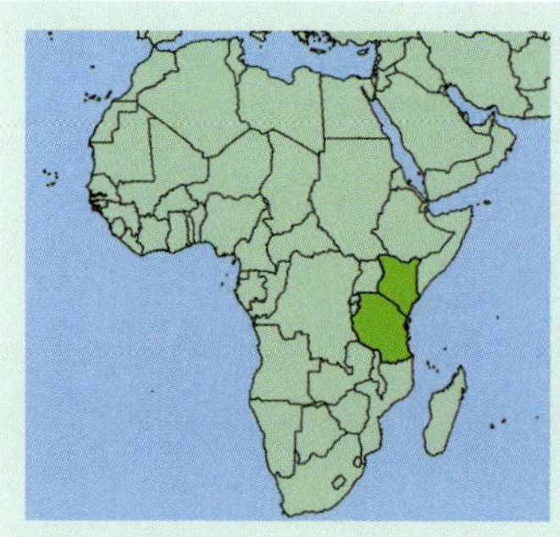

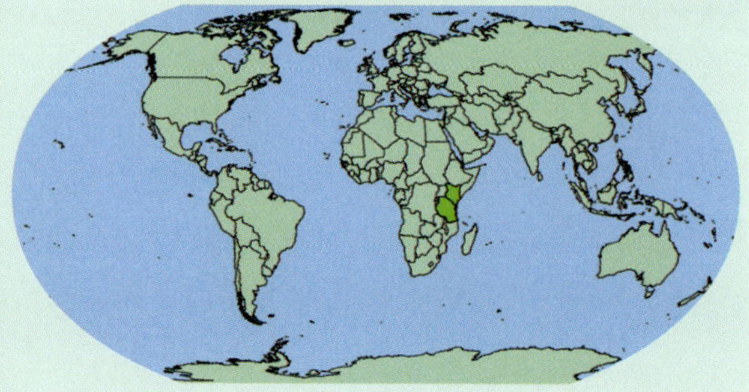

Hyphaene thebaica

(L.) Mart. [1753]

Arecaceae/Palmae

Palmier au tronc jusqu'à 10 m, souvent ramifié, quelquefois avec plusieurs troncs. Feuilles au nombre de 25–35, pétiole de 60–80 cm avec épines, feuilles jusqu'à 1.5 m diamètre, avec ± 30 segments. Fleurs (arbres sont ♀ ou ♂) males et femelles plus petites, en groupes branchées. Fruit obovoïde, jusqu'à 6 x 5 cm, orange ou brun à maturité.

Noms locaux
Fulani: njelleehi; **Mooré**: koomb-bila; **Français**: Palmier dhum

Utilisations
le bois est utilisé dans la construction de maison (pôles de toiture, cadres de porte). Le bout des tiges est comestible, mais la récolte répétée tue la plante. Les feuilles sont utilisées comme chaumière et pour tisser des chapeaux, des paniers et des nattes; les jeunes feuilles sont utilisées et donnent un produit fin, et alimentent aussi le bétail. Certains *Hyphaene* produisent des fruits comestibles, mais cela dépend des arbres individuels.

Habitat
Savane. Floraison en saison des pluies.

Répartition géographique
Sénégal, Mauritanie, Mali, Algérie, Niger, Libye, Egypte, Soudan, Somalie, Arabie.

Domaine biogeographique
Afrotropicale, Paléarctique.

Categorie liste rouge D'UICN
Préoccupation mineure (LC), évalué ici sur la base de son aire de distribution assez large son et son habitat commun.

Les graines germent à 100% à la température de 30°C après extraction des enveloppes tégumentaires. Poids des 1,000 graines = 24,000 g.

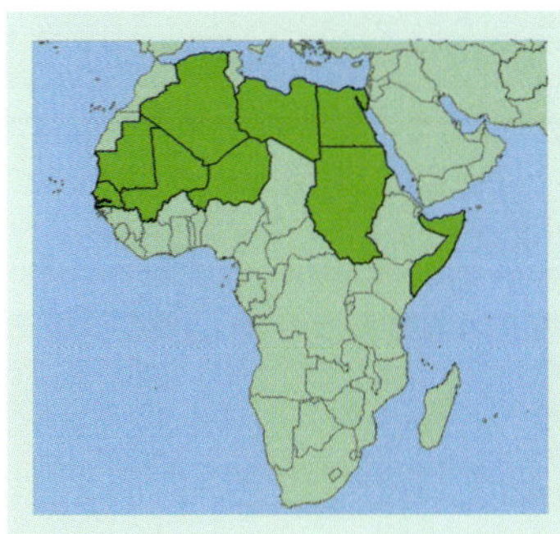

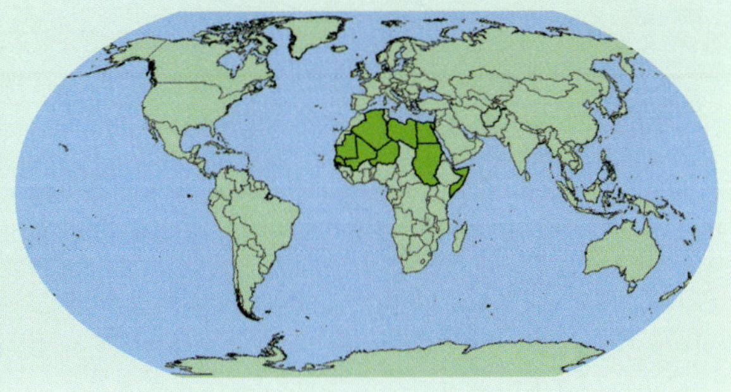

Phoenix dactylifera

Arecaceae/Palmae

L. [1753]

Palmier au tronc jusqu'à 8 m, quelquefois avec plusieurs troncs. Feuilles ± 50, jusqu'à 3 m de long, pétiole épineux, segments jusqu'à 80 folioles de 30 x 2 cm à chaque coté. Fleurs (arbres sont ♀ ou ♂) 4–8 mm, en groupes branchus. Fruit jaune à brune, ellipsoïde, 4–7 x 2–3 cm.

Noms locaux
Français: palmier dattier; **Dioula**: tamaro yiri; **Bambara**: tamaro yiri

Utilisations
le fruit est comestible; ce palmier est aussi planté comme espèce ornementale, très commun dans les cours des mosquées.

Habitat
Originaire de l'Arabie?, cultivée et subspontanée. Floraison?

Répartition géographique
Afrique tropicale en dehors de la zone de forêt humide, du Sénégal à l'Ethiopie et Sud de l'Angola, Mozambique et Afrique du Sud. Introduit en partie en Asie.

Domaine biogeographique
Afrotropicale, Paléarctique.

Categorie liste rouge D'UICN
Préoccupation mineure (LC), évalué ici sur la base de sa répartition et culture.

Les graines sont Orthodoxes et germent à 95% à la température de 30°C. Poids des 1,000 graines = 562.16 g.

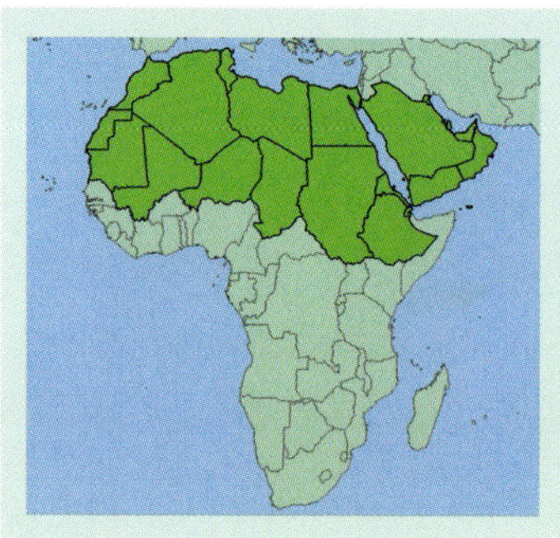

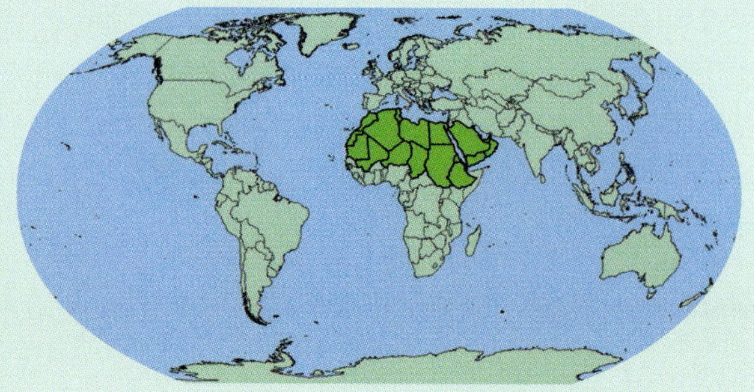

Phoenix reclinata

Jacq. [1801]

Arecaceae/Palmae

Palmier aux troncs multiples jusqu'à 10 m, Feuilles ± 25, jusqu'à 2.5 m de long, pétiole épineux de 50 cm, segments jusqu'à 120 folioles de 25 x x 2 cm à chaque coté. Fleurs (arbres sont ♀ ou ♂) 2–7 mm, en groupes branchées. Fruit jaune à orange, ellipsoïde, 1–2 x 1 cm.

Noms locaux
Dattier sauvage.

Utilisations
extraction de vin; bois utilisé en construction; bout des tiges comestibles, mais leurs récoltes abondantes tuent la plante.

Habitat
Marécages en savane. Floraison?

Répartition géographique
Sénégal, Gambie, Guinée-Bissau, Guinée, Sierra Leone, Liberia, Burkina Faso, Cote d'Ivoire, Ghana, Togo, Benin, Nigeria, Cameroun, Guinée Equatorial, République Centrafricaine, Congo-Brazzaville, Congo-Kinshasa, Soudan, Ethiopie, Somalie, Ouganda, Rwanda, Burundi, Kenya, Tanzanie, Angola, Zambie, Mozambique, Afrique du Sud.

Domaine biogeographique
Afrotropicale.

Categorie liste rouge D'UICN
Préoccupation mineure (LC), évalué ici sur la base de sa répartition large et son habitat assez commun.

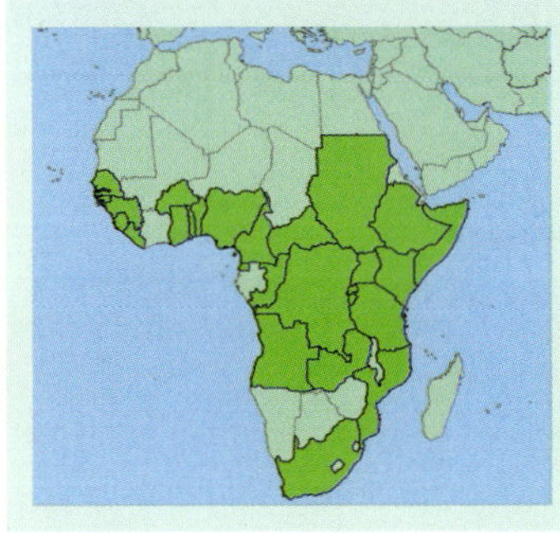

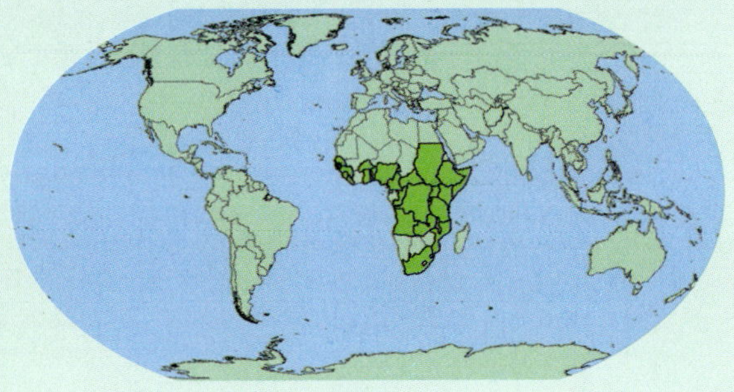

Raphia sudanica

A.Chev. [1908]

Arecaceae/Palmae

Palmier aux troncs multiples de 1–3 m. Feuilles jusqu'à 10 m de long, pétiole ± absent, segments de 130–190 folioles de 50–75 x 2 cm à chaque coté, finement épineux sur les bords du limbe et sur la nervure primaire. Fleurs (arbres sont ♀ ou ♂) en groupes jusqu'à 1.3 m de long. Fruit ellipsoïde, écailleux, brun, jusqu'à 8 x 4.5 cm.

Noms locaux
Français: raphia; **Dioula**: bamboo yiri; **Bambara**: bambou yiri

Utilisations
les rameaux supérieurs de feuilles sont utilisés comme supports dans la construction de case, de cadres de lit, etc. Les feuilles sont utilisées pour des toitures, les segments sont utilisés pour tisser des chapeaux; les jeunes feuilles produisent des fibres utilisées pour faire des paniers et nattes. On y extrait du vin de palme, de façon durable si cela est fait proprement. La pulpe du fruit est comestible.

Habitat
Marécages dans les savanes. Floraison?

Répartition géographique
Sénégal, Gambie, Sierra Leone, Mali, Burkina Faso, Cote d'Ivoire, Ghana, Benin, Nigeria, Cameroun.

Domaine biogeographique
Afrotropicale.

Categorie liste rouge D'UICN
Préoccupation mineure (LC), évalué ici sur la base de sa répartition et son habitat.

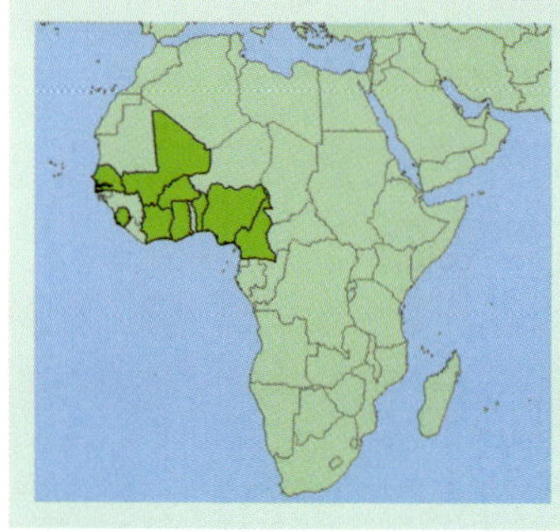

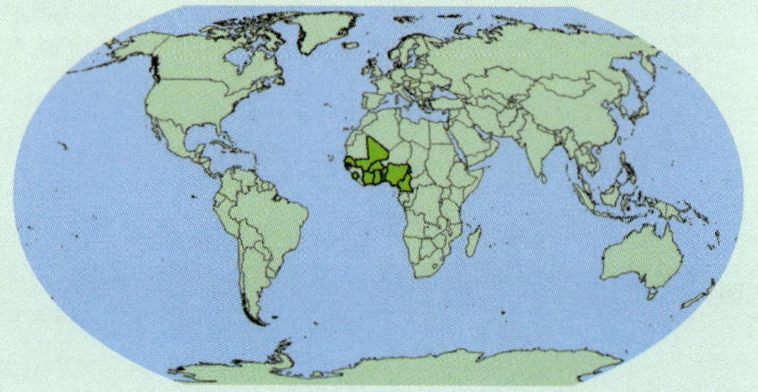

Groupe B – Plantes épineuses

B1 Feuilles alternes B2

Feuilles opposées, avec latex (visible quand cassées) B38

B2 Feuilles très longues (jusqu'à 100 x 5 cm) et épineuses aux bords du limbe; plante aux racines épineuses émanant au dessus de la terre .... *Pandanus* p57

Feuilles pas si longues ni épineuses B3

B3 Feuilles simples B5

Feuilles profondément lobées ou composées B11

B5 Pétiole ailé; feuilles ponctuées par glandes, avec odeur (espèces cultivées) .... *Citrus* p46

Pétiole non ailé; feuille sans glandes ni odeur B6

B6 Feuilles aux bords du limbe entiers B7

Feuilles aux bords du limbe dentés ou crénelés B8

B7 Ecorce lisse; branches et feuilles jeunes poudrées .... *Cadaba* p43

Ecorce lisse; branches et feuilles sans poudre .... *Bridelia* p40-42

Ecorce crevassée ou écailleuse; branches et feuilles sans poudre .... *Ximenia* p62

B8 Branches en zigzag; feuilles, blanches en dessous avec beaucoup de petits poils .... *Ziziphus* p65-67

Branches ± droites; feuilles sans poils en dessous B9

B9 Rameaux et pétioles rougeâtres; épines souvent portant des feuilles, fleurs et fruits .... *Maytenus* p55

Rameaux et pétioles verts; épines à l'aisselle des feuilles B10

B10 Ecorce des vieux troncs crevassée ou écailleuse .... *Flacourtia* p53

Ecorce lisse .... *Oncoba* p56

B11 Feuilles 2-lobées .... *Bauhinia* p38

Feuilles composées B12

B12 Feuilles avec 2 folioles .... *Balanites* p37

Feuilles avec plus de 2 folioles B13

B13 Feuilles avec 4 folioles ou plus B14

Feuilles 3-foliolées B15

B14 Feuilles composées digitées avec 5–15 folioles; grands arbres à tronc épineux B17

Feuilles pennées ou bipennées B18

B15 Folioles aux bords dentés .... *Commiphora africana* p47

Folioles aux bords entiers B16

B16 Feuilles 4–7 x 2–4 cm, avec beaucoup des points translucides; cultivée ...... *Afraegle* p35

Feuilles 7–15 x 4–10 cm, sans points translucides; .... *Erythrina* p51

B17 Branches et feuilles pubescentes; fleurs rouges .... *Bombax* p39

Branches et feuilles glabres; fleurs blanches .... *Ceiba* p45

B18 Feuilles pennées aux 5–11 folioles. B19

Feuilles bipennées B21

B19 Folioles aux bords dentés. . . . .*Commiphora pedunculata* p48

Folioles aux bords entiers B20

B20 Feuilles 1–3.5 x 1–2 cm; épines 5–50 mm de long, étroites,
terminant des petites branches. . . . . *Dalbergia* p49

Feuilles 5–10 x 2–4 cm; épines 1–12 mm de long, aux bases renflées,
sur le tronc, les rameaux, les feuilles . . . .*Zanthoxylum* p63-64

B21 Epines droites et solitaires. B22

Epines droites et groupées en 2 ou 3, ou épines courbées B23

B22 Ecorce crevassée; rameaux pubescents; épines jusqu'à 10 cm . . . .*Dichrostachys* p50

Ecorce lisse; rameaux glabres; épines 0.7–1.5 cm. . . . .*Parkinsonia* p58

B23 Pinnules en 1 paire, chacune avec 1 paire de folioles 2–5 cm longues . . . *Pithecellobium* p59

Pinnules beaucoup plus, ou si en 1 paire, avec folioles
plus petits . . . . voir clef *Acacia/Faidherbia*, B24

B24 Epines/crochets absents; feuilles entières
(espèce cultivée). . . . . *Acacia holosericea* (voir p122)

Epines/crochets présents B25

B25 Epines/crochets courbés présents tout le long des rameaux. . . . . .*Acacia macrostachya* p28

Epines/crochets droits ou courbés, disposées par 2 ou
3 à la base des feuilles B26

B26 Epines/crochets en 3 . . . . B27

Epines/crochets en 2 (rarement un 3-ième mal développé). B28

B27 Rameaux rougeâtres; pinnules en 7–20 paires . . . . *Acacia dudgeonii* p23

Rameaux blanchâtres; pinnules en 3–6 paires. . . . . *Acacia senegal* p31

B28 Epines/crochets courbés seulement. B29

Epines droites seulement, ou épines/crochets droits et
courbés sur le même rameau. B31

B29 Crochets jusqu'à 13 mm; pinnules en 10–40 paires;
fruit 7–18 x 1.5–2 cm . . . . *Acacia polyacantha* p30

Crochets jusqu'à 6 mm; pinnules en 2–5 paires;
fruit 4–7.5 x 1.8–2.5 cm B30

B30 Rameaux non-lenticellés, écailleux; folioles 1 paire par pinnules;
pinnules 3–4 paires . . . .*Acacia gourmaensis* p25

Rameaux lenticellés, glabres; folioles 3–5 paires;
pinnules 2–5 paires. . . . . *Acacia laeta* p27

B31 Epines moins de 40 mm long. B32

Epines généralement plus de 50 mm long B34

B32 Pinnules en 15–40 paires; fruit droit, jusqu'à 13 x 2.5 cm. . . . . . *Acacia amythethophylla* p22

Pinnules en 3–12 paires; fruit courbé et/or torsadé B33

B33 Fleurs en épis; fruit jusqu'à 15 x 3 cm . . . . *Faidherbia albida* p52

Fleurs en globes; fruits jusqu'à 14 x 0.9 cm . . . . *Acacia hockii* p26

B34 Epines jusqu'à 12 cm long; pinnules en 6–25 paires;
fruit droit, jusqu'à 3.5 cm de large . . . . *Acacia sieberiana* p33

Epines moins de 8 cm long; pinnules en moins de 7 paires;
fruit courbé et/or spiralé, moins de 2.2 cm de large B35

B35 Ecorce fissurée et crevassée; fruit 1.5–2 cm de large . . . . *Acacia nilotica* p29

Ecorce lisse ou (en *A. tortilis*) ± crevassée; fruit moins de 1 cm de large B36

B36 Rameaux poudrées; fruit jusqu'à 20 cm long, plat . . . . *Acacia seyal* p32

Rameaux glabres ou avec poils tous petits; fruit jusqu'à 12 cm long, spiralé B37

B37 Feuilles 5–8 cm long; fleurs jaunes . . . . *Acacia ehrenbergiana* p24

Feuilles 2–4 cm long; fleurs blanches . . . . *Acacia tortilis* p34

B38 Plantes avec latex blanc dans les rameaux et feuilles . . . . *Carissa* p44

Plantes sans latex B39

B39 Feuilles grandes, 40–50 x 15–25 cm . . . . *Anthocleista* p36

Feuilles beaucoup plus petites B40

B40 Rameaux jeunes quadrangulaires; feuilles ponctuées . . . . *Lawsonia* p54

Rameaux cylindriques; feuilles non ponctuées B41

B41 Feuille avec trois nervures forts des de la base . . . . *Strychnos* p61

Feuille avec un seul nervure fort des de la base . . . . *Punica* p60

Acacia amythethophylla **Leguminosae/Fabaceae**

Harms [1900]

Synonyme *Acacia macrothyrsa*

Arbre jusqu'à 12 m de haut; écorce rugueuse, crevassée. Epines ± droites et jusqu'à 3 cm de long. Feuilles bipennées, avec 6–25 paires de pinnules; 15–50 paires de folioles 1–2 x 0.3–0.6 mm. Fleurs orangées, en boules de ± 1 cm de diamètre en groupes de 30–45 cm de long. Fruit allongé, aplatis, 8–13 x 1.5–2.5 cm, rouge brun foncé.

Noms locaux
–

Utilisations
pas documentées au Burkina.

Habitat
Savane, parfois sur collines rocheuses. Floraison en saison sèche.

Répartition géographique
Mali, Burkina Faso, Cote d'Ivoire, Niger, Ghana, Nigeria, Ethiopie, Congo-Kinshasa, Ouganda, Rwanda, Tanzanie, Angola, Zambie, Malawi, Mozambique, Zimbabwe.

Domaine biogeographique
Afrotropicale.

Categorie liste rouge D'UICN
Préoccupation mineure (LC), évalué ici sur la base de sa répartition large et son habitat assez commun.

Les graines sont Orthodoxes et se scarifient sur les téguments avant germination à 95% à la température de 25°C. Poids des 1,000 graines = 78.55 g.

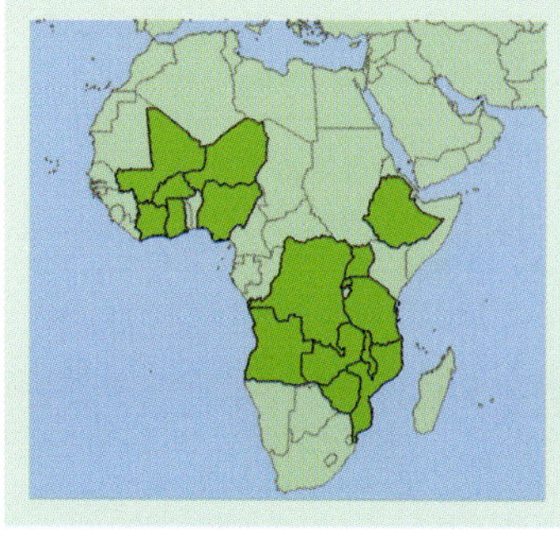

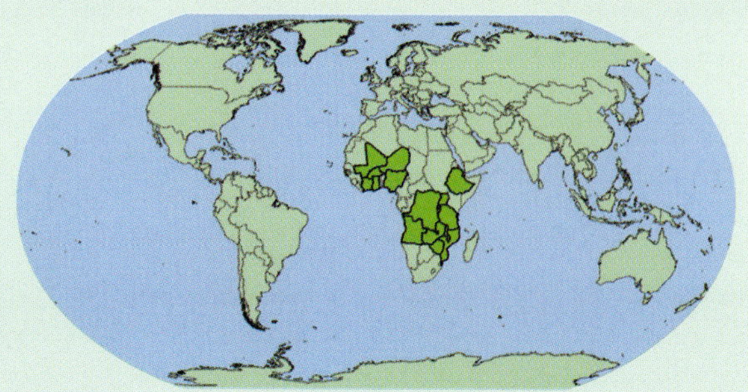

Acacia dudgeoni

Leguminosae/Fabaceae

Hall. [1911]

Synonyme *Acacia sénégal* var. *samoryana*

Arbuste ou arbre jusqu'à 9 m; écorce crevassée, écailleuse. Epines aux nœuds, en 3, courbées, 3–6 mm. Feuilles bipennées, avec 7–20 paires de pinnules; folioles en 12–30 paires, 8 x 3 mm. Fleurs blanches, en épis 2–9 cm long. Fruit allongés, aplatis, 3–8 x 1.5–2.5 cm, brun pale.

Noms locaux
Fulani: Pattuki; **Mooré**: Gon-payandga; **Dioula**: donkori; **Peul**: patuki; **Bambara**: donkori

Utilisations
pas documentée au Burkina.

Habitat
Savane. Floraison avant ou lors les premières pluies.

Répartition géographique
Sénégal, Mali, Burkina Faso, Cote d'Ivoire, Ghana, Benin, Nigeria, Cameroun.

Domaine biogeographique
Afrotropicale.

Categorie liste rouge D'UICN
Préoccupation mineure (LC), évalué ici sur la base de sa répartition assez large et son habitat commun.

Poids des 1,000 graines = 100.23 g.

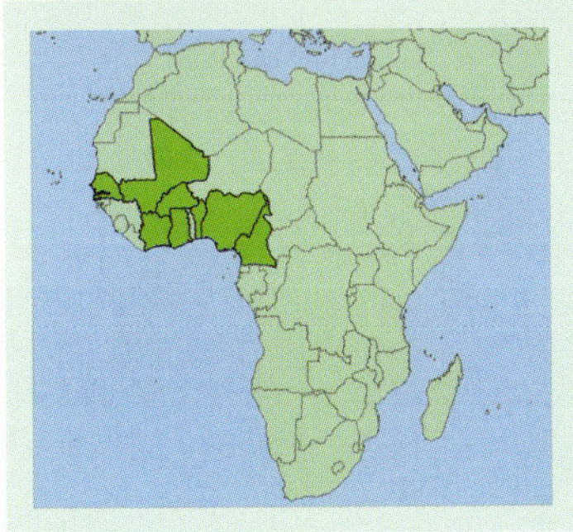

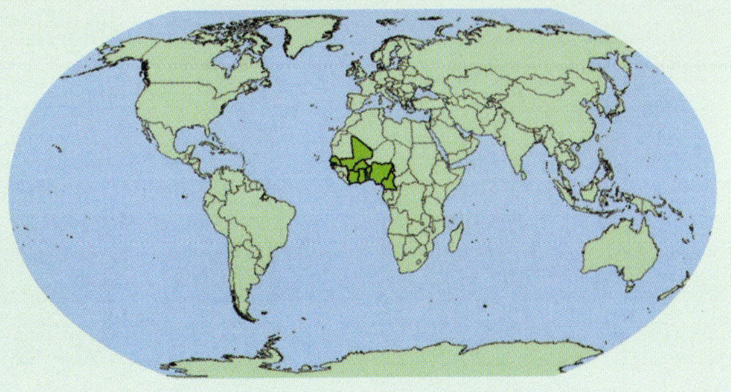

Acacia ehrenbergiana

Leguminosae/Fabaceae

Hayne [1871]

Synonyme *Acacia flava*

Arbuste ou arbre jusqu'à 6 m de haut; écorce lisse, se détachant en écailles papyracées. Epines droites, jusqu'à 6 cm de long, ou plus petites et recourbées. Feuilles bipennées, avec 1–4 paires de pinnules, chaque avec 6–12 paires de folioles de 3 x 1 mm. Fleurs jaunes, en boules de 1 cm de diamètre, en touffes axillaires. Fruits bruns légèrement spiralés de 7–10 x 0.5 cm.

Noms locaux
Fukani Cilluki

Utilisations
bon brout pour les chameaux.

Habitat
Savane, sur sols sableux. Floraison en saison sèche.

Répartition géographique
Maroc, Algérie, Libye, Egypte, Sahara Occidental, Mauritanie, Sénégal, Mali, Burkina Faso, Niger, Tchad, Soudan, Erythrée, Ethiopie, Arabie.

Domaine biogeographique
Afrotropicale, Paléarctique.

Categorie liste rouge D'UICN
Préoccupation mineure (LC), évalué ici sur la base de sa répartition large et son habitat commun.

Les graines sont Orthodoxes et se scarifient sur les téguments avant germination à 100% à la température de 26°C. Poids des 1,000 graines = 24.78 g.

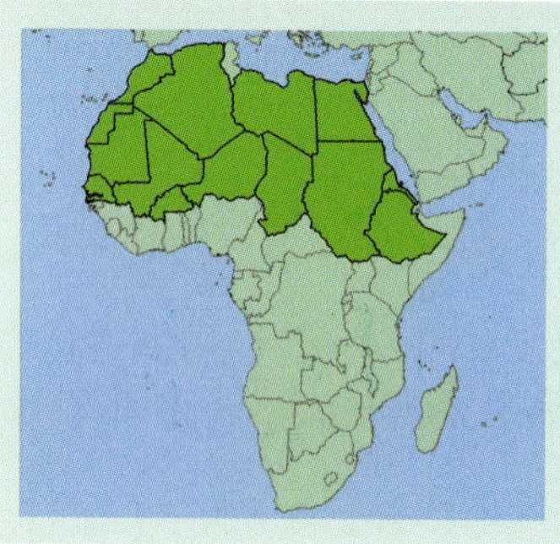

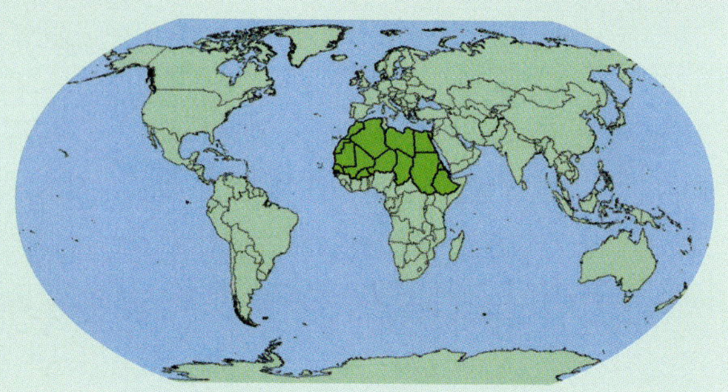

Acacia gourmaensis

Leguminosae/Fabaceae

A.Chev. [1912]

Arbuste ou arbre jusqu'à 4 m de haut; écorce subéreuse, à écailles minces. Epines en paires de crochets 5 mm de long. Feuilles bipennées, avec 3–5 paires de pinnules de 2 folioles chaque; folioles 7–18 x 3–9 mm. Fleurs crèmes, en épis de 3–5 cm de long. Fruits allongés, aplatis, papyracées, 4–6 x 1.8–2.2 cm, bruns.

Noms locaux
Fulani: Gonponya lehi; **Mooré**: gon-sabliga

Utilisations
racine employée en médecine contre les toux.

Habitat
Savanes. Floraison en fin de saison des pluies.

Répartition géographique
Burkina Faso, Ghana, Togo, Benin, Nigeria.

Domaine biogeographique
Afrotropicale.

Categorie liste rouge D'UICN
Préoccupation mineure (LC), évalué ici sur la base de sa répartition et son habitat, mais avec une possibilité de quasi menacé (NT) si la destruction de la flore sauvage continue dans son aire de distribution assez restreinte.

Préoccupation mineure (LC), évalué ici sur la base de sa répartition et son habitat, mais avec une possibilité de quasi menacé (NT) si la destruction de la flore sauvage continue dans son aire de distribution assez restreinte.

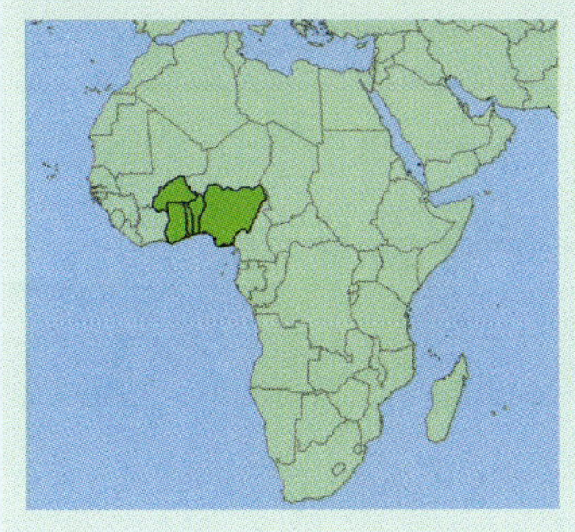

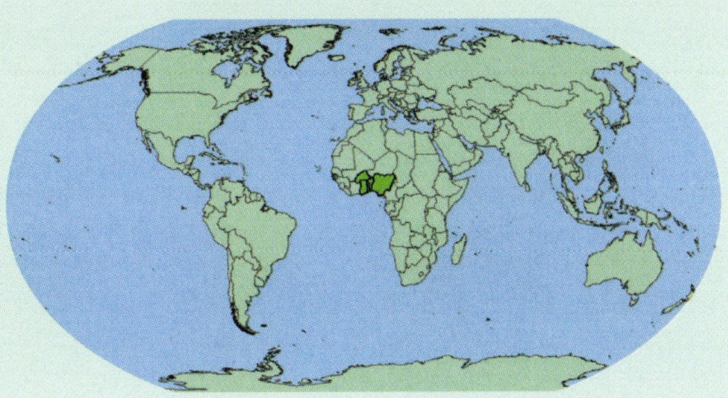

Acacia hockii

Leguminosae/Fabaceae

De Wild. [1913]

Synonyme *Acacia stenocarpa* var. *boboensis*

Arbuste ou arbre jusqu'à 6 m de haut; écorce écailleuse. Epines par paires, droites, jusqu'à 3 cm de long. Feuilles bipennées, avec 2–12 paires de pinnules, chaque avec 9–30 paires de folioles 2–7 x 0.5–1 mm. Fleurs jaunes, en boules de 1 cm de diamètre, en touffes axillaires. Fruit linéaire, courbe, 5–14 x 0.3–0.9 cm, brun-rouge.

Noms locaux
Fulani: Dandaneehi

Utilisations
pas documentées au Burkina.

Habitat
Savane, surtout sur sols caillouteux ou érodés, champs abandonnés. Floraison en début de saison sèche.

Répartition géographique
Guinée, Mali, Burkina Faso, Cote d'Ivoire, Ghana, Togo, Benin, Nigeria, Cameroun, R.C.A., Soudan, Ethiopie, Congo-Kinshasa, Ouganda, Rwanda, Burundi, Kenya, Tanzanie, Angola, Zambie, Malawi, Mozambique.

Domaine biogeographique
Afrotropicale.

Categorie liste rouge D'UICN
Préoccupation mineure (LC), évalué ici sur la base de sa répartition large et son habitat très commun.

Les graines sont Orthodoxes et se scarifient sur les téguments avant germination à 96% à la température de 20°C. Poids des 1,000 graines = 39.27 g.

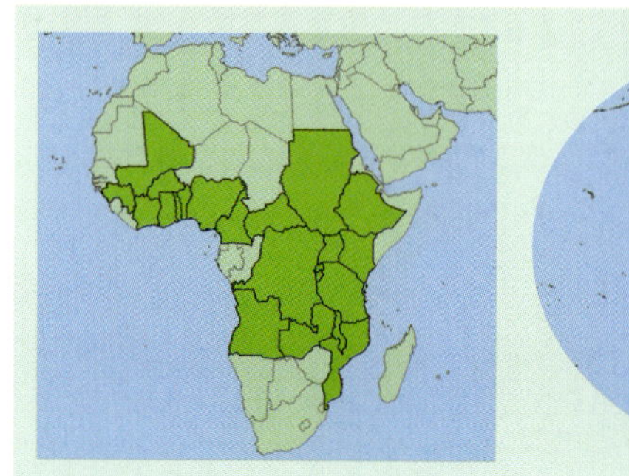

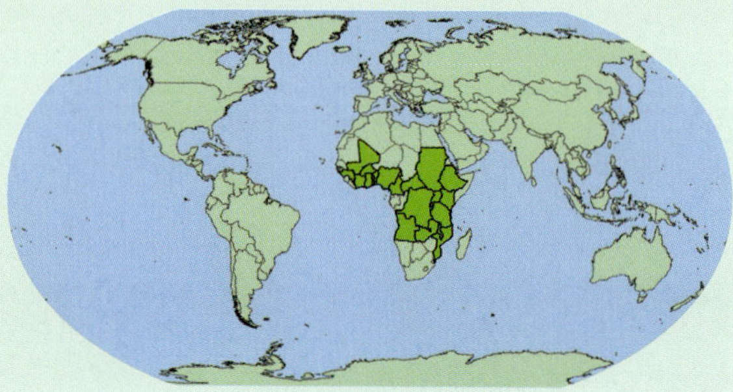

Acacia laeta

Benth. [1842]

Leguminosae/Fabaceae

Arbuste ou petit arbre jusqu'à 4 m de haut; écorce peu crevassée. Epines juste au-dessous des nœuds, courbées, 3–6 mm de long. Feuilles bipennées, avec 2–3 paires de pinnules, chaque avec 2–5 paires de folioles 4–15 x 2–7 mm. Fleurs blanches, en épis de 3–5 cm. Fruit allongé, aplati, de 3–8 x 2–3 cm, brun-pourpre.

Noms locaux
Mooré: Gom-pèelga; **Peul**: Patouni, Pattuki

Utilisations
pas documentées au Burkina.

Habitat
Savane sèche, sols sableux ou rocheux.
Floraison juste avant et en saison des pluies.

Répartition géographique
Algérie, Egypte, Sahara Occidental, Mauritanie, Mali, Burkina Faso, Benin, Niger, Tchad, Soudan, Erythrée, Ethiopie, Arabie, Israël, Somalie, Kenya, Tanzanie.

Domaine biogeographique
Afrotropicale, Paléarctique.

Categorie liste rouge D'UICN
Préoccupation mineure (LC), évalué ici sur la base de sa répartition et son habitat.

Les graines sont Orthodoxes et se scarifient sur les téguments avant germination à 100% à la température de 26°C. Poids des 1,000 graines = 98.22 g.

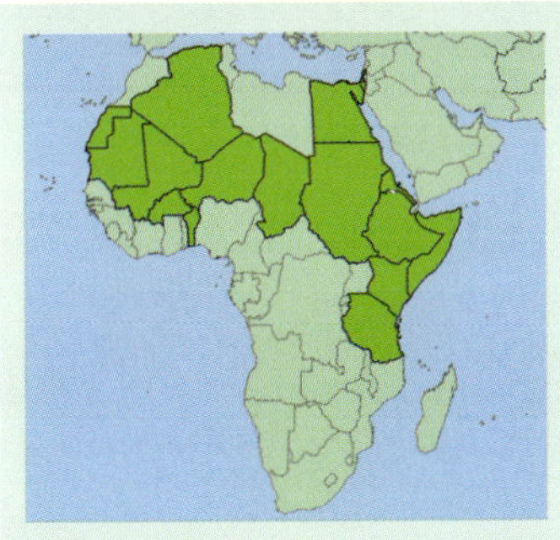

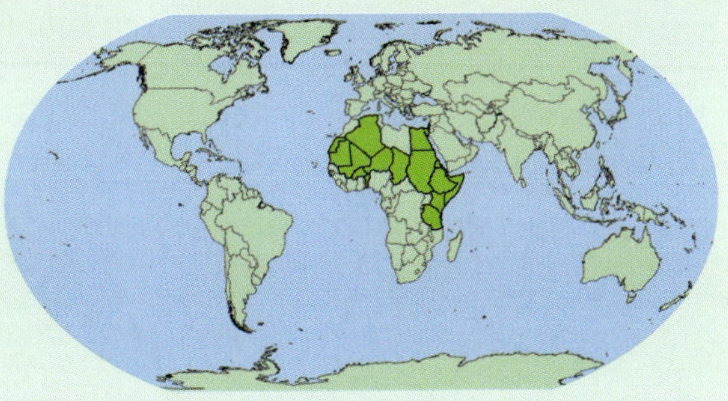

Acacia macrostachya

Benth. [1842]

Leguminosae/Fabaceae

Arbre ou arbuste jusqu'à 8 m de haut; écorce fibreuse crevassée. Epines disposées le long des rameaux, recourbées, jusqu'à 12 mm de long. Feuilles bipennées, avec 20–30 paires de pinnules, chaque avec 20–50 paires de folioles de 3–7 x 0.5–1 mm. Fleurs crèmes, en épis 5–12 cm de long. Fruit allongé, aplati, papyracé, 7–12 x 1.5–2 cm, rouge brun.

Noms locaux

Fulani: Ciidi; **Mooré**: Zâmanega; **Dioula**: nsofaragoni; **Bambara**: nsofaragoni

Utilisations

Fruits cuits sont mangés et bien appréciés; écorce de racine utilisée contre les maux de ventre des enfants.

Habitat

Savane, sols sablonneux ou latéritiques. Floraison en fin de saison sèche ou en début de saison des pluies.

Répartition géographique

Sénégal, Sierra Leone, Guinée, Liberia, Mali, Burkina Faso, Cote d'Ivoire, Ghana, Togo, Benin, Niger, Nigeria, Cameroun, Chad, Soudan.

Domaine biogeographique

Afrotropicale.

Categorie liste rouge D'UICN

Préoccupation mineure (LC), évalué ici sur la base de sa répartition et son habitat.

Les graines sont Orthodoxes et se scarifient sur les téguments avant germination à 100% à la température de 26°C. Poids des 1,000 graines = 70.5 g.

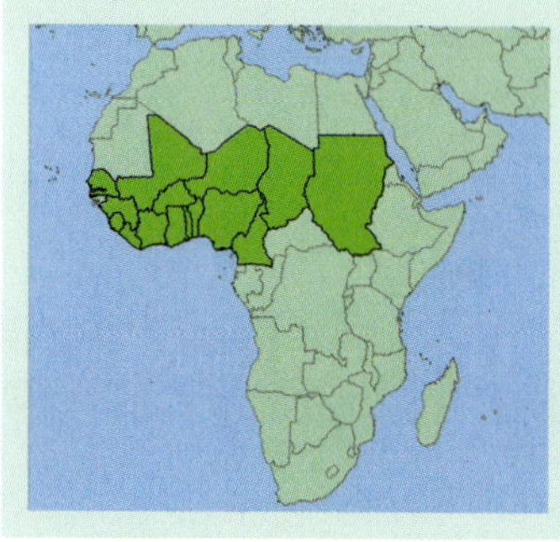

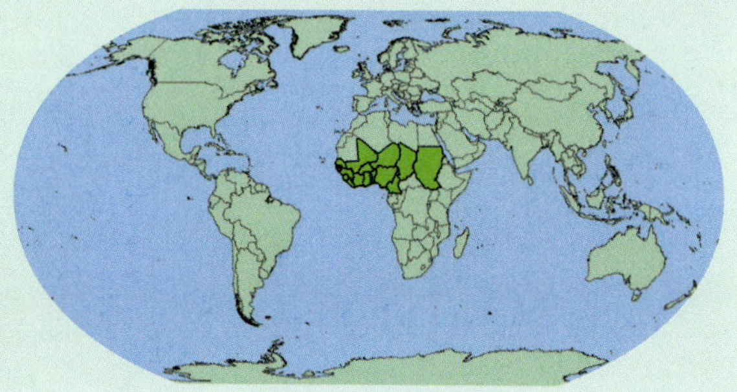

Acacia nilotica

Leguminosae/Fabaceae

(L.) Del. [1753]

Synonymes *Acacia adansonii, Vachellia nilotica*

Arbre jusqu'à 14 m de haut, très variable; écorce fissurée ou crevassée. Epines en paires, droites et de 8 cm de long, parfois aussi courbées et courtes. Feuilles bipennées, avec 3–6 paires de pinnules, chaque avec 10–25 paires de folioles 2–7 x 0.5–1.5 mm. Fleurs jaunes, en boules de 1.5 cm en diamètre, en touffes axillaires. Fruits de 10–15 x 1.5–2 cm; glabres et étranglés en subsp. ***nilotica***; pubescents, droits et étranglés en subsp. ***tomentosa***; pubescents, courbés et presque pas étranglés en subsp. ***adstringens***.

Noms locaux
Mooré: pêg-nenga; **Dioula**: baganan; **Bambara**: baganan

Utilisations
utilise dans les projets de reforestation; rameaux utilises comme cure-dents; l'écorce contient du tannin, et la décoction est utilisée comme gargarisant des maux de bouche; la gomme d'écorce est presque complètement soluble dans l'eau, est comestible et utilisée dans la bonbonnerie; espèce bien broutée par le bétail.

Habitat
Sahel; la sous-espèce ***nilotica*** se rencontre sur sols lourds et mal drainés; la subsp. ***tomentosa*** sur sols lourds et inondables; subsp. ***adstringens*** sur sols lourds mais bien drainés. Floraison au commencement de saison des pluies.

Répartition géographique
Mauritanie, Sénégal, Sierra Leone, Mali, Burkina Faso, Cote d'Ivoire, Niger, Ghana, Togo, Benin, Nigeria, Chad, Cameroun, Soudan, Erythrée, Ethiopie, Somalie, Ouganda, Rwanda, Tanzanie, Angola, Zambie, Malawi, Mozambique, Zimbabwe; Arabie et Inde.

Domaine biogeographique
Afrotropicale, Paléarctique, Indo-Maléenne.

Categorie liste rouge D'UICN
Préoccupation mineure (LC), évalué ici sur la base de sa répartition et son habitat.

Les graines sont Orthodoxes et se scarifient sur les téguments avant germination à 100% à la température de 25°C. Poids des 1,000 graines = 140 g.

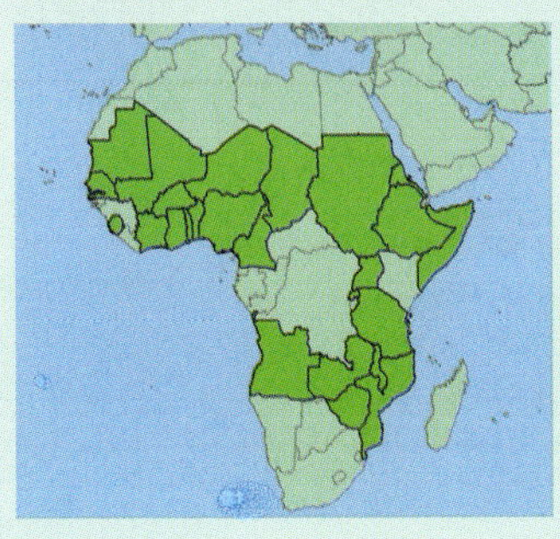
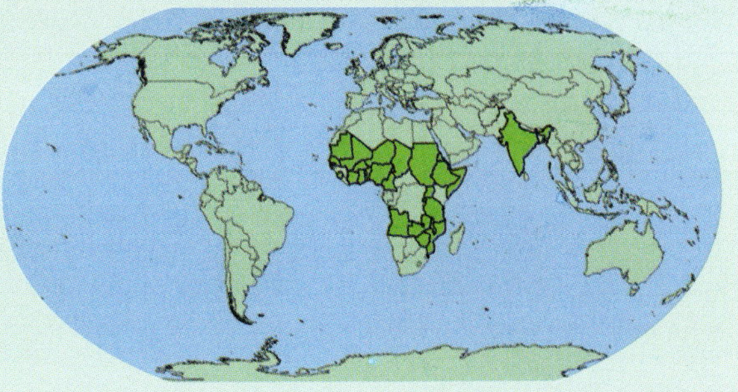

Acacia polyacantha

Willd. [1806]

Leguminosae/Fabaceae

Arbre jusqu'à 12 m de haut; écorce à écailles et bosses épineuses jusqu'à 2 cm. Epines par paires sur les nœuds, courbées, jusqu'à 13 mm de long. Feuilles bipennées, avec 10–40 paires de pinnules, chaque avec 20–50 paires de folioles 2–6 x 0.5–1 mm. Fleurs blanc-crèmes, en épis 4–13 cm long. Fruit allongé, aplati, 7–18 x 1–2 cm, brun.

Noms locaux
Fulani: Pattulahi; **Mooré**: Kâon pèelega; **Dioula**: kagweni, Monegré, Wanubé; **Bambara**: kagweni, Sadé

Utilisations
bois utilisé pour manches d'outils, et dans la construction de maison; la gomme d'écorce est comestible et sucée contre les maux de gorge; la graine est comestible.

Habitat
Savane, surtout ou temporairement inondé. Floraison au commencement de saison des pluies.

Répartition géographique
Sénégal, Gambie, Mali, Burkina Faso, Cote d'Ivoire, Niger, Ghana, Togo, Benin, Nigeria, ?Chad, Cameroun, Soudan, Erythrée, Ethiopie, Congo-Kinshasa, Ouganda, Rwanda, Burundi, Kenya, Tanzanie, Angola, Zambie, Malawi, Mozambique, Zimbabwe, Afrique du Sud, Inde, Sri Lanka.

Domaine biogeographique
Afrotropicale, Indo-Maléenne.

Categorie liste rouge D'UICN
Préoccupation mineure (LC), évalué ici sur la base de sa répartition et son habitat.

Notre matériel est le subsp. ***campylacantha*** (A.Rich.) Brenan

Répartition géographique
Sénégal, Gambie, Mali, Burkina Faso, Cote d'Ivoire, Niger, Ghana, Togo, Benin, Nigeria, ?Chad, Cameroun, Soudan, Erythrée, Ethiopie, Congo-Kinshasa, Ouganda, Rwanda, Burundi, Kenya, Tanzanie, Angola, Zambie, Malawi, Mozambique, Zimbabwe, Afrique du Sud.

Domaine biogeographique
Afrotropicale.

Categorie liste rouge D'UICN
Préoccupation mineure (LC), évalué ici sur la base de sa répartition et son habitat.

Les graines sont Orthodoxes et se scarifient sur les téguments avant germination à 100% à la température de 26°C. Poids des 1,000 graines = 68.53 g.

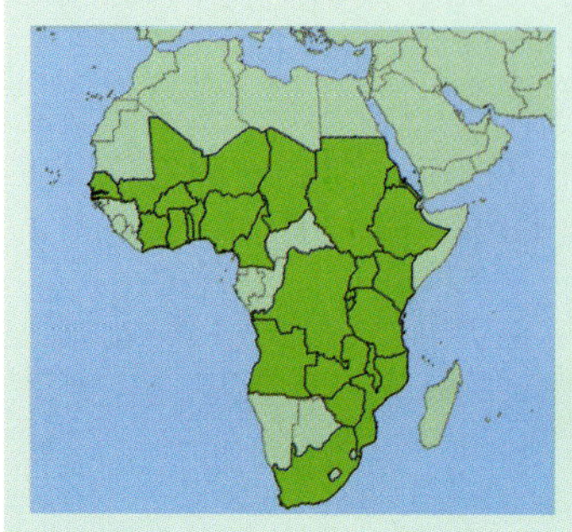

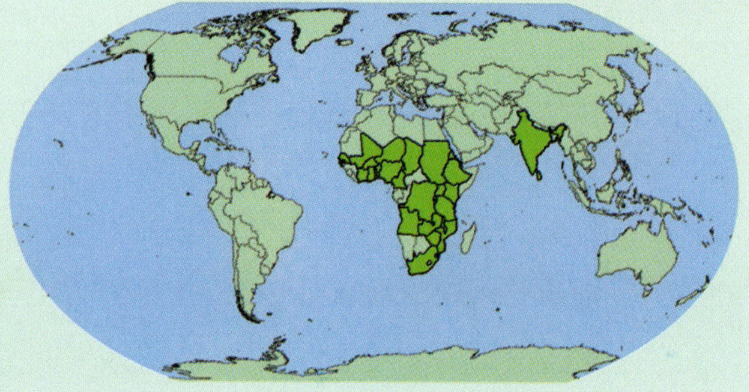

Acacia senegal

(L.) Willd. [1753]

Leguminosae/Fabaceae

Arbuste ou arbre jusqu'à 6 m de haut; écorce écailleuse. Epines par 3 à la base des feuilles, courbées en 2 directions, jusqu'à 6 mm de long. Feuilles bipennées, avec 3–6 paires de pinnules, chaque avec 8–18 paires de folioles de 4–6 x 1–2 mm. Fleurs crèmes, en épis de 2–12 cm. Fruit allongé, aplati, de 4–14 x 2–3 cm, brun pâle.

Noms locaux
Fulani: Pattuki; **Mooré**: gon-pèelega

Utilisations
bois dur et durable, mais à dimensions variables, utilisé comme manches d'outils; fait du bon charbon. L'écorce produit la gomme arabique beaucoup commercialisée, surtout d'arbres sous stresse; cette gomme est exportée et utilisée en pharmacie, bonbonnerie, et industrie; il produit une colle, il est comestible et est utilisé en médecine. Les fibres d'écorce sont utilisées pour faire des cordes. Fleurs sont beaucoup visitées par les abeilles.

Habitat
Savane, sur sols sableux, et très résistante à la sécheresse. Floraison en fin de saison sèche.

Répartition géographique
Mauritanie, Sénégal, Gambie, Mali, Burkina Faso, Niger, Ghana, Togo, Benin, Nigeria, Chad, Cameroun, République Centrafricaine, Soudan, Erythrée, Ethiopie, Somalie, Congo-Kinshasa, Ouganda, Rwanda, Burundi, Kenya, Tanzanie, Angola, Zambie, Mozambique, Zimbabwe.

Domaine biogeographique
Afrotropicale.

Categorie liste rouge D'UICN
Préoccupation mineure (LC), évalué ici sur la base de sa répartition et son habitat.

Les graines sont Orthodoxes et se scarifient sur les téguments avant germination à 100% à la température de 25°C. Poids des 1,000 graines = 100 g.

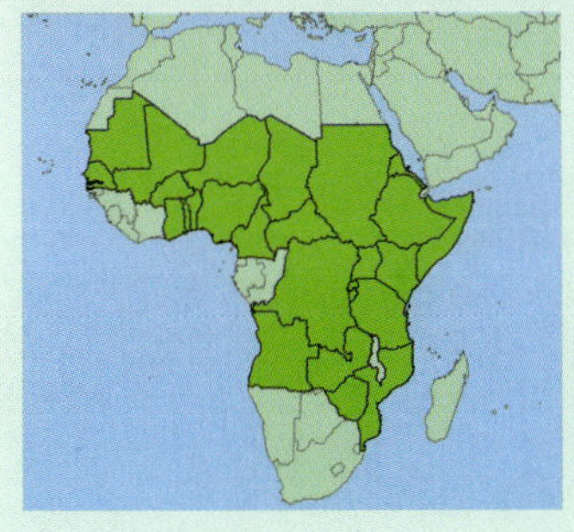

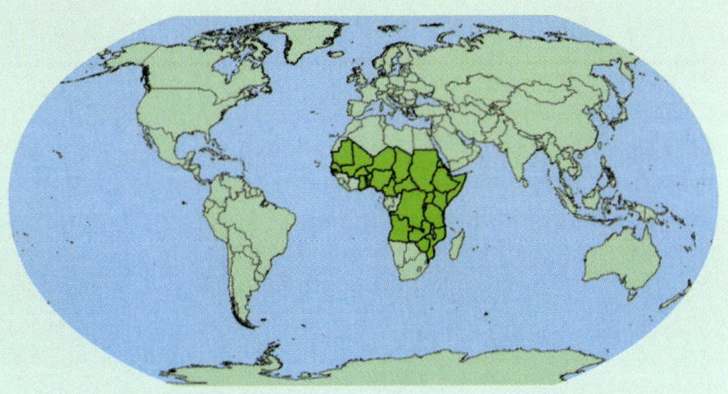

Acacia seyal

Leguminosae/Fabaceae

Del. [1813]

Synonyme *Vachellia seyal*

Arbre jusqu'à 10 m de haut; écorce lisse et poudreuse, ± écailleuse. Epines droites, jusqu'à 8 cm de long mais souvent plus courtes. Feuilles bipennées, avec 3–7 paires de pinnules, chacune avec 8–20 paires de folioles de 3–8 x 1–2 mm. Fleurs jaunes, en boules de 1.5 cm diamètre, en touffes axillaires. Fruit allongé, courbé, 7–20 x 0.5–0.9 cm, brun rougeâtre.

Noms locaux
Bisa: Sasé; **Dagaari:** Gosié; **Fulani:** Bulbi; **Mooré:** gon-ponsego; **Dioula**: sajè; **Bambara**: sajè

Utilisations
décoction d'écorce utilisée contre la lèpre et la dysenterie; résine d'écorce utilisée sous le nom de *talh*, est comestible fraiche et utilisée en médecine. Excellent brout pour bétail; fleurs beaucoup visitées par les abeilles.

Habitat
Savane, souvent ou périodiquement inondé. Floraison en saison sèche.

Répartition géographique
Algérie, Egypte, ?Mauritanie, Sénégal, Mali, Burkina Faso, Niger, Ghana, Nigeria, Chad, Cameroun, Soudan, Ethiopie, Somalie, Ouganda, Burundi, Kenya, Tanzanie, Zambie, Malawi, Mozambique.

Domaine biogeographique
Afrotropicale, Paléarctique.

Categorie liste rouge D'UICN
Préoccupation mineure (LC), évalué ici sur la base de sa répartition et son habitat.

Les graines sont Orthodoxes et se scarifient sur les téguments avant germination à 90% à la température de 25°C. Poids des 1,000 graines = 40.08 g.

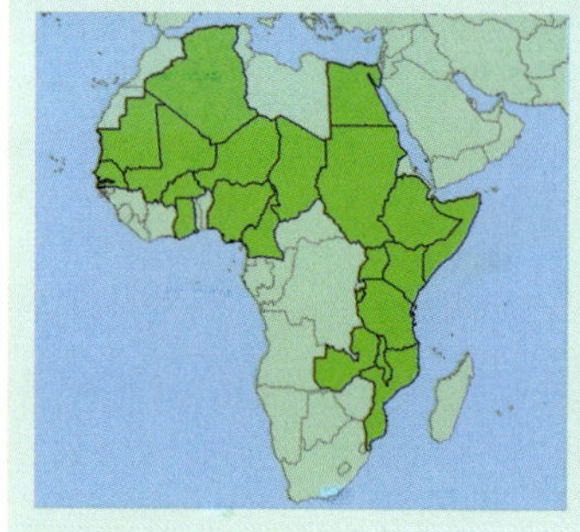

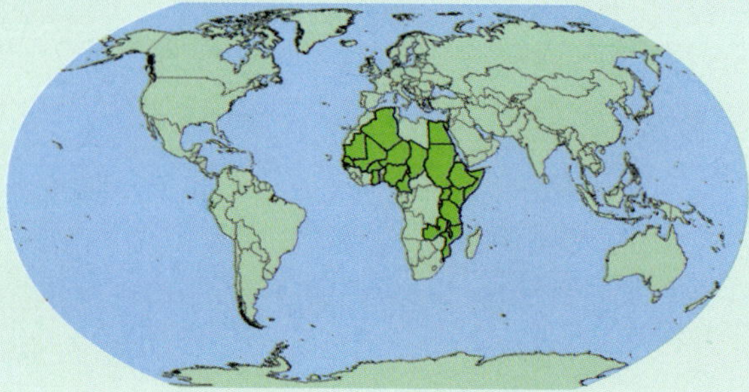

Acacia sieberiana

DC. [1825]

Leguminosae/Fabaceae

Arbre jusqu'à 15 m de haut; écorce lisse ou écailleuse. Epines droites, jusqu'à 12 cm de long. Feuilles bipennées, avec 6–25 paires de pinnules, chaque avec 15–40 paires de folioles 2–7 x 0.5–1.5 mm. Fleurs crèmes ou jaunâtres, en boules de 1 cm diamètre, en touffes axillaires. Fruit allongé, ligneux, 10–20 x 1.5–3.5 cm, 0.6 cm épais et brun.

Noms locaux
Dagaari: Fasa kaya; **Mooré**: Gomposgo; **Dioula**: Bakide; **Peul**: Djoluki; **Bambara**: Bakide

Utilisations
bon arbre d'ombre; bois utilisé pour meubles, ustensiles, mortiers, outils, et dans la construction; l'écorce produit la gomme. Excellent fourrage de saison sèche; fleurs beaucoup visitées par les abeilles et produit du bon miel.

Habitat
Savanes, bancs des cours d'eau. Floraison en saison sèche.

Répartition géographique
?Mauritanie, Sénégal, Guinée, Sierra Leone, Mali, Burkina Faso, Cote d'Ivoire, Niger, Ghana, Togo, Benin, Nigeria, Chad, Cameroun, Soudan, Erythrée, Ethiopie, Congo-Kinshasa, Ouganda, Rwanda, Burundi, Kenya, Tanzanie, Angola, Zambie, Malawi, Mozambique, Zimbabwe, Namibie, Botswana.

Domaine biogeographique
Afrotropicale.

Categorie liste rouge D'UICN
Préoccupation mineure (LC), évalué ici sur la base de sa répartition et son habitat.

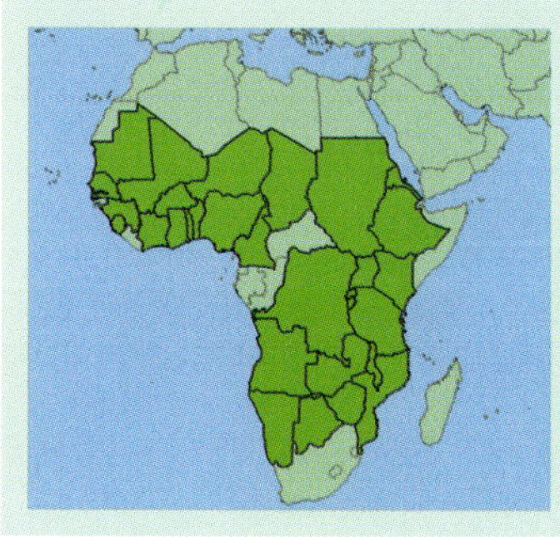

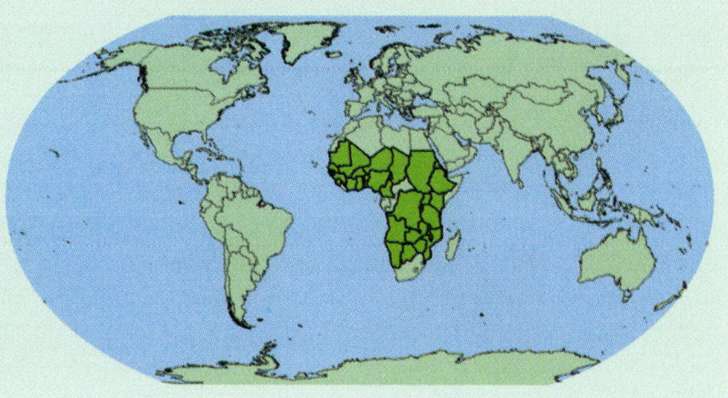

Acacia tortilis

Leguminosae/Fabaceae

(Forssk.) Hayne [1775]

Synonymes *Acacia raddiana, Vachellia tortilis*

Arbuste ou arbre jusqu'à 12 m de haut; écorce ± crevassée. Epines droites et jusqu'à 5 cm long, ou courtes et courbées. Feuilles bipennées, avec 2–5 paires de pinnules, chaque avec 6–15 paires de folioles 3 x 1 mm. Fleurs blanches, en boules de 1 cm diamètre, en touffes axillaires. Fruit allongé, enroulé en spirale, 7–10 x 0.5–0.7 cm, brun-jaunâtre.

Noms locaux
Fulani: Cilluki

Utilisations
zones sableuses ou de dunes de sable; aussi bon arbre d'ombrage. Bois dur et difficile à travailler, utilisé dans la construction, pour mortiers, selles de chameau. Une gomme est produite par l'écorce, mais elle n'est pas beaucoup utilisée. Il fait du bon fourrage pour bétail, spécialement les gousses.

Habitat
Savane, sur sols sableux ou pierreux. Floraison en saison des pluies.

Répartition géographique
Maroc, Algérie, Libye, Egypte, Sahara Occidental, Mauritanie, Sénégal, Mali, Burkina Faso, Niger, Nigeria, Chad, Soudan, Erythrée, Ethiopie, Somalie, Ouganda, Kenya, Tanzanie, Angola, Zambie, Mozambique, Zimbabwe, Namibie, Botswana, Swaziland, Afrique du Sud, Arabie, Israël.

Domaine biogeographique
Afrotropicale, Paléarctique.

Categorie liste rouge D'UICN
Préoccupation mineure (LC), évalué ici sur la base de sa répartition et son habitat.

Les graines sont Orthodoxes et se scarifient sur les téguments avant germination à 100% à la température de 26°C. Poids des 1,000 graines = 62.11 g.

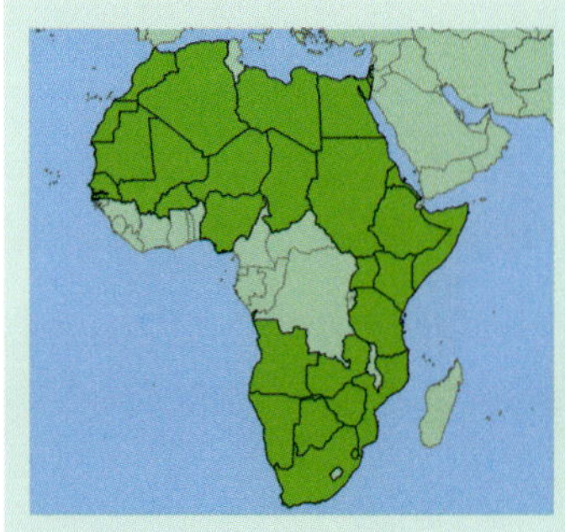

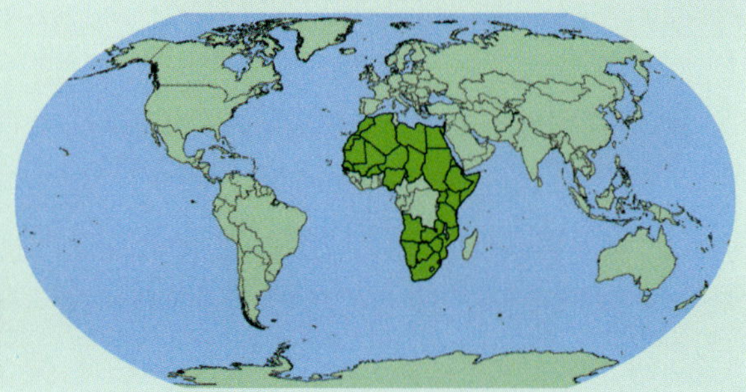

Afraegle paniculata

(Schum. & Thonn.) Engl. [1827]

Rutaceae

Arbre de 15 m; épines axillaires a 2 cm. Feuilles 3-foliées, avec folioles de 4–7 x 2–4 cm, avec points translucides/ glandulaires. Fleurs blanches, en groupes axillaires courtes. Fruit globuleux de 9 cm de diamètre.

Noms locaux

–

Utilisations

en plantation autour des villages; bois très dur et lourd. La coque du fruit est utilisée pour boites ou couvercles.

Habitat

Espèce souvent plantée dans les villages, quelquefois en forêt ou forêt secondaire. Floraison?

Répartition géographique

Sénégal, Guinée, Mali, Burkina Faso, Togo, Benin, Nigeria.

Domaine biogeographique

Afrotropicale.

Categorie liste rouge D'UICN

Préoccupation mineure (LC), évalué ici sur la base de sa répartition et son habitat.

Poids des 1,000 graines = 240.44 g.

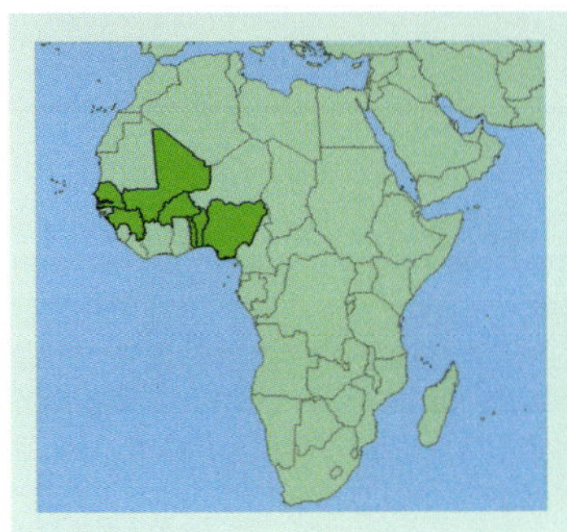

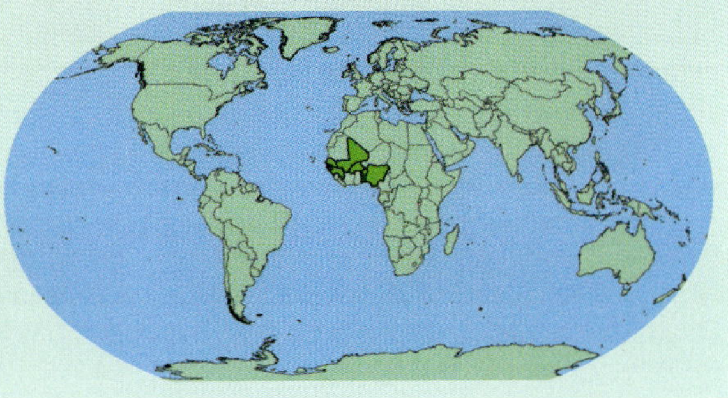

Anthocleista djalonensis

A. Chev. [1908]

Gentianaceae

Arbre de 20 m; écorce lisse; souvent avec des branches épineuses en paires à la base des feuilles. Feuilles opposées, 10–40 x 7–20 cm. Fleurs blanches de 70 mm, en groupes terminaux de 30 cm. Fruit vert-jaune, ovoïde, de 3 cm.

Noms locaux
Manding: Fritala débé; **Dioula**: fèrèdibi; **Bambara**: fèrèdibi

Utilisations
la racine est un diurétique et très purgative.

Habitat
Forêt et savane. Floraison?

Répartition géographique
Sénégal, Guinée, Sierra Leone, Burkina Faso, Cote d'Ivoire, Ghana, Togo, Benin, Nigeria.

Domaine biogeographique
Afrotropicale.

Categorie liste rouge D'UICN
Préoccupation mineure (LC), évalué ici sur la base de sa répartition et son habitat.

Poids des 1,000 graines = 2.3 g.

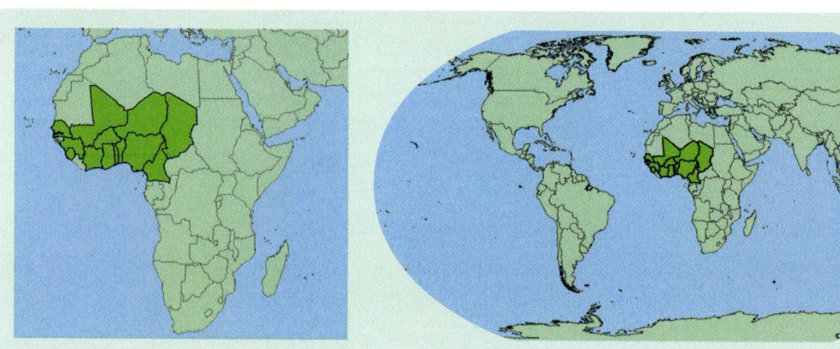

Balanites aegyptiaca
(L.) Del.

Zygophyllaceae

Arbre jusqu'à 10 m; écorce crevassée. Épines droites, jusqu'à 8 cm de long. Feuilles alternes, 2-foliolées, folioles 2–7 x 1–5 cm. Fleurs en touffes axillaires de 3 cm de large; jaune vert, à 10 mm de large. Fruit vert-brun en drupe ellipsoïde de 5 x 2.5 cm.

Noms locaux
Mooré/Mossi: Kia kalaka, Tia galgha, tiegallaga, kekallaga; **Fula/Peulh**: tale; 'dattier du désert'

Utilisations
Feuilles beaucoup mangées par le bétail; planté pour cet objectif aussi. Bois utilisé pour selles, cuillères, etc. Écorce et racines utilisés comme poison pour les poissons, molluscide. Pulpe de fruit mangé, et fruits souvent vendus sur les marchés. L'espèce s'utilise pour haies; feuilles sont broutées par le bétail. Bois s'utilise en menuiserie et en tournerie de bois, pour des cuillères et selles. Bois très bon bois de feu et produit du bon charbon. L'écorce s'utilise comme poison pour poissons. La pulpe de fruit est comestible, mais c'est un laxatif. La graine contient une huile médicale. La Saponine de la pulpe du fruit est très effective contre les hôtes de *Schistosoma* et le ver de Guinée.

Habitat
Savane, surtout sur sols lourds. Floraison en saison sèche. Fruits en Janvier.

Répartition géographique
Maroc, Algérie, Libye, Egypte, Sahara Occidental, Mauritanie, Sénégal, Gambie, Guinée, Mali, Burkina Faso, Niger, Cote d'Ivoire, Ghana, Nigeria, Cameroun, Chad, Soudan, Erythrée, Djibouti, Ethiopie, Somalie, Congo-Kinshasa, Ouganda, Kenya, Tanzanie, Angola, Zambie, Malawi, Mozambique, Zimbabwe, Botswana, Afrique du Sud, Arabie, Israël, Pakistan, Inde, Birmanie.

Domaine biogeographique
Afrotropicale, Paléarctique, Indo-Maléenne.

Categorie liste rouge D'UICN
Préoccupation mineure (LC), évalué ici sur la base de sa répartition et son habitat.

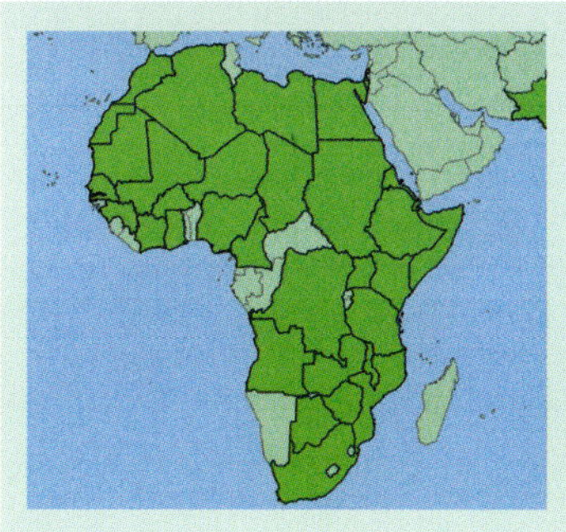

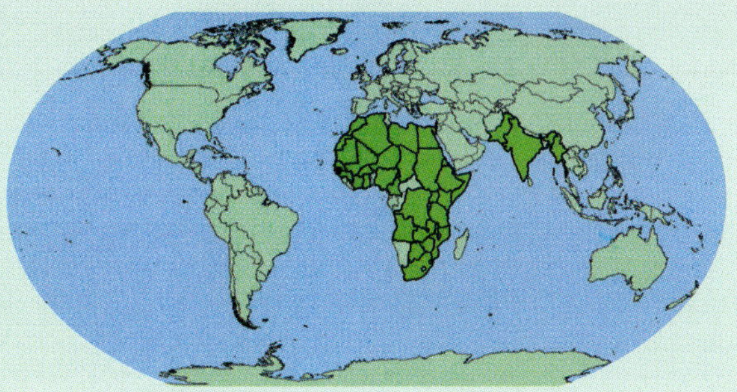

Bauhinia rufescens

Lam. [1788]

Leguminosae/Fabaceae

Arbre ou arbuste de 5 m; écorce ± lisse à écailleuse; rameaux terminant en pointes épineuses. Feuilles alternées, profondément bilobées, 1–2 x 1–2.5 cm. Fleurs blanches de 1 cm en groupes terminaux de 5 cm. Fruit brun sombre de 10 cm, aplati, contournée en spirale.

Noms locaux
Mooré: tiikèga; **Dioula**: Siflé-yiri/Béré-yiri; **Peul**: namali; **Bambara**: geseme

Utilisations
utilisé pour bordures; grandit sur sol pauvre sablonneux et est bien broute. Bois utilisé en menuiserie. La fibre d'écorce est utilisée pour faire la corde. Feuilles et fruits sont utilisés contre la dysenterie. Le fruit est comestible.

Habitat
Sahel. Floraison pendant l'année.

Répartition géographique
Algérie, Mauritanie, Sénégal, Guinée, Guinée, Sierra Leone, Mali, Burkina Faso, Niger, Cote d'Ivoire, Ghana, Benin, Nigeria, Cameroun, Chad, Soudan.

Domaine biogeographique
Afrotropicale, Paléarctique.

Categorie liste rouge D'UICN
Préoccupation mineure (LC), évalué ici sur la base de sa répartition et son habitat.

Les graines sont Orthodoxes et se scarifient sur les téguments avant germination à 100% à 26°C. Poids des 1,000 graines = 90.97 g.

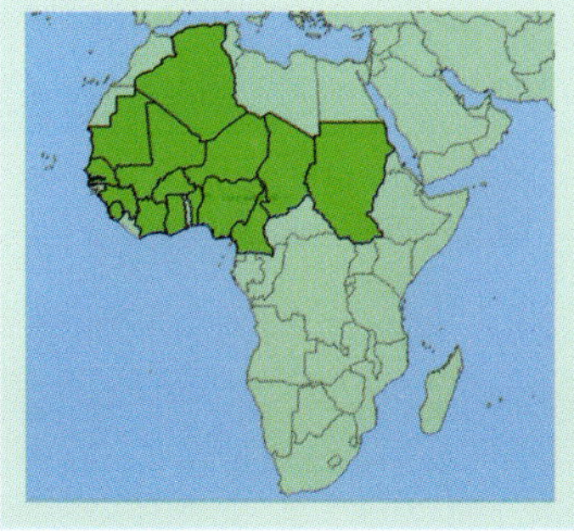

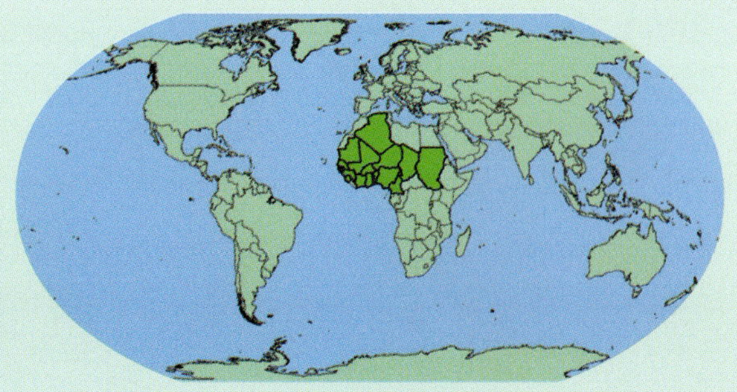

Bombax costatum

Malvaceae

Pellegr. & Vuillet [1914]

Arbre de 15 m, à tronc et branches épineux; écorce crevassée. Feuilles alternes, digitées avec 5–8 folioles, chaque 8–16 x 4–6 cm. Fleurs oranges ou rouges de 4–7 cm, placées ensemble proches du bout des branches. Fruit brun à noir, pendant, ellipsoïde de 16 x 6 cm, contenant du kapok (masse soyeuse) entourant les graines noires.

Noms locaux
Mooré: voaka; **Dioula**: bumbum; **Peul**: bumbuwi; **Bambara**: bumu

Utilisations
feuilles sont mangées par le bétail et humain. Fleurs sont utilisées dans les sauces. Le bois mou est utilise pour faire des portes et des poutres. L'écorce et les feuilles sont utilisées médicalement. La fibre du fruit est utilisée comme kapok dans la matelaterie.

Habitat
Savanes, surtout dans les stations rocheuses. Floraison en saison sèche, avant les feuilles.

Répartition géographique
Sénégal, Guinée, Sierra Leone, Liberia, Mali, Burkina Faso, Cote d'Ivoire, Niger, Ghana, Togo, Benin, Nigeria, Chad, Cameroun, République Centrafricaine.

Domaine biogeographique
Afrotropicale, Paléarctique, Indo-Maléenne.

Categorie liste rouge D'UICN
Préoccupation mineure (LC), évalué ici sur la base de sa répartition et son habitat.

Les graines sont probablement Orthodoxes et se scarifient sur les téguments avant germination à 58% à 20°C. Poids des 1,000 graines = 74.1 g.

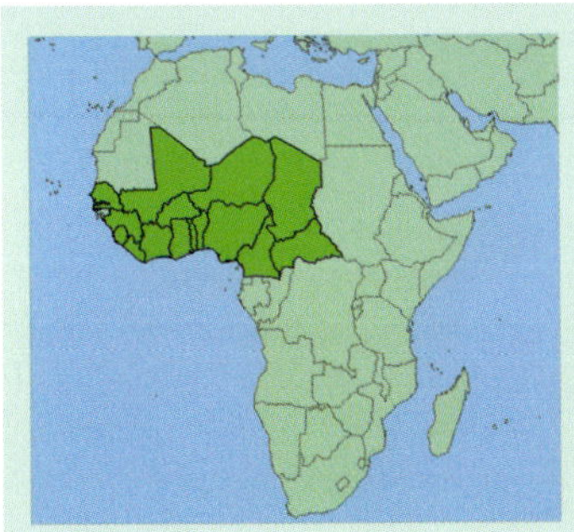

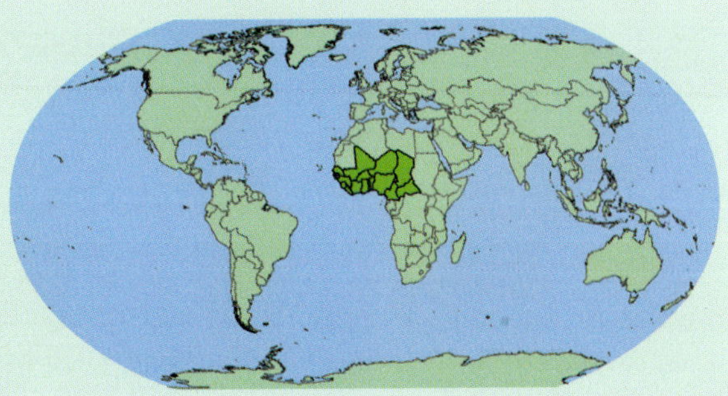

Bridelia ferruginea

Benth. [1849]

Phyllanthaceae

Arbre ou arbuste de 15 m; écorce écailleuse. Feuilles alternes, 5–12 x 2–8 cm. Fleurs jaunâtres de 4 mm, en petits groupes axillaires. Fruit noir, ellipsoïde de 0.8 cm.

Noms locaux

Mooré: ambriaka; **Dioula**: dafi sagwan; **Bambara**: dafi sagwane; **Senoufo Burkina**: loucriwaali

Utilisations

bois est dit être résistant aux termites, et est utilise dans la construction des greniers; bon bois de feu. Feuilles et écorce sont utilisées médicalement. La décoction d'écorce est mélangée à l'argile et utilisée dans les toitures comme protection contre les pluies, ou pour durcir la latérite de sol des huttes.

Habitat

Savanes, commun. Floraison en saison sèche et au début de saison des pluies.

Répartition géographique

Guinée, Sierra Leone, Mali, Burkina Faso, Cote d'Ivoire, Ghana, Togo, Benin, Nigeria, Cameroun, République Centrafricaine, Gabon, Congo-Brazzaville, Congo-Kinshasa, Angola, Zambie.

Domaine biogeographique

Afrotropicale.

Categorie liste rouge D'UICN

Préoccupation mineure (LC), évalué ici sur la base de sa répartition et son habitat.

Poids des 1,000 graines = 54.02 g.

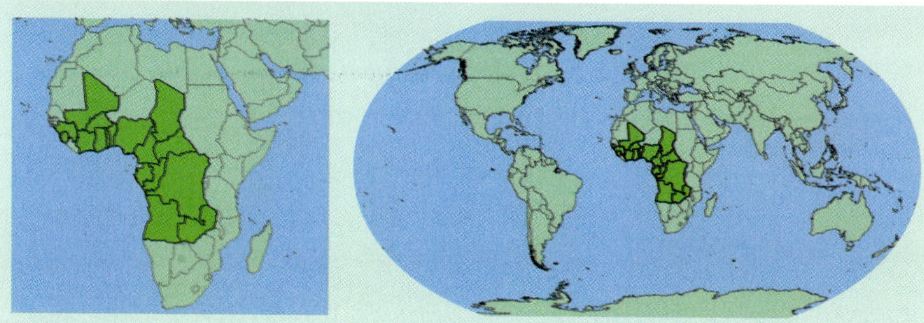

Bridelia micrantha

(Hochst.) Baill. [1843]

Phyllanthaceae

Arbre ou arbuste de 6 m; écorce finement fendillée, épines droites de 3–10 mm sur le tronc et veilles branches. Feuilles alternes, 6–15 x 3–8 cm, bords entiers ou alternativement convexe et concave. Fleurs verdâtres de ± 2 mm, en petits groupes axillaires. Fruit pourpre, ellipsoïde de 1 x 0.6 cm.

Noms locaux
Mooré: tâasalgo; **Dioula**: sagwan; **Bambara**: sagwan

Utilisations
le bois d'œuvre est utilisé pour la charpenterie interne et des meubles, pour des huttes et cases et pour les supports de clôture. Bon bois de feu et bon charbon. Feuilles, écorce and racines sont utilisées comme purgatif. L'écorce interne produit une gomme. Le fruit produit une teinture noire et est comestible.

Habitat
Galeries forestières, brousse secondaire. Floraison en saison sèche.

Répartition géographique
Sénégal, Guinée, Sierra Leone, Mali, Burkina Faso, Cote d'Ivoire, Ghana, Togo, Benin, Nigeria, Cameroun, Guinée Equatorial, République Centrafricaine, Congo-Brazzaville, Congo-Kinshasa, Soudan, Erythrée, Ethiopie, Ouganda, Rwanda, Burundi, Kenya, Tanzanie, Angola, Zambie, Malawi, Mozambique, Zimbabwe, Afrique du Sud.

Domaine biogeographique
Afrotropicale.

Categorie liste rouge D'UICN
Préoccupation mineure (LC), évalué ici sur la base de sa répartition et son habitat.

Poids des 1,000 graines = 103.54 g.

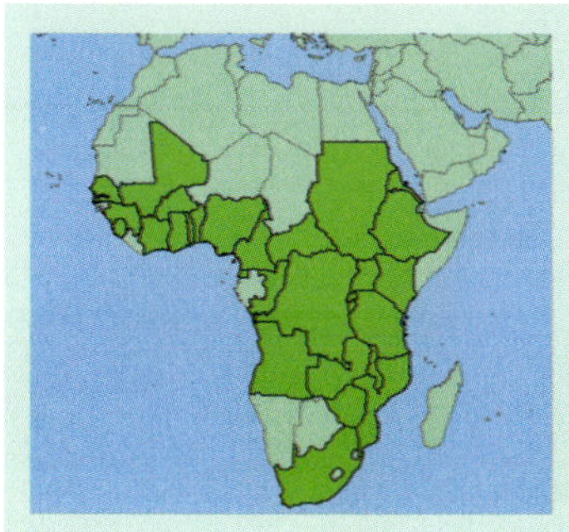

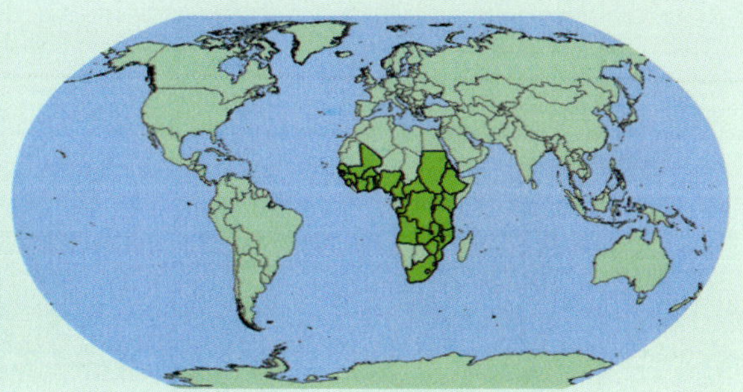

Bridelia scleroneura

Müll. Arg. [1864]

Phyllanthaceae

Arbre ou arbuste de 6 m; écorce crevassée. Feuilles alternes, 3–11 x 2–5 cm, entières ou ± crénelées. Fleurs jaunâtres de 4 mm, en petits groupes axillaires. Fruit pourpre, globuleux de 0.8 cm.

Noms locaux
Mooré: ambriaka

Utilisations
bon bois de feu.

Habitat
Savanes. Floraison en saison des pluies.

Répartition géographique
Guinée, Burkina Faso, Cote d'Ivoire, Ghana, Togo, Benin, Nigeria, République Centrafricaine, Congo-Kinshasa, Soudan, Erythrée, Ethiopie, Ouganda, Rwanda, Kenya, Angola.

Domaine biogeographique
Afrotropicale.

Categorie liste rouge D'UICN
Préoccupation mineure (LC), évalué ici sur la base de sa répartition et son habitat.

Poids des 1,000 graines = 149.73 g.

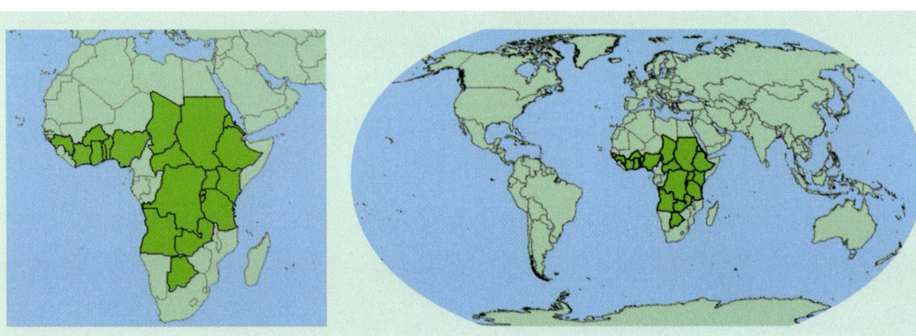

Cadaba farinosa

Capparaceae

Forssk. [1755]

Arbuste ou arbre jusqu'à 6 m; écorce lisse. Feuilles alternes, 1–6 x 0.5–3 cm, poudreux et blanchâtres en dessous quand elles sont jeunes. Fleurs 1–quelques, en groupes axillaires; verdâtres, à 20 mm de large. Fruit linéaire, légèrement tortueux, 2–7 cm de long et 0.4–0.5 cm de large, s'ouvrant avec un intérieur orange.

Noms locaux
Mooré: kiensga; **Peul**: balamji

Utilisations
feuilles et jeunes rameaux utilisés en cuisine; plusieurs utilisations mineures en médecine locale.

Habitat
Savanes, souvent sur termitières. Floraison juste avant la saison des pluies.

Répartition géographique
Maroc, Egypte, Sahara Occidental, Mauritanie, Sénégal, Mali, Burkina Faso, Niger, Ghana, Nigeria, Cameroun, Chad, Soudan, Erythrée, Djibouti, Ethiopie, Somalie, Congo-Kinshasa, Ouganda, Rwanda, Kenya, Tanzanie.

Domaine biogeographique
Afrotropicale.

Categorie liste rouge D'UICN
Préoccupation mineure (LC), évalué ici sur la base de sa répartition et son habitat.

Poids des 1,000 graines = 3.55 g.

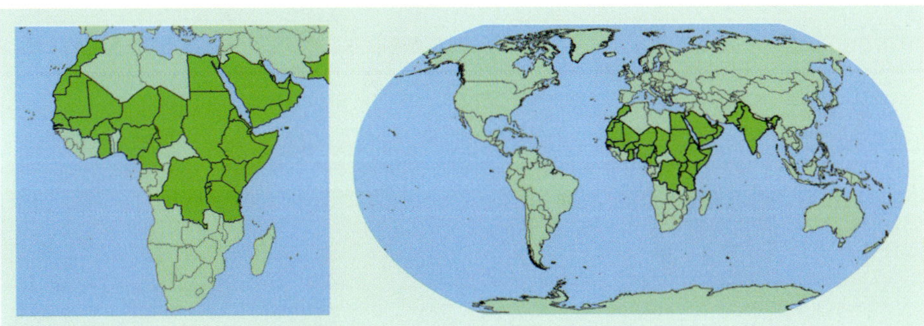

Carissa spinarum

Apocynaceae

L. [1767]

Synonyme *Carissa edulis*

Arbuste ou petit arbre de 5 m, avec de latex blanc dans tous les parts; écorce lisse à fendillée; épines par paires, droites, 1–3 cm. Feuilles opposées, de 2–6 x 1–5 cm. Fleurs blanches ou pourpres de 12 mm, en groupes terminaux. Fruit pourpre à noir, globuleux de 15 mm.

Noms locaux
Senufo: Suruku n'tombolo; **Dioula**: kumakuma; **Bambara**: tumboroba

Utilisations
l'espèce se propage facilement par graines et boutures, fait de bonnes haies; est broutées par les chèvres et les chameaux. Fruit sucré et comestible.

Habitat
Collines rocheuses, termitières, fourrés. Floraison en fin de saison sèche et au début de saison des pluies.

Répartition géographique
Sénégal, Guinée, Sierra Leone, Mali, Burkina Faso, Cote d'Ivoire, Ghana, Togo, Benin, Nigeria, Cameroun, Congo-Kinshasa, Soudan, Erythrée, Ethiopie, Ouganda, Rwanda, Burundi, Kenya, Tanzanie, Angola, Zambie, Malawi, Mozambique, Zimbabwe, Namibie, Botswana, Afrique du Sud, Madagascar, Yémen, Arabie, Iran, Pakistan, Inde, Sri Lanka, Chine, Birmanie, Thaïlande.

Domaine biogeographique
Afrotropicale, Paléarctique, Indo-Maléenne.

Categorie liste rouge D'UICN
Préoccupation mineure (LC), évalué ici sur la base de sa répartition et son habitat.

Les graines sont Orthodoxes. Poids des 1,000 graines = 330.56 g.

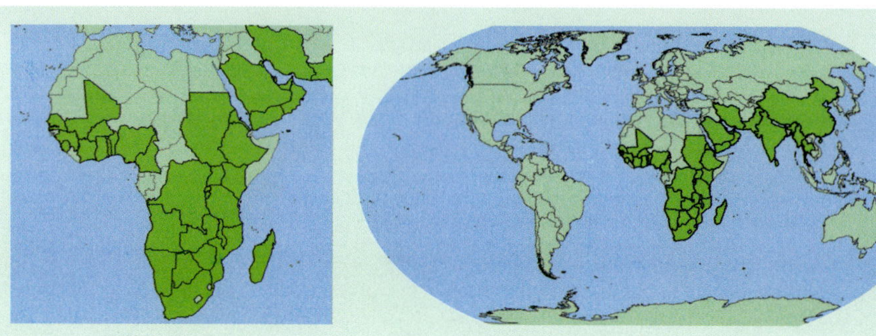

Ceiba pentandra

Malvaceae

(L.) Gaertner [1753]

Arbre de 40 m, tronc et branches épineux; écorce ± lisse. Feuilles alternes, digitées avec 5–15 folioles, chaque 7–20 x 2–6 cm. Fleurs blanches de 4 cm en groupes denses. Fruit brun, ellipsoïde de 30 cm de long, contenant du kapok (masse soyeuse) entourant les graines noires.

Noms locaux
Mooré: Gunga; **Dioula**: banan; **Bambara**: banan

Utilisations
souvent planté comme arbre d'alignement, d'avenue ou d'ombrage, et souvent comme arbre à palabre. Bois mou, mais utilisé pour faire des meubles légers et des sculptures, et aussi des mortiers; souvent il s'utilise pour construire des pirogues. La cendre de bois est utilisée comme sel de cuisine. L'écorce et les feuilles s'utilisent médicalement. Le masse soyeuse entourant les graines est le kapok, et s'utilise comme bourrage de coussins et de matelas. Les graines sont comestibles.

Habitat
Forêts, galeries forestières, souvent planté. Floraison en saison sèche, avec les jeunes feuilles. Pantropicale et largement cultivé.

Domaine biogeographique
Afrotropicale, Paléarctique, Indo-Maléenne, Néotropique.

Categorie liste rouge D'UICN
Préoccupation mineure (LC), évalué ici sur la base de sa répartition et son habitat.

Les graines sont Orthodoxes et se scarifient sur les téguments avant germination à 98% à 33/19°C. Poids des 1,000 graines = 70.93 g.

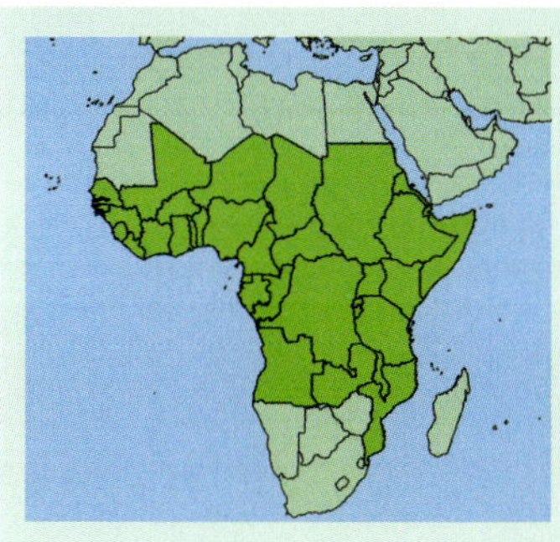

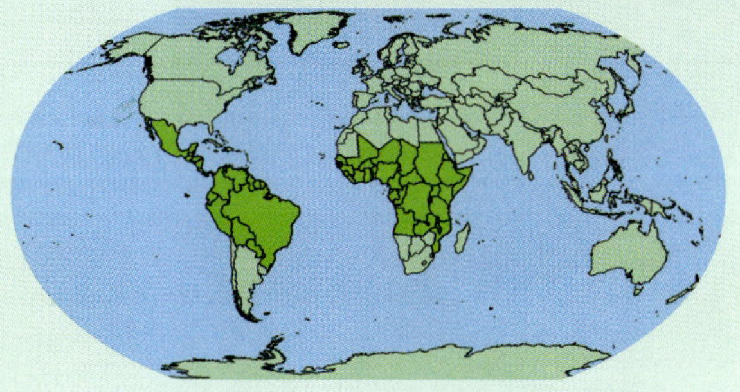

Citrus

plusieurs espèces cultivées

Rutaceae

Citrus aurantifolia (Christm.) Swingle

Noms locaux
Mooré: lembur; **Dioula**: lembourou; **Bambara**: lembourou

Utilisations
jus de fruits comestibles seuls ou assaisonnement de boissons et en cuisine.

Petit arbre épineux. Feuilles simples, avec pétiole ailé. Fleurs blanches de 2 cm, odorante. Fruit ovoïde de 4–5 cm: le lime ou citron vert.

Citrus grandis (L.) Osbeck

Noms locaux
pamplemousse

Utilisations
jus de fruits comestibles

Petit arbre épineux. Feuilles simples, avec pétiole ailé. Fleurs blanches de 3 cm, odorante. Fruit ovoïde de 10–30 cm: le pamplemousse.

Citrus limon (L.) Burm. f.

Noms locaux
Mooré: lembur; **Dioula**: lembourou; **Bambara**: lembourou koumou, citron

Utilisations
jus de fruits comestibles seuls ou assaisonnement de boissons et en cuisine.

Petit arbre épineux. Feuilles simples, avec pétiole faiblement ailé. Fleurs blanches de 2 cm, odorante. Fruit ovoïde de 5–10 cm: le citron.

Citrus reticulata Blanco

Noms locaux
mandarine

Utilisations
jus de fruits comestibles seuls.

Petit arbre parfois épineux. Feuilles simples, avec pétiole ailé. Fleurs blanches de 2 cm, odorante. Fruit ovoïde de 5–8 cm: la mandarine.

Citrus sinensis (L.) Osbeck

Noms locaux
orange

Utilisations
jus de fruits comestibles seuls ou assaisonnement de boissons et en cuisine.

Petit arbre épineux. Feuilles simples, avec pétiole ailé. Fleurs blanches de 2 cm, odorante. Fruit globuleux de 5–9 cm: l'orange.

Commiphora africana

Burseraceae

(A. Rich.) Engl. [1831]

Arbre ou arbuste de 6 m, souvent avec branches épineuses; écorce lisse, exfoliant en écailles membraneuses. Feuilles alternes, 3-foliolées, chaque foliole 2–4 x 1–2 cm aux bords crénelés. Fleurs rouge-jaunâtres de 8 mm en petites touffes axillaires. Fruit rouge à brun, globuleux ou ovoïde de 8 mm.

Noms locaux
Bambara: Barakanti; **Mooré**: kodemtabéga; **Dioula**:barakante; **Peul**: badadi

Utilisations
croit rapidement par bouture et fait une barrière dans les zones sèches. Le foliage est mangé par le bétail. Les feuilles aromatiques sont utilisées en médecine contre les troubles d'estomac, comme sédatif et soporifique. Il s'utilise en friction pour faire du feu. La gomme d'écorce est utilisée pour encenser les maisons, et est aussi utilisée comme parfum à bonne odeur pour s'enduire le corps; il est aussi utilisé dans les lavages antiseptiques.

Habitat
Savanes, sur sable ou argile. Floraison en saison sèche, avant les feuilles.

Répartition géographique
Mauritanie, Sénégal, Guinée, Sierra Leone, Mali, Burkina Faso, Cote d'Ivoire, Ghana, Togo, Benin, Nigeria, Cameroun, Guinée Equatorial, République Centrafricaine, Chad, Soudan, Erythrée, Ethiopie, Ouganda, Rwanda, Burundi, Kenya, Tanzanie, Angola, Zambie, Mozambique, Zimbabwe, Namibie, Botswana, Swaziland, Afrique du Sud.

Domaine biogeographique
Afrotropicale.

Categorie liste rouge D'UICN
Préoccupation mineure (LC), évalué ici sur la base de sa répartition et son habitat.

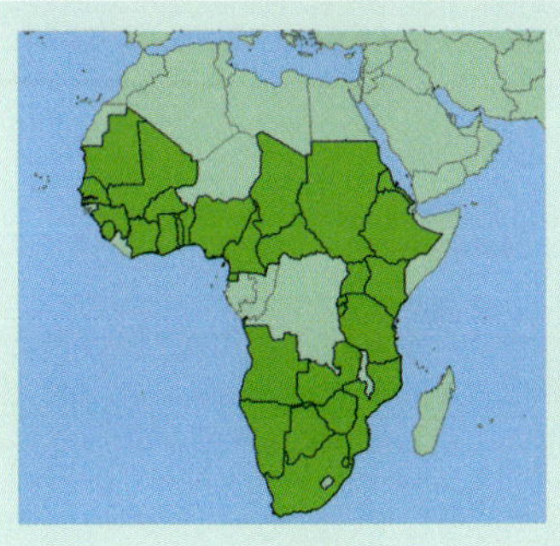

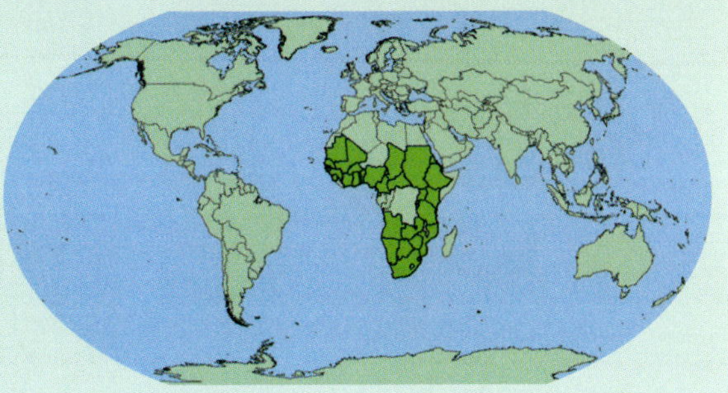

Commiphora pedunculata

Burseraceae

(Kotschy & Peyr.) Engl. [1867]

Arbre ou arbuste de 4 m, souvent avec des branches épineuses; écorce lisse, exfoliant en écailles membraneuses, puis rugueuse. Feuilles alternes, imparipennées avec 2–5 paires de folioles, chaque 2–7 x 1–3 cm, bords crénelés. Fleurs blanches ou crèmes de 7 mm en groupes courts axillaires. Fruit noir, ellipsoïde de 12 mm.

Noms locaux
Mooré: sabnoughagha; **Dioula**: barakante; **Peul**: badadi; **Bambara**: barakante

Utilisations
la gomme d'écorce est utilisée comme encens; le fruit est dit être comestible.

Habitat
Savane, assez rare. Floraison au début de saison des pluies.

Répartition géographique
Sénégal, Mali, Burkina Faso, Cote d'Ivoire, Niger, Ghana, Togo, Benin, Nigeria, Chad, Cameroun, République Centrafricaine, Soudan, Tanzanie, Angola, Zambie, Malawi.

Domaine biogeographique
Afrotropicale.

Categorie liste rouge D'UICN
Préoccupation mineure (LC), évalué ici sur la base de sa répartition et son habitat.

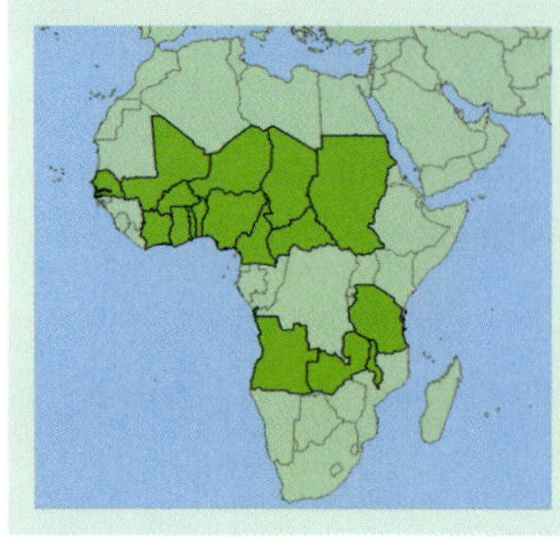

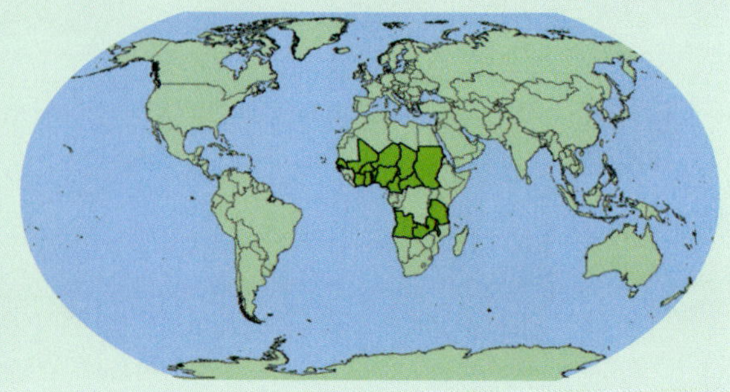

Dalbergia melanoxylon

Guill. & Perr. [1832]

Leguminosae/Fabaceae

Arbre de 5–12 m; écorce lisse. Feuilles alternes, imparipennées avec 2–5 paires de folioles de 1–5 x 1–3 cm. Fleurs blanches de 5 mm en groupes terminaux de 10 cm. Fruit brun, plat, allongé, de 6 x 1.5 cm.

Noms locaux
Fulani: Ngelgelaahi, **Moore**: gui-anéga; **Dioula**: janafin; **Bambara**: janafin

Utilisations
bois dur, dense, durable, résistant aux insectes; s'utilise pour faire des cannes à marcher, mallettes, mortiers, bois de tambours, instruments fins de musique (guitares), manches d'outils, etc.

Habitat
Savanes, sur rochers, près de l'eau. Floraison en saison sèche.

Répartition géographique
De Sénégal a Ethiopie et Afrique du Sud.

Domaine biogeographique
Afrotropicale.

Categorie liste rouge D'UICN
Quasi menacé (NT) (IUCN 2009)

Les graines sont Orthodoxes et les téguments enlevés avant germination à 100% à la température de 25°C. Poids des 1,000 graines = 105.45 g.

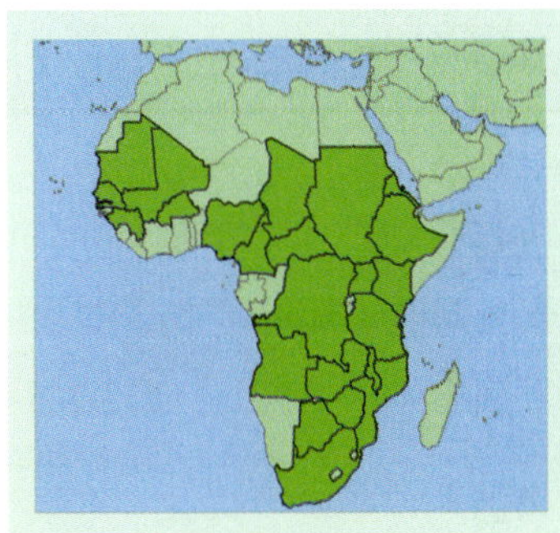

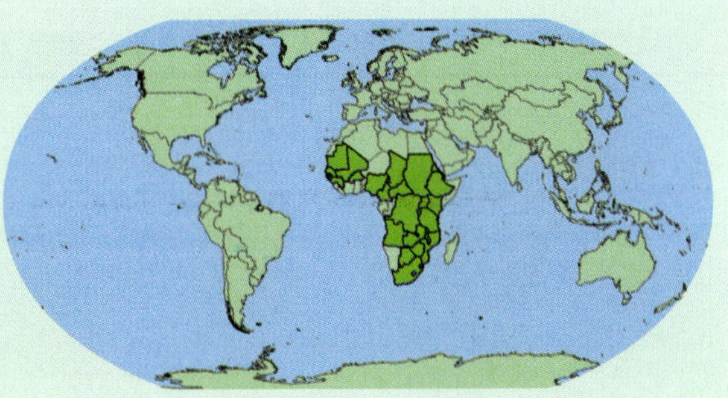

Dichrostachys cinerea

(L.) Wight & Arn. [1753]

Leguminosae/Fabaceae

Arbre ou arbuste de 5 m; écorce fissurée ou écailleuse; petits rameaux épineux. Feuilles alternes, bipennées, avec 8–15 paires de pinnules, chacune avec 10–25 paires de folioles de 4–10 x 1–2 mm. Fleurs de 3 mm, à têtes pendantes de 10 cm, à partie supérieure rose et inferieure jaune. Fruit brun, formant des boules spiralées, de 8 cm de travers.

Noms locaux
Fulani: Mburli; **Bambara**: Gliki goro; **Mooré**: Susutga; **Dioula**: Tiliki; **Peul**: patrulaki

Utilisations
l'espèce colonise les jachères abandonnées, s'épandant par drageons de racine; le bois de cœur est dur et durable, s'utilise comme manches d'outils, cannes à marcher. Fait du bon bois de feu et du charbon. L'écorce produit une fibre solide. La racine s'utilise contre la lèpre et la syphilis, contre des vers et comme purgatif. La macération ou décoction de feuilles s'utilise contre des maux de tête.

Habitat
Forêt, savane, jachères. Floraison en saison sèche.

Répartition géographique
Egypte, Sénégal, Gambie, Guinée, Sierra Leone, Liberia, Mali, Burkina Faso, Niger, Cote d'Ivoire, Ghana, Togo, Benin, Nigeria, Cameroun, Chad, République Centrafricaine, Gabon, Congo-Brazzaville, Congo-Kinshasa, Soudan, Erythrée, Ethiopie, Somalie, Ouganda, Rwanda, Burundi, Kenya, Tanzanie, Angola, Zambie, Malawi, Mozambique, Zimbabwe, Botswana, Lesotho, Afrique du Sud, Arabie, Comores, Seychelles, Iran, Inde, Birmanie, Laos, Thaïlande, Vietnam, Malaysie, Philippines, Indonésie, Australie.

Domaine biogeographique
Afrotropicale, Paléarctique, Indo-Maléenne, Australasienne.

Categorie liste rouge D'UICN
Préoccupation mineure (LC), évalué ici sur la base de sa répartition et son habitat.

Les graines sont Orthodoxes et se scarifient sur les téguments avant germination à 100% à la température de 21°C. Poids des 1,000 graines = 56 g.

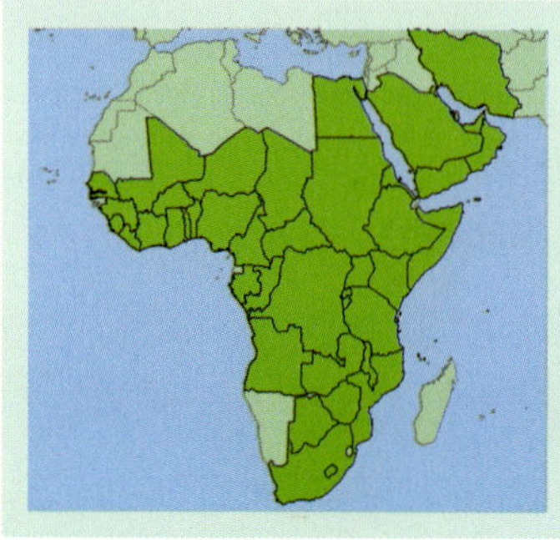

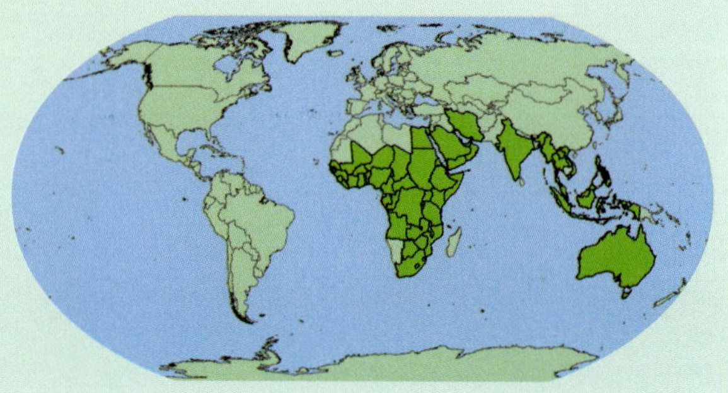

Erythrina senegalensis

DC. [1825]

Leguminosae/Fabaceae

Arbre de 7 m; écorce crevassée; épines de 10 mm de long, courbées, aux bases larges. Feuilles alternes, 3-foliées, les folioles entières et 7–15 x 4–10 cm. Fleurs rouges de 40 mm en groupes terminaux érigés de 30 cm. Fruit brun, plat-allongé et courbe ou roulé de 18 cm de long.

Noms locaux
Mooré: Kulintiga; **Dioula**: ntenbilen; **Peul**: Mbototay; **Bambara**: ntenbilen

Utilisations
souvent plantée pour clôtures et pour bordures, et se développe rapidement par bouturages. La décoction d'écorce est utilisée comme un topique et aussi contre les fièvres.

Habitat
Savane. Floraison en saison sèche.

Répartition géographique
Sénégal, Guinée, Sierra Leone, Liberia, Mali, Burkina Faso, Cote d'Ivoire, Niger, Ghana, Togo, Benin, Nigeria, Cameroun.

Domaine biogeographique
Afrotropicale.

Categorie liste rouge D'UICN
Préoccupation mineure (LC), évalué ici sur la base de sa répartition et son habitat.

Les graines sont Orthodoxes et se scarifient sur les téguments avant germination à 85% à la température de 21°C. Poids des 1,000 graines = 144.34 g.

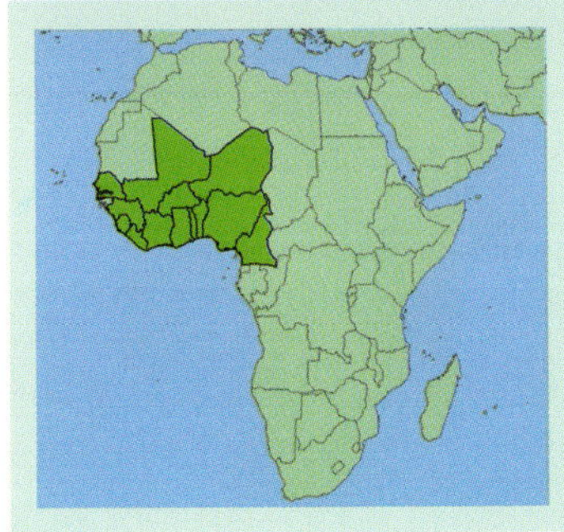

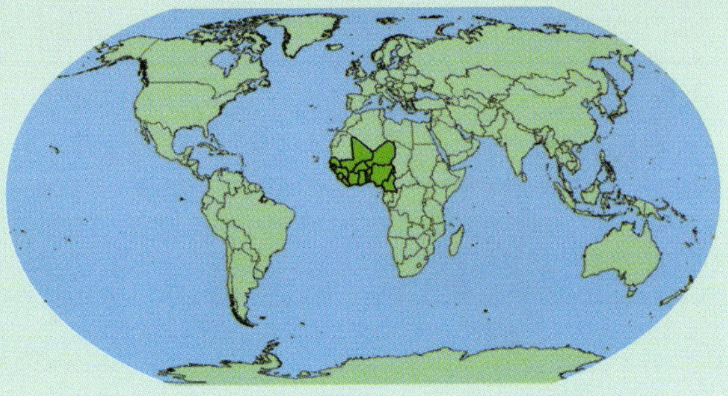

Faidherbia albida

Leguminosae/Fabaceae

(Del.) A. Chev. [1813]

Synonyme *Acacia albida*

Arbre jusqu'à 20 m de haut; écorce fissurée et crevassée. Epines droites, jusqu'à 2.5 cm de long. Feuilles bipennées, 3–10 cm de long, avec 3–7 paires de pinnules, chaque avec 6–20 paires de folioles 3–7 x 1–2 mm. Fleurs crèmes de 3 mm, en épis de 7–10 cm de long. Fruit allongé, tordu, 6–25 x 2–3.5 cm, épais, de couleur orange.

Noms locaux
Mooré: Zaanga; **Dioula**: Balansan; **Peul**: Tieaki; **Bambara**: Balansan

Utilisations
elle enrichit le sol; est en pleine feuillaison pendant la saison sèche, donc un bon arbre d'ombrage, et sans feuille pendant la saison des pluies. Bois utilisé en construction légère, charpenterie, pour meubles, manches d'outil, ustensiles; bois de feu. L'écorce est riche en tannin, et est utilisée pour tanner les peaux.

Il est utilisé médicalement en traitements de lèpre; la décoction de racine est utilisée pour faire vomir, la racine macérée contre la pneumonie. Bon fourrage - feuilles et gousses pour le bétail.

Habitat
Savane. Floraison en début de saison sèche.

Répartition géographique
Maroc, Algérie, Libye, Egypte, Sahara Occidental, Mauritanie, Sénégal, Gambie, Guinée, Mali, Burkina Faso, Cote d'Ivoire, Niger, Ghana, Togo, Benin, Nigeria, Cameroun, Bioko, Chad, Soudan, Erythrée, Ethiopie, Somalie, Congo-Kinshasa, Ouganda, Kenya, Tanzanie, Angola, Zambie, Malawi, Mozambique, Zimbabwe, Namibie, Botswana, Afrique du Sud, Arabie, Israël.

Domaine biogeographique
Afrotropicale, Paléarctique, Indo-Maléenne.

Categorie liste rouge D'UICN
Préoccupation mineure (LC), évalué ici sur la base de sa répartition et son habitat.

Les graines sont Orthodoxes et se scarifient sur les téguments avant germination à 100% à la température de 26°C. Poids des 1,000 graines = 140.81 g.

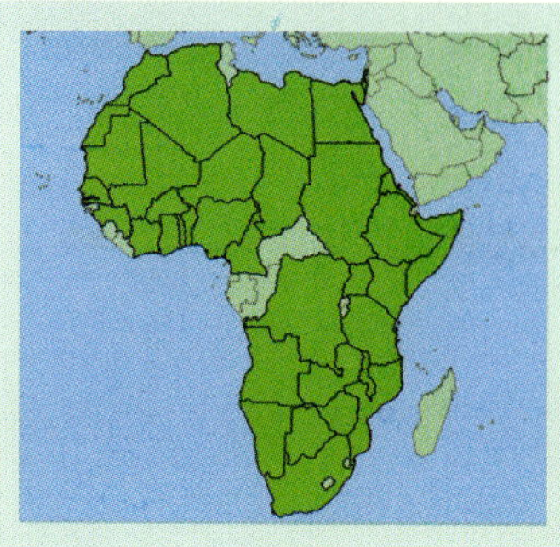

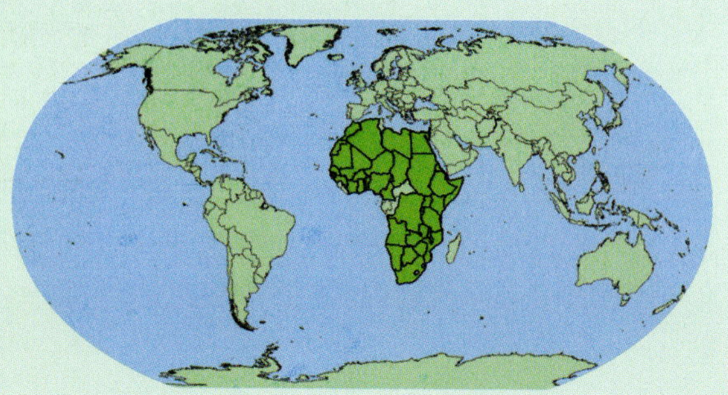

Flacourtia indica

Salicaceae

(Burm. f.) Merrill [1768]

Synonyme *F. flavescens* dans Lebrun *et al.*

Arbuste ou arbre jusqu'à 10 m; écorce crevassée et écailleuse, avec des épines droites axillaires jusqu'à 8 cm de long. Feuilles alternes, 4–16 x 2–8 cm, au bord crénelé. Fleurs en groupes axillaires de 0.5–2 cm de long; fleurs (pétales absentes) verte-jaunâtre, 6 mm de large. Fruit globuleux, rouge ou pourpre, de 2.5 cm de diamètre.

Noms locaux
inconnu

Utilisations
le fruit est comestible et la plante est utilisée comme clôture.

Habitat
Galeries forestières, collines rocheuses. Floraison en fin de saison des pluies.

Introduite de l'Asie du sud, largement distribué en Afrique. Madagascar; Iles Mascarenes, Seychelles, Inde, SE Asia, Chine.

Domaine biogeographique
Indo-Maléenne.

Categorie liste rouge D'UICN
LC (= préoccupation mineure)

Les graines sont probablement Orthodoxes. Poids des 1,000 graines = 34.55 g.

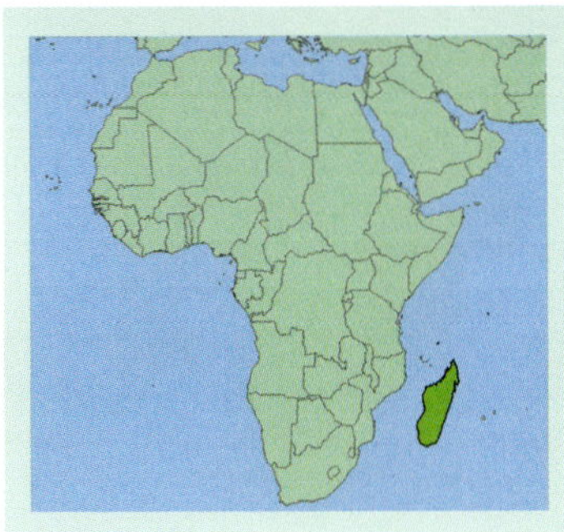

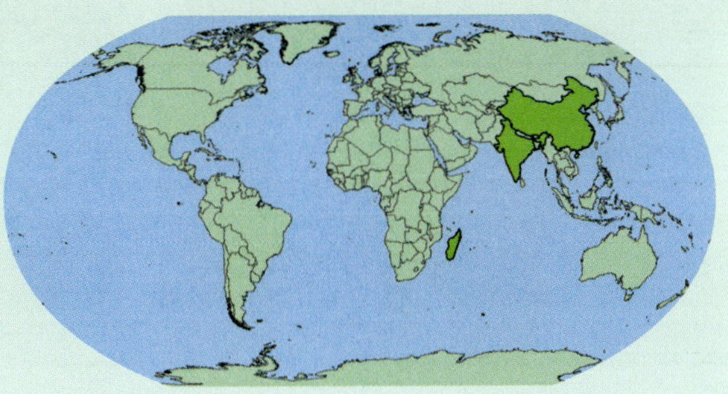

Lawsonia inermis

L. [1753]

Lythraceae

Arbuste ou arbre de 6 m, avec beaucoup de branches basses, qui se terminent souvent en épine; les épines apparentes sur vieux bois; jeunes rameaux carrés. Feuilles opposées, souvent rouge quand elles sont jeunes, de 1–9 x 0.2–4 cm, souvent avec points translucides. Fleurs blanches ou crèmes, en groupes feuillés de 25 cm de long, parfumées, petites. Fruit en groupes denses, des globes verts rougeâtres de 8 mm en travers.

Noms locaux
Mooré: lallé; **Dioula**: djabi; **Bambara**: djabi

Utilisations
originaire de l'Asie de l'Ouest, et plantée en Afrique de l'Ouest au moins depuis 1067 A.C. Les feuilles sèches sont utilisées pour faire du henné, un produit cosmétique. Les fleurs sont attractives aux abeilles.

Habitat
Sur sols sableux, souvent semi-cultive. Floraison en saison sèche et en début d'hivernage.

Originaire de l'Asie de l'Ouest, et plantée en Afrique de l'Ouest au moins depuis 1067 A.C. Très répandu en Afrique, Seychelles, Madagascar, Comores, Egypte, Libye, Moyen Orient; Chine, Pakistan, Inde, Indochine, Malaisie, Indonésie, Australie.

Domaine biogeographique
Indo-Maléenne.

Categorie liste rouge D'UICN
LC (= préoccupation mineure)

Les graines germent à 96% sans prétraitement. Poids des 1,000 graines = 1.88 g.

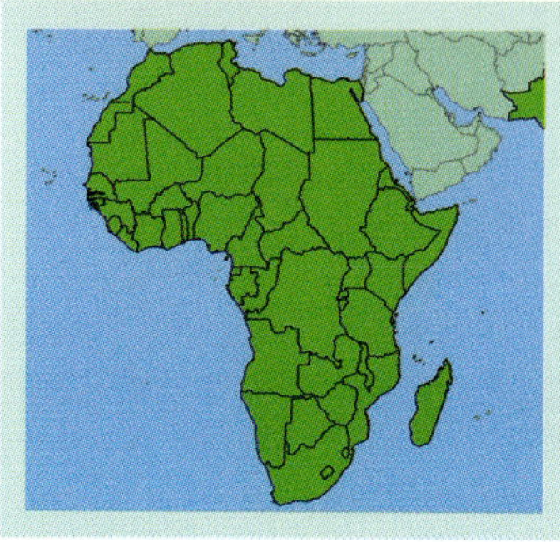

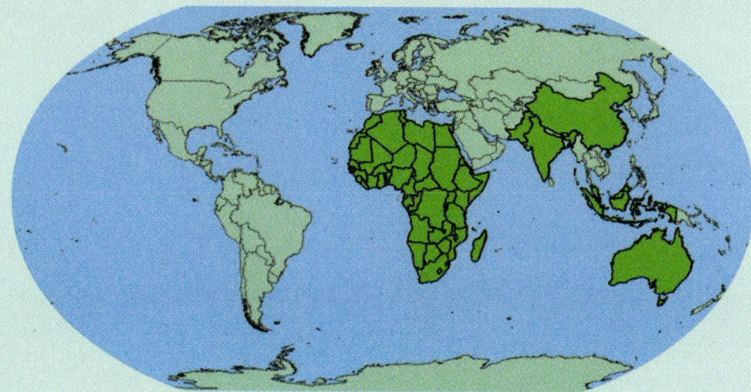

Maytenus senegalensis

Celastraceae

(Lam.) Exell [1783]

Arbre ou arbuste de 1–9 m; écorce écailleuse; branches épineuses, les épines de 4 cm de long. Feuilles alternes, 2–12 x 0.5–6 cm, bords crénelés. Fleurs crèmes de 5 mm, organisées en groupes axillaires de 4 cm. Fruit rose à rouge, globuleux à ovoïde de 2–6 mm.

Noms locaux
Mooré: Tokvugri; **Dioula**: Nyikelenni; **Peul**: Yengotehi; **Bambara**: ngege

Utilisations
bois dur et durable. La décoction de feuilles s'utilise contre les maux de dents, les infections de bouche ou les abcès; feuilles sont consommées contre les troubles d'intestins et la dysenterie et contre les vers; la décoction de rameaux feuillus est utilisée en fumigation contre les œdèmes. La décoction d'écorce est utilisée pour le lavage de blessures; qui sont aussi couvertes de poudre d'écorce de l'espèce mélangée avec l'écorce de *Terminalia macroptera*. La racine est largement utilisée en médecines contre les troubles d'estomac.

Habitat
Savanes; commun. Floraison en saison sèche.

Répartition géographique
Maroc, Algérie, Libye, Egypte, Sahara Occidental, Mauritanie, Sénégal, Gambie, Guinée, Mali, Burkina Faso, Niger, Cote d'Ivoire, Ghana, Togo, Benin, Nigeria, Cameroun, Chad, Soudan, Erythrée, Djibouti, Ethiopie, Somalie, Congo-Kinshasa, Rwanda, Burundi, Ouganda, Kenya, Tanzanie, Angola, Zambie, Malawi, Mozambique, Zimbabwe, Namibie, Botswana, Afrique du Sud, Espagne, Arabie, Pakistan, Inde, Bangladesh.

Domaine biogeographique
Afrotropicale, Paléarctique, Indo-Maléenne.

Categorie liste rouge D'UICN
Préoccupation mineure (LC), évalué ici sur la base de sa répartition et son habitat.

Poids des 1,000 graines = 11.3 g.

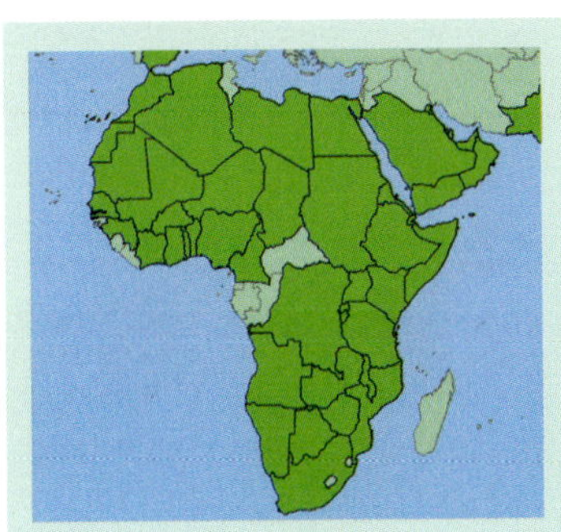

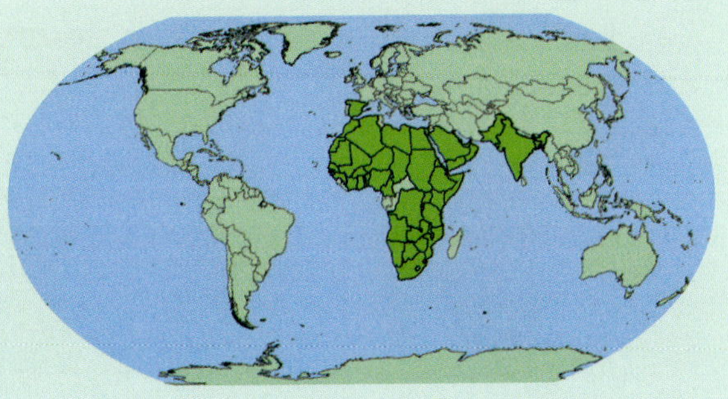

Oncoba spinosa

Forssk. [1775]

Salicaceae

Arbuste ou arbre de 9 m, écorce lisse; branches avec épines axillaires droites de 7 cm de long. Feuilles alternes, 3–14 x 2–7 cm, bords finement crénelés-dentés. Fleurs blanches ou roses, sur bourgeons courts latéraux ou terminaux; pétales de 35 x 20 mm. Fruit en globe brillant rouge-brun de 5–6 cm de travers.

Noms locaux
Dioula: sirabara; **Bambara**: Sirabara

Utilisations
souvent plantée pour ses larges fleurs parfumées. Les fruits sont creusés pour être utilisés comme conteneurs.

Habitat
Forêts riveraines et collines rocheuses. Floraison dans la deuxième moitié de la saison sèche.

Répartition géographique
Sénégal, Guinée, Sierra Leone, Mali, Burkina Faso, Ghana, Benin, Nigeria, Chad, République Centrafricaine, Congo-Kinshasa, Soudan, Erythrée, Ethiopie, Somalie, Ouganda, Kenya, Tanzanie, Zambie, Malawi, Mozambique, Zimbabwe, Namibie, Botswana, Swaziland, Afrique du Sud, Arabie.

Domaine biogeographique
Afrotropicale, Paléarctique.

Categorie liste rouge D'UICN
Préoccupation mineure (LC), évalué ici sur la base de sa répartition et son habitat.

Les graines sont probablement Orthodoxes et germent à 100% à 30°C. Poids des 1,000 graines = 15.49 g.

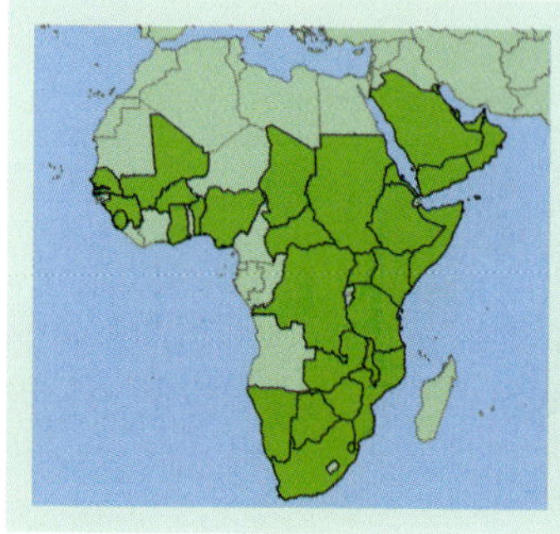

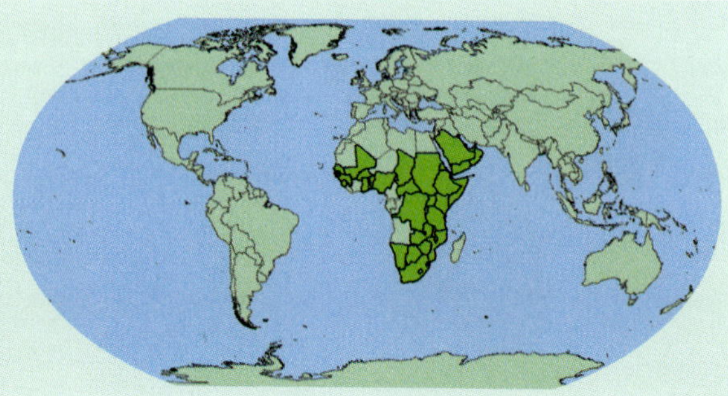

Pandanus candelabrum

P. Beauv. [1805]

Pandanaceae

Arbre jusqu'à 9 m de haut; tronc épineux; racines épineuses émanant au dessus de la terre. Feuilles en grandes touffes spiralées, linéaires jusqu'à 100 x 2–5 cm, bords épineux. Fleurs (arbres sont ♀ ou ♂) à têtes avec grandes bractées blanches et beaucoup de petites fleurs. Fruits à têtes ellipsoïdes jusqu'à 17 x 10 cm.

Noms locaux
Français: pandanus

Utilisations
feuilles s'utilisent pour faire des nattes, paniers et sacs; l'espèce est quelques fois cultivée dans ce but, avec les nouvelles plantes croissant à partir des coupes de racines qui se plantent dans des zones humides. (Fincolo, Sikasso selon FWTA).

Habitat
Savanes, souvent sur termitières. Floraison juste avant la saison des pluies.

Répartition géographique
Sénégal, Guinée, Sierra Leone, Liberia, Mali, Burkina Faso, Cote d'Ivoire, Ghana, Togo, Benin, Nigeria, Cameroun, Guinée Equatorial, Bioko, Congo-Brazzaville, Congo-Kinshasa, Angola.

Domaine biogeographique
Afrotropicale.

Categorie liste rouge D'UICN
Préoccupation mineure (LC), évalué ici sur la base de sa répartition et son habitat. Un des problèmes est que la taxonomie n'est pas encore certaine, parce qu'aucune révision de ce genre n'existe pour l'Afrique de l'Ouest, et il y a des espèces voisines proches.

Poids des 1,000 graines = 289.2 g.

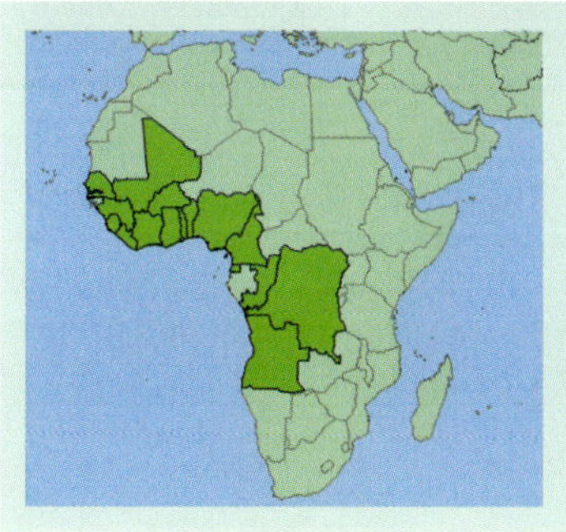

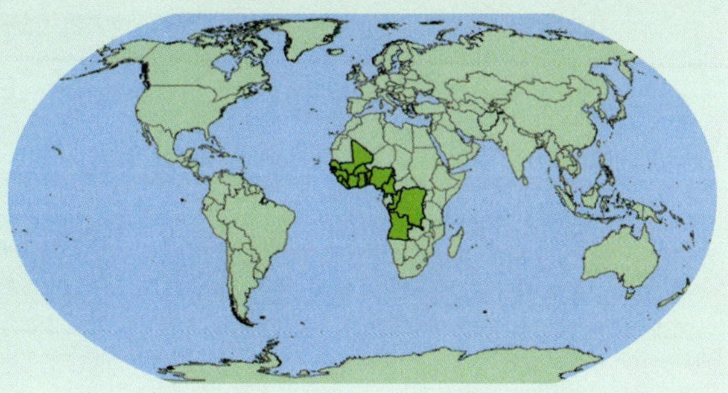

Parkinsonia aculeata

L. [1753]

Leguminosae/Fabaceae

Arbre ou arbuste de 4–6 m, avec épines de 7–15 mm à la base des feuilles. Feuilles alternes, bipennées ressemblant à paripennées, avec 1–2 paires de pinnules avec nombreuses folioles de 3–6 x 2–3 mm. Fleurs jaunes de 25 mm, en groupes axillaires pendants de 20 cm. Fruit brun, linéaire de 8–10 x 1 cm.

Noms locaux

–

Utilisations

plante non-native (elle vient de l'Amérique tropicale), elle est communément plantée comme bordures, et se développe par bouturage. Le bois fait du bon charbon. La fleur est comestible.

Habitat

Plantée et naturalisé dans les endroits humides. Floraison en fin de saison sèche et au début de saison des pluies. Originaire des U.S.A. et du Mexique.

Domaine biogeographique

Néotropicale.

Categorie liste rouge D'UICN

Préoccupation mineure (LC), évalué ici sur la base de sa répartition et son habitat.

Les graines sont Orthodoxes et se scarifient sur les téguments avant germination à 100% à 20°C. Poids des 1,000 graines = 100 g.

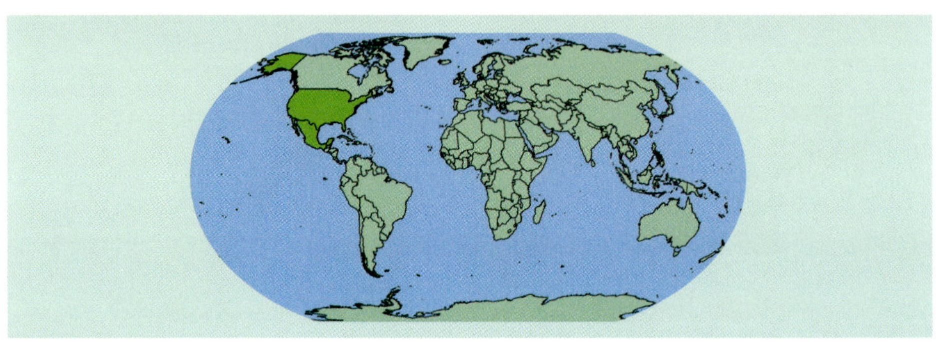

Pithecellobium dulce

(Roxb.) Benth. [1795]

Leguminosae/Fabaceae

Arbre ou arbuste de 20 m; écorce ± écailleuse, rameaux épineux. Feuilles alternes, bipennées, avec 1 paire de pinnules, chaque avec 1 paire de folioles 1–5 x 0.3–2 cm. Petites fleurs blanches à crèmes de 4 mm, en groupes terminaux de têtes de 1 cm. Fruit brun, spirale plat-allongé, de 15 x 1.5 cm.

Noms locaux

–

Utilisations

utilisé comme plante de bordure, devenant impénétrable en une seule année. Fait du bon bois de feu, feuilles et gousses sont de bons fourrages pour le bétail. Bon arbre mellifère.

Habitat

Cultivé et parfois naturalisé, sur sols sableux. Floraison en saison sèche. Originaire d'Amérique tropicale. Pas évalué ici.

Domaine biogeographique

Néotropicale.

Les graines se scarifient sur les téguments avant germination à 100% à la température de 25°C. Poids des 1,000 graines = 123.5 g.

Photo B. Navez

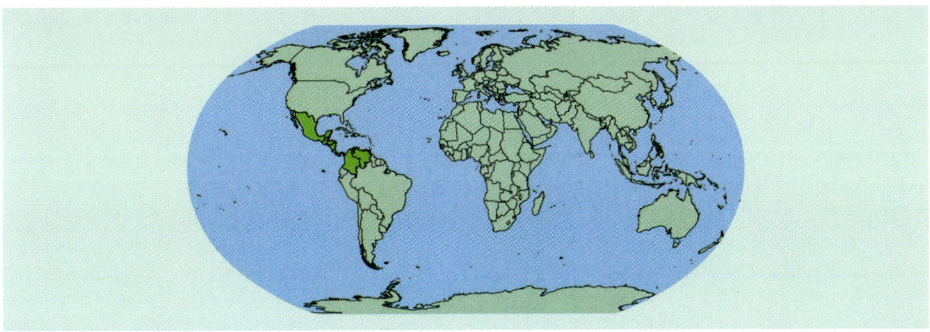

Punica granatum

L. [1753]

Lythraceae

Arbuste ou arbre a 5 m; rameaux devenant épineux . Feuilles opposées ou fasciculées, 2–8 x 1–4 cm. Fleurs orange-rouge, de 2–3 cm, solitaires ou en petites groupes parmi les feuilles. Fruit verdâtre à rouge, rond, de 5–12 cm.

Noms locaux
Tamachek: tarrumant. **Francais**: grenadier.

Utilisations
Cultivé pour son fruit comestible et comme plante ornementale; l'écorce de la racine est utilisée contre les ténia.

Habitat
Cultivé et peut-être subspontané; floraison en fin de saison sèche et commencement de saison des pluies.

Répartition géographique
Originaire d'Asie du Sud (Iran, Pakistan, Inde) mais cultivé partout.

Domaine biogeographique
Palearctique, Indo-Maléenne.

Categorie liste rouge D'UICN
D'UICN: Préoccupation mineure (LC), évalué ici sur la base de sa répartition et son habitat.

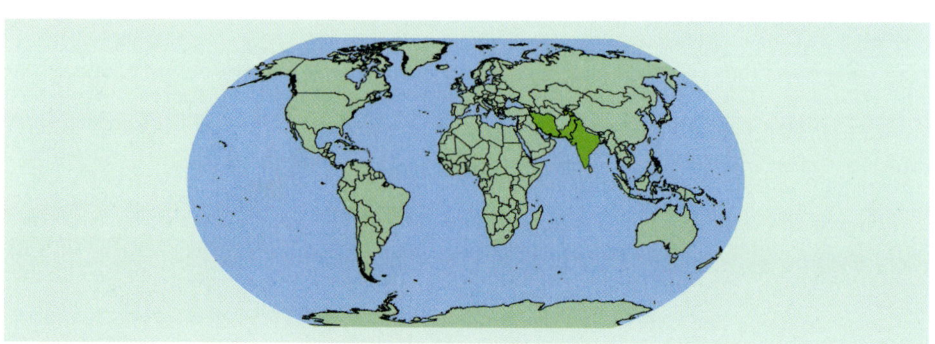

Strychnos spinosa

Lam. [1794]

Loganiaceae

Arbre de 6 m de haut; écorce lisse ou ± écailleuse; branches armées d'épines jusqu' à 1.5 cm de long. Feuilles opposées, 1.5–8 x 1–7 cm, avec 3 veines partant de la base. Fleurs blanches verdâtres de 10 mm, en larges groupes branchus terminaux. Fruits jaunes globuleux, 10–15 cm de diamètre, avec parois épais.

Noms locaux
Mooré: Katin-poâaga; **Dioula**: gongoroba; **Bambara**: nkankoroba

Utilisations
bois dur à grains fermés, s'utilise en menuiserie. Feuilles et fruits sont utilisés comme panacée générale contre la maladie. L'infusion de la racine s'utilise contre le poison, et aussi comme un antiseptique sur les blessures. Les graines sont poisonneuses.

Habitat
Savanes, souvent sur termitières. Floraison juste avant la saison des pluies.

Répartition géographique
Sénégal, Gambie, Guinée, Mali, Burkina Faso, Cote d'Ivoire, Ghana, Togo, Benin, Nigeria, Cameroun, République Centrafricaine, Congo-Kinshasa, Soudan, Erythrée, Ethiopie, Ouganda, Kenya, Tanzanie, Angola, Zambie, Malawi, Zimbabwe, Mozambique, Swaziland, Afrique du Sud, Madagascar, Mascarenes, Seychelles.

Domaine biogeographique
Afrotropicale.

Categorie liste rouge D'UICN
Préoccupation mineure (LC), évalué ici sur la base de sa répartition et son habitat.

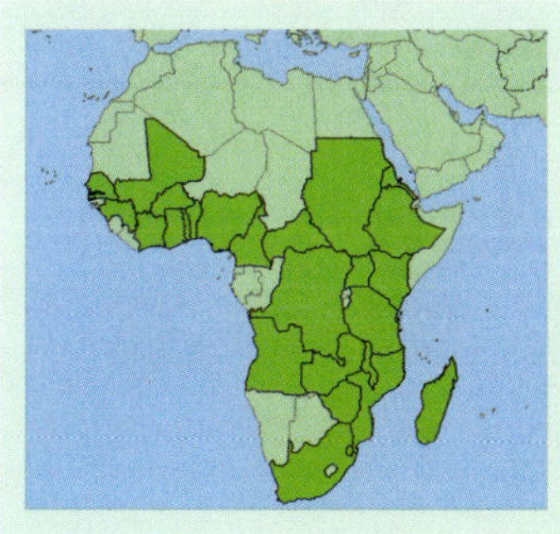

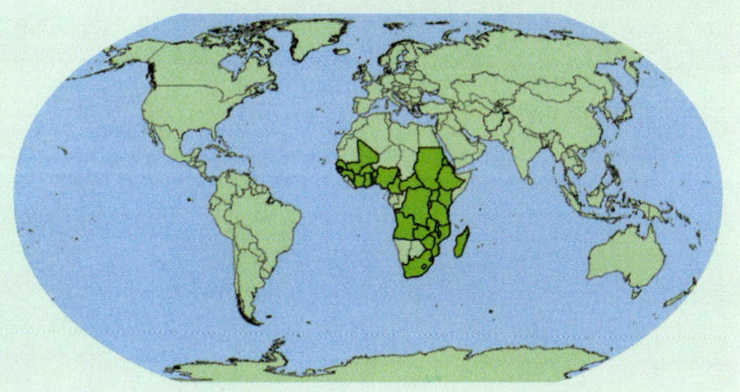

Ximenia americana

Ximeniaceae

L. [1753]

Arbre ou arbuste de 5 m; écorce crevassée et ± écailleuse; branches épineuses à la base des feuilles, épines de 1–1.5 cm. Feuilles alternes, de 3–9 x 1–4 cm. Fleurs blanches ou crèmes de 8 mm en groupes axillaires de 1 cm. Fruit orange, ellipsoïdal, de 3 cm.

Noms locaux

Mooré: Leenga; **Dioula**: minigoli; **Peul**: tiaburli; **Bambara**: ntonké

Utilisations

fruit comestible; espèce à beaucoup d'utilisation médicinales: pour troubles de la peau, schistosomiases, fièvres et diarrhée.

Habitat

Savane. Floraison en saison sèche.

Répartition géographique

Sénégal, Gambie, Guinée-Bissau, Guinée, Sierra Leone, Liberia, Mali, Burkina Faso, Cote d'Ivoire, Ghana, Togo, Benin, Nigeria, Chad, Cameroun, Guinée Equatorial, République Centrafricaine, Congo-Brazzaville, Congo-Kinshasa, Rwanda, Burundi, Soudan, Erythrée, Ethiopie, Somalie, Ouganda, Rwanda, Burundi, Kenya, Tanzanie, Angola, Zambie, Malawi, Mozambique, Zimbabwe, Namibie, Botswana, Afrique du Sud, U.S.A., Mexique, Nicaragua, Honduras, Panama, Guadeloupe, Colombie, Venezuela, Guyana, Surinam, Equateur, Bolivie, Pérou, Brésil, Uruguay, Paraguay, Argentine, Chile, Inde, Australie, Nouvelle Zélande.

Domaine biogeographique

Afrotropicale, Néotropicale, Néarctique, Indo-Maléenne, Australasienne.

Categorie liste rouge D'UICN

Préoccupation mineure (LC), évalué ici sur la base de sa répartition et son habitat.

Les graines sont Orthodoxes et germent à 88% sans prétraitement à la température de 26°C. Poids des 1,000 graines = 800 g.

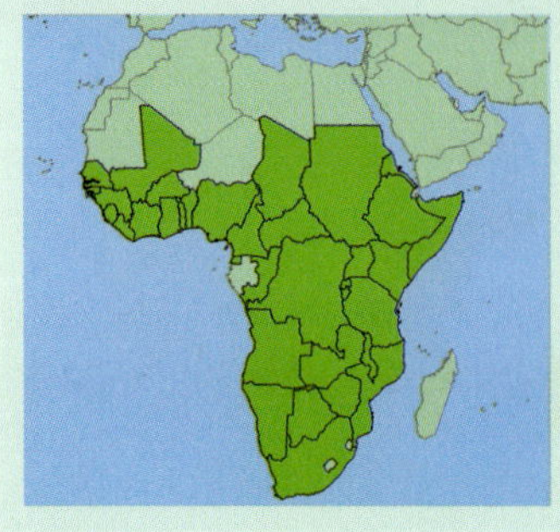

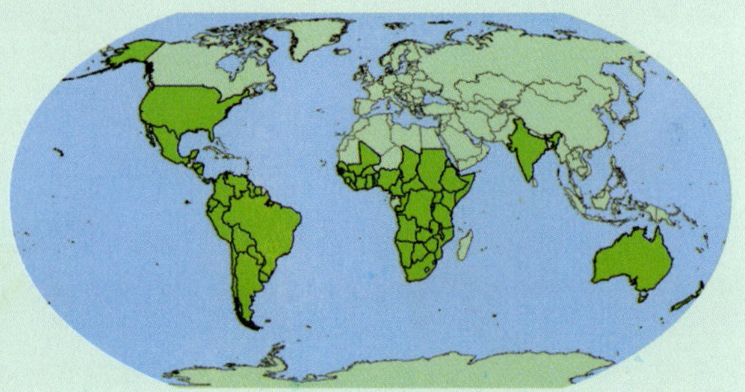

Zanthoxylum leprieurii

Rutaceae

Guill. & Perr. [1831]

Synonyme *Fagara leprieurii* dans FWTA

Arbre de 24 m, avec épines de 6 cm, à base larges. Feuilles imparipennées avec 9–21 folioles de 2–13 x 1–5 cm, glandulaires. Fleurs blanches, à 2 mm, en groupes branchus. Fruit ± globuleux, de 7 mm de long.

Noms locaux
Dioula: wo yiri; **Bambara**: won, wo

Utilisations
bois de cœur léger mais dur, et pas durable; s'utilise généralement en charpenterie; s'utilise aussi comme bois de feu et charbon.

Habitat
Forêt. Floraison?

Répartition géographique
Sénégal, Guinée, Sierra Leone, Liberia, Burkina Faso, Cote d'Ivoire, Ghana, Togo, Benin, Nigeria, Cameroun, Guinée Equatorial, Congo-Brazzaville, Congo-Kinshasa, Ouganda, Rwanda, Burundi, Tanzanie, Angola, Mozambique, Swaziland, Afrique du Sud.

Domaine biogeographique
Afrotropicale.

Categorie liste rouge D'UICN
Préoccupation mineure (LC), évalué ici sur la base de sa répartition et son habitat.

Poids des 1,000 graines = 28.38 g.

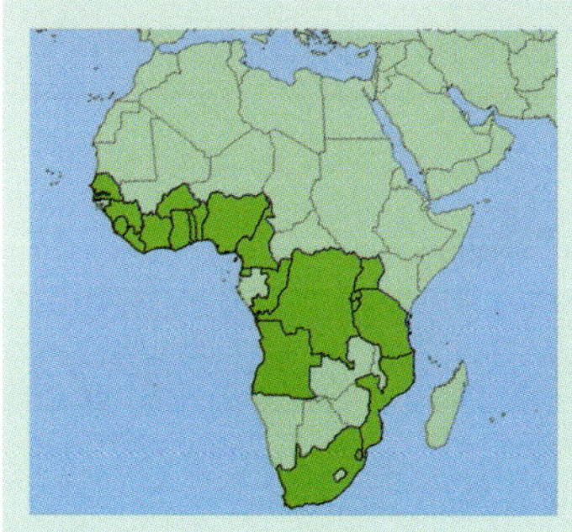

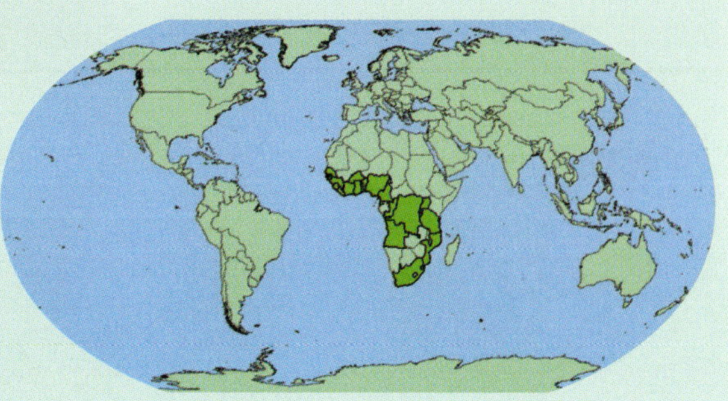

Zanthoxylum zanthoxyloides

Rutaceae

(Lam.) B.Zepernick & Timler [1786]

Synonymes *Fagara zanthoxyloides* dans FWTA; *Zanthoxylum senegalense* dans Burkill

Arbre ou arbuste de 8 m; écorce (finement) crevassée; branches épineuses, épines de 1 cm. Feuilles alternes, imparipennées avec 5–11 folioles de 5–10 x 2–4 cm. Fleurs blanchâtres de 2 mm, en groupes axillaires ou terminales de 25 cm de long. Fruit brun, globuleux de 6 mm.

Noms locaux
Mooré: Rapêko; **Dioula**: Wo; **Bambara**: Wo; **Senoufo**: guigang

Utilisations
bois très dur, durable et résistant aux termites; s'utilise pour construction, bois de feu, bon pour torches; les rameaux jeunes sont utilisés comme cure-dents; l'écorce est souvent vendue aux marchés pour une gamme d'utilisations médicinales.

Habitat
Forêt, galeries forestières en savane. Floraison souvent deux fois, en saison sèche et en saison des pluies.

Répartition géographique
Sénégal, Gambie, Guinée, Mali, Burkina Faso, Cote d'Ivoire, Ghana, Togo, Benin, Nigeria.

Domaine biogeographique
Afrotropicale.

Categorie liste rouge D'UICN
Préoccupation mineure (LC), évalué ici sur la base de sa répartition et son habitat.

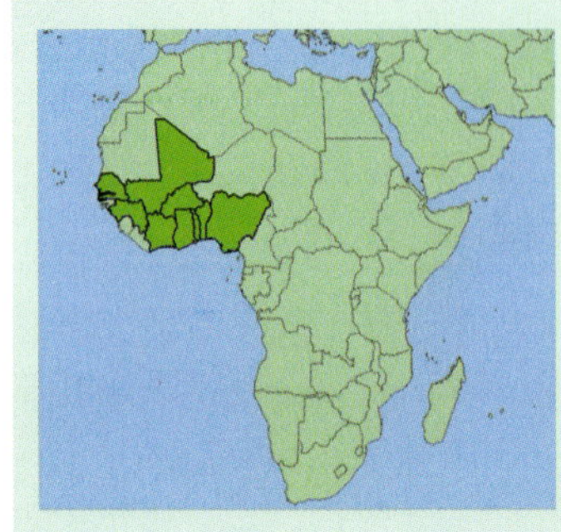

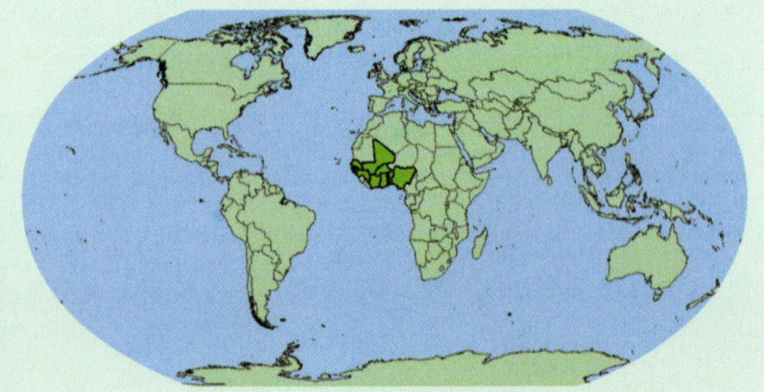

Ziziphus mauritiana

Lam. [1789]

Rhamnaceae

Arbre ou arbuste de 3–5 m; écorce un peu fissurée; épines par paires, une courbée, une droite, à 2 cm. Feuilles alternes, de 2–7 x 1–4 cm, bord crénelé, blanchâtre en dessous. Fleurs jaunâtres de 4 mm en groupes serrés axillaires de 4 cm de diamètre. Fruit brun ou violet, globuleux, de 1.5 cm.

Noms locaux
Mooré: Mugunuga; **Dioula**: Tominè; **Peul**: jabi; **Bambara**: ntomolon

Utilisations
bon arbre d'ombrage; beaucoup cultivé pour ses fruits, et aussi comme haies-vives. Le bois est dur et est bien utilisé comme ustensiles. La racine est utilisée contre les problèmes abdominaux. Feuilles mâchées aident à soigner les plaies. La pulpe sucrée du fruit, est utilisée pour faire des gâteaux, des boissons rafraichissantes; les fruits et les gâteaux sont souvent vendus dans les marchés.

Habitat
Savane, terrains cultivés, assez commun. Floraison en saison des pluies.

Probablement originaire de l'Afrique de l'Est, les iles de l'Océan Indien et Sud Asie, maintenant largement répandu dans les tropiques du Monde; plante cultivée et invasive.

Domaine biogeographique
Afrotropicale, Indo-Maléenne.

Categorie liste rouge D'UICN
Préoccupation mineure (LC), évalué ici sur la base de sa répartition et son habitat.

Les graines sont Orthodoxes et se scarifient sur les téguments (ou sans téguments) avant germination à 100% à la température de 25°C. Poids des 1,000 graines = 410.1 g.

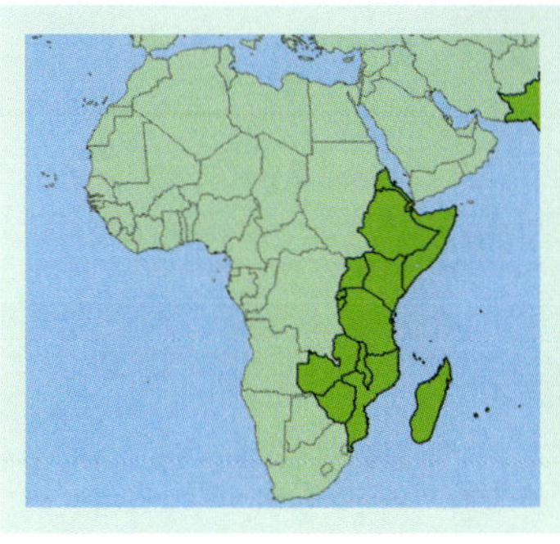

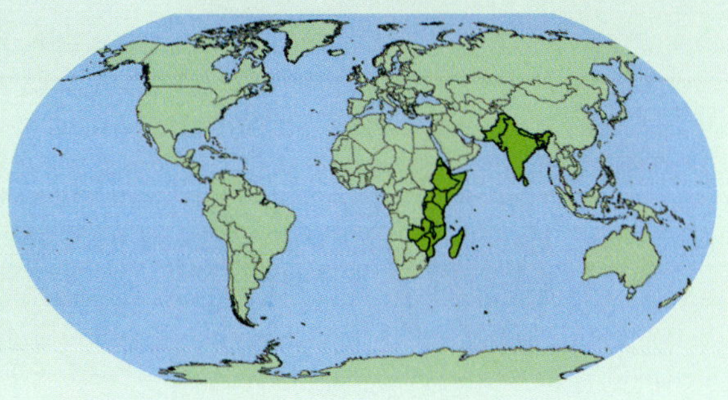

Ziziphus mucronata

Willd. [1809]

Rhamnaceae

Arbre ou arbuste de 5 m; écorce lisse ou fissurée; épines par paires, une courbée, une droite, de 1 cm. Feuilles alternes, 3–7 x 2–4 cm, bords crénelés. Fleurs jaunâtres de 4 mm en groupes serrés axillaires de 1.5 cm de diamètre. Fruit rouge, globuleux, de 1.8 cm.

Noms locaux
Fulani: Ngulunjaabi; **Moore**: Mugunuga; **Dioula**: surukuntomolon; **Peul**: jabi folo; **Bambara**: surukuntomolon

Utilisations
le bois est dur et élastique, et bon pour faire des arcs et des ustensiles de maison. La racine est utilisée en médecine contre les enflements.

Habitat
Savane, assez commun. Floraison en saison sèche.

Répartition géographique
Sénégal, Guinée, Sierra Leone, Mali, Burkina Faso, Cote d'Ivoire, Ghana, Togo, Benin, Nigeria, Cameroun, République Centrafricaine, Congo-Kinshasa, Soudan, Erythrée, Ethiopie, Ouganda, Kenya, Tanzanie, Angola, Zambie, Malawi, Mozambique, Zimbabwe, Namibie, Botswana, Afrique du Sud, Madagascar.

Domaine biogeographique
Afrotropicale.

Categorie liste rouge D'UICN
Préoccupation mineure (LC), évalué ici sur la base de sa répartition et son habitat.

Les graines sont Orthodoxes et se scarifient sur les téguments avant germination à 100% à la température de 26°C. Poids des 1,000 graines = 1,140 g.

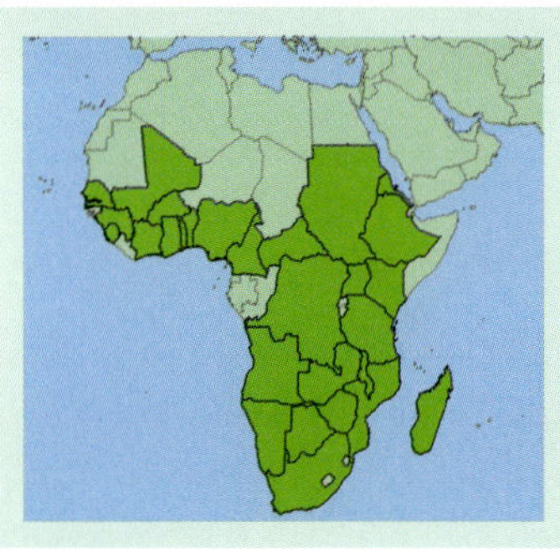

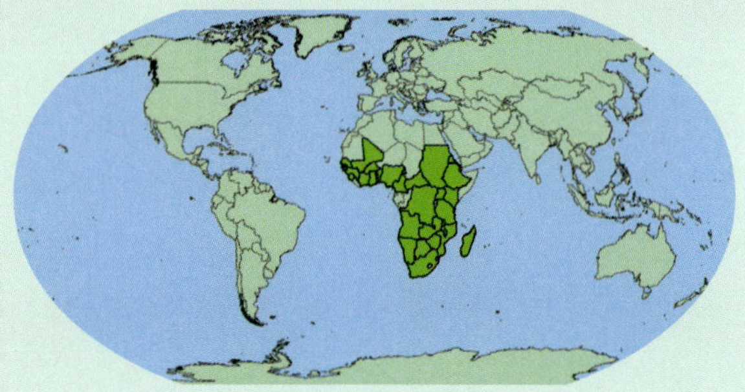

Ziziphus spina-christi

Rhamnaceae

(L.) Desf. [1753]

Arbre ou arbuste de 4–5 m; écorce crevassée et écailleuse; épines par paires, une courbée, une droite, de 1 cm. Feuilles alternes, 2–8 x 1–4 cm, bords crénelés. Fleurs jaunâtres de 4 mm en groupes serrés axillaires de 1.5 cm de diamètre. Fruit rouge, globuleux de 1.8 cm.

Noms locaux
Dioula: bandomon; **Bambara**: bandomon

Utilisations
native du Moyen Orient, plantée ici pour l'ombrage et ses fruits. Le bois est très dur et est utilisé pour faire des fournitures. Les feuilles sont broutées par les animaux. Le fruit est beaucoup apprécié et est habituellement mangé frais.

Habitat
Savane, souvent en bordure de mare. Floraison en saison sèche.

Répartition géographique
(et probablement originaire de) Algérie, Tunisie, Libye, Egypte, Mauritanie, Senegal, Mali, Niger, Nigeria, Chad, Erythrée, Djibouti, Ethiopie, Somalie, Kenya, Zimbabwe; Turquie, Iran, Pakistan.

Domaine biogeographique
Afrotropicale, Paléarctique.

Categorie liste rouge D'UICN
Préoccupation mineure (LC), évalué ici sur la base de sa répartition et son habitat.

Les graines sont Orthodoxes et se scarifient sur les téguments avant germination à 100% à la température de 26°C. Poids des 1,000 graines = 581.6 g.

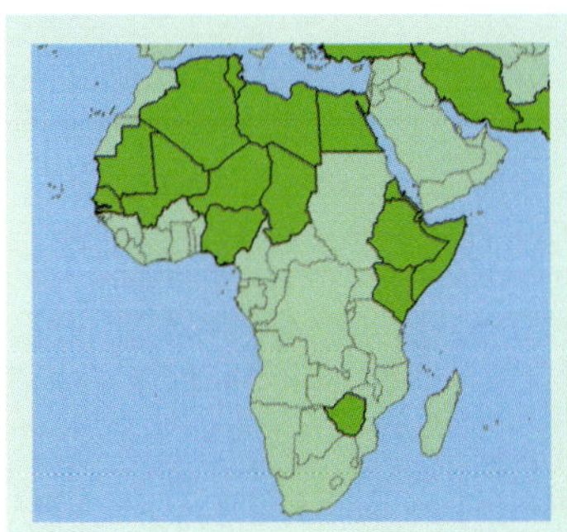

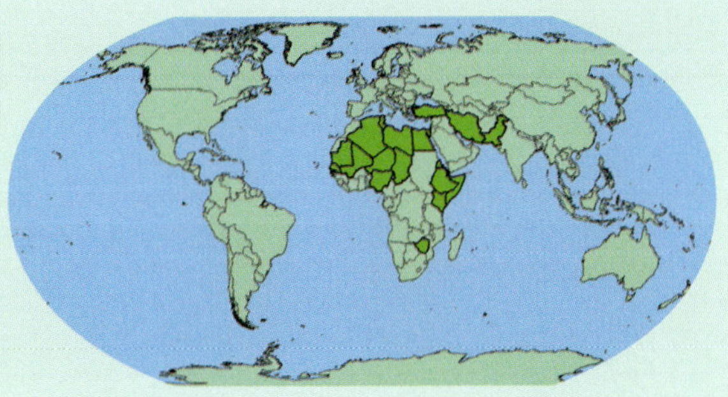

Groupe C – Feuilles opposées ou feuilles verticillées en 3 ou 4

C1 Feuilles composées. C2
Feuilles simples. C4

C2 Feuilles composées digitées . . . . *Vitex* p108-110
Feuilles pennées avec une foliole au bout C3

C3 Folioles 8–20 x 3–5 cm; fruit cylindrique, jusqu' à 90 x 15 cm . . . . *Kigelia* p92
Folioles 5–10 x 3–5 cm; fruit mince, plat, jusqu' à 60 x 1 cm . . . . *Stereospermum* p103

C4 Feuilles verticillées C5
Feuilles opposées C11

C5 Latex jaune ou blanche présent dans l'écorce et branches C6
Latex absente de toutes les parties de la plante C8

C6 Latex jaune; feuilles glabres en dessous, à la nervation lâche . . . .*Garcinia* p85
Latex blanche C7

C7 Feuilles argentées-pubescentes en dessous, à la nervation serré. . . . .*Ozoroa* p95
Feuilles glabres, à la nervation ± lâche . . . . *Rauvolfia* p100
(et *Adenium obesum*, pas encore trouvé au Burkina mais espèce possible)

C8 Feuilles verticillées en 4, avec de stipules persistantes
à la base des feuilles . . . . *Breonadia* p74
Feuilles en 2 ou 3 . . . . C9
[feuilles semblen être verticillées mais opposées et très grandes. . . . *Anthocleista* (voir p36)]

C9 Feuilles en 3; stipules présentes à la base des feuilles. . . . . *Gardenia* p86-88
Feuilles en 2 ou 3; stipules absentes C10

C10 Difficile à distinguer:
Feuilles au sommet aigu ou acuminée; fleurs blanchâtres,
en épis; fruit ailé . . . . *Combretum* p77-82
Feuilles au sommet arrondi; fruit pourpres,
en groupes; fruit non ailé. . . . . *Vitex madiensis* p110

C11 Latex présent. C12
Latex absent C16

C12 Latex orange C13
Latex blanc. C14

C13 Glandes noires; poils étoilés . . . . *Harungana* p90
Glandes translucides; pas de poils . . . . *Pentadesma* p97

C14 Feuilles sessiles, à base cordée. . . . . *Calotropis* p75
Feuilles pétiolées, à base en coin C15

C15 Feuilles jusqu'à 30 x 16 cm. . . . . *Voacanga* p111
Feuilles jusqu'à 15 x 6 cm. . . . . *Holarrhena* p91

C16 Feuilles avec stipules à leur base (voir illustration). C17
Feuilles sans stipules C24

C17 Stipules 1 mm de long; feuilles charnues .... *Salvadora* p101

Stipules plus long; feuilles papyracées ou coriaces, mais non charnues C18

C18 Stipules 15–20 mm long .... *Mitragyna* p93

Stipules 1–13 mm de long C19

C19 Pétiole 1–2 mm de long; stipules 7–13 mm de long .... *Gardenia* p86-88

Pétiole 4–20 mm de long; stipules 1–8 mm de long C20

C20 Ecorce ± crevassée; feuilles 10–22 x 7–15 cm .... *Sarcocephalus* p102

Ecorce lisse; feuilles plus petites (sauf dans *Psychotria*, 10–20 x 4–14 cm) C21

C21 Petites touffes des poils axillaires sur les nervures de feuilles .... *Morelia* p94

Feuilles sans touffes axillaires C22

C22 Sont difficiles à distinguer:
Crossopteryx febrifuga p84
Pavetta crassipes p96
Psychotria psychotroides p99
Tricalysia okelensis p107

C24 Feuilles dentées en leur partie supérieure, scaridées, avec petites touffes des poils axillaires sur les nervures de feuilles .... *Cordia* p83

Feuilles entières ou alternativement convexes et concaves, mais non dentées (sauf sur les rejets, parfois!) C25

C25 Feuilles 20–80 x 20–40 cm, pubescents et ± rousses en dessous .... *Tectona* p106

Feuilles plus petites (sauf *Anthocleista* avec des feuilles grandes mais glabres), et non rousses en dessous (sauf dans les feuilles jeunes); C26

C26 Feuilles avec 2–4 glandes au dessus de la base, gris-pubescentes en dessous, avec 3 nervures basales prononcées .... *Gmelina* p89

Feuilles sans glandes basales, non grises en dessous, avec une seule nervure primaire C27

C27 Feuilles glabres (sauf peut-être des petites touffes des poils axillaires sur les nervures de feuilles) C28

Feuilles pubescentes, au moins en dessous C33

C28 Feuilles avec petites touffes des poils axillaires sur les nervures de feuilles, ou écailleuses en dessous .... *Combretum* p77-82

Feuilles sans écailles ou petits touffes des poils axillaires C29

C29 Feuilles avec petits trous axillaires sur les nervures de feuilles .... *Chionanthus* p76

Feuilles sans petits trous axillaires C30

C30 Feuilles 10–100 x 7–40 cm, beaucoup plus large près du sommet qu'à la base .... *Anthocleista* p73

Feuilles beaucoup plus petites C31

C31 Feuilles au sommet acuminé ou aigu, nombreuses nervures secondaires parallèles, et pétiole de 5–20 mm de long .... *Syzygium* p105

Feuilles au sommet marginé ou aigu et 4–6 paires de nervures secondaires; pétiole moins de 8 mm de long C32

C32 Rameaux jeunes quadrangulaires; pétiole 1–2 mm de long .... *Lawsonia* (voir p54)

Rameaux jeunes cylindriques; pétiole 6–14 mm de long .... *Strychnos* p104

C33 Sont difficiles à distinguer sans fleurs ou feuilles:

Anogeissus: fleurs petites sans pétales, jaunâtres, en boules axillaires; fruits bruns, en groups denses p72

Combretum: fleurs petites, jaunes pales ou blanches, en épis axillaires; fruits ellipsoïdes, à 4 ailes papyracées.......... p77-82

Psidium: fleur blanche, 1–3 à la base du feuille, avec nombreuses étamines; fruits jaunâtres, ± globuleux, 6–10 x 3–5 cm p98

Strychnos: fleurs crèmes avec tube, en touffes axillaires; fruits jaunes, sphériques, jusqu'à 5 cm de diamètre.......... p104

Vitex: fleurs mauves, en groupes axillaires; fruits noirs, ovoïdes, jusqu'à 2.5 cm de diamètre.......... p108-110

Adenium obesum (Apocynaceae) – pas encore trouvé au Burkina Faso, mais possible: un arbre petit à tronc succulent (comme un baobab nain), renflé, avec de latex blanc dans toutes les parts, avec des touffes de feuilles sur les rameaux. Les fleurs sont rose vif, de 4–5 cm de diamètre .... (voir p71)

Adenium obesum

(Forssk.) Roem. & Schult. [1775]

Apocynaceae

Arbuste ou petite arbre a 6 m, avec tronc gonflé (comme un baobab nain), renflé, avec de latex blanc dans tous les parts. Feuilles alternes, verticillées, 3–12 x 0.2–6 cm. Fleurs rose vif de 4–8 cm, en groupes denses terminales. Fruit gris, en deux 'cornes de bœuf' ligneuses de 10–20 x 1–2 cm.

Noms locaux

–

Utilisations

toutes les parties de la plante sont considérées toxiques, et le latex est dangereux pour les yeux; quelquefois plantée comme plante ornementale.

Habitat

Savanes, sur sols pierreux ou sableuses. Floraison au saison sèche.

Répartition géographique

Sénégal, Guinée, Guinée-Bissau, Mali, Burkina Faso, Cote d'Ivoire, Nigeria, Chad, Cameroun, Soudan, Erythrée, Ethiopie, Somalie, Kenya, Ouganda, Tanzanie; Arabie Saoudite, Yémen, Oman.

Domaine biogeographique

Afrotropicale.

Categorie liste rouge D'UICN

Préoccupation mineure (LC), évalué ici sur la base de sa répartition et son habitat.

Poids des 1,000 graines = 25 g.

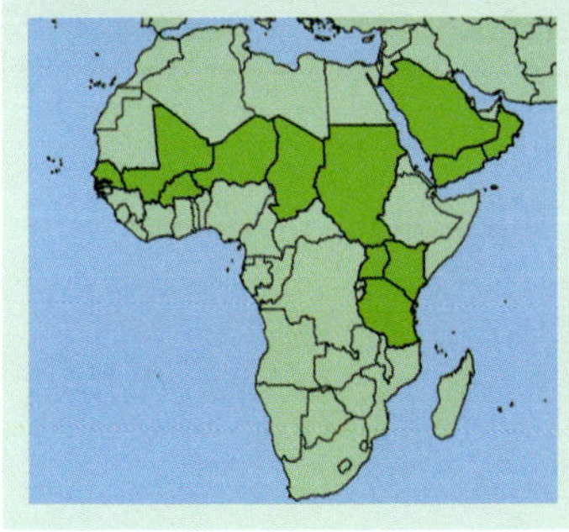

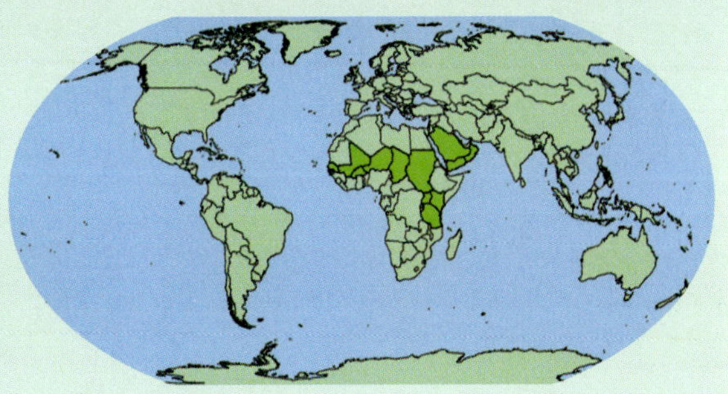

Anogeissus leiocarpus

(DC.) Guill. & Perr. [1828]

Combretaceae

Arbre de 18 m. Feuilles opposées ou sub-opposées, 2–8 x 1–5 cm, pubescents en dessous. Fleurs vert-jaune de 6 mm, axillaires ou en tiges terminales à têtes sphériques de 2 cm de diamètre. Fruit jaunâtre de 7 x 10 mm, avec 2 ailes.

Noms locaux
Mooré: Siiga; **Dioula**: N'galama; **Peul**: Kojoli; **Bambara**: N'galama

Utilisations
arbre potentiellement pour reforestation; il est commun dans certains endroits et est un bon arbre d'ombrage. Le bois est résistant aux insectes et aux termites, mais aussi durable dans le sol; il est utilisé pour des constructions temporaires, pour manches d'outils et pour faire du bon charbon. L'écorce est utilisée dans la médecine traditionnelle, à cause de son taux élevé de tannin (17%). La pulpe des racines est utilisée pour soigner des plaies. Une teinture jaune est extraite de la pulpe et des feuilles.

Habitat
De la forêt jusqu'en savane et Sahel. Floraison au commencement des pluies.

Répartition géographique
Mauritanie, Sénégal, Guinée, Mali, Burkina Faso, Cote d'Ivoire, Niger, Ghana, Togo, Benin, Nigeria, Chad, Cameroun, Congo-Kinshasa, Soudan, Erythrée, Ethiopie.

Domaine biogeographique
Afrotropicale.

Categorie liste rouge D'UICN
Préoccupation mineure (LC), évalué ici sur la base de sa répartition et son habitat.

Les graines sont scarifiées pour extraire les embryons qui germent à 90% sans prétraitement à 26°C. Poids des 1,000 graines = 8.93 g.

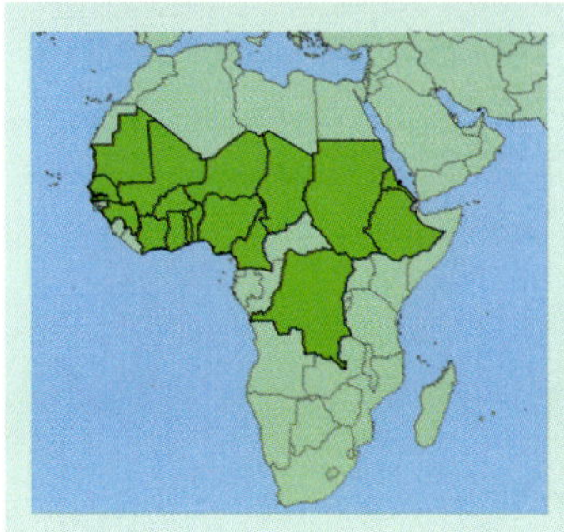

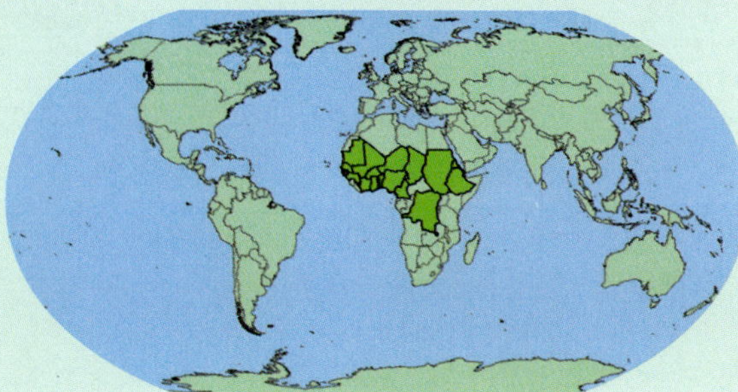

Anthocleista procera

Bureau [1856]

Gentianaceae

Arbre de 18 m de haut. Feuilles en touffes au bout des branches, opposées, 40–100 x 15–40 cm. Fleurs blanches, 4–6 cm de long, en groupes terminales de 30 cm de long. Fruit verdâtre, ovoide, 2–3 x 1–2 cm.

Noms locaux
–

Utilisations
pas documentée au Burkina.

Habitat
Forêt claire en bordure des rivières et marécages; floraison en toutes saisons?

Répartition géographique
Sénégal, Gambie, Guinée-Bissau, Sierra Leone, Burkina Faso, Cote d'Ivoire, Nigeria

Domaine biogeographique
Afrotropicale.

Categorie liste rouge D'UICN
Préoccupation mineure (LC), évalué ici sur la base de sa répartition et son habitat.

Poids des 1,000 graines = 1.1 g.

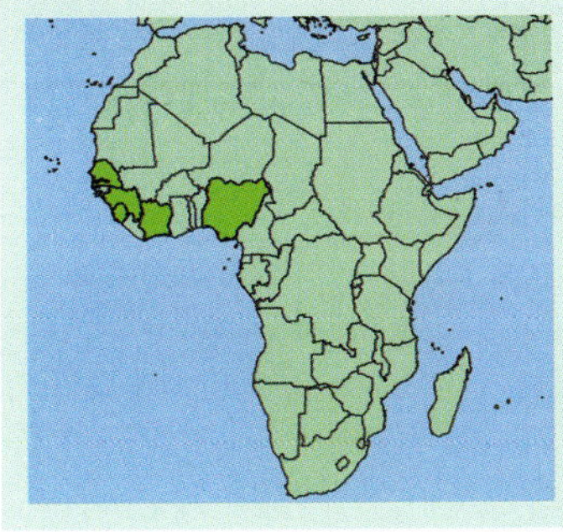

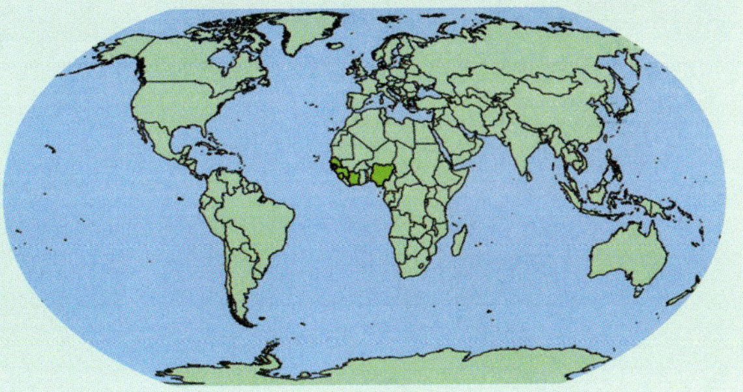

Breonadia salicina

Rubiaceae

(Vahl) Hepper & Wood [1791]

Arbre de 12 m; écorce crevassée, écailleuse. Feuilles verticillées par 4, simples, 9–20 x 2–6 cm. Fleurs roses petites, groupées en têtes rondes de 2.5 cm. Fruits de petites capsules de 0.6 cm, arrangés en têtes rondes de 2.5 cm.

Noms locaux

–

Utilisations

bois dur et lourd, durable et est dit résisté aux termites; bon pour les travaux de construction, de menuiserie et pour faire des meubles; les rameaux sont utilisés comme cure-dents.

Habitat

Bancs des cours d'eau, galeries forestières. Floraison en saison sèche.

Répartition géographique

Mali, Burkina Faso, Cote d'Ivoire, Ghana, Togo, Benin, Nigeria, Cameroun, République Centrafricaine, Soudan, Erythrée, Ethiopie, Kenya, Tanzanie, Angola, Zambie, Malawi, Mozambique, Zimbabwe, Swaziland, Afrique du Sud, Madagascar, Yémen.

Domaine biogeographique

Afrotropicale, Paléarctique.

Categorie liste rouge D'UICN

Préoccupation mineure (LC), évalué ici sur la base de sa répartition et de son habitat.

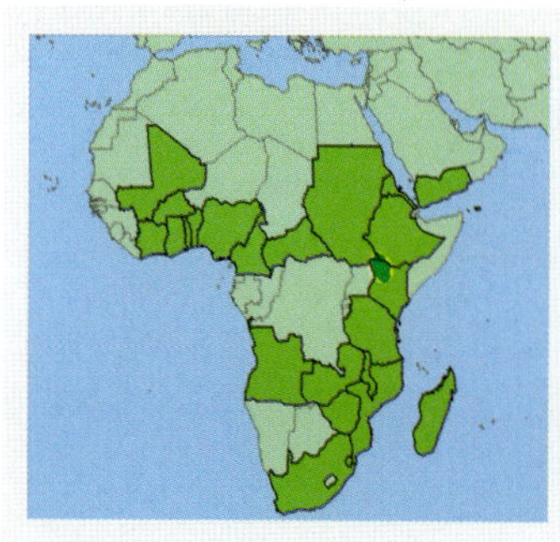

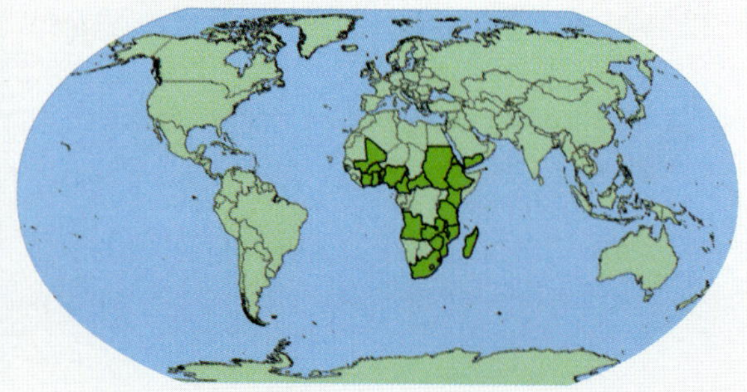

Calotropis procera

(Ait.) Ait. f [1789]

Apocynaceae

Arbuste ou petit arbre de 5 m, avec de latex blanc dans tous les parts; écorce liégeuse, crevassée. Feuilles opposées, simples, entières de 15–30 x 7–15 cm. Fleurs blanches et violettes de 30 mm en groupes axillaires. Fruit vert, oblique-ovoïde, creux, de la taille d'une mangue.

Noms locaux

–

Utilisations

l'espèce est perçue comme indicateur d'eau souterraine. Les feuilles fraiches sont poisonneuses. Le latex est dangereux pour les yeux. Les branches sont placées dans des huttes comme répulsifs de termites, et les tiges sont utilisées dans les fondations de construction de greniers pour protéger des termites. La poudre des rameaux secs est utilisée contre la diarrhée et les troubles d'estomac.

Habitat

Savane, sur sols sableux, jachères. Floraison pendant toute l'année.

Répartition géographique

Maroc, Algérie, Libye, Egypte, Mauritanie, Senegal, Gambie, Guinée-Bissau, Sierra Leone, Mali, Burkina Faso, Cote d'Ivoire, Niger, Ghana, Nigeria, Cameroun, Tchad, Congo-Kinshasa, Soudan, Erythrée, Ethiopie, Somalie, Ouganda, Kenya, Tanzanie, Mozambique, Zimbabwe; Yémen, Arabie Saoudite, Oman, Emirates Arabes Unis, Kuwait, Lebanon, Syrie, Israël, Iraq, Iran, Afghanistan, Pakistan, Inde, Népal, Myanmar, Thaïlande, Vietnam.

Domaine biogeographique

Afrotropicale, Paléarctique, Indo-Maléenne.

Categorie liste rouge D'UICN

Préoccupation mineure (LC), évalué ici sur la base de sa répartition et son habitat.

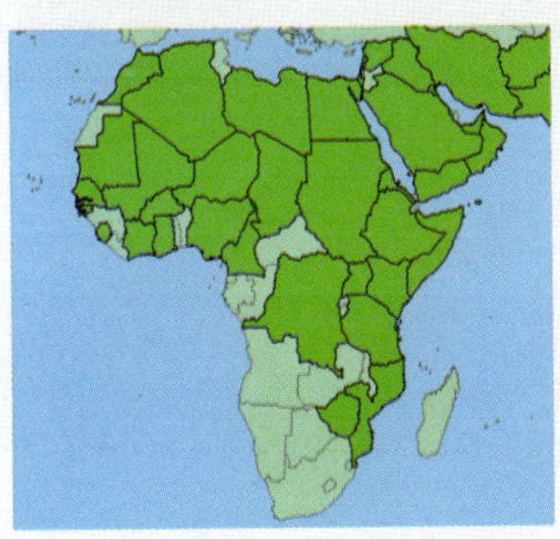

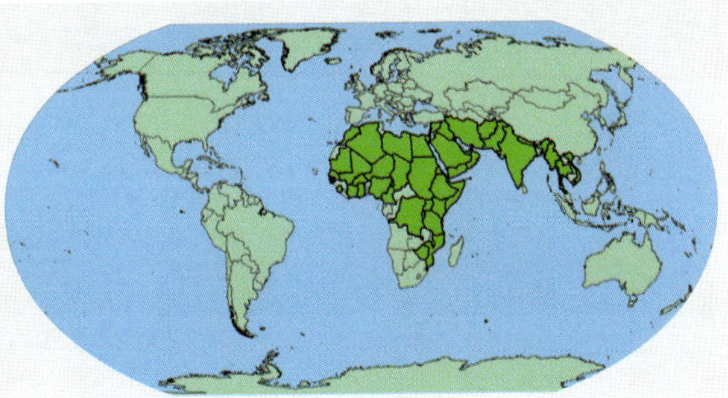

Chionanthus niloticus

(Oliv.) Stearn [1875]

Oleaceae

Synonyme *Linociera nilotica* dans FWTA

Arbre de 3–10 m de haut. Feuilles opposées, 4–16 x 1.5–5 cm. Fleurs blanches à crèmes de 6 mm, parfumées. Fruit ellipsoïde, 11 mm de long.

Noms locaux

–

Utilisations

pas documentée au Burkina.

Habitat

Galerie forestière dans les savanes. Floraison?

Répartition géographique

Mali, Burkina Faso, Cote d'Ivoire, Nigeria, Cameroun, Congo-Kinshasa, Soudan, Ouganda, Rwanda, Burundi, Kenya, Tanzanie, Angola.

Domaine biogeographique

Afrotropicale.

Categorie liste rouge D'UICN

Préoccupation mineure (LC), évalué ici sur la base de sa répartition et son habitat.

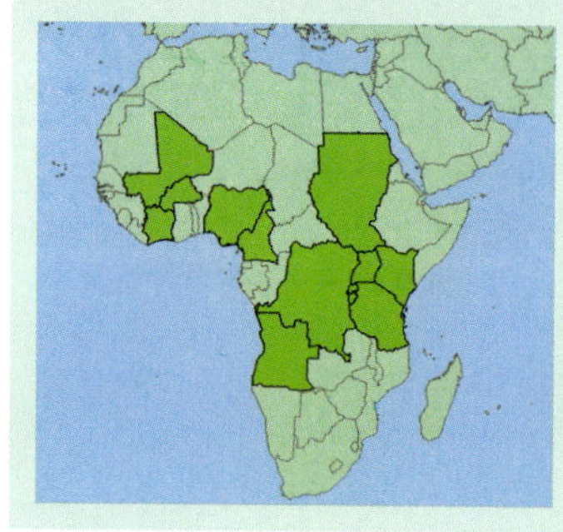

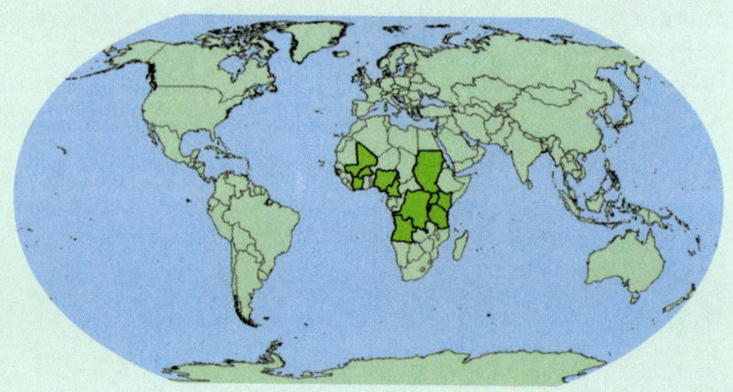

Combretum collinum

Combretaceae

Fresen. [1837]

Arbre ou arbuste de 8 m. Feuilles opposées ou verticillées, de 22 x 8 cm, glabres ou tomenteuses, toujours avec écailles en dessous. Fleurs vert-jaunes de 5 mm, en groupes ± axillaires de 10 cm. Fruit pourpre de 4 x 3 cm, ellipsoïde, avec 4 ailes.

Noms locaux
Mooré: fulun-futu; **Dioula**: Jajonna yiri; **Peul**: dooki; **Bambara**: ouahia

Utilisations
la gomme de l'écorce est utilisée contre les maux de dents; les feuilles ont des utilisations médicinales.

Habitat
Savanes et forêts claires. Floraison en fin de sèche et au commencement des pluies.

Répartition géographique
Sénégal, Gambie, Guinée, Mali, Burkina Faso, Cote d'Ivoire, Ghana, Nigeria, Cameroun, République Centrafricaine, Congo-Kinshasa, Soudan, Erythrée, Ethiopie, Ouganda, Rwanda, Burundi, Kenya, Tanzanie, Angola, Zambie, Malawi, Mozambique, Zimbabwe, Namibie, Botswana, Swaziland, Afrique du Sud.

Domaine biogeographique
Afrotropicale.

Categorie liste rouge D'UICN
Préoccupation mineure (LC), évalué ici sur la base de sa répartition et son habitat.

Les graines sont scarifiées pour extraire les embryons qui germent à 100% sans prétraitement à 26°C. Poids des 1,000 graines = 792.44 g.

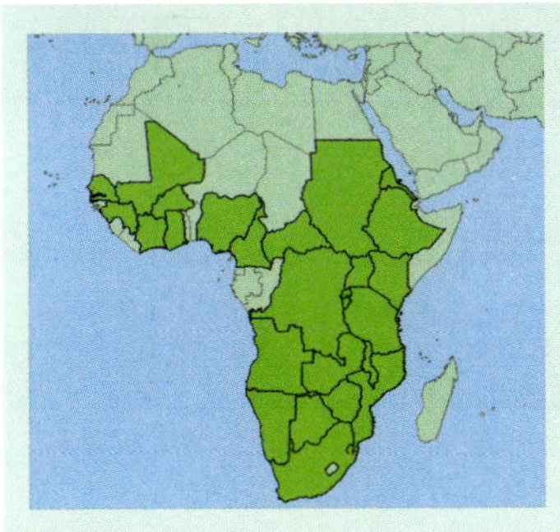

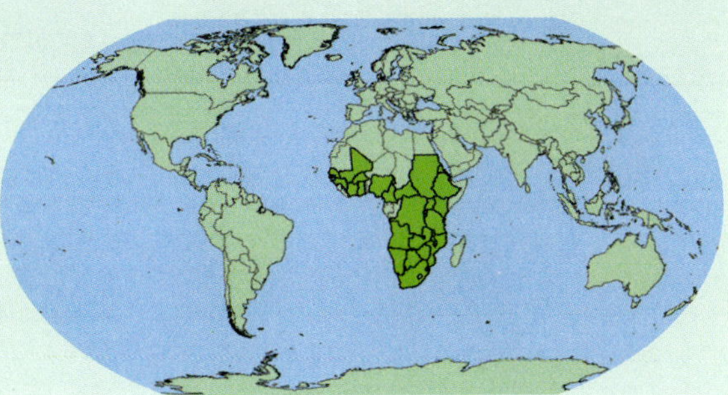

Combretum adenogonium

Combretaceae

A. Rich. [1848]

Synonyme *Combretum fragrans*

Arbre ou arbuste de 8 m. Feuilles opposées, de 15 x 10 cm, entières ou au bord alternativement convexe et concave, ± glabres. Fleurs vert-jaunes de 5 mm, en groupes ± axillaires de 6 cm. Fruit ellipsoïde rougeâtre de 3.5 x 3 cm, avec 4 ailes.

Noms locaux
Mooré: Kiuginga; **Dioula**: Canggarajè; **Peul**: Doki; **Bambara**: Cangarajè

Utilisations
la fumée du bois est parfumée. La gomme de l'écorce est comestible; les feuilles produisent une teinture jaune. Les arbres fleurissent à l'état defeuillé et sont très visités par beaucoup d'insectes à la recherche du nectar.

Habitat
Savanes et forêts claires. Floraison en fin de sèche et au commencement des pluies.

Répartition géographique
Guinée, Sierra Leone, Mali, Burkina Faso, Cote d'Ivoire, Ghana, Togo, Benin, Nigeria, Cameroun, Chad, République Centrafricaine, Congo-Kinshasa, Soudan, Erythrée, Ethiopie, Ouganda, Kenya, Tanzanie, Zambie, Malawi, Mozambique, Zimbabwe, Botswana, Afrique du Sud.

Domaine biogeographique
Afrotropicale.

Categorie liste rouge D'UICN
Préoccupation mineure (LC), évalué ici sur la base de sa répartition et son habitat.

Les graines germent à 100% sans prétraitement à 25°C. Poids des 1,000 graines = 97.88 g.

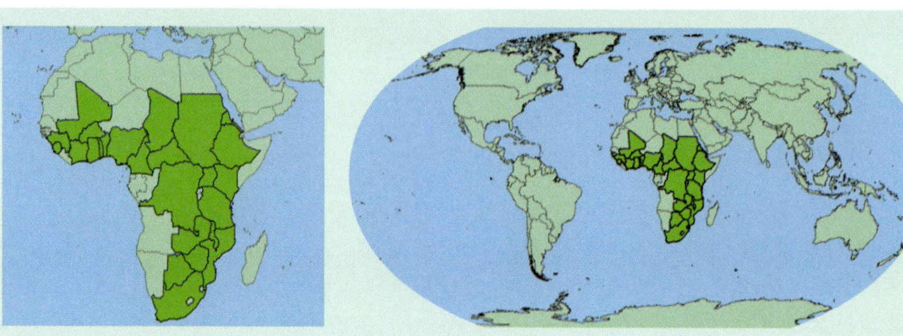

Combretum glutinosum

Combretaceae

DC. [1830]

Arbre ou arbuste de 10 m. Feuilles verticillées ou (sub-)opposées, 10–17 x 5–10 cm, entières ou au bord alternativement convexe et concave, ± pubescentes. Fleurs vert-jaunes de 3 mm en épis axillaires de 5 cm. Fruit brun, ellipsoïde, de 3–4 x 3 cm, avec 4 ailes.

Noms locaux
Mooré: Kuikinga; **Dioula**: Tyangara; **Peul**: Dooki; **Bambara**: Cangwèrèbilen

Utilisations
bois utilisé comme poteaux de case. L'espèce grandit dans des sols très dégradés, la où même les herbes sont rares. Les feuilles sont broutées par les animaux. Feuilles sont utilisées contre les maux de poitrine et d'estomac. Les branches sont utilisées dans des rites funéraires.

Habitat
Savanes et forêts claires. Floraison au saison sèche.

Répartition géographique
Mauritanie, Senegal, Guinée, Sierra Leone, Mali, Burkina Faso, Cote d'Ivoire, Niger, Ghana, Togo, Benin, Nigeria, Cameroun, Chad, République Centrafricaine.

Domaine biogeographique
Afrotropicale.

Categorie liste rouge D'UICN
Préoccupation mineure (LC), évalué ici sur la base de sa répartition et son habitat.

Les graines sont scarifiées pour extraire les embryons qui germent à 95% sans prétraitement à 26°C. Poids des 1,000 graines = 88.33 g.

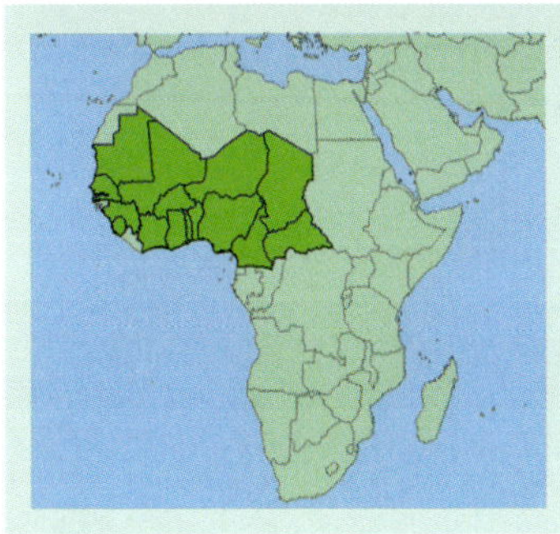

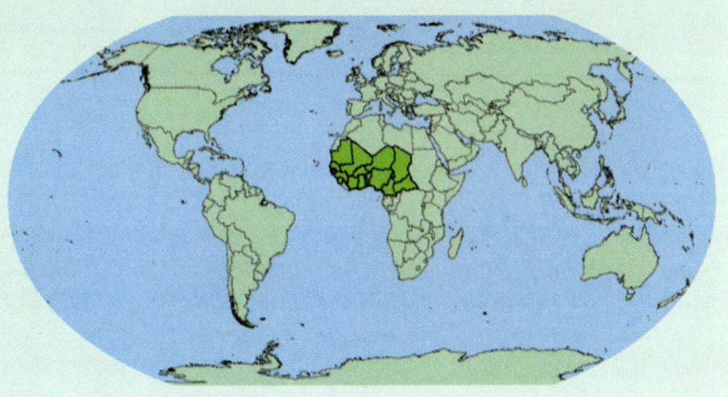

Combretum micranthum

Combretaceae

G. Don [1824]

Arbre ou arbuste de 4 m. Feuilles opposées ou verticillées, 6–10 x 2–5 cm, écailleux en dessous. Fleurs blanches de 2 mm arrangées en épis axillaires de 5 cm. Fruit rougeâtre de 1.5 cm, ellipsoïde avec 4 ailes.

Noms locaux
Mooré: Randga; **Dioula**: N'golobé; **Peul**: Gugumi; **Bambara**: N'golobé

Utilisations
espèce très résistante à la sécheresse. Bon fourrage pour bétail. Les feuilles sont largement utilisées en médecine traditionnelle contre beaucoup de maux. Les graines sont comestibles et beaucoup consommées.

Habitat
Savanes et forêts claires, souvent en groupes. Floraison en fin de sèche.

Répartition géographique
Mauritanie, Senegal, Gambie, Guinée, Sierra Leone, Mali, Burkina Faso, Niger, Ghana, Benin, Nigeria.

Domaine biogeographique
Afrotropicale.

Categorie liste rouge D'UICN
Préoccupation mineure (LC), évalué ici sur la base de sa répartition et son habitat.

Les graines germent à 100% sans prétraitement à 33/19°C. Poids des 1,000 graines = 36.51 g.

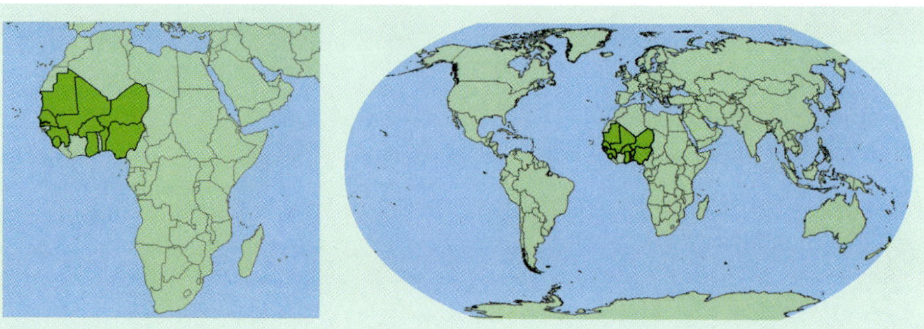

Combretum molle

Combretaceae

G. Don [1827]

Arbre ou arbuste de 10 m; écorce crevassée. Feuilles opposées ou verticillées, 8–20 x 3–13 cm, pubescentes et écailleux en dessous. Fleurs crèmes de 4 mm en épis axillaires de 11 cm. Fruit rouge crème de 2.5 x 2 cm, ellipsoïde avec 4 ailes.

Noms locaux

Mooré: Parwiga; **Dioula**: N'ganyaka; **Peul**: Buski, Dooki; **Bambara**: nyanyaka

Utilisations

tiges très durables dans le sol et sont donc utilisées comme support de cases. Écorces et feuilles sont utilisées en médecine traditionnelle.

Habitat

Savanes, pas très commun. Floraison en saison sèche.

Répartition géographique

Guinée Bissau, Guinée, Sierra Leone, Mali, Burkina Faso, Cote d'Ivoire, Ghana, Togo, Benin, Nigeria, Cameroun, Chad, République Centrafricaine, Congo-Kinshasa, Soudan, Erythrée, Ethiopie, Somalie, Ouganda, Rwanda, Burundi, Kenya, Tanzanie, Angola, Zambie, Malawi, Mozambique, Zimbabwe, Namibie, Botswana, Afrique du Sud, Yémen.

Domaine biogeographique

Préoccupation mineure (LC), évalué ici sur la base de sa répartition et son habitat.

Categorie liste rouge D'UICN

Préoccupation mineure (LC), évalué ici sur la base de sa répartition et son habitat.

Les graines sont scarifiées pour extraire les embryons qui germent à 95% sans prétraitement à 25°C. Poids des 1,000 graines = 107.96 g.

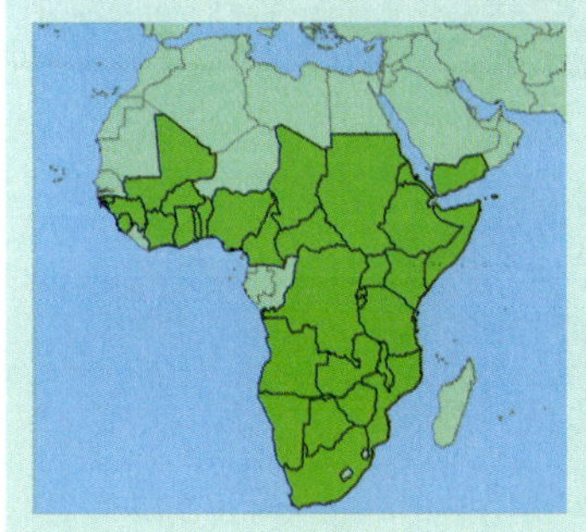

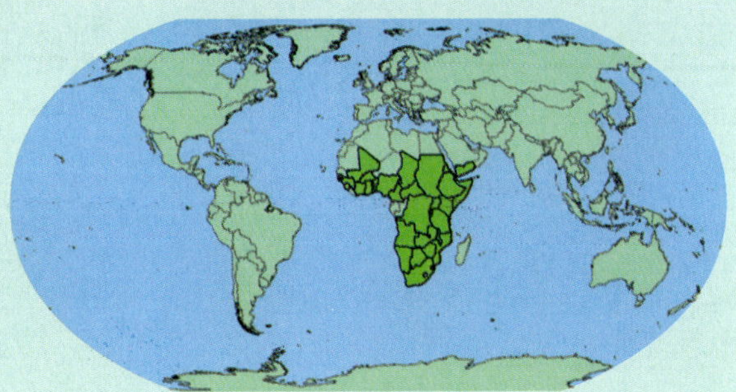

Combretum nigricans

Guill. & Perr. [1830]

Combretaceae

Arbre ou arbuste de 8 m; écorce ± lisse. Feuilles (sub)opposées, 5–14 x 2–5 cm, pubescentes en dessous. Fleurs vert-jaunes de 4 mm en épis axillaires de 7 cm. Fruit brun de 2.5 x 2 cm, ellipsoïde avec 4 ailes.

Noms locaux
Dioula: Samabali; **Peul**: Dokigori; **Bambara**: Samabali

Utilisations
la gomme de l'écorce est comestible et est aussi utilisée comme colle.

Habitat
Savanes, surtout sur sols sableux ou argileux. Floraison en saison sèche.

Répartition géographique
Mauritanie, Senegal, Gambie, Guinée Bissau, Guinée, Sierra Leone, Mali, Burkina Faso, Cote d'Ivoire, Ghana, Togo, Benin, Nigeria, Cameroun, République Centrafricaine, Soudan, Ethiopie.

Domaine biogeographique
Afrotropicale.

Categorie liste rouge D'UICN
Préoccupation mineure (LC), évalué ici sur la base de sa répartition et son habitat.

Les graines germent à 100% sans prétraitement à 26°C. Poids des 1,000 graines = 210.32 g.

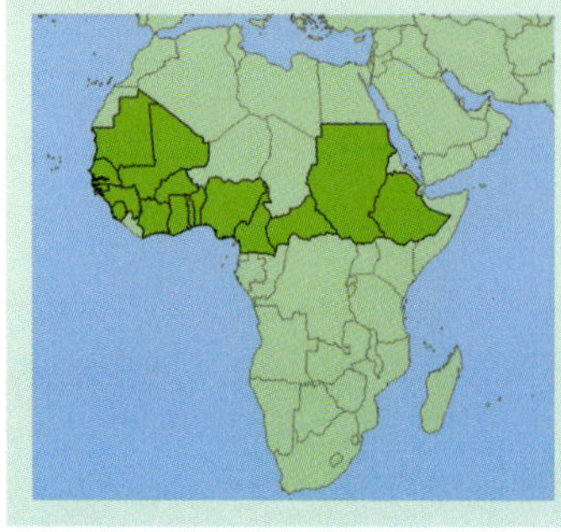

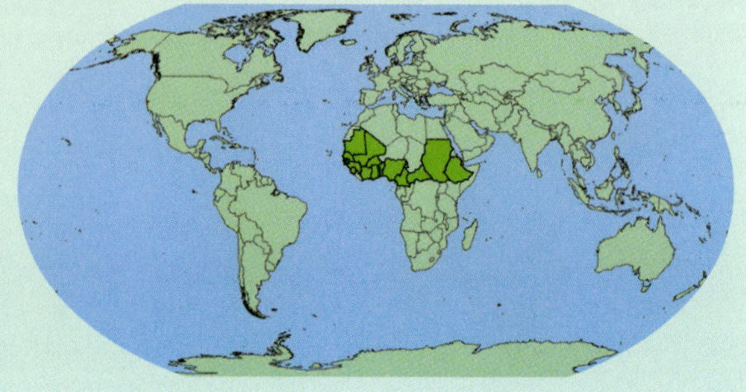

Cordia sinensis

Boraginaceae

Lam. [1792]

Synonyme *Cordia gharaf*

Arbre ou arbuste de 6 m; écorce ± lisse. Feuilles alternes ou opposées, 1.5–11 x 1–4 cm, bords dentés près du sommet, scabres. Fleurs blanches de 8 mm, en groupes terminaux de 4 cm. Fruit orange-rouge, globuleux de 10 mm.

Noms locaux
Français: cordia

Utilisations
le fruit est comestible.

Habitat
Savane sèche. Floraison au commencement des pluies ou en saison des pluies.

Répartition géographique
Algérie, Egypte, Mauritanie, Sénégal, Mali, Burkina Faso, Ghana, Togo, Nigeria, Chad, Soudan, Erythrée, Ethiopie, Somalie, Ouganda, Kenya, Tanzanie, Angola, Namibie, Botswana, Afrique du Sud, Arabie, Israël, Jordanie, Pakistan, Inde, Sri Lanka.

Domaine biogeographique
Afrotropicale, Paléarctique, Indo-Maléenne.

Categorie liste rouge D'UICN
Préoccupation mineure (LC), évalué ici sur la base de sa répartition et son habitat.

Les graines sont probablement Orthodoxes et germent à 75% à la température de 20°C après scarification pour exposer l'embryon à l'imbibition d'eau. Poids des 1,000 graines = 75.55 g.

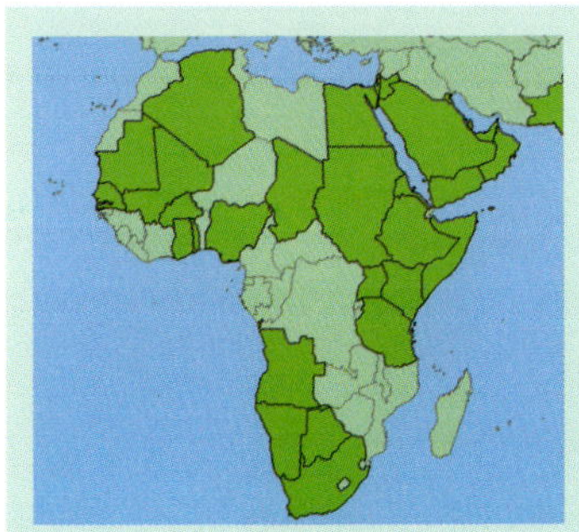

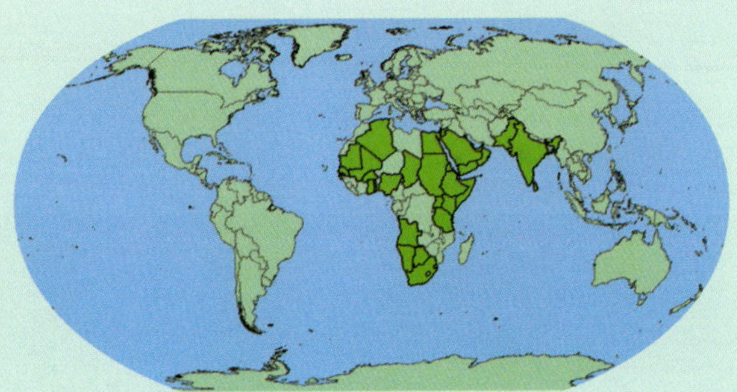

Crossopteryx febrifuga

Rubiaceae

(G. Don) Benth. [1834]

Arbre ou arbuste de 6 m; écorce à écailles minces. Feuilles opposées, simples, 7–10 x 4–7 cm. Fleurs blanches ou crèmes de 1 cm, en groupes terminaux de 15 cm de diamètre. Fruit noir, globuleux, de 1 cm.

Noms locaux
Mooré: Kumbruwanga; **Dioula**: Balimbo; **Peul**: belenede; **Bambara**: Balembo

Utilisations
bois dur et très lourd, utilisé pour faire des mortiers, des ardoises coraniques et par les tisserands. L'infusion d'écorce s'utilise contre la fièvre et la dysenterie; la racine est utilisée contre les toux et les troubles d'estomacs. La décoction de feuilles est utilisée pour fortifier les enfants rachitiques et pour laver des plaies. Les fleurs attirent les abeilles.

Habitat
Savane, très commun. Floraison en saison sèche.

Répartition géographique
Sénégal, Guinée Bissau, Guinée, Liberia, Mali, Burkina Faso, Cote d'Ivoire, Ghana, Togo, Benin, Nigeria, Cameroun, Congo-Kinshasa, Soudan, Ethiopie, Ouganda, Rwanda, Burundi, Kenya, Tanzanie, Angola, Zambie, Malawi, Mozambique, Zimbabwe, Namibie, Afrique du Sud.

Domaine biogeographique
Afrotropicale.

Categorie liste rouge D'UICN
D'UICN: Préoccupation mineure (LC), évalué ici sur la base de sa répartition et son habitat.

Les graines sont Orthodoxes et germent à 100% à la température de 25°C. Poids des 1,000 graines = 11.94 g.

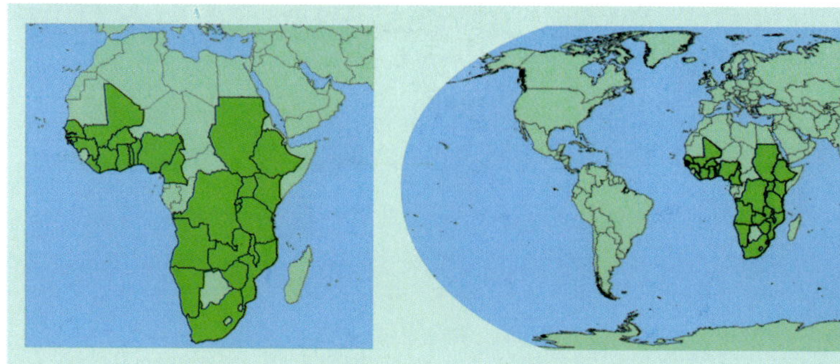

Garcinia livingstonei

T. Anders. [1866]

Clusiaceae

Arbre ou arbuste de 10 m; les rameaux contiennent du latex jaune. Feuilles verticillées de 3, 4–14 x 1–12 cm, entières ou crénelés. Fleurs blanches, crèmes ou vertes de 10 mm, en groupes axillaires. Fruit jaune ou orange de 2 cm, ovoïde ou globuleux.

Noms locaux
Dioula: soumé sounsou;
Bambara: soumé sounsou

Utilisations
fruit comestible.

Habitat
Galeries forestières. Floraison en saison sèche.

Répartition géographique
Sénégal, Guinée Bissau, Guinée, Mali, Burkina Faso, Ghana, Nigeria, Congo-Kinshasa, Ouganda, Kenya, Tanzanie, Angola, Zambie, Malawi, Mozambique, Zimbabwe, Namibie, Botswana, Afrique du Sud.

Domaine biogeographique
Afrotropicale.

Categorie liste rouge D'UICN
Préoccupation mineure (LC), évalué ici sur la base de sa répartition et son habitat.

Les graines sont probablement Récalcitrantes. Poids des 1,000 graines = 6,667 g.

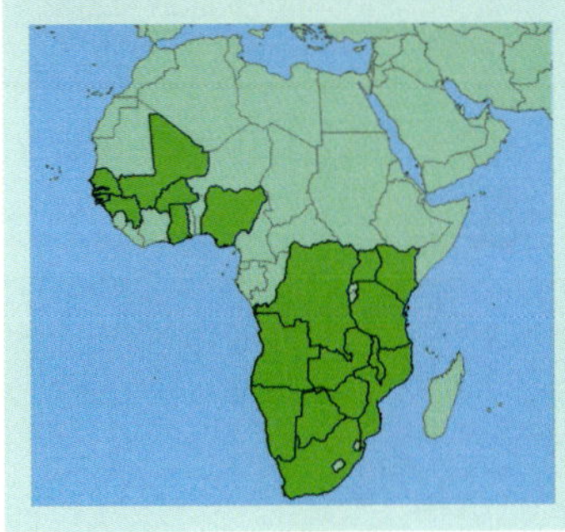

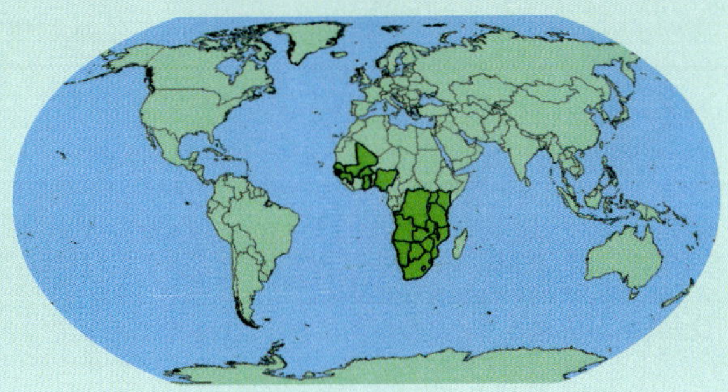

Gardenia erubescens

Stapf & Hutch. [1909]

Rubiaceae

Arbre ou arbuste de 3 m; écorce lisse. Feuilles verticillées en 3, simples, de 4–21 x 2–11 cm, aux bords alternativement convexes et concaves. Fleurs blanches ou crèmes, de 70 mm, solitaires et terminales. Fruit jaune, ovoïde, de 8 x 3 cm.

Noms locaux
Mooré: Subdega; **Dioula**: buremuso; **Bambara**: buremuso

Utilisations
bois dur, utilisé pour faire des cuillères et manches d'outils. Le fruit est utilisé en cuisine. La plante possède aussi des attributs magiques.

Habitat
Savane. Floraison en toutes saisons.

Répartition géographique
Sénégal, Gambie, Sierra Leone, Mali, Burkina Faso, Cote d'Ivoire, Ghana, Benin, Nigeria, Soudan, Ouganda.

Domaine biogeographique
Afrotropicale.

Categorie liste rouge D'UICN
Préoccupation mineure (LC), évalué ici sur la base de sa répartition et son habitat.

Poids des 1,000 graines = 5.63 g.

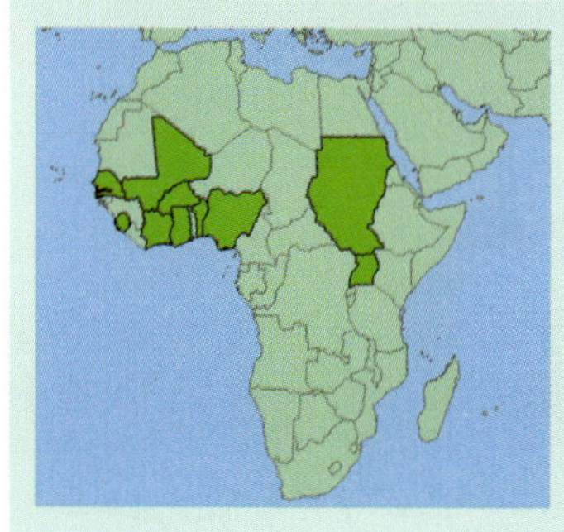

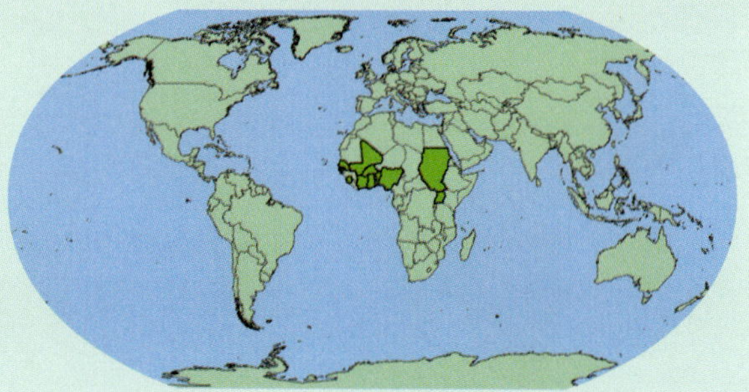

Gardenia imperialis

K. Schum. [1896]

Rubiaceae

Arbre jusqu'à 15 m; écorce lisse. Feuilles opposées, simples, 5–55 x 3–26 cm, avec 2 petits trous à la base. Fleurs blanches ou crèmes, de 40–80 mm, solitaires ou en 2–3, terminales. Fruit jaune, ovoide, de 6 x 4 cm.

Noms locaux

–

Utilisations

–

Habitat

Savane.

Répartition géographique

Sénégal, Guinée, Guinée-Bissau, Sierra Leone, Mali, Burkina Faso, Cote d'Ivoire, Ghana, Nigeria, Cameroun, RCA, Congo-Kinshasa, Burundi, Soudan, Ouganda, Tanzanie, Angola, Zambie, Malawi et Zimbabwe.

Domaine biogeographique

Afrotropicale.

Categorie liste rouge D'UICN

Préoccupation mineure (LC), évalué ici sur la base de sa répartition et son habitat.

Poids des 1,000 graines = 4.32 g.

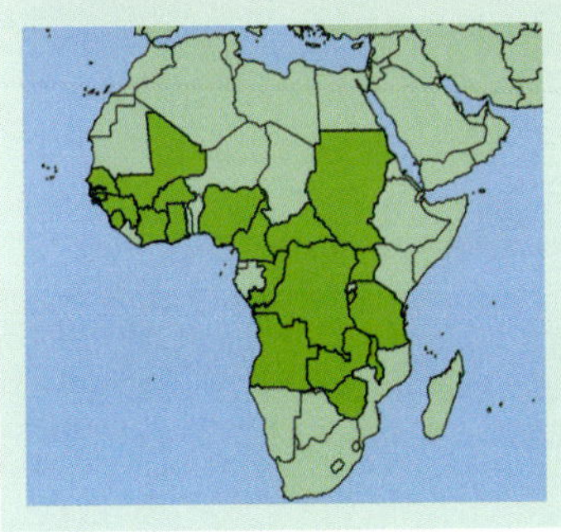

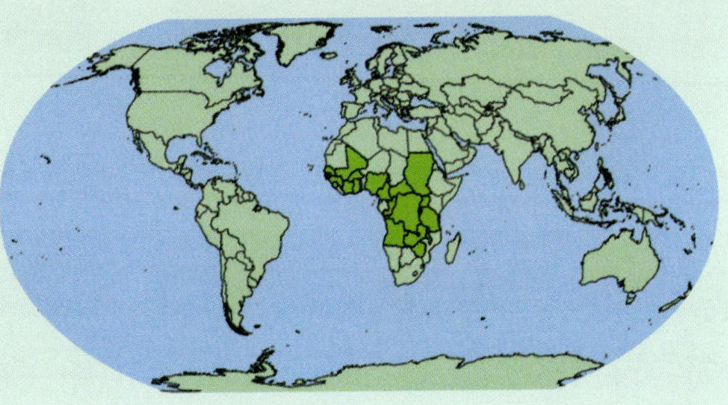

Gardenia sokotensis

Hutch. [1912]

Rubiaceae

Arbuste ou arbre de 2.5 m; écorce lisse. Feuilles opposées, de 5–12 x 2–8 cm. Fleurs de 12 mm, en paires axillaires. Fruit ellipsoide/subglobuleux, de 1 cm de long.

Noms locaux
Mooré: Tenguin rakèèga; **Dioula:** Farakoloti; **Bambara:** farakoloti

Utilisations
bois est très dur, mais l'utilisation n'est pas documentée au Burkina.

Habitat
Collines sèches rocheuses dans la savane. Floraison en début de saison des pluies.

Répartition géographique
Sénégal, Guinée, Mali, Burkina Faso, Cote d'Ivoire, Ghana, Nigeria, Cameroun.

Domaine biogeographique
Afrotropicale.

Categorie liste rouge D'UICN
Préoccupation mineure (LC), évalué ici sur la base de sa répartition et son habitat.

Poids des 1,000 graines = 2.7 g.

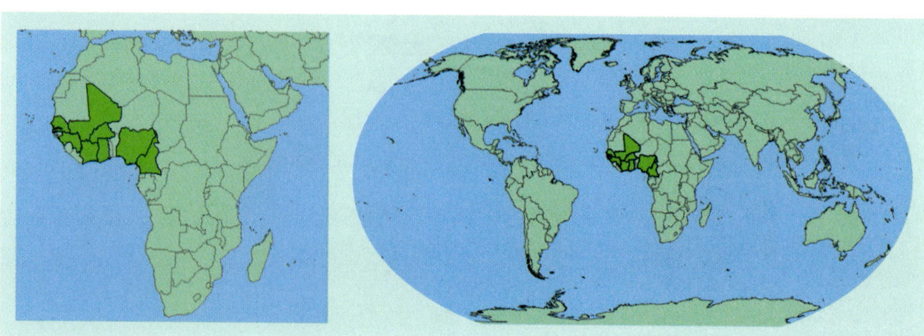

Gmelina arborea

Roxb. [1814]

Lamiaceae/Labiatae

Arbre de 20 m; écorce rugueuse a écailleuse. Feuilles opposées, simples, de 15–25 x 10–25 cm, gris-pubescentes en dessous. Fleurs jaunes et rouges de 35 mm, en groupes terminaux de 30 cm. Fruit jaune à brun, ovoïde, de 3 cm.

Noms locaux

–

Utilisations

arbre à bois de valeur, importé de l'Asie du sud-est. Le bois est utilisé pour faire des meubles, allumettes, des instruments d'agriculture et comme pulpe à papier.

Habitat

Originaire de l'Asie Sud-est, et largement plantée. Floraison en saison sèche.

Domaine biogeographique

Indo-Maléenne.

Les graines sont Orthodoxes. Poids des 1,000 graines = 970 g.

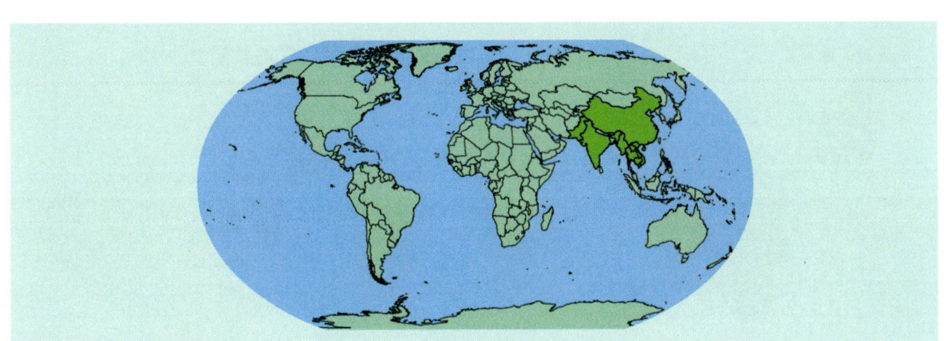

Harungana madagascariensis

Clusiaceae

Poir. [1804]

Arbre de 6 m, les rameaux contiennent du latex orange. Feuilles opposées, 8–20 x 4–10 cm. Fleurs crèmes de 3 mm, en groupes denses terminales de 20 cm. Fruit orange, globuleux de 4 mm.

Noms locaux
inconnu

Utilisations
elle colonise vigoureusement. Le bois est utilise pour la construction de cases. L'écorce est utilisée pour faire une teinture jaune. La sève est un remède contre les problèmes de peau. Fruit comestible, mais légèrement laxatif.

Habitat
Forêts sèches, savanes, localement commun. Floraison en fin de sèche.

Répandu sur toute l'Afrique et Madagascar.

Domaine biogeographique
Afrotropicale.

Categorie liste rouge D'UICN
Statut de conservation (IUCN): LC (= préoccupation mineure)

Poids des 1,000 graines = 7.88 g.

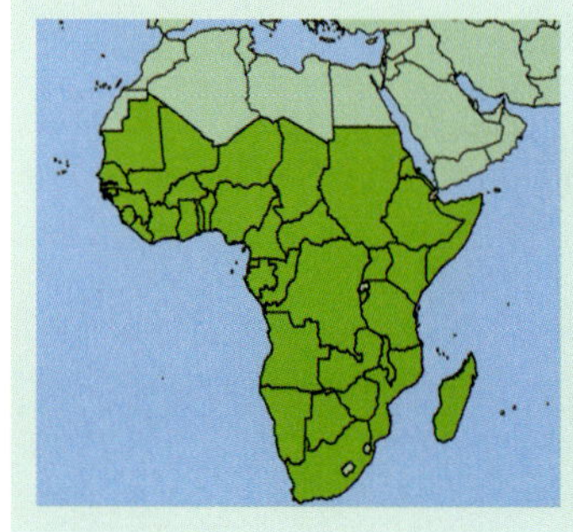

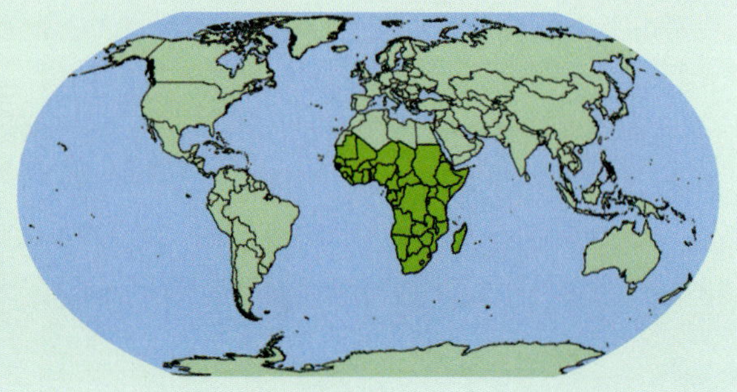

Holarrhena floribunda

Apocynaceae

(G. Don) Dur. & Schinz [1834]

Arbre de 15 m, avec de latex blanc dans tous les parts; écorce lisse ou ± crevassée. Feuilles opposées, simples, de 4–15 x 2–6 cm. Fleurs blanches de 20 mm, en groupes axillaires. Fruit vert en paires de follicules minces cylindriques de 60 cm de long et 7 mm en travers.

Noms locaux
Dioula: nufu; **Bambara**: nufu

Utilisations
bois mou et très périssable, s'utilise pour petits instruments et pour objets d'arts.

Habitat
Galeries forestières, collines rocheuses. Floraison en début de saison des pluies. Du Sénégal au Congo.

Répartition géographique
Sénégal, Guinée Bissau, Guinée, Sierra Leone, Liberia, Mali, Burkina Faso, Cote d'Ivoire, Ghana, Togo, Benin, Nigeria, Chad, Cameroun, République Centrafricaine, Gabon, Congo-Brazzaville, Congo-Kinshasa, Soudan, Angola.

Domaine biogeographique
Afrotropicale.

Categorie liste rouge D'UICN
Préoccupation mineure (LC), évalué ici sur la base de sa répartition et son habitat.

Les graines germent à 100% à la température de 21°C. Poids des 1,000 graines = 16.32 g.

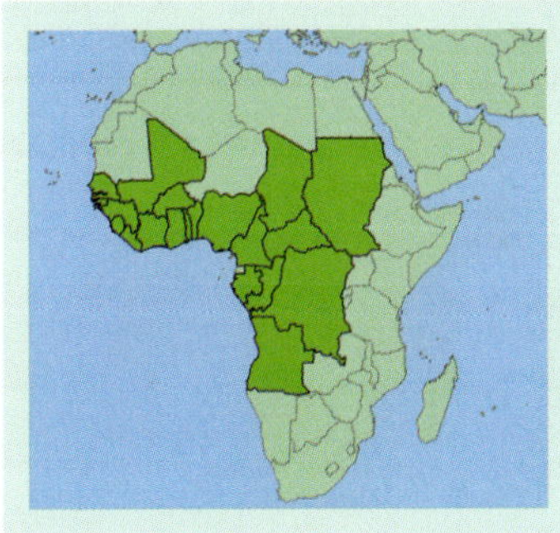

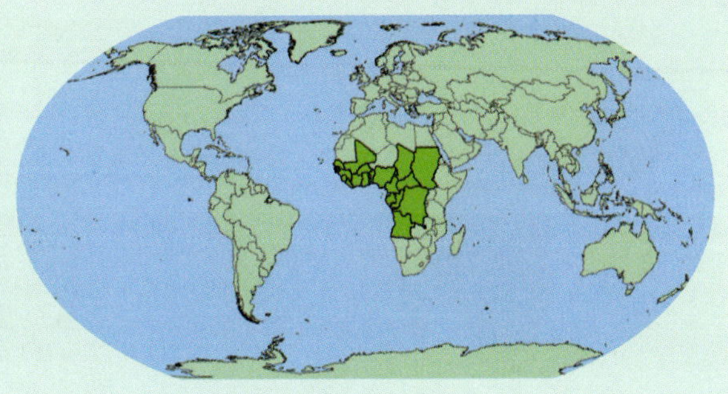

Kigelia africana

(Lam.) Benth. [1785]

Bignoniaceae

Arbre de 12 m; écorce écailleuse. Feuilles opposées, imparipennées avec 3–9 folioles, chaque 10–20 x 6–13 cm, bords dentés. Fleurs jaunes à rouges de 3–9cm en groupes lâches et pendants de 100 cm. Fruit gris-brun, ellipsoïde de 90 x 15 cm, pendants.

Noms locaux
Dioula: sinjamba, FInde, fIndem;
Bambara: sinjamba

Utilisations
souvent plantée comme arbre d'ombrage pour réunions et palabres au village. Feuilles et écorce utilisées pour traiter la dysenterie. Le fruit à plusieurs usages cérémoniaux; et est un additif commun à la bière locale.

Habitat
Forêt et savane, souvent le long des cours d'eau. Floraison en fin de saison sèche.

Répartition géographique
Sénégal, Gambie, Guinée, Sierra Leone, Liberia, Mali, Burkina Faso, Cote d'Ivoire, Ghana, Togo, Nigeria, Cameroun, Guinée Equatorial, République Centrafricaine, Congo-Kinshasa, Soudan, Erythrée, Ethiopie, Somalie, Ouganda, Rwanda, Burundi, Kenya, Tanzanie, Angola, Zambie, Malawi, Mozambique, Zimbabwe, Namibie, Botswana, Swaziland, Afrique du Sud.

Domaine biogeographique
Afrotropicale.

Categorie liste rouge D'UICN
Préoccupation mineure (LC), évalué ici sur la base de sa répartition et son habitat.

Les graines sont Orthodoxes. Poids des 1,000 graines = 103.09 g.

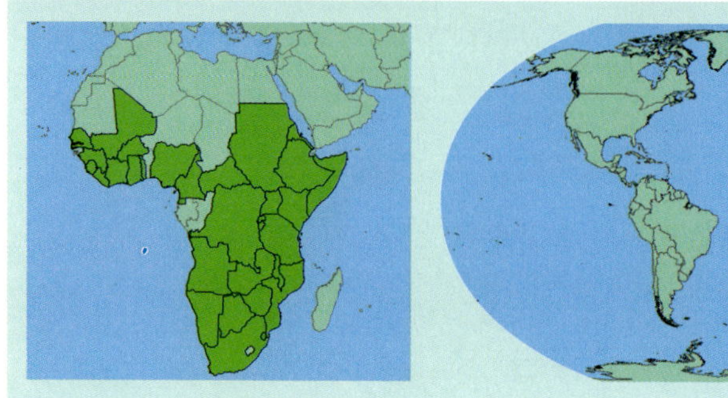

Mitragyna inermis

Rubiaceae

(Willd.) Kuntze [1793]

Arbre ou arbuste de 10 m; écorce ± lisse. Feuilles opposées, simples, de 6–14 x 3–8 cm. Fleurs blanches ou crèmes de 10 mm, organisées en têtes globuleuses terminales de 9 cm. Fruit allongé, de 5 mm, en têtes globuleuses.

Noms locaux
Mooré: Yliga; **Dioula**: Dium; **Peul**: Kadioli; **Bambara**: jun

Utilisations
bois dur et facile à travailler, utilisé pour meubles et comme petits artefacts. L'écorce s'utilise contre la fièvre. Les feuilles sont utilisées contre la fièvre et les troubles d'intestin.

Habitat
Savane, sur sols mal drainés, autour des points d'eau temporaires. Floraison en saison des pluies.

Répartition géographique
Mauritanie, Sénégal, Gambie, Guinée, Guinée Bissau, Liberia, Mali, Burkina Faso, Niger, Ghana, Togo, Benin, Nigeria, Cameroun, Congo-Kinshasa, Soudan.

Domaine biogeographique
Afrotropicale.

Categorie liste rouge D'UICN
Préoccupation mineure (LC), évalué ici sur la base de sa répartition et son habitat.

Graines très difficiles à récolter.

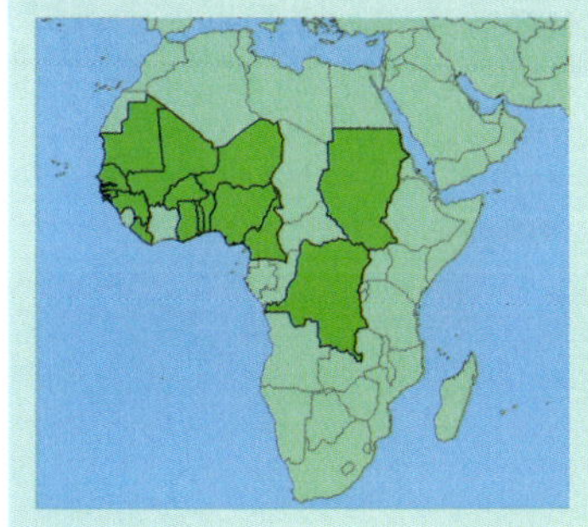

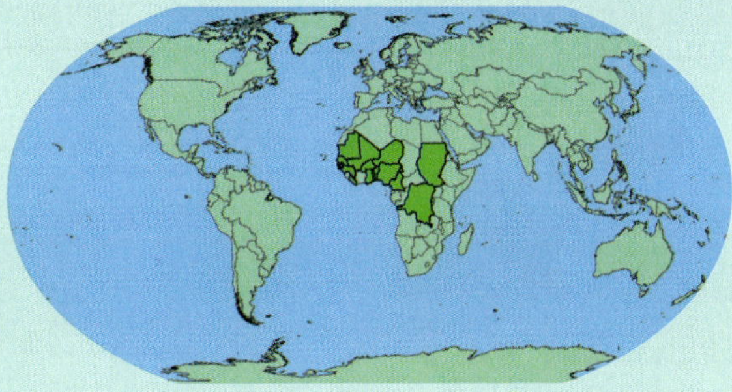

Morelia senegalensis

Rubiaceae

DC. [1830]

Arbre ou arbuste de 6 m; écorce lisse. Feuilles opposées, simples, de 7–15 x 5–9 cm. Fleurs blanches de 40 mm en groupes axillaires de 5 cm. Fruit noir, globuleux de 1.8 cm.

Noms locaux
–

Utilisations
pas documentée au Burkina.

Habitat
Sols humides le long des cours d'eau. Floraison deux fois: en saison des pluies et en saison sèche.

Répartition géographique
Sénégal, Gambie, Guinée Bissau, Guinée, Sierra Leone, Mali, Burkina Faso, Cote d'Ivoire, Ghana, Togo, Benin, Nigeria, Cameroun, Guinée Equatorial, Gabon, Congo-Kinshasa, Angola.

Domaine biogeographique
Afrotropicale.

Categorie liste rouge D'UICN
Préoccupation mineure (LC), évalué ici sur la base de sa répartition et son habitat.

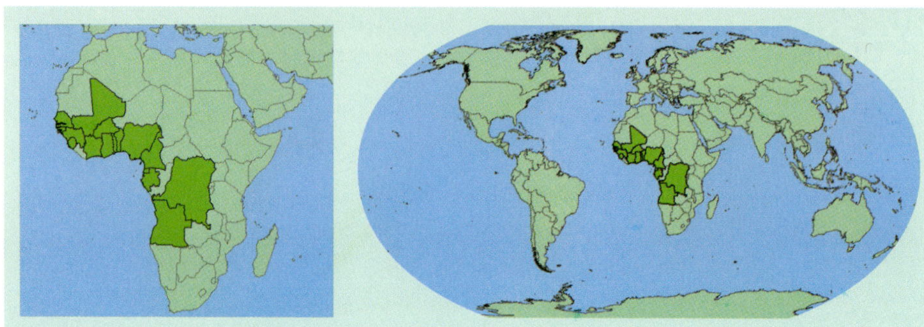

Ozoroa insignis

Anacardiaceae

Del. [1843]

Synonyme *Heeria insignis* dans Flora of West Tropical Africa

Arbre de 6 m; écorce légèrement fendillée; rameaux avec latex blanc. Feuilles verticillées en 3, de 7–22 x 2–9 cm, gris argenté en dessous. Fleurs blanchâtres de 5 mm, en groupes axillaires et terminaux. Fruit noir, ellipsoïde, aplati, de 12 mm.

Noms locaux
Moore: Niinoré; **Senufo**: Tifahama; **Dioula**: Sanoworsso; **Peul**: takara; **Bambara**: kakari

Utilisations
bon bois de feu et fait du bon charbon; feuilles et racines ont des actions purgatives. Les fleurs attirent des abeilles.

Habitat
Savane. Floraison en saison des pluies.

Répartition géographique
Sénégal, Guinée, Guinée-Bissau, Mali, Burkina Faso, Benin, Nigeria, Congo-Kinshasa, Soudan, Ethiopie, Ouganda, Rwanda, Burundi, Kenya, Tanzanie, Angola, Zambie, Malawi, Mozambique, Zimbabwe, Namibie, Botswana, Afrique du Sud, Yémen.

Domaine biogeographique
Afrotropicale, Paléarctique, Indo-Maléenne.

Categorie liste rouge D'UICN
Préoccupation mineure (LC), évalué ici sur la base de sa répartition et son habitat.

Poids des 1,000 graines = 66.57 g.

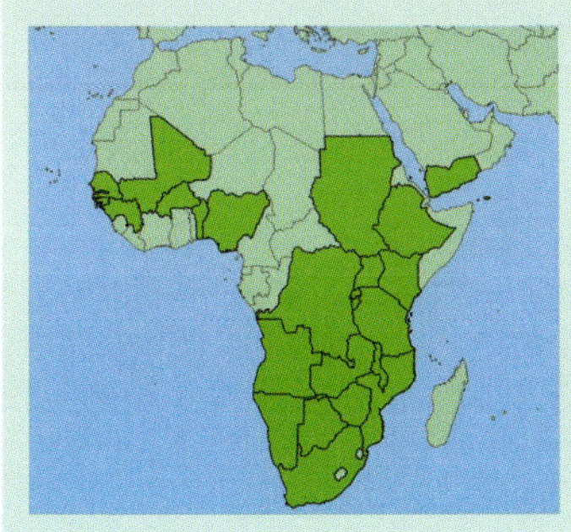

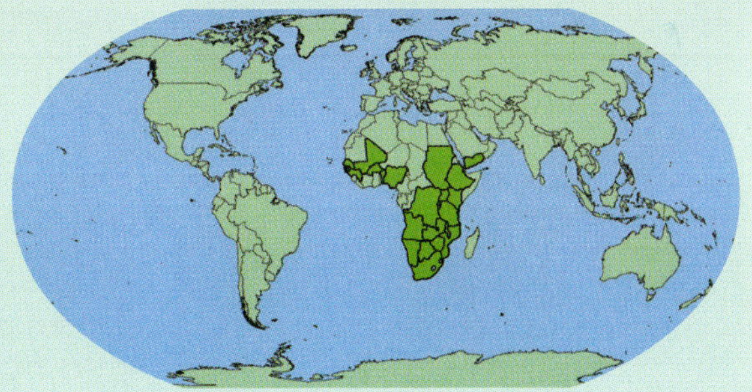

Pavetta crassipes

Rubiaceae

K. Schum. [1895]

Synonymes *Pavetta barteri, Pavetta utilis*

Arbuste ou arbre a 8 m. Feuilles opposées, quelquefois en 3 ou 4, 8–30 x 1–8 cm. Fleurs blanches-verdatres, de 12–20 mm, en petites groupes sur des branches courts sans feuilles. Fruit noir, rond, de 5–6 mm.

Noms locaux
Bambara: Pimperi mané

Utilisations
Les feuilles sont utilisées en cuisine et sont riches en carbohydrates et protéines.

Habitat
Savane ou forêt claire.

Répartition géographique
Sénégal, Guinée, Guinée-Bissau, Mali, Burkina Faso, Cote d'Ivoire, Ghana, Benin, Nigeria, Cameroun, Congo-Kinshasa, Burundi, Ethiopie, Ouganda, Kenya, Tanzanie, Soudan, Zambie, Malawi, Mozambique.

Domaine biogeographique
Afrotropicale.

Categorie liste rouge D'UICN
Préoccupation mineure (LC), évalué ici sur la base de sa répartition et son habitat.

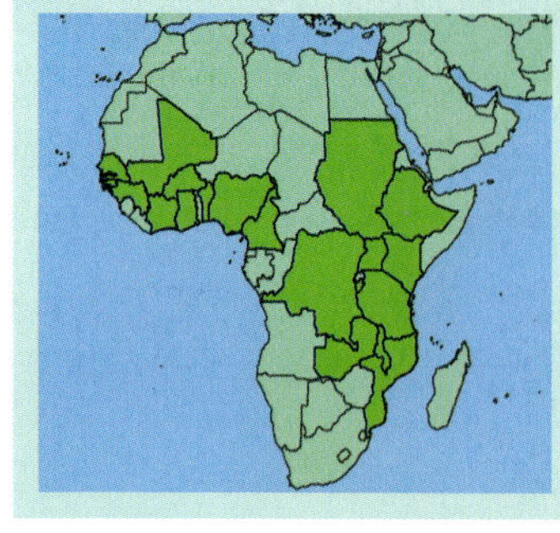

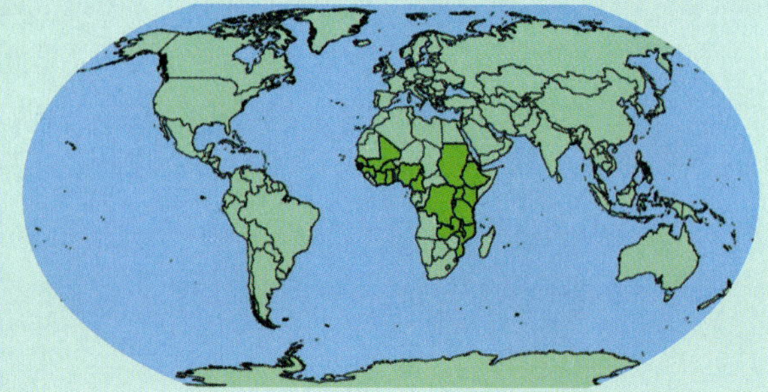

Pentadesma butyracea

Clusiaceae

Sabine [1824]

Arbre de 24 m, avec latex orange dans toutes les parties; écorce crévassée. Feuilles opposées, de 10–22 x 3–7 cm, avec points et taches glandulaires. Fleurs blanches, de 5 cm, terminales et solitaires. Fruit ovoide et pointu, de 15 x 10 cm.

Noms locaux

–

Utilisations

espèces à usage multiple, avec du bon bois de qualité utilisé pour les constructions, les clôtures et pour le bois de feu. Le bois dur n'est pas souvent attaqué par les termites. Les jeunes rameaux sont utilisés comme cure-dents. Le fruit est directement comestible. L'huile produite par les graines (36% en moyenne) est sans odeur, consommable et s'utilise comme beurre et pour faire des bougies et du savon. Le beurre s'utilise aussi comme insecticide. L'écorce soigne la diarrhée et la dysenterie.

Habitat

Forêt dense, surtout dans les endroits marécageux; floraison en Octobre/Novembre.

Répartition géographique

Guinée, Sierra Leone, Liberia, Burkina Faso, Cote d'Ivoire, Ghana, Togo, Benin, Nigeria, Cameroun, Gabon, Guinée Equatoriale, Congo-Brazzaville, Congo-Kinshasa.

Domaine biogeographique

Afrotropicale.

Categorie liste rouge D'UICN

Préoccupation mineure (LC), évalué ici sur la base de sa répartition et son habitat.

Les graines sont Récalcitrantes et germent à 98% sans prétraitement. Poids des 1,000 graines = 33,300 g.

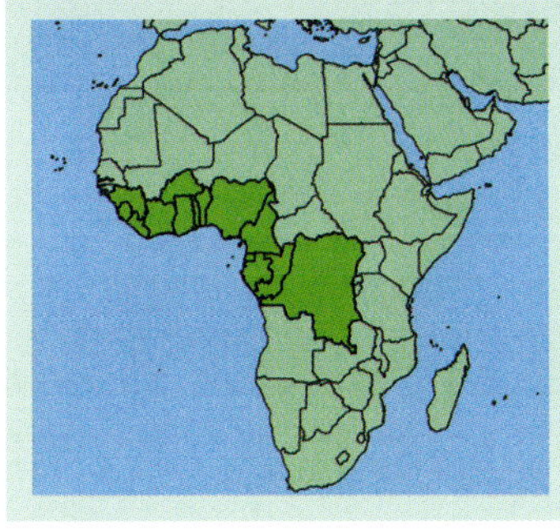

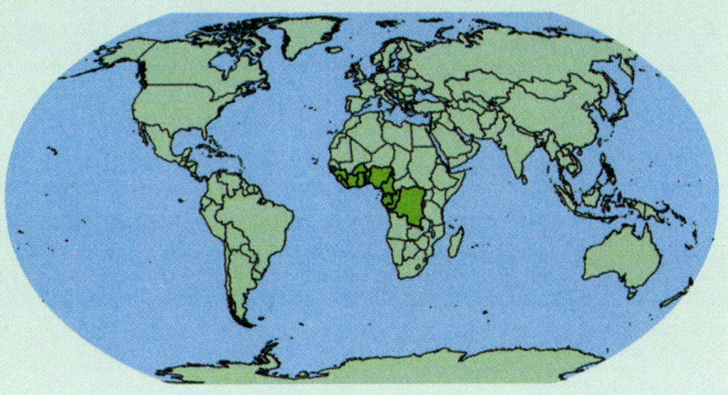

Psidium guajava

Myrtaceae

L. [1753]

Arbre ou arbuste de 4–12 m; écorce lisse et un peu écailleuse. Feuilles opposées, de 5–10 x 3–5 cm, pubescentes dessous. Fleurs axillaires blanches de 25 mm de diamètre, solitaires ou en petits groupes, avec nombreuses étamines. Fruit jaune de 10 x 5 cm, globuleux ou pyriforme.

Noms locaux
Bambara: **Fulani**: Goyaaki; **Mooré**: Goyaki; **Dioula**: Goyaki; **Bambara**: Goyaki

Utilisations
native de l'Amérique tropicale, mais largement cultivée pour ses fruits, elle devient quelque fois naturalisée. Une bonne plante de clôture, se développant facilement par boutures, et par drageons. Le bois est dur et résiste aux termites; il est utilisé pour les petits instruments et comme bois de feu, et pour faire du bon charbon. Le fruit est comestible, sucré et riche en vitamine C et en minéraux (un laxatif modéré!).

Habitat
Planté, surtout dans les lieux humides, et parfois naturalisé. Floraison au début de saison des pluies. Originaire d'Amérique du Sud.

Domaine biogeographique
Néotropicale.

Categorie liste rouge D'UICN
LC (= préoccupation mineure)

Les graines sont Orthodoxes et germent à 100% sans prétraitement à 21°C. Poids des 1,000 graines = 12.62 g.

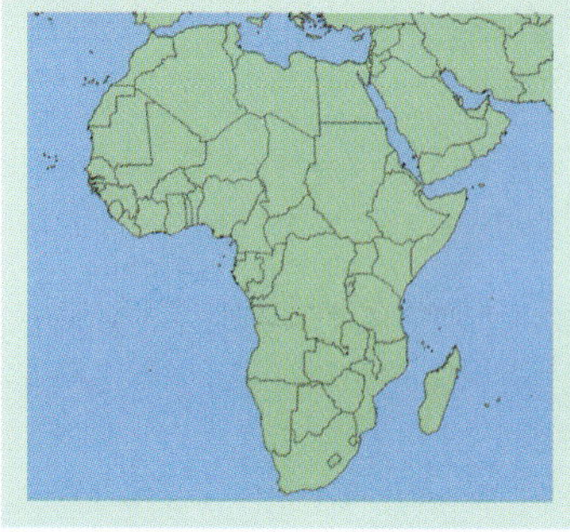

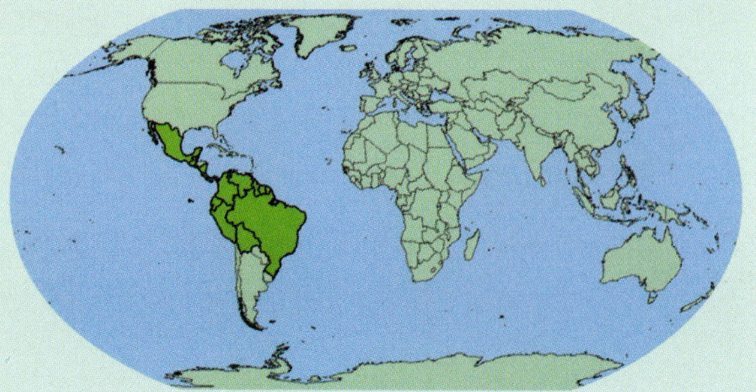

Psychotria psychotrioides

(DC.) Roberty [1830]

Rubiaceae

Arbuste ou petit arbre de 6 m; écorce verruqueuse. Feuilles brillantes, épaisses, 8–20 x 5–15 cm. Fleurs blanches, sessiles en groupes terminaux denses. Fruit rouge, ellipsoïde de 1 cm de long.

Noms locaux
–

Utilisations
pas documentée au Burkina.

Habitat
Forêt ou stations humides dans les savanes. Floraison en saison des pluies.

Répartition géographique
Sénégal, Guinée Bissau, Guinée, Sierra Leone, Mali, Burkina Faso, Cote d'Ivoire, Ghana, Benin, Nigeria, Chad, Cameroun, Soudan.

Domaine biogeographique
Afrotropicale.

Categorie liste rouge D'UICN
Préoccupation mineure (LC), évalué ici sur la base de sa répartition et son habitat.

Les graines germent à 60% à la température de 30°C. Poids des 1,000 graines = 57.27 g.

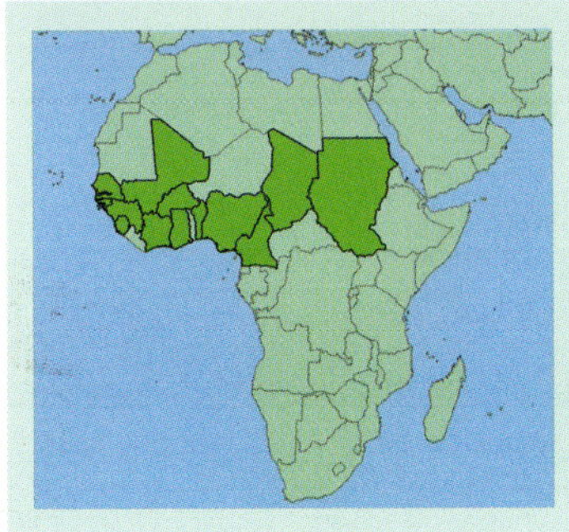

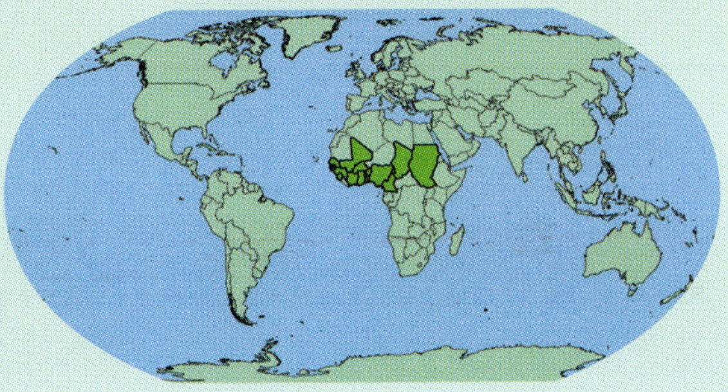

Rauvolfia vomitoria

Afzel. [1818]

Apocynaceae

Arbre ou arbuste de 15 m, avec de latex blanc dans toutes les parties; écorce lisse ou fissurée. Feuilles verticillées (en 3, 4 ou 5), de 3–24 x 2–10 cm. Fleurs blanches à verdâtres de 8–10 mm de long, en groupes larges terminaux. Fruit orange ou rouge, globuleux, 8–14 mm.

Noms locaux
Senufo: kin

Utilisations
plantée comme espèce ornementale. Le bois n'est pas beaucoup utilisé, mais les branches fourchues en 4 sont utilisées comme mixeurs. La décoction d'écorce est employée contre la lèpre, la décharge urétrale et la dysenterie – une forte purge. Les feuilles ou décoctions de feuilles causent des vomissements. La réserpine alcaloïde est extraite de cette plante, et s'utilise contre les hypertensions.

Habitat
Forêt. Floraison?

Répartition géographique
Egypte, Sénégal, Guinée-Bissau, Guinée, Sierra Leone, Liberia, Mali, Burkina Faso, Cote d'Ivoire, Ghana, Togo, Benin, Nigeria, Cameroun, São Tomé, Guinée Equatorial, République Centrafricaine, Gabon, Congo-Brazzaville, Congo-Kinshasa, Soudan, Ouganda, Tanzanie, Angola.

Domaine biogeographique
Afrotropicale.

Categorie liste rouge D'UICN
Préoccupation mineure (LC), évalué ici sur la base de sa répartition et son habitat.

Poids des 1,000 graines = 35.62 g.

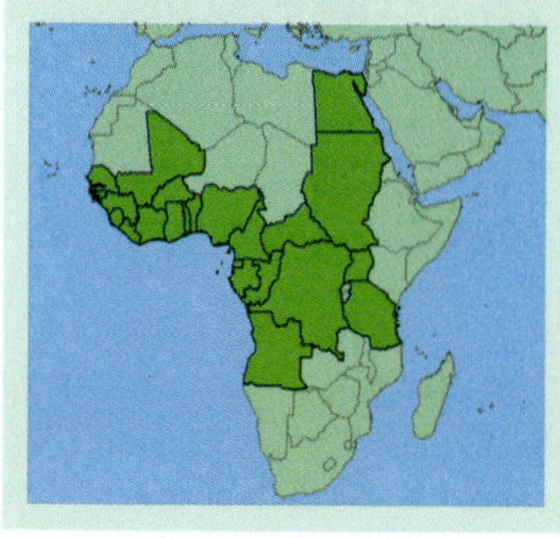

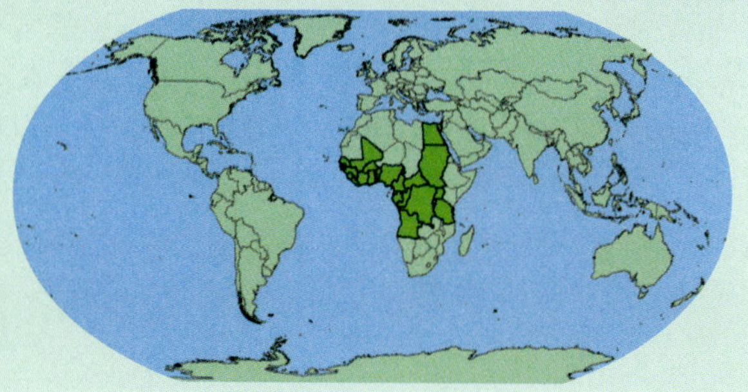

Salvadora persica

Salvadoraceae

L. [1753]

Arbre ou arbuste de 4–5 m; écorce ± lisse. Feuilles opposées, de 3–12 x 2–7 cm. Fleurs jaunes de 3 mm, en épis ou groupes axillaires et terminaux de 10 cm. Fruit rouge, globuleux de 6 mm.

Noms locaux
–

Utilisations
bois et les rameaux feuillus s'utilisent pour faire des selles; c'est une espèce populaire de cure-dents. Le fruit est comestible.

Habitat
Zones sèches, aux bords des oueds ou mares. Floraison en saison sèche.

Répartition géographique
Maroc, Algérie, Libye, Egypte, Mauritanie, Sénégal, Mali, Burkina Faso, Niger, Nigeria, Soudan, Erythrée, Ethiopie, Somalie, Congo-Kinshasa, Ouganda, Kenya, Tanzanie, Angola, Zambie, Malawi, Mozambique, Namibie, Botswana; Arabie, Israël, Jordanie, Pakistan, Inde, Sri Lanka.

Domaine biogeographique
Afrotropicale, Paléarctique, Indo-Maléenne.

Categorie liste rouge D'UICN
Préoccupation mineure (LC), évalué ici sur la base de sa répartition et son habitat.

Les graines sont Orthodoxes. Poids des 1,000 graines = 95.59 g.

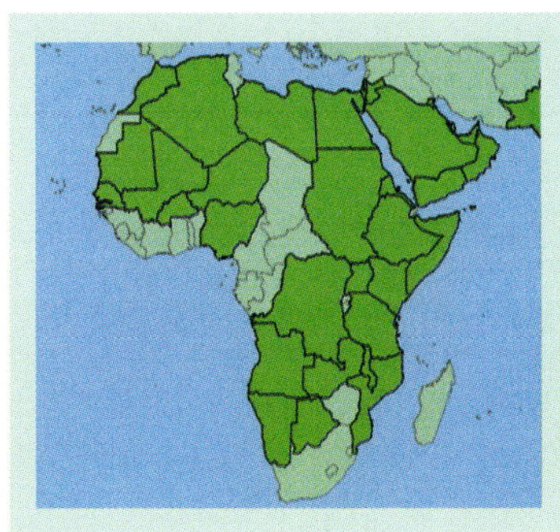

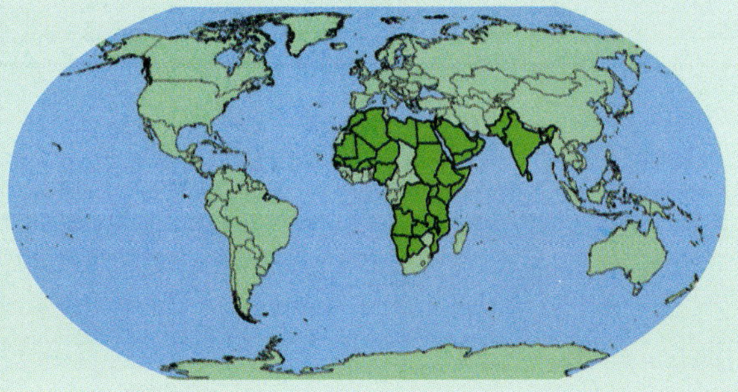

Sarcocephalus latifolius

Rubiaceae

(Smith) Bruce [1813]

Synonyme *Nauclea latifolia*

Arbre ou arbuste de 5 m; écorce crevassée. Feuilles opposées, simples, 10–22 x 7–15 cm. Fleurs blanches ou roses de 8 mm, en têtes globuleuses terminales de 4.5 cm. Fruit rouge à brun sombre, irrégulièrement globuleux, de 5 cm.

Noms locaux
Mooré: Gwiinga;
Dioula: Baro;
Peul: Baure;
Bambara: baro

Utilisations
l'espèce est vendue dans beaucoup de marchés pour ses plusieurs propriétés médicinales: l'écorce amère est utilisée contre la fièvre et pour soulager la douleur; il est aussi utilisé sur les blessures. La décoction est utilisée sur les courbatures et pour un bain de bouche. La racine est utilisée contre les maux de dents, contre la syphilis, la stérilité, dysenterie, etc. L'infusion de feuilles est utilisée contre la jaunice et le sang dans l'urine, contre les troubles intestinaux et comme vermifuge.

Habitat
Savane, sur sols humides. Floraison en saison des pluies ou en commencement de saison des pluies.

Répartition géographique
Sénégal, Guinée, Mali, Burkina Faso, Cameroun, Gabon, Congo-Kinshasa, Soudan, Ethiopie, Ouganda, Kenya, Angola.

Domaine biogeographique
Afrotropicale.

Categorie liste rouge D'UICN
Préoccupation mineure (LC), évalué ici sur la base de sa répartition et son habitat.

Les graines sont Orthodoxes et germent à 80% à la température de 25°C. Poids des 1,000 graines = 0.22 g.

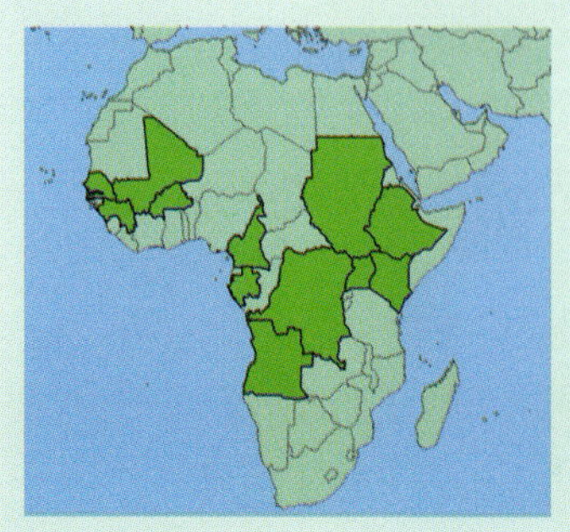

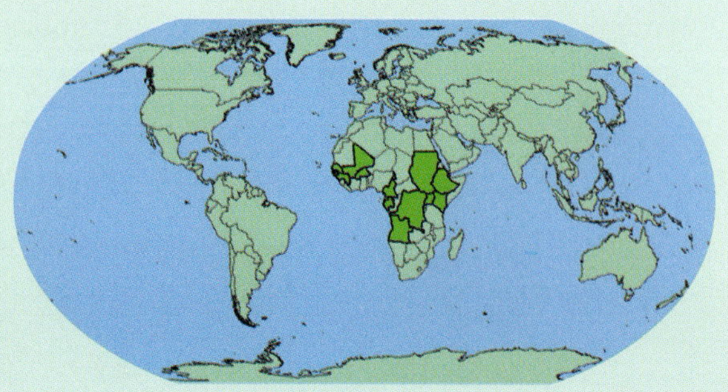

Stereospermum kunthianum Cham. [1832]

Bignoniaceae

Arbre de 12 m; écorce écailleuse. Feuilles opposées, imparipennées, avec 3–4 paires de folioles, chacune de 3–17 x 2–6 cm, bords entiers ou dentés. Fleurs roses de 6 cm, en groupes terminaux de 25 cm. Fruit vert, mince et cylindrique de 60 x 1 cm.

Noms locaux
Mooré: Yoabga, Nihilenga, vuiba; **Dioula**: mogojiri; **Peul**: golombi; **Bambara**: mogojiri

Utilisations
l'écorce amère est mâchée par les filles pour colorer leurs lèvres en rouge brun. Espèce très décorative et quelque fois domestiquée. Racines et feuilles sont utilisées contre les infections vénériennes.

Habitat
Savane. Floraison en saison sèche.

Répartition géographique
Sénégal, Gambie, Guinée, Guinée-Bissau, Mali, Burkina Faso, Ghana, Togo, Benin, Nigeria, Cameroun, Congo-Kinshasa, Soudan, Erythrée, Ethiopie, Ouganda, Kenya, Tanzanie, Angola, Zambie, Malawi, Mozambique, Zimbabwe.

Domaine biogeographique
Afrotropicale.

Categorie liste rouge D'UICN
Préoccupation mineure (LC), évalué ici sur la base de sa répartition et son habitat.

Poids des 1,000 graines = 18.25 g.

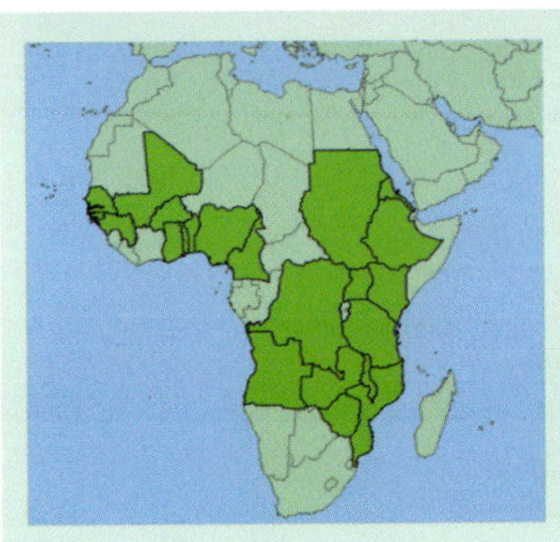

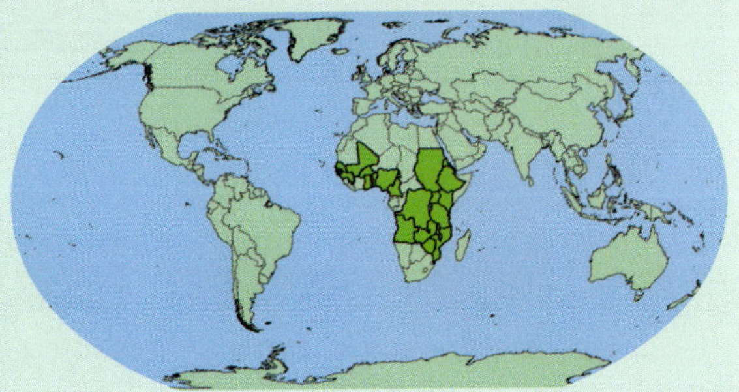

Strychnos innocua

Del. [1826]

Loganiaceae

Arbre ou arbuste de 12 m; écorce lisse ou ± écailleuse. Feuilles opposées, de 2–15 x 1–7 cm. Fleurs crèmes de 8 mm en groupes axillaires denses de 1.5 cm. Fruit jaune et rond de 5 cm.

Noms locaux
Gurma: Yual potiga; **Dioula**: gongoroni, nkankoronin; **Bambara**: gongoroni

Utilisations
bois dur et jaune, difficile à travailler. La racine s'utilise en médecines contre la tuberculose, l'anthrax et les saignements de grossesse. La pulpe du fruit est utilisée en médecine pédiatrique contre les vomissements et les maux d'estomac sévères. La graine est poisonneuse.

Habitat
Savane. Floraison en fin de saison sèche et commencement des pluies.

Répartition géographique
Guinée, Mali, Burkina Faso, Cote d'Ivoire, Niger, Ghana, Togo, Benin, Nigeria, Chad, Cameroun, République Centrafricaine, Congo-Kinshasa, Soudan, Ethiopie, Ouganda, Rwanda, Burundi, Kenya, Tanzanie, Angola, Zambie, Malawi, Mozambique, Zimbabwe.

Domaine biogeographique
Afrotropicale.

Categorie liste rouge D'UICN
Préoccupation mineure (LC), évalué ici sur la base de sa répartition et son habitat.

Poids des 1,000 graines = 530.84 g.

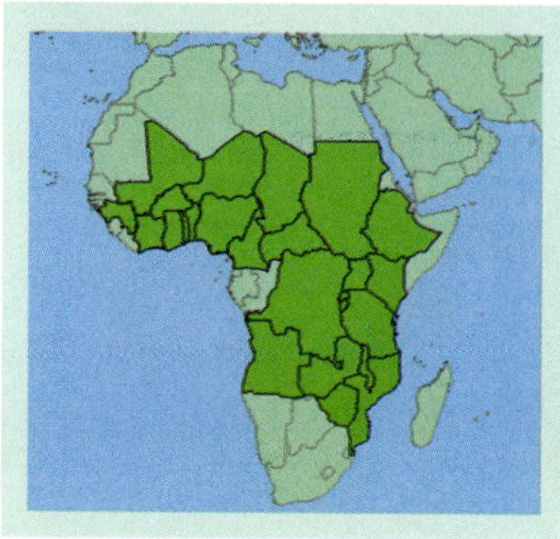

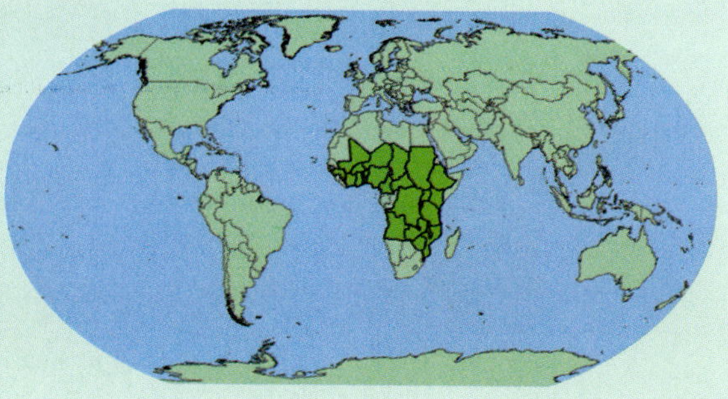

Syzygium guineense

Myrtaceae

(Willd.) DC. [1800]

Arbre ou arbuste de 15 m. Feuilles opposées, de 6–16 x 2–8 cm. Fleurs blanches de 3–8 mm, axillaires ou en groupes terminaux de 10 cm, avec beaucoup d'étamines. Fruit pourpre à noir, globuleux ou ellipsoïdal, d'environ 1–3.5 cm.

Noms locaux
Dioula: Kokisa; **Bambara**: Kokisa; **Senoufo**: lognang

Utilisations
bois dur et durable, utilisé dans la construction et pour faire des ustensiles; il fait du bon bois de feu et de charbon. La décoction de l'écorce est utilisée en bains ou boissons comme fortifiant.

Habitat
Savanes, galeries forestières. Floraison en saison sèche.

Répartition géographique
Sénégal, Gambie, Guinée, Sierra Leone, Mali, Burkina Faso, Cote d'Ivoire, Niger, Ghana, Togo, Benin, Nigeria, Cameroun, Chad, Guinée Equatorial, République Centrafricaine, Gabon, Congo-Brazzaville, Congo-Kinshasa, Soudan, Erythrée, Ethiopie, Ouganda, Rwanda, Kenya, Tanzanie, Angola, Zambie, Malawi, Mozambique, Zimbabwe, Namibie, Afrique du Sud.

Domaine biogeographique
Afrotropicale.

Categorie liste rouge D'UICN
Préoccupation mineure (LC), évalué ici sur la base de sa répartition et son habitat.

Les graines sont Récalcitrantes. Poids des 1,000 graines = 2,222 g.

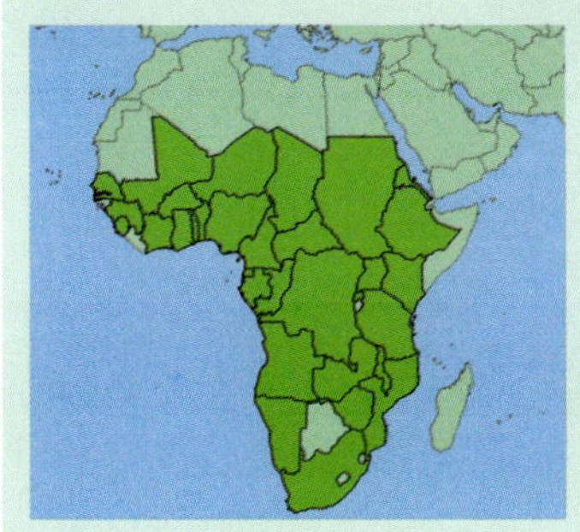

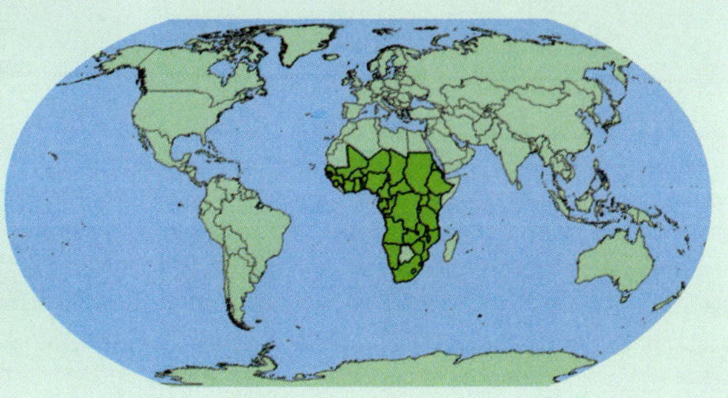

Tectona grandis

L. f. [1782]

Lamiaceae/Labiatae

Arbre de 20 m; écorce fissurée. Feuilles opposées, simples, 10–100 x 5–50 cm, brun-rousse-pubescentes en dessous. Fleurs blanches de 5 mm en groupes terminaux de 70 cm. Fruit jaune à brun, globuleux de 1.5 cm.

Noms locaux

TECK

Utilisations

espèce native de l'Asie du sud-est, et importée comme espèce à bois d'œuvre. Le bois attractif et décoratif est utilisé pour faire des meubles et en construction, parce qu'il est durable et résiste aux termites.

Habitat

Originaire de l'Inde et Indochine, largement plantée. Floraison en fin de saison sèche et en commencement de saison des pluies. Originaire de Bangladesh, Myanmar et Thaïlande, dans les forêts pluviales.

Domaine biogeographique

Indo-Maléenne.

Categorie liste rouge D'UICN

Préoccupation mineure (LC).

Les graines sont Orthodoxes. Poids des 1,000 graines = 240.67 g.

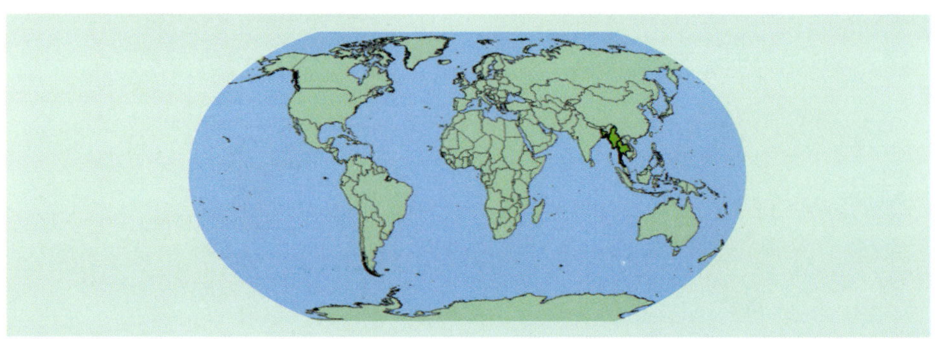

Tricalysia okelensis

Hiern [1877]

Rubiaceae

Arbuste ou petit arbre de 4.5 m; écorce lisse. Feuilles opposées, 10–15 x 3–7 cm. Fleurs blanches de 7 mm, en groupes axillaires. Fruit rouge, globuleux, de 7 mm.

Noms locaux
Senoufo: cafeking

Utilisations
pas documentée au Burkina.

Habitat
Forêt, galerie forestière, collines rocheuses. Floraison en début de saison des pluies.

Répartition géographique
Sénégal, Guinée, Sierra Leone, Mali, Burkina Faso, Cote d'Ivoire, Ghana, Nigeria, Cameroun, République Centrafricaine, Congo-Kinshasa, Soudan.

Domaine biogeographique
Afrotropicale.

Categorie liste rouge D'UICN
Préoccupation mineure (LC), évalué ici sur la base de sa répartition et son habitat.

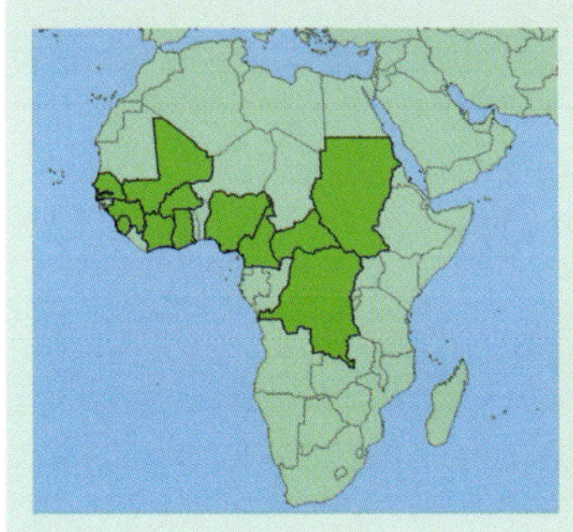

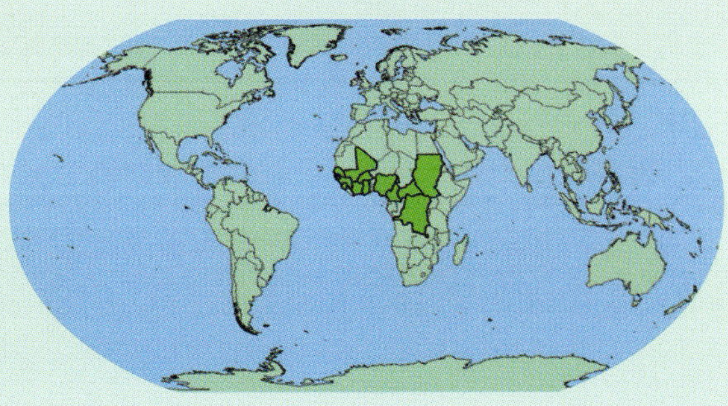

Vitex chrysocarpa

Benth. [1849]

Lamiaceae/Labiatae

Arbre ou arbuste de 8 m; écorce écailleuse. Feuilles opposées, digitées et divisées en 3–5 folioles, chaque 5–12 x 2–5 cm, bords entiers ou crenulés. Fleurs roses à violettes de 8 mm, en groupes axillaires de 6 cm. Fruit orange à brun, globuleux de 2 cm.

Noms locaux
–

Utilisations
pas documentée au Burkina.

Habitat
Forêt et savane, collines rocheuses, bancs des cours d'eau. Floraison en début de saison des pluies.

Répartition géographique
Guinée, Mali, Burkina Faso, Cote d'Ivoire, Niger, Ghana, Togo, Benin, Nigeria, Cameroun.

Domaine biogeographique
Afrotropicale.

Categorie liste rouge D'UICN
Préoccupation mineure (LC), évalué ici sur la base de sa répartition et son habitat.

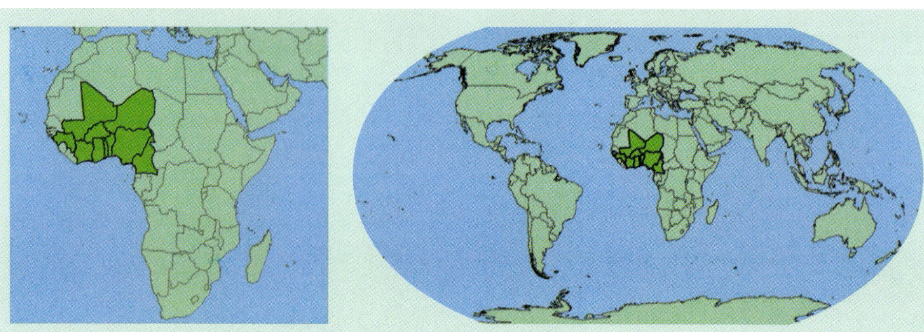

Vitex doniana

Sweet [1827]

Lamiaceae/Labiatae

Arbre de 12 m; écorce finement fissurée. Feuilles opposées, digitées et divisées en 5 folioles, 4–25 x 2–10 cm. Fleurs roses à violettes de 12 mm, en groupes axillaires de 8 cm. Fruit noir, globuleux de 2.5 cm.

Noms locaux
Mooré: Aadga; **Dioula**: Koro ni fin; **Peul**: Goumedji; **Bambara**: koro ba

Utilisations
bois mou mais durable, utilisé dans la construction de maison, de meubles et instruments. Les jeunes feuilles sont comestibles; l'extrait de l'écorce est utilisé comme encre. Bon arbre apicole, le bois est aussi utilisé pour faire des ruches. Les fruits sont comestibles et sont vendus dans les marchés.

Habitat
Savane, surtout sur collines rocheuses, bancs des cours d'eau. Floraison en saison sèche ou en commencement de saison des pluies.

Répartition géographique
Sénégal, Guinée-Bissau, Guinée, Sierra Leone, Mali, Burkina Faso, Cote d'Ivoire, Ghana, Togo, Benin, Nigeria, Cameroun, Gabon, Congo-Kinshasa, Ouganda, Rwanda, Burundi, Kenya, Tanzanie, Angola, Zambie, Malawi, Mozambique, Zimbabwe; Comores.

Domaine biogeographique
Afrotropicale.

Categorie liste rouge D'UICN
Préoccupation mineure (LC), évalué ici sur la base de sa répartition et son habitat.

Poids des 1,000 graines = 500 g.

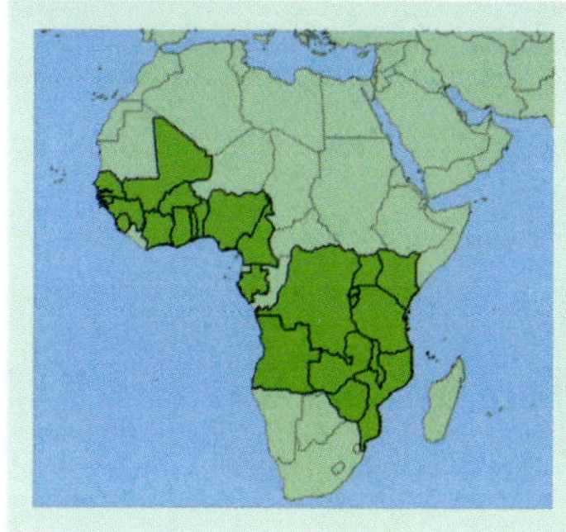

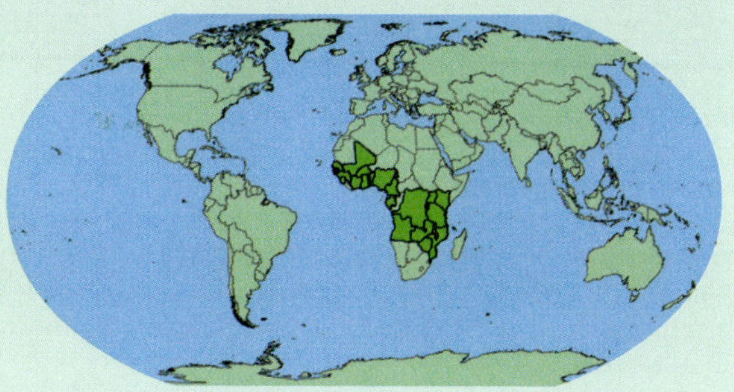

Vitex madiensis

Lamiaceae/Labiatae

Oliv. [1875]

Synonyme *Vitex simplicifolia*

Arbre ou arbuste de 6 m; écorce ± crevassée. Feuilles opposées, simples ou digitées et divisées en 3–5 folioles, chaque 2–15 x 2–12 cm, bords entiers ou crenulés. Fleurs roses à violettes de 10 mm, en groupes axillaires de 10 cm. Fruit noir, globuleux de 2.5 cm.

Noms locaux
Dioula: koro; **Bambara**: dankele; **Mooré**: Conpoandga; **Dioula**: Koronin; **Bambara**: Koronin

Utilisations
fruit comestible.

Habitat
Savane boisée. Floraison en saison sèche ou en début de saison des pluies.

Répartition géographique
Sénégal, Gambie, Guinée-Bissau, Guinée, Sierra Leone, Burkina Faso, Cote d'Ivoire, Ghana, Nigeria, Cameroun, République Centrafricaine, Congo-Brazzaville, Congo-Kinshasa, Soudan, Ouganda, Burundi, Tanzanie, Angola, Zambie, Malawi, Mozambique.

Domaine biogeographique
Afrotropicale.

Categorie liste rouge D'UICN
Préoccupation mineure (LC), évalué ici sur la base de sa répartition et son habitat.

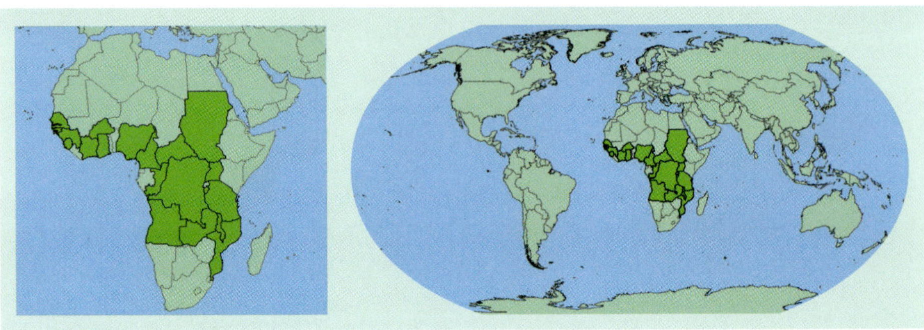

Voacanga africana

Stapf [1894]

Apocynaceae

Arbuste ou arbre de 10 m, avec de latex blanc dans tous les parts; écorce liègeuse, crévassée. Feuilles opposées, simples, de 6–30 x 3–16 cm. Fleurs blanches à jaunes, de 40 mm de diamètre en groupes terminaux. Fruit vert et blanc en paires presque globuleuses, de 50 mm.

Noms locaux

–

Utilisations

pas documentée au Burkina.

Habitat

Forêt et galeries forestières. Floraison en saison des pluies.

Répartition géographique

Sénégal, Gambie, Guinée, Sierra Leone, Liberia, Burkina Faso, Cote d'Ivoire, Ghana, Togo, Benin, Nigeria, Cameroun, Guinée Equatorial, République Centrafricaine, Congo-Brazzaville, Congo-Kinshasa, Soudan, Ouganda, Rwanda, Burundi, Kenya, Tanzanie, Angola, Zambie, Malawi, Mozambique.

Domaine biogeographique

Afrotropicale.

Categorie liste rouge D'UICN

Préoccupation mineure (LC), évalué ici sur la base de sa répartition et son habitat.

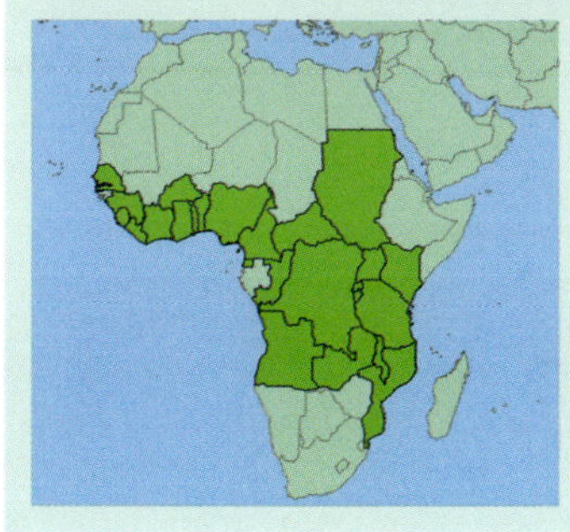

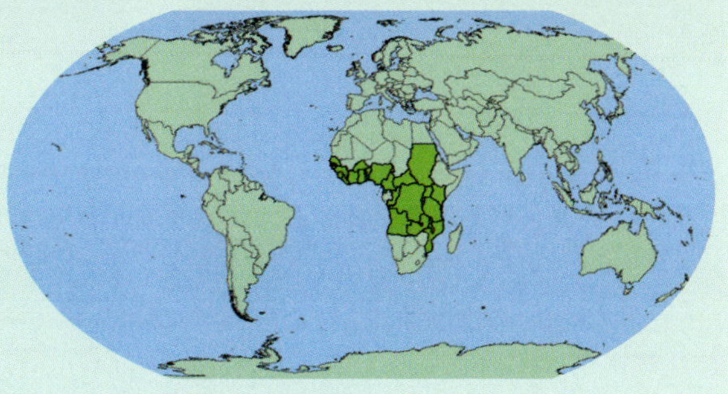

Groupe D – Feuilles alternes, non divisées ou lobées, à bords de limbe entiers

D1 Latex présent D2

Latex absent D7

D2 Ecorce profondément crevassée; nervures secondaires en 20–40 paires D3

Ecorce lisse; nervures secondaires en moins de 10 paires D4

(Ecorce inconnue; nervures secondaires en plus de 10 paires; pétiole 8–10 mm de long; feuilles 7–13 cm de long .... *Anthostema*) p120

D3 Pétiole 5–50 mm de long, feuilles 7–14 cm de long; rare .... *Manilkara* p162

Pétiole 30–120 mm de long, feuilles 12–25 cm de long; très commun .... *Vitellaria* p179

D4 Feuilles linéaires, 9–18 x 0.6–1 cm; plante cultivée aux grandes fleurs jaunes .... *Cascabela* p130

Feuilles non linéaires D5

D5 Feuilles finement pubescents-soyeuses et ± argentées en dessous .... *Synsepalum* p170

Feuilles ± glabres ou scabres en dessous, mais non soyeuses D6

D6 Feuilles scabres; fleurs petites, sur des plateformes comme parapluies .... *Antiaris* p121

Feuilles scabres ou non; fleurs dans l'intérieur des 'figues' .... *Ficus* p139

D7 Feuilles 1–4 x 1 mm, sans nervures .... *Tamarix* p171

Feuilles plus grandes, avec nervures D8

D8 Feuilles avec nervation palmée, à 3–7 nervures basales et des autres paires de nervures secondaires D9

Feuilles avec nervation pennée, seulement avec des nervures secondaires D14

D9 Feuilles en coin à la base D10

Feuilles arrondies à cordées à la base D11

D10 Feuilles scabres et pubescentes, avec des domaties (touffes de poils) dans les aisselles des nervures .... *Cordia myxa* p135

Feuilles pubescentes-argentées, sans «domaties mais souvent avec une glande au sommet de la feuille, et aussi une glande à la base du pétiole .... *Acacia holosericea* p116

D11 Pétiole 3–7 mm de long; feuilles 5–10 cm de long, à base asymétrique .... *Celtis toka* p131

Pétiole 50–120 mm de long; feuilles 8–35 cm de long, à base symétrique D12

D12 Feuilles avec glandes près de la base; pétiole non-renflé aux extrémités .... *Alchornea* p117

Feuilles sans glandes près de la base; pétiole renflé aux extrémités D13

D13 Rameaux jeunes avec petites écailles, sans poils; stipules 4–15 mm .... *Bixa* p123

Rameaux sans écailles, souvent avec poils stéllés; stipules absentes .... *Cola* p133-134

D14 Pétiole 6–8 mm, avec 2 glandes dessus D15

Pétiole sans glandes D16

(Pétiole quelquefois avec 1 glande très petite à la base .... *Securidaca*) p169

D15 Feuilles au sommet brièvement acuminé .... *Maranthes* p163

Feuilles au sommet arrondi .... *Parinari* p167

D16 Feuilles avec 1–2 glandes près de la base D17

Feuilles sans glandes près de la base... D19

D17 Feuilles gris-pubescentes dessous, avec 1 glande près de la base; écorce lisse .... *Monotes* p165

Feuilles avec 2 glandes près de la base; écorce crevassée............................ D18

D18 Pétiole 4–7 mm de long; nervures secondaires en 6–9 paires ....*Maranthes* p163

Pétiole normalement plus long, de (0–)8–100 mm de long; nervures secondaires en 8–25 paires .... *Terminalia* p172-176

D19 Pétiole avec des stipules à la base D20

Pétiole sans stipules à la base.. D21

(stipules caduques, rarement visibles, inclus dans D21 .... *Antidesma*, *Margaritaria*, *Flueggea*, *Uapaca*)

D20 Pétiole 10–80 mm de long; feuilles 15–45 cm de long, glabres .... *Lophira* p158

Pétiole 3–7 mm de long; feuilles 3–10 cm de long, pubescentes en dessous ....*Antidesma* p122

D21 Pétiole renflé aux extrémités .... *Cola* p133-134

Pétiole non-renflé aux extrémités D22

D22 Ecorce crevassée ou écailleuse D23

Ecorce lisse ou fibreuse, mais sans crevasses ou écailles D36

D23 Ecorce crevassée.. D24

Ecorce écailleuse, non-crevassée D32

D24 Pétiole 10–260 mm de long D25

Pétiole moins de 13 mm de long D26

D25 Fleurs blanches, en épis; fruit avec une aile tout autour .... *Terminalia* p172-176

Fleurs blanches, en groupes lâches; fruit non-ailé .... *Christiana* p132

Fleurs jaunes, en petits touffes; fruit non-ailé............................ *Uapaca* p177

D26 Feuilles pubescentes au moins sur les nervures dessous D27

Feuilles glabres.. D29

D27 Feuilles pubescentes sur les nervures dessous................ *Bridelia scleroneura* p128

Feuilles pubescentes également en dessous... D28

D28 Fleurs en épis; fruit pointu au sommet.................................*Antidesma* p122

Fleurs en touffes denses; fruit aplati au sommet.................... *Margaritaria* p164

D29 Feuilles 4–15 x 1–3 cm...*Boscia salicifolia* p125

Feuilles en général moins étroites... D30

D30 Feuilles avec petites glandes le long de la nervure principale .... *Diospyros* p136

Feuilles sans glandes D31

D31 Pétiole 5–9 mm de long; fruit noir...................................... *Margaritaria* p164

Pétiole 1–3 mm de long; fruit rouge .... *Olax* p166

D32 Pétiole 10–25 mm de long; feuilles étroites, 4–15 x 1–4 cm . . . . *Vernonia* p178

Pétiole moins de 10 mm de long; feuilles plus larges, 5–25 x 2–14 cm D33

D33 Feuilles avec petites glandes le long de la nervure principale . . . . *Diospyros* p136

Feuilles sans glandes D34

D34 Feuilles 12–25 cm de long, aux bases en coin . . . . *Protea* p168

Feuilles 5–12 cm de long. D35

D35 Feuilles aux bases arrondies . . . . *Bridelia ferruginea* p127

Feuilles aux bases en coin . . . . *Flueggea* p155

D36 Pétiole 15–50 mm long; feuilles au sommet en coin;
feuilles odorantes quand frottées D37

Pas cette combinaison de caractères D38

D37 Pétiole 20–50 mm long; feuilles au sommet en coin;
feuilles odorantes quand frottées . . . . *Mangifera* p161

Pétiole 15–20 mm de long; feuilles au sommet en coin;
feuilles criblées de pointes translucides, et odorantes quand frottées. . . . . .*Eucalyptus* p137

D38 Feuilles avec petites glandes le long de la nervure principale . . . . *Diospyros* p136

Feuilles sans glandes D39

D39 Feuilles ± poudreuses en dessous. . . . . *Cadaba* p129

Feuilles glabres ou pubescentes, mais non farineuses. D40

D40 Feuilles en dessous avec écailles oranges ou dorées . . . .*Hymenocardia* p157

Feuilles sans écailles D41

D41 Les autres espèces sont assez difficiles à distinguer en état végétatif
(sans fleurs ou fruit) – mais plus faciles en fleur (voir D42) ou en fruit (voir 39)

en fleur:

D42 Fleurs jaunâtres ou verdâtres D43

Fleurs blanches ou roses D46

D43 Fleur nombreuse, en boule, chaque moins de 10 mm de long D44

Fleurs 1–3, chaque 15–20 mm de long D45

D44 Sépales 4 . . . . *Boscia* p124-126, *Margaritaria* p164

Sépales 5 . . . . *Flueggea* p155

D45 Pétiole 5–20 mm de long . . . . *Annona* p119

Pétiole 1–4 mm de long . . . . *Hexalobus* p156

D46 Fleurs roses, en épis ou groupes terminaux. D47

Fleurs blanches, axillaires aux feuilles D48

D47 Fleurs plus de 1 cm de long . . . . *Securidaca* p169

Fleurs moins de 1 cm de long. . . . . *Anacardium* p118

D48 Fleurs moins de 7 mm de long, étamines 5 . . . . *Olax* p166

Fleurs plus de 2 cm de long, avec beaucoup d'étamines . . . .*Maerua* p159-160

en fruit:

D49 La pomme cajou, petit fruit courbé sur une base brune charnue.......... *Anacardium* p118

Fruit différent.. D50

D50 Fruit ailé, 4–5 cm de long.. *Securidaca* p169

Fruit non ailé D51

D51 Fruit en forme de chapelet, beaucoup plus long que large............... *Maerua* p159-160

Fruit globuleux, ou ellipsoide D52

D52 Fruit ellipsoide, rouge, en groupes denses............................ *Hexalobus* p156

Fruit globuleux ou presque D53

D53 Fruit 2.5–5 cm de diamètre .... *Annona* p119

Fruit moins de 1.5 cm D54

D54 Feuilles pointues au sommet... *Olax* p166

Feuilles arrondies au sommet, avec un tout petit point D55

D55 Fruit à 3 lobes .... *Margaritaria* p164

Fruit globuleux D56

D56 Fruit vert à orange.. *Boscia* p124-126

Fruit blanchâtre.. *Flueggea* p155

Acacia holosericea

G.Don [1832]

Leguminosae/Fabaceae

Arbuste ou petit arbre; écorce lisse. Rameaux sans épines ou crochets. Feuilles entières, 10–20 x 1–5 cm, pubescentes-argentées. Fleurs jaunes, en épis 2–4 cm de long. Fruit aplati, spiralé et torsadé, 3–4 x 0.3–0.5 cm, brun-rouge.

Noms locaux

-

Utilisations

pas documentée au Burkina.

Habitat

Planté. Floraison en saison sèche. Introduit d'Australie.

Domaine biogeographique

Austroasienne.

Les graines sont Orthodoxes et se scarifient sur les téguments avant germination à 89% à la température de 21°C. Poids des 1,000 graines = 10 g.

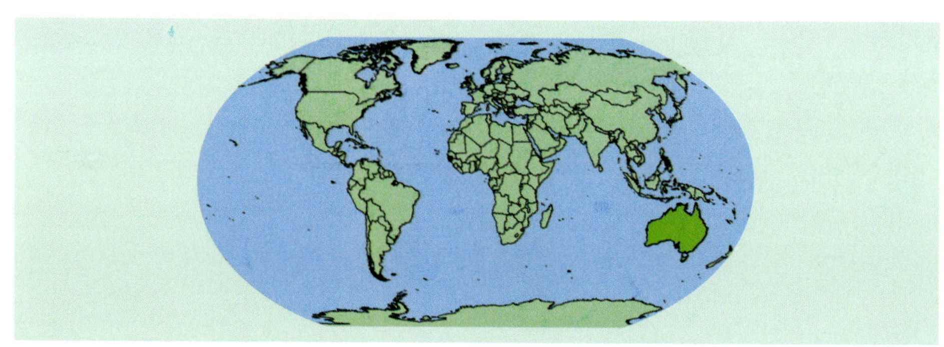

Alchornea cordifolia

Euphorbiaceae

(Schumach. & Thonn.) Müll. Arg. [1827]

Arbre ou arbuste de 5–8 m. Feuilles alternes, 10–25 x 7–15, entières ou ± dentées, cordées, avec 4 glandes à la base. Fleurs de 12 mm, ♀ (plus petite) et ♂ se produisent sur des arbres différents, se présentant en groupes axillaires pendants, de 25 cm. Fruit brun de 10 mm, ovoïde.

Noms locaux
Senoufo Burkina: Faagun

Utilisations
feuilles utilisées médicalement pour toute une gamme de malaises. Le fruit et les feuilles servent à faire une teinture noire.

Habitat
Galeries forestières. Floraison en saison sèche.

Répartition géographique
Sénégal, Gambie, Guinée Bissau, Guinée, Sierra Leone, Liberia, Mali, Burkina Faso, Cote d'Ivoire, Ghana, Togo, Benin, Nigeria, Cameroun, Guinée Equatorial, Chad, République Centrafricaine, Gabon, Congo-Brazzaville, Congo-Kinshasa, Soudan, Ouganda, Rwanda, Kenya, Tanzanie, Angola.

Domaine biogeographique
Afrotropicale.

Categorie liste rouge D'UICN
Préoccupation mineure (LC), évalué ici sur la base de sa répartition et son habitat.

Les graines sont Orthodoxes. Poids des 1,000 graines = 53 g.

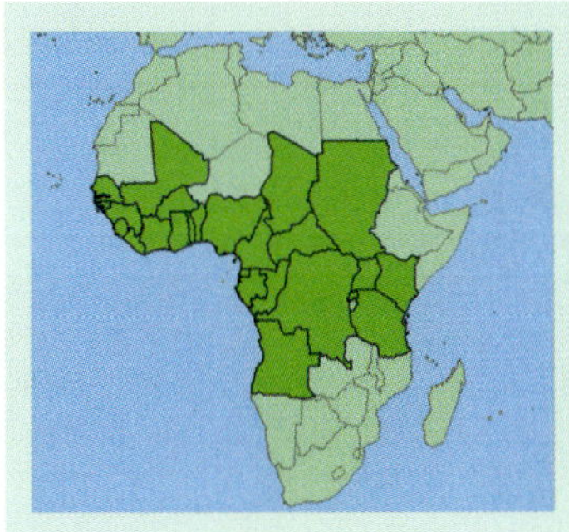

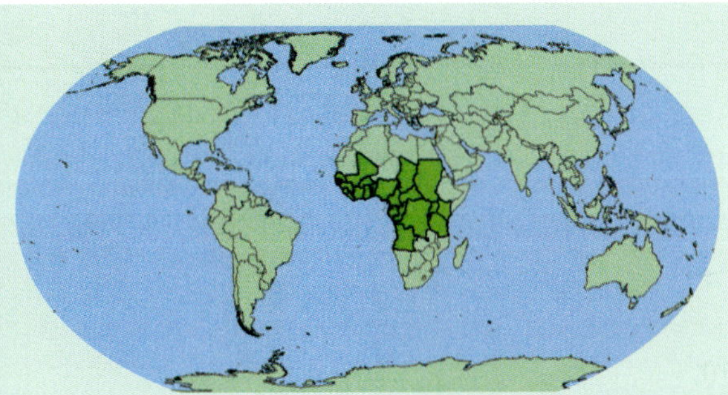

Anacardium occidentale

L. [1753]

Anacardiaceae

Petit arbre de 12 m. Feuilles alternes, 10–20 x 6–10 cm, à odeur fort au froissement. Fleurs rougeâtres de 9 mm, en groupes terminaux. Fruit est la noix de cajou.

Noms locaux
acajou; **Mooré**: pomme-cajou; **Dioula**: pomme-cajou

Utilisations
espèce native de l'Amérique tropicale, mais beaucoup cultivée pour ses fruits et les noix. Bois dur et résistant aux termites, s'utilise en menuiserie et comme bois de feu. Fruit comestible lorsqu'il est mur; l'huile extraite du fruit a plusieurs utilisations industrielles, mais peut être poisoneux à l'homme. Le noyaux de la graine (après extraction d'huile par chauffage) à une grande valeur alimentaire et est beaucoup prisé en Europe.

Habitat
Originaire de Brasilia et les Caraïbes, cultivé pour ses fruits.

Domaine biogeographique
Néotropicale.

Les graines sont Orthodoxes. Poids des 1,000 graines = 3500 g.

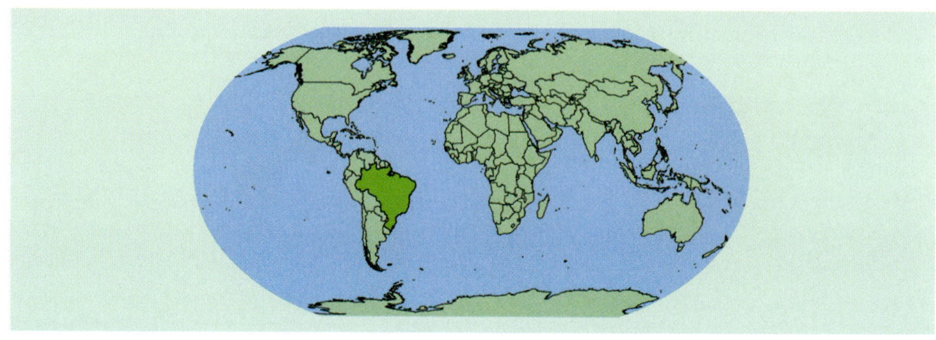

Annona senegalensis

Annonaceae

Pers. [1806]

Arbuste ou arbre jusqu'à 10 m; écorce lisse. Feuilles alternes, simples, 6–20 x 3–12 cm. Fleurs solitaires ou en 2–4, verdâtre-jaunâtre, à 12 mm de long. Fruit globuleux, à 2–5 cm de diamètre, jaune à orange.

Noms locaux
Mooré: Barkudga; **Dioula**: Mande sunsun; **Peul**: Dukumu, doukouhi; **Bambara**: Mande sunsun

Utilisations
pare-feux, et multiplication végétative. Ecorce utilisée comme médicament contre les problèmes gastriques, mais il y a également beaucoup d'autres utilisations médicinales.

Habitat
Savane, souvent sur jachères. Floraison à la fin de la saison sèche, aussi en saison de pluie.

Répartition géographique
Cape Vert, Sénégal, Gambie, Guinée, Sierra Leone, Mali, Burkina Faso, Cote d'Ivoire, Ghana, Togo, Nigeria, Cameroun, Chad, République Centrafricaine, Congo-Brazzaville, Congo-Kinshasa, Soudan, Ethiopie, Ouganda, Kenya, Tanzanie, Angola, Zambie, Malawi, Mozambique, Zimbabwe, Botswana, Afrique du Sud, Madagascar, Comores.

Domaine biogeographique
Afrotropicale.

Categorie liste rouge D'UICN
Préoccupation mineure (LC), évalué ici sur la base de sa répartition et son habitat.

Poids des 1,000 graines = 126.42 g.

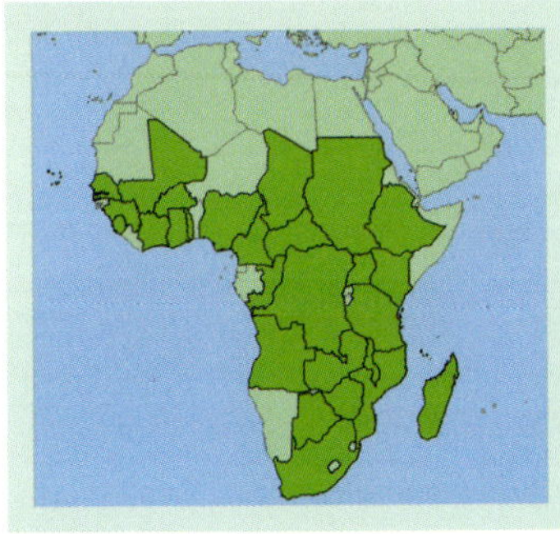

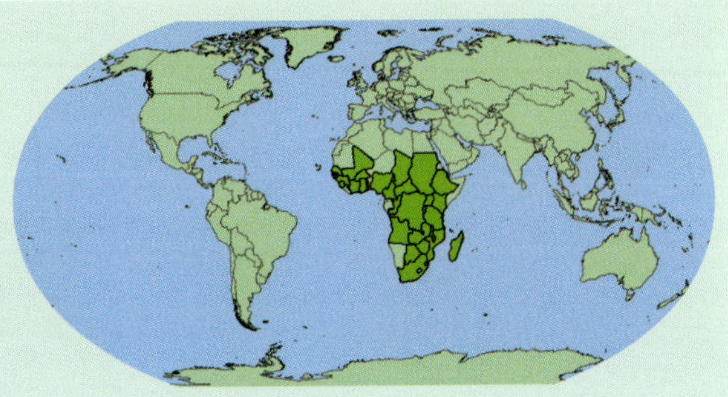

Anthostema senegalense

A. Juss. [1824]

Euphorbiaceae

Arbre jusqu'à 5 m. Branches et feuilles avec latex laiteux. Feuilles alternes, 7–13 x 3–5 cm. Fleurs petites, les ♀ et ♂ séparées, les ♂ entourant la ♀. Fruit tri-lobé, de 2,5 cm de large.

Noms locaux
Senoufo Burkina: logokinwaali; **Bambara:** fama, fama dion, ko fama

Utilisations
bois utilisé en charpenterie légère. Le latex est toxique et dangereux pour les yeux, mais utilisé médicalement pour les troubles intestinaux.

Habitat
Forêt. Floraison?

Répartition géographique
Sénégal, Gambie, Guinée, Sierra Leone, Liberia, Mali, Burkina Faso, Cote d'Ivoire.

Domaine biogeographique
Afrotropicale.

Categorie liste rouge D'UICN
Préoccupation mineure (LC), évalué ici sur la base de sa répartition et son habitat.

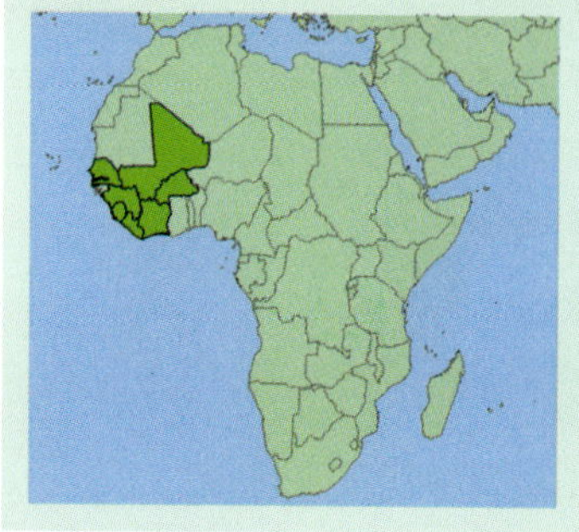

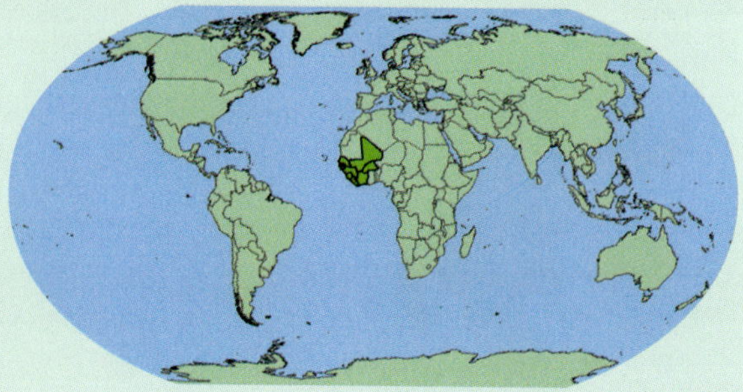

Antiaris toxicaria

Moraceae

Leschen. [1810]

Synonyme *Antiaris africana* Engl.

Arbre jusqu'à 35 m, avec latex blanc dans toutes les parties; écorce lisse; tronc souvent avec contreforts. Feuilles alternes, entières, 5–16 x 3–11 cm, asymétrique à la base, scabres. Fleurs males sur des réceptacles plats jusqu'à 15 mm en diamètre, fleurs femelles solitaires. Fruits ellipsoides, rouges, 10–18 mm de long.

Noms locaux
Senoufo Burkina: fezantou

Utilisations
bois très léger et pas durable, s'utilise pour faire des portes et bancs. Le latex est poisoneux, d'où il faut une précaution lorsque l'on manipule toute partie de cette plante! Fibres internes de l'écorce sont utilisées pour faire des habits fibreux.

Habitat
Se rencontre dans les forêts sèches.

Répartition géographique
Sénégal, Guinée, Sierra Leone, Liberia, Burkina Faso, Cote d'Ivoire, Ghana, Togo, Benin, Nigeria, Cameroun, Guinée Equatorial, République Centrafricaine, Gabon, Congo-Brazzaville, Congo-Kinshasa, Soudan, Ethiopie, Ouganda, Rwanda, Burundi, Kenya, Tanzanie, Angola, Zambie, Malawi, Mozambique; Madagascar, Inde, Chine, Vietnam, Thaïlande, Philippines, Malaysie, Indonésie, Australie, Fiji.

Domaine biogeographique
Afrotropicale, Indo-Maléenne, Austroasienne.

Categorie liste rouge D'UICN
Préoccupation mineure (LC), évalué ici sur la base de sa répartition et son habitat.

Poids des 1,000 graines = 667 g.

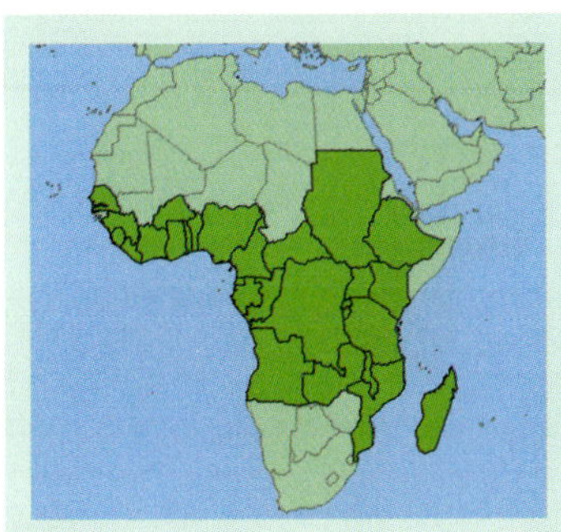

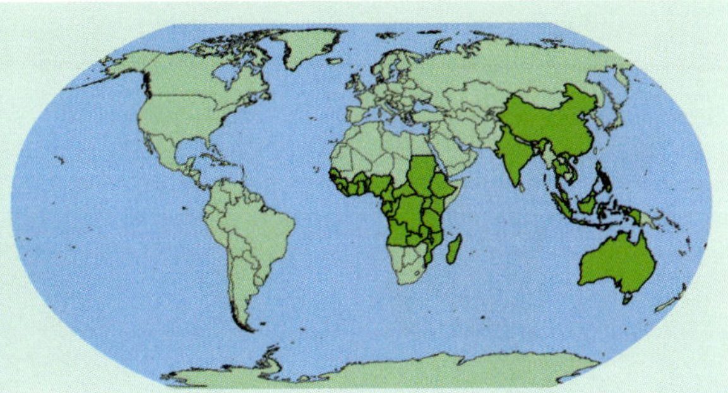

Antidesma venosum

Tul. [1851]

Phyllanthaceae

Arbre ou arbuste de 1–9 m; écorce lisse a finement crévassée. Feuilles alternes, 3–10 x 2–6 cm. Fleurs jaunâtres de 1 mm avec ♀ et ♂ sur arbres séparés, et en épis terminales. Fruit noir, ellipsoide de 0.9 cm.

Noms locaux
Dioula: Bo sont; **Senoufo Burkina**: locrewaali

Utilisations
rameaux feuillus sont utilisés contre les démangeaisons. Le fruit est comestible.

Habitat
Savanes, sur sols humides, en galeries forestières. Floraison en saison sèche ou saison des pluies.

Répartition géographique
Sénégal, Gambie, Guinée, Sierra Leone, Liberia, Mali, Burkina Faso, Cote d'Ivoire, Ghana, Togo, Benin, Nigeria, Chad, Cameroun, Guinée Equatorial, République Centrafricaine, Congo-Brazzaville, Congo-Kinshasa, Soudan, Ethiopie, Somalie, Ouganda, Rwanda, Kenya, Tanzanie, Angola, Zambie, Malawi, Mozambique, Zimbabwe, Namibie, Botswana, Afrique du Sud, ?Madagascar.

Domaine biogeographique
Afrotropicale.

Categorie liste rouge D'UICN
Préoccupation mineure (LC), évalué ici sur la base de sa répartition et son habitat.

Poids des 1,000 graines = 40.47 g.

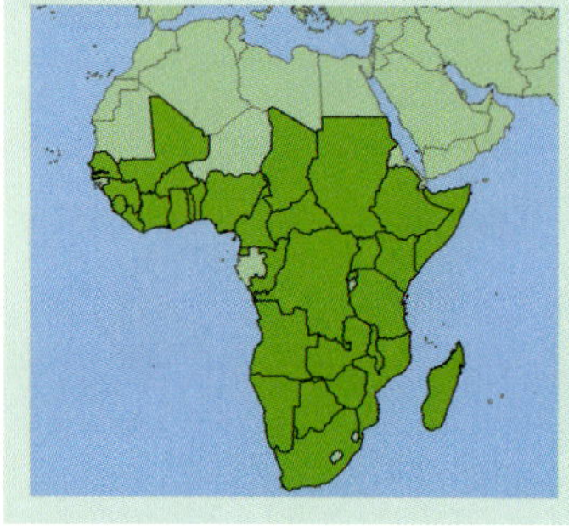

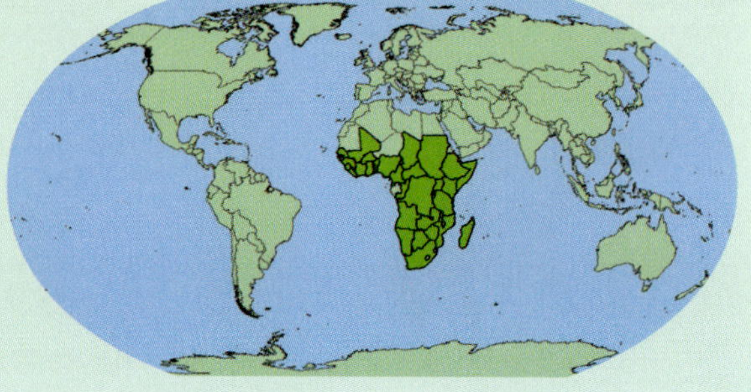

Bixa orellana

L. [1753]

Bixaceae

Un arbuste ou arbre de 5 m de haut. Feuilles alternes, simples, 5–25 x 3–16 cm, avec un long pétiole jusqu'à 12 cm. Fleurs roses/blanches de 3 cm de long. Fruits ovoïdes, épineux, rouges, 2–4 cm de long; graines rouges.

Noms locaux
(inconnu)

Utilisations
la teinture 'anatto' est faite à partir de la pulpe autour des graines. Les graines sont très riches en vitamine A.

Habitat
Cultivé et parfois naturalisé; originaire de l'Amérique du sud. Période de floraison inconnue.

Répartition géographique
Amérique du Sud et Centrale (tous pays), Caribéenne, Gabon, Kenya, Tanzanie, Madagascar.

Domaine biogeographique
Néotropicale, Afrotropicale.

Categorie liste rouge D'UICN
LC (= préoccupation mineure).

Les graines sont probablement Orthodoxes et germent à 70% à 25°C. Poids des 1,000 graines = 25 g.

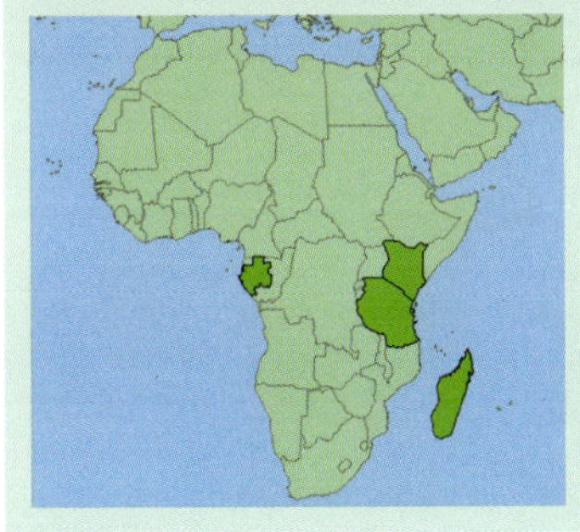

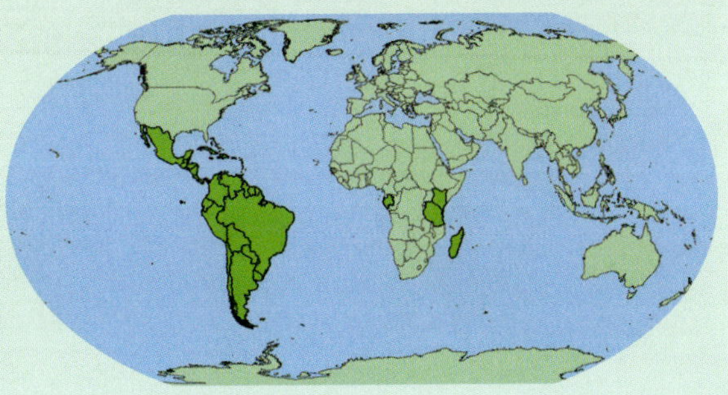

Boscia angustifolia

A. Rich. [1831]

Capparaceae

Arbuste ou arbre jusqu'à 8 m; écorce lisse. Feuilles alternes ou fasciculées, oblongues, 2–7 x 1–2 cm. Fleurs verdâtres de 7 mm de large, organisées en groupes de 6 cm de diamètre. Fruit globuleux, orange, de 7–13 mm de large, rugueux.

Noms locaux
Dioula: Cèkoroninkolo; **Bambara**: Cèkoroninkolo

Utilisations
bois dur et utilisé en menuiserie. Feuilles broutées par les chevaux et chameaux comme aliment de résistance. Fruits comestibles mais amers.

Habitat
Savane, surtout sur collines rocheuses ou sols latéritiques; souvent sur termitières. Floraison juste après là pluie.

Répartition géographique
Egypte, Sénégal, Mauritanie, Mali, Burkina Faso, Niger, Nigeria, Cameroun, Chad, République Centrafricaine, Soudan, Erythrée, Ethiopie, Somalie, Ouganda, Kenya, Tanzanie, Mozambique, Zambie, Zimbabwe.

Domaine biogeographique
Afrotropicale.

Categorie liste rouge D'UICN
Préoccupation mineure (LC), évalué ici sur la base de sa répartition et son habitat.

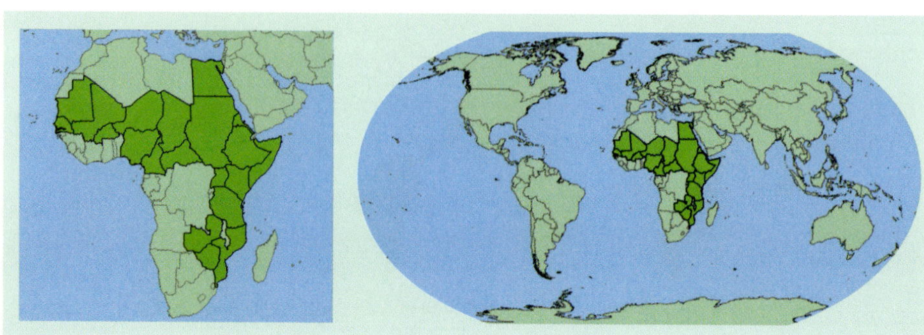

Boscia salicifolia

Capparaceae

Oliv. [1868]

Arbre jusqu'à 12 m; écorce crévassée. Feuilles alternes, linéaires ou presque, de 4–15 x 1–3 cm. Fleurs verdâtres de 4 mm de large en groupes axillaires. Fruit globuleux, vert, 15–20 mm de diamètre.

Noms locaux
Peul: tiréil

Utilisations
feuilles comestibles et utilisées en sauces.

Habitat
Savane, surtout sur sols légers ou termitières. Floraison juste après la pluie.

Répartition géographique
Mauritanie, Sénégal, Mali, Burkina Faso, Cote d'Ivoire, Ghana, Niger, Nigeria, Cameroun, Chad, République Centrafricaine, Soudan, Erythrée, Ethiopie, Ouganda, Kenya, Tanzanie, Zambie, Malawi, Mozambique.

Domaine biogeographique
Afrotropicale.

Categorie liste rouge D'UICN
Préoccupation mineure (LC), évalué ici sur la base de sa répartition et son habitat.

Poids des 1,000 graines = 250 g.

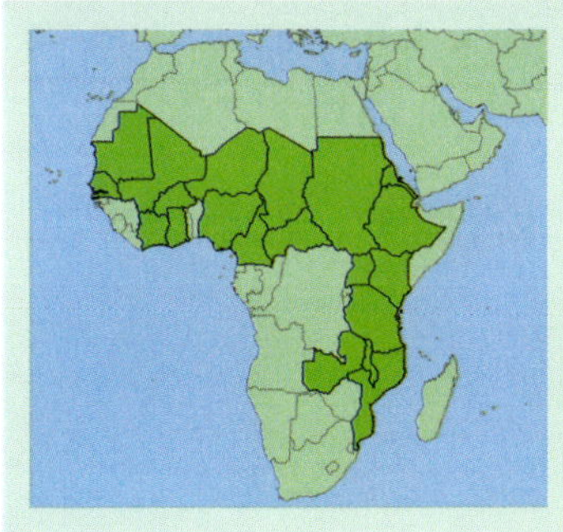

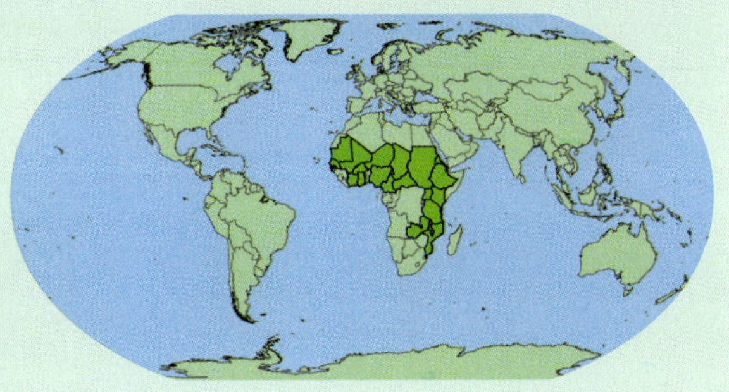

Boscia senegalensis

(Pers.) Poir. [1806]

Capparaceae

Arbre ou arbuste de 15 m; écorce écailleuse. Feuilles alternes, de 5–12 x 2–8 cm. Fleurs jaunâtres de 4 mm, en petits groupes axillaires. Fruit noir, ellipsoide de 0.8 cm.

Noms locaux
Mooré: ambriaka; **Dioula**: dafi sagwan; **Bambara**: dafi sagwane; **Senoufo Burkina**: loucriwaali

Utilisations
bois est dit être résistant aux termites, et est utilisé dans la construction des greniers; bon bois de feu. Feuilles et écorce sont utilisées médicalement. La décoction d'écorce est mélangée à l'argile et utilisée dans les toitures comme protection contre les pluies, ou pour durcir la latérite de sol des huttes et des cases.

Habitat
Savanes, commun. Floraison en saison sèche et au début de saison des pluies.

Répartition géographique
Guinée, Sierra Leone, Mali, Burkina Faso, Cote d'Ivoire, Ghana, Togo, Benin, Nigeria, Cameroun, Chad, République Centrafricaine, Gabon, Congo-Brazzaville, Congo-Kinshasa, Angola, Zambie.

Domaine biogeographique
Afrotropicale.

Categorie liste rouge D'UICN
Préoccupation mineure (LC), évalué ici sur la base de sa répartition et son habitat.

Poids des 1,000 graines = 54.02 g.

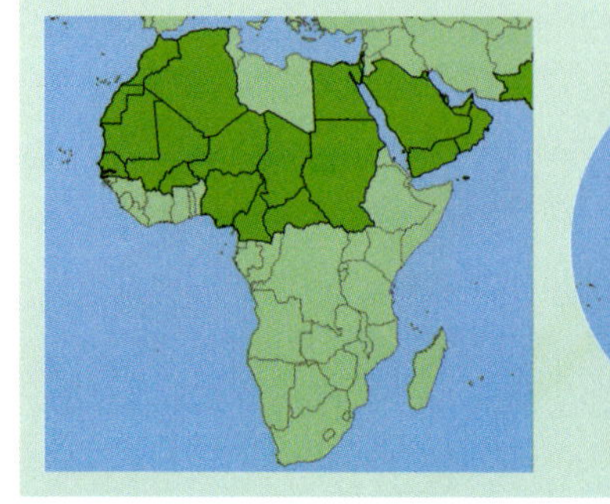

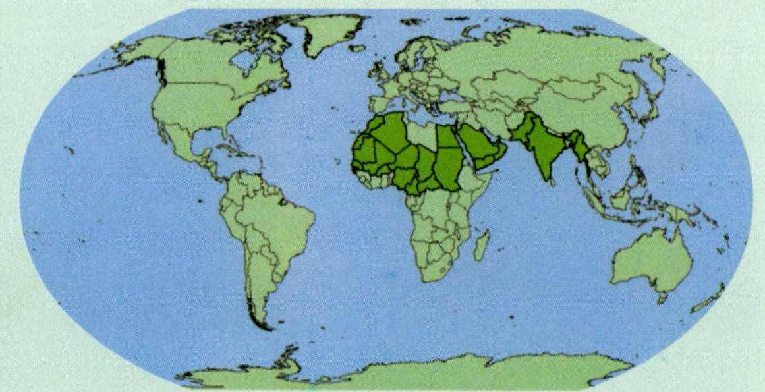

Bridelia ferruginea

Phyllanthaceae

Benth. [1849]

Arbre jusqu'à 12 m; écorce crévassée. Feuilles alternes, linéaires ou presque, de 4–15 x 1–3 cm. Fleurs verdâtres de 4 mm de large en groupes axillaires. Fruit globuleux, vert, 15–20 mm de diamètre.

Plus d'informations sur la p. 40

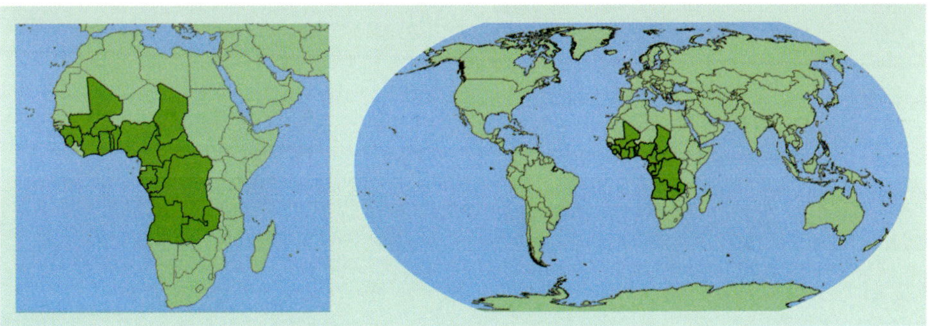

Bridelia scleroneura

Müll. Arg. [1864]

Phyllanthaceae

Arbre ou arbuste de 6 m; écorce crévassée. Feuilles alternes, entières ou ± crénelées de 3–11 x 2–5 cm. Fleurs jaunâtres de 4 mm, en petits groupes axillaires. Fruit pourpre, globuleux de 0.8 cm.

Plus d'informations sur la p. 42

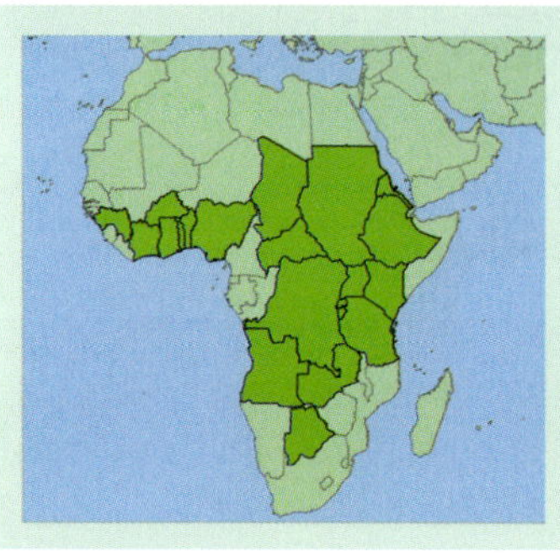

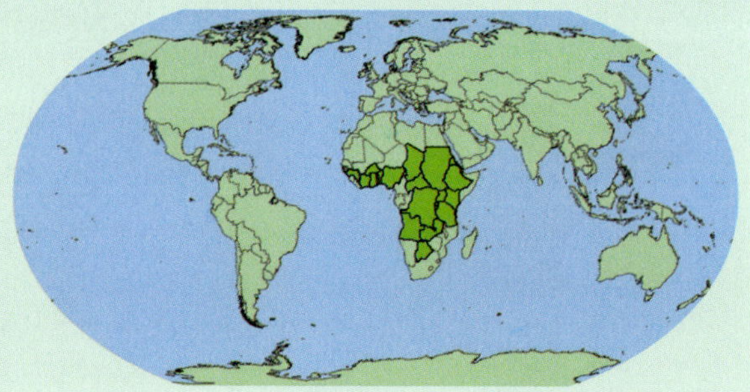

Cadaba farinosa

Capparaceae

Forssk. [1755]

Arbuste ou arbre jusqu'à 6 m; écorce lisse. Feuilles alternes, de 1–6 x 0.5–3 cm, poudreuses et blanchâtres en dessous quand elles sont jeunes. Fleurs verdâtres de 20 mm de large, en groupes axillaires. Fruit linéaire, légèrement tortueux, de 2–7 cm de long et 0.4–0.5 cm de large, s'ouvrant avec un intérieur orange.

Plus d'informations sur la p. 43

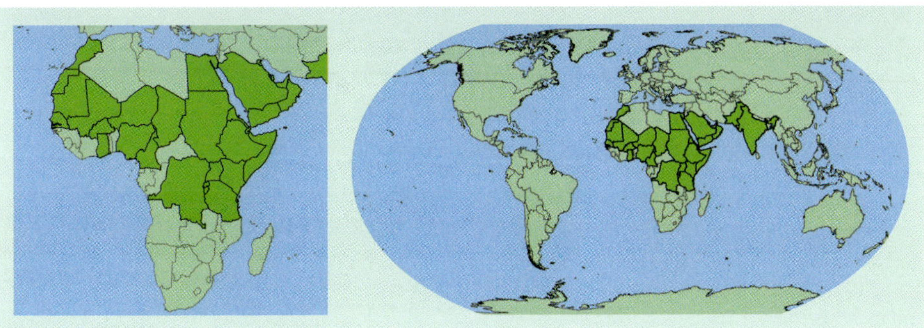

Cascabela thevetia

Apocynaceae

(L.) Lippold [1753]

Synonymes *Thevetia neriifolia, Thevetia peruviana*

Arbre cultivé de 5 m, avec du latex blanc dans toutes les parties; écorce lisse. Feuilles alternes, simples, 10–15 x 0.6–1 cm. Fleurs jaunes de 3–6 cm, en groupes terminaux. Fruit jaune à noir, légèrement 2-lobé et presque rond, légèrement ailé, de 45 mm.

Noms locaux
Mooré: thebetia; **Dioula**: thebetia; **Bambara**: thebetia

Utilisations
fait de bonnes haies; pas brouté par le bétail. Toutes les parties de la plante sont poisonneuses.

Habitat
Originaire d'Amérique du Sud, cultivée aux villes et villages.

Domaine biogeographique
Nérotropicale.

Poids des 1,000 graines = 3431.32 g.

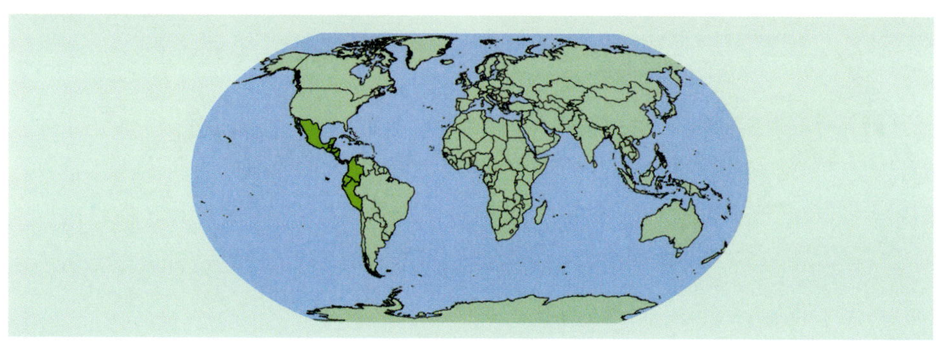

Celtis toka

Phyllanthaceae

(Forssk.) Hepper & J.R.I. Wood [1775]

Synonyme *Celtis integrifolia*

Arbre de 20 m; écorce lisse ou ± écailleuse. Feuilles alternes, de 5–10 x 2–6 cm, entières ou dentées sur les bourgeons, base asymétrique. Fleurs verdâtres de 4 mm en groupes axillaires de 3 cm. Fruit brun, globuleux ou ovoïde de 1.3 cm.

Noms locaux
Dioula: kamina; **Peul**: ngannki; **Bambara**: kamina

Utilisations
se trouve dans beaucoup de villages comme arbre d'ombrage. Le foliage est brouté par le bétail; le bois est un peu dur et très facile à travailler. La décoction de feuilles est donnée aux enfants qui ont la rougeole.

Habitat
Forêt, galeries forestières, collines rocheuses. Floraison en fin de saison sèche.

Répartition géographique
Sénégal, Guinée, Mali, Burkina Faso, Cote d'Ivoire, Ghana, Togo, Benin, Niger, Nigeria, Cameroun, Chad, République Centrafricaine, Soudan, Erythrée, Ethiopie, Somalie, Ouganda; Arabie.

Domaine biogeographique
Afrotropicale.

Categorie liste rouge D'UICN
Préoccupation mineure (LC), évalué ici sur la base de sa répartition et son habitat.

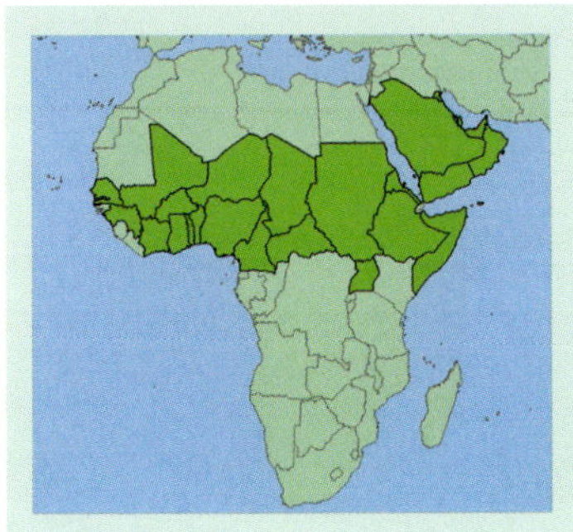

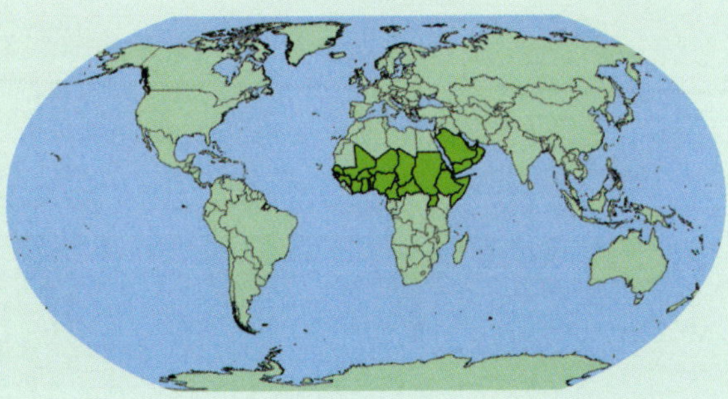

Christiana africana

DC. [1824]

Malvaceae

Arbre a 14 m; écorce ± crévassée. Feuilles alternées, 6–41 x 5–28 cm, aux poils étoiles. Fleurs blanches, de 5–7 mm, en groupes longues parmi les feuilles. Fruit brun, rond, de 1–5 pièces obovoides, chaque 1 cm de long.

Noms locaux
–

Utilisations
pas documentée au Burkina.

Habitat
Galerie forestière ou forêt claire; floraison?

Répartition géographique
Sénégal, Gambie, Sierra Leone, Burkina Faso, Cote d'Ivoire, Ghana, Nigeria, Cameroun, CAR, Congo-Brazzaville, Congo-Kinshasa, Soudan, Kenya, Tanzanie, Angola, Madagascar, Mexique, Nicaragua, Belize, Venezuela, Suriname, Guyana, Equateur, Brésil.

Domaine biogeographique
Afrotropicale, Néotropicale.

Categorie liste rouge D'UICN
Préoccupation mineure (LC), évalué ici sur la base de sa répartition et son habitat.

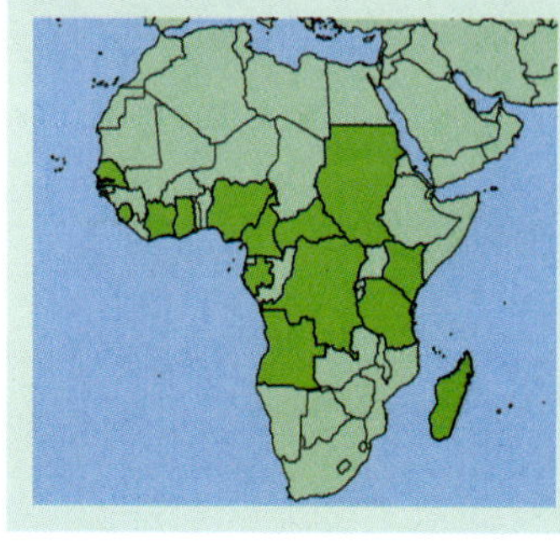

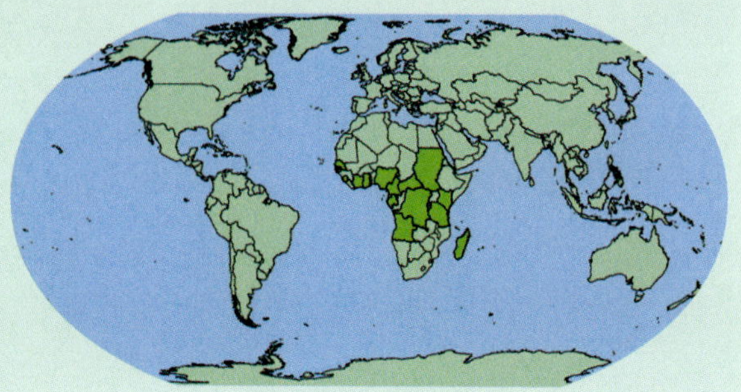

Cola cordifolia

(Cav.) R. Br. [1788]

Malvaceae

Arbre de 20 m; écorce ± lisse à rugueuse. Feuilles alternes, 8–35 x 8–30 cm, cordées. Fleurs jaunes de 7 mm regroupées en groupes axillaires de 6 cm. Fruit de 10–15 cm avec les sous-fruits obovoïdes rouges en 3–5.

Noms locaux
Dioula: tabakonogo; **Peul**: tabai;
Bambara: ntaba; **Senoufo Burkina**: waguinga

Utilisations
plante dans les villages comme arbres d'ombrage; bois dur, bon bois de feu, aussi utilisé pour faire des ustensiles.

Habitat
Forêts sèches, savanes. Floraison en saison sèche.

Répartition géographique
Sénégal, Gambie, Guinée, Mali, Burkina Faso.

Domaine biogeographique
Afrotropicale.

Categorie liste rouge D'UICN
Préoccupation mineure (LC), évalué ici sur la base de sa répartition (l'arbre semble être assez commun au Sénégal et Gambie) et son habitat.

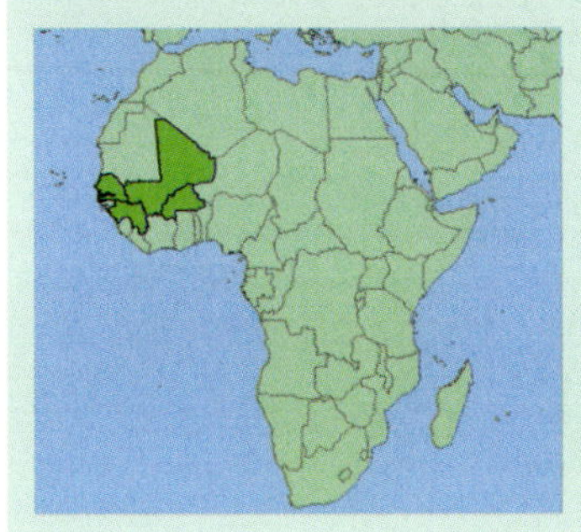

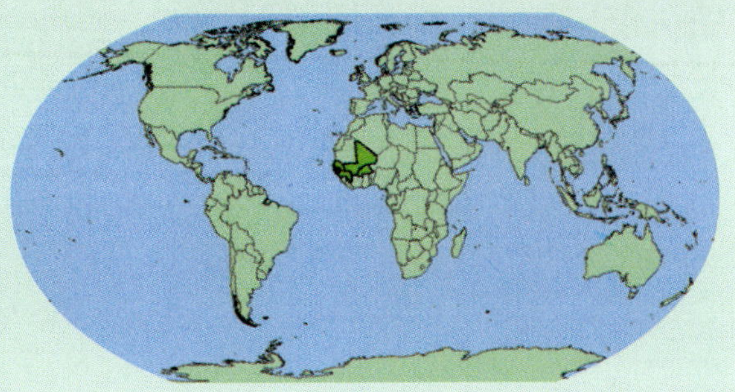

Cola laurifolia

Mast. [1868]

Malvaceae

Arbre ou arbuste de 10 m; écorce ± lisse. Feuilles alternes, de 5–25 x 2–13 cm. Fleurs jaunes ou crèmes de 5 mm en groupes axillaires de 6 cm. Fruit de 4–5 cm avec les sous-fruits obovoïdes rouges en 3–6.

Noms locaux
Dioula: Bogo; **Mooré**: Puka

Utilisations
pas d'utilisations documentées au Burkina

Habitat
Galeries forestières. Floraison en saison sèche.

Répartition géographique
Sénégal, Gambie, Guinée, Sierra Leone, Mali, Burkina Faso, Cote d'Ivoire, Ghana, Togo, Benin, Niger, Nigeria, ?Cameroun.

Domaine biogeographique
Afrotropicale.

Categorie liste rouge D'UICN
Préoccupation mineure (LC), évalué ici sur la base de sa répartition et son habitat.

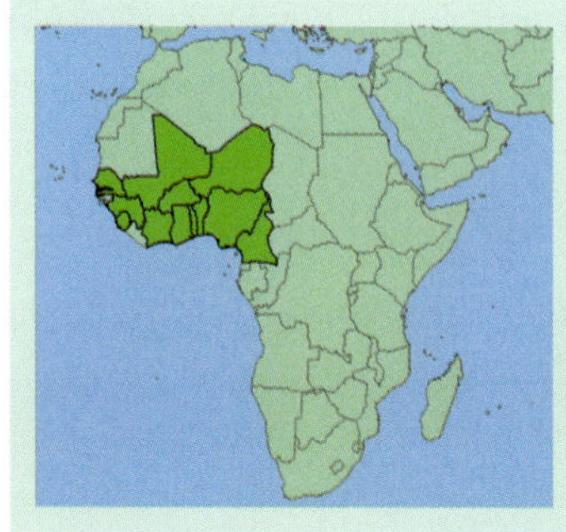

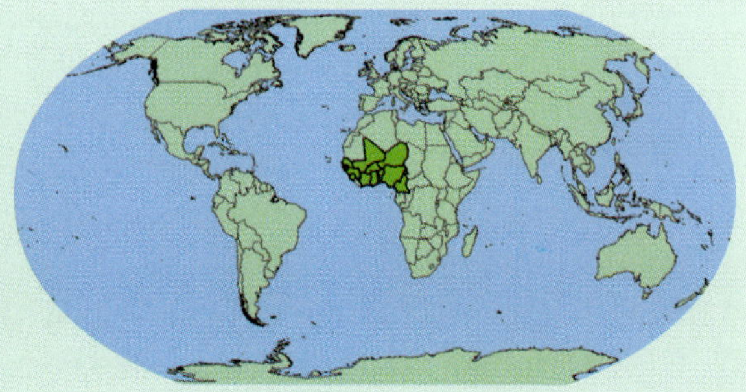

Cordia myxa

Boraginaceae

L. [1753]

Arbre ou arbuste de 12 m; écorce lisse ou peu fendillée. Feuilles alternes, simples, de 3–18 x 3–20 cm, bords entiers ou ± crenulés vers le sommet. Fleurs blanches de 12 mm, arrangées en groupes terminaux de 15 cm. Fruit orange, ovoïde, de 2 cm.

Noms locaux
Dagaari: Tango; **Bambara:** ndéké; **Dioula:** ndege; **Peul**: tiamanohi; **Bambara**: ndege; **Senoufo Burkina**: kading

Utilisations
natif du Moyen orient et largement planté, l'arbre est maintenant spontanément sauvage autour des villages. La pulpe collante du fruit est utilisée comme colle et aussi comme médicament contre les toux et pour arrêter les abcès. Le bois est moyennement dur et résistant et est utilisé dans la menuiserie.

Habitat
Savane, souvent au bords des cours d'eau. Floraison en saison sèche. Originaire de l'Inde, mais cultivée et souvent naturalisée du Sénégal au Ethiopie et Zimbabwe, Afrique du Nord.

Domaine biogeographique
Indo-Maléenne.

Les graines germent à 62% à la température de 35/20°C. Poids des 1,000 graines = 408.16 g.

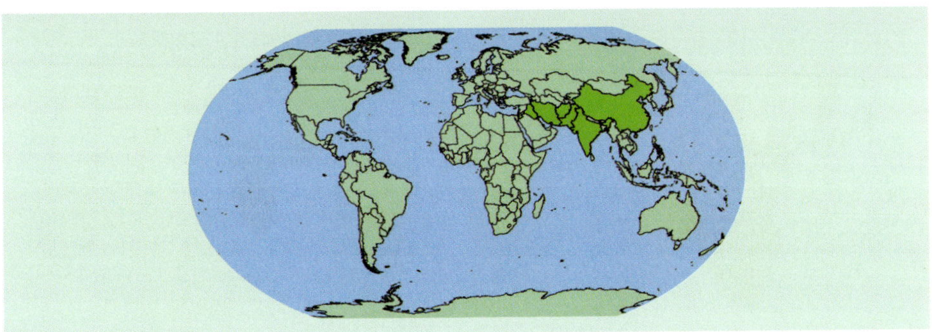

Diospyros mespiliformis

A. Rich. [1844]

Ebenaceae

Arbre de 15 m; écorce fendillée en écailles. Feuilles alternes, de 7–16 x 3–7 cm. Fleurs blanches axillaires de 4mm, ♂ en groupes de 3 cm, ♀ solitaires. Fruit jaune, ovoïde, de 2.5 cm, à base entourée d'une coupole.

Noms locaux

Mooré: Gaaka; **Dioula**: Susun; **Peul**: Ganadje; **Bambara**: Susun

Utilisations

souvent épargné lors des défrichements à cause de son ombre et son fruit. Le bois est dur et lourd, et quelque fois le bois de cœur est noir; il s'utilise pour faire des manches d'outils, instruments agricoles et objet d'arts; il fait aussi du bon charbon. Les rameaux s'utilisent comme cure-dents. L'écorce est utilisée en médecines contre la lèpre; la racine s'utilise dans l'avortement. La poudre de racine est utilisée contre la jaunice, et la décoction de racine est un anthelmintique et dans bien de cas de difficulté d'accouchement. Les feuilles sont utilisées pour le pansement de blessures, et la sève de feuille est utilisée contre les infections d'oreilles. La pulpe de fruit est comestible, et sucrée; elle est aussi utilisée pour renforcer la poterie.

Habitat

De la forêt au Sahel aux bancs des cours d'eau, termitières, collines rocheuses. Floraison en saison sèche.

Répartition géographique

Sénégal, Guinée, Mali, Burkina Faso, Cote d'Ivoire, Ghana, Togo, Benin, Nigeria, Cameroun, République Centrafricaine, Soudan, Erythrée, Ethiopie, Congo-Kinshasa, Ouganda, Burundi, Kenya, Tanzanie, Angola, Zambie, Malawi, Mozambique, Zimbabwe, Namibie, Botswana, Afrique du Sud, Arabie.

Domaine biogeographique

Afrotropicale.

Categorie liste rouge D'UICN

Préoccupation mineure (LC), évalué ici sur la base de sa répartition et son habitat.

Les graines sont probablement Orthodoxes et germent à 80% à la température de 30°C. Poids des 1,000 graines = 500 g.

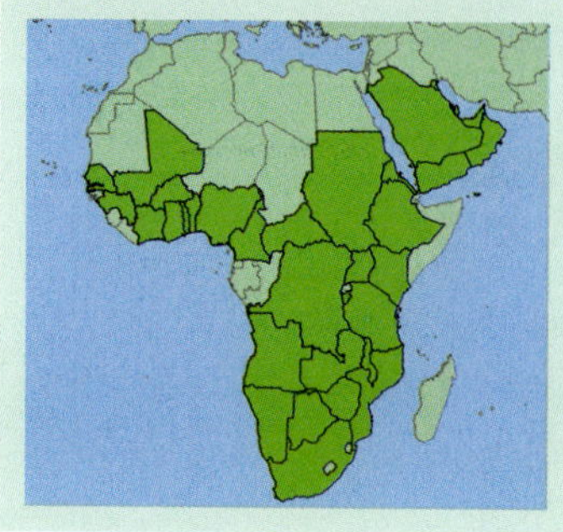

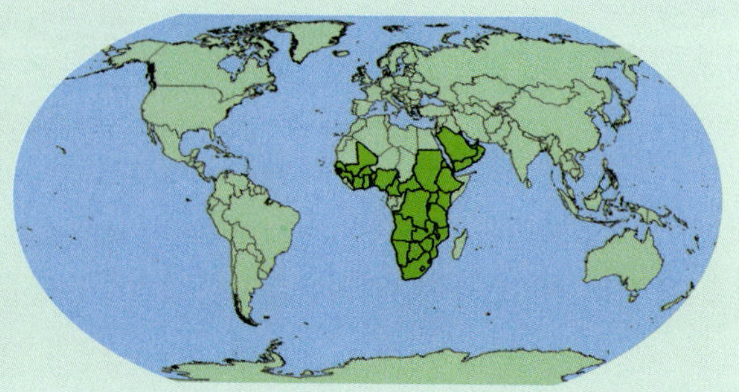

Eucalyptus

Myrtaceae

L. [1753]

Plusieurs espèces *d'Eucalyptus* originaire d'Australie, sont cultivées au Burkina Faso, les plus communs étant **E. camaldulensis** et **E. citriodora**. Ce sont des arbres à l'écorce très lisse; les feuilles sont alternes (opposées chez les jeunes feuilles!) et très étroits (8–30 x 0.5–2 cm). Les fleurs sont sans pétales, mais avec beaucoup d'étamines, et sont rangées en groupes pendants. Les fruits sont ligneux et ± ovoïdes, 0.5–1.5 cm de long.

Noms locaux

Eucalyptus

Utilisations

plusieurs utilisations dont surtout le bois de service et d'énergie, et en pharmacopée.

E. camaldulensis

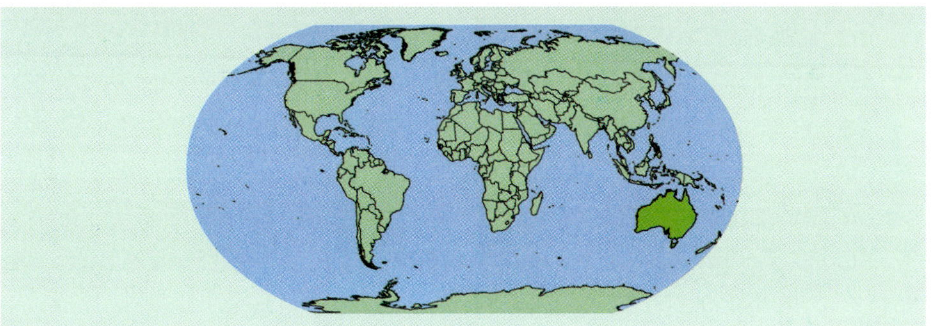

Clé des Ficus:

1	Feuilles scabres (comme papier de verre)	2
	Feuilles glabres ou avec poils, mais pas scabres	6
2	Bord de feuilles alternativement convexe et concave	4
	Bord de feuilles entier	3
3	Figues groupées sur rameaux sans feuilles sur le vieux bois	*Ficus mucuso*
	Figues ± parmi les feuilles ou un peu en dessous	*Ficus dicranostyla*
4	Figues groupées sur éperons sur le vieux bois	*Ficus sur*
	Figues ± parmi les feuilles ou un peu en dessous	5
5	Pédoncule de la figue épais de 1–3 mm	*Ficus sycomorus*
	Pédoncule de la figue épais de 4–6 mm	*Ficus vallis-choudae*
6	Bord de feuilles alternativement convexe et concave	7
	Bord de feuille entier	8
7	Figues groupées sur éperons sur le vieux bois	*Ficus sur*
	Figues ± parmi les feuilles	*Ficus vallis-choudae*
8	Figues groupées sur éperons sur le vieux bois	9
	Figues ± parmi les feuilles	10
9	Pédoncule de la figue 8–20 mm de long; rameaux moins de 6 mm de diamètre	*Ficus polita*
	Pédoncule de la figue 2–8 mm de long; rameaux jusqu'à 11 mm de diamètre	*Ficus umbellata*
10	Figues jusqu'à 50 mm de diamètre	*Ficus ovata*
	Figues moins de 20 mm de diamètre	11
11	Pédoncule de la figue 10–25 mm de long; figues ± 15 mm de diamètre	*Ficus platyphylla*
	Pédoncule de figue moins de 10 mm long	12
12	Figues 15–20 mm de diamètre	13
	Figues 5–12 mm de diamètre	15
13	Pédoncule de figue 0–2 mm de long	*Ficus glumosa*
	Pédoncule de figue 3–15 mm de long	14
14	Surface des rameaux desquamant à l'état sec; rameaux feuillés grisâtres ou brun-rouge; bractées basales des figues caduques	*Ficus abutifolia*
	Surface des rameaux persistant à l'état sec; rameaux feuillés brun foncés ou noirâtres; bractées basales des figues persistantes	*Ficus trichopoda*
15	Feuilles 2–8 x 1–9 cm, cordées à la base	16
	Feuilles 2–12 x 1–6 cm, arrondies ou aigues à la base (rarement subcordées)	17
16	Feuilles avec nombreuses nervures secondaires parmi les primaires	*Ficus cordata*
	Feuilles sans nervures secondaires parmi les primaires	*Ficus ingens*
17	Feuilles avec nervure médiane n'atteignant pas le sommet; bractées basales des figues caduques	*Ficus natalensis*
	Feuilles avec nervure médiane atteignant le sommet; bractées basales des figues persistantes	*Ficus thonningii*

Ficus abutilifolia

Moraceae

(Miq.) Miq. [1867]

Arbre ou arbuste jusqu'à 15 m, avec latex blanc dans toutes les parties; écorce lisse. Feuilles alternes, entières, 6–17 x 5–18 cm. Fleurs et fruits dans des réceptacles (*figues*) parmi les feuilles ou sous les rameaux un peu en bas des feuilles, obovoïdes, jusqu'à 2 cm, devenant rouge en fruit; pédoncule de 3–15 mm.

Noms locaux
–

Utilisations
arbre commun d'ombrage; fruit comestible.

Habitat
Savanes, souvent dans des endroits rocheux. Floraison en saison sèche et commencement de saison des pluies.

Répartition géographique
Mauritanie, Sénégal, Mali, Burkina Faso, Cote d'Ivoire, Ghana, Togo, Benin, Niger, Nigeria, Cameroun, République Centrafricaine, Soudan, Ethiopie, Ouganda, Kenya, Tanzanie, Zambie, Malawi, Mozambique, Zimbabwe, Botswana, Afrique du Sud.

Domaine biogeographique
Afrotropicale.

Categorie liste rouge D'UICN
Préoccupation mineure (LC), évalué ici sur la base de sa répartition et son habitat.

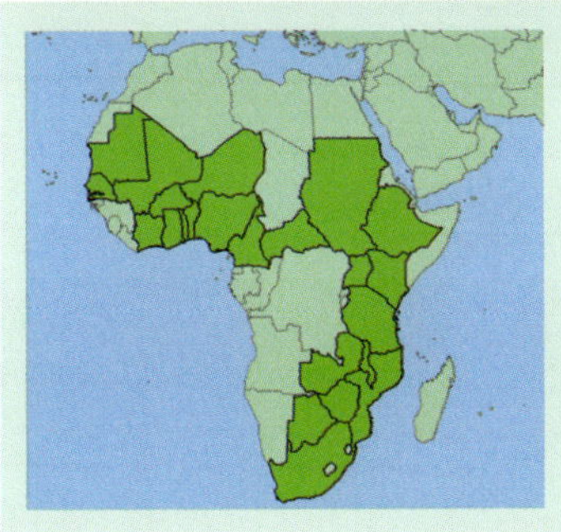

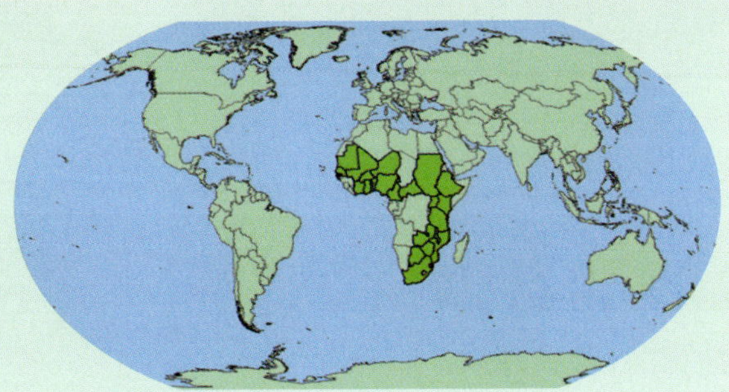

Ficus cordata

Moraceae

Thunb. [1786]

Synonyme *F. lecardii*

Arbre ou arbuste jusqu'à 10 m, avec latex blanc dans toutes les parties; écorce lisse. Feuilles alternes, entières, de 2–17 x 1–6 cm. Fleurs et fruits dans des réceptacles (*figues*) parmi les feuilles ou sous les rameaux un peu en bas des feuilles, globuleux, jusqu'à 0.8 cm, devenant rouge en fruit; sessile.

Noms locaux
Dioula: cio

Utilisations
pas d'utilisations rapportées.

Habitat
Savanes, souvent dans des endroits rocheux. Floraison en fin de saison sèche et commencement de saison des pluies.

Répartition géographique
Algérie, Libye, Egypte, Mauritanie, Sénégal, Guinée, Mali, Burkina Faso, Cote d'Ivoire, Niger, Nigeria, Cameroun, Chad, République Centrafricaine, Congo-Kinshasa, Soudan, Erythrée, Ethiopie, Somalie, Ouganda, Kenya, Tanzanie, Angola, Zambie, Malawi, Mozambique, Zimbabwe, Namibie, Botswana, Swaziland, Afrique du Sud, Arabie.

Domaine biogeographique
Afrotropicale, Paléarctique.

Categorie liste rouge D'UICN
Préoccupation mineure (LC), évalué ici sur la base de sa répartition et son habitat.

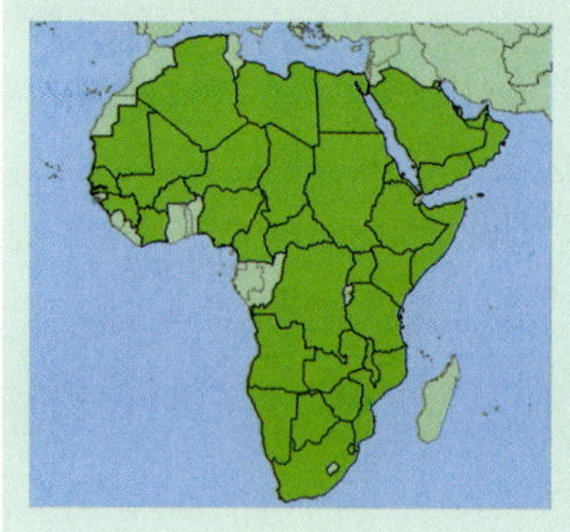

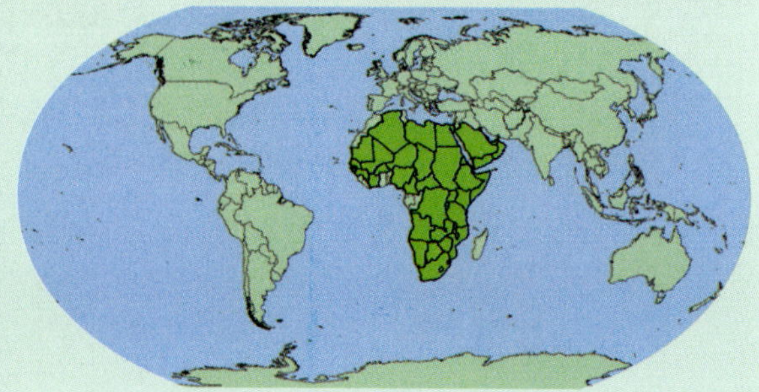

Ficus dicranostyla

Mildbr. [1911]

Moraceae

Arbre ou arbuste jusqu'à 6 m, avec latex blanc dans toutes les parties; écorce lisse. Feuilles alternes, entières, de 5–20 x 2–9 cm. Fleurs et fruits dans des réceptacles (*figues*) parmi les feuilles, obovoïdes, jusqu'à 2 cm, devenant orange en fruit; pédoncule de figue de 3–10 mm.

Noms locaux
Bambara: Toro fing; **Dioula**: Soro

Utilisations
la décoction des feuilles est utilisée comme sédatif ou soporifique pour les enfants.

Habitat
Savanes, galeries forestières, collines rocheuses. Floraison en saison des pluies.

Répartition géographique
Sénégal, Gambie, Guinée, Sierra Leone, Mali, Burkina Faso, Cote d'Ivoire, Ghana, Togo, Benin, Nigeria, Cameroun, Gabon, Chad, République Centrafricaine, Soudan, Ethiopie, Ouganda, Zambie.

Domaine biogeographique
Afrotropicale.

Categorie liste rouge D'UICN
Préoccupation mineure (LC), évalué ici sur la base de sa répartition et son habitat.

Les graines germent à 100% à la température de 25°C. Poids des 1,000 graines = 1.68 g.

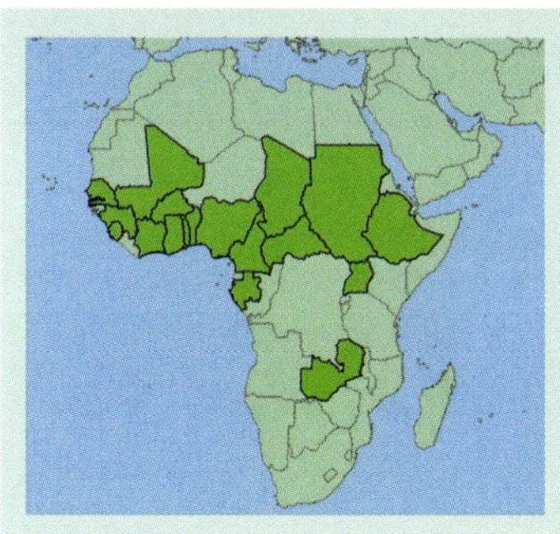

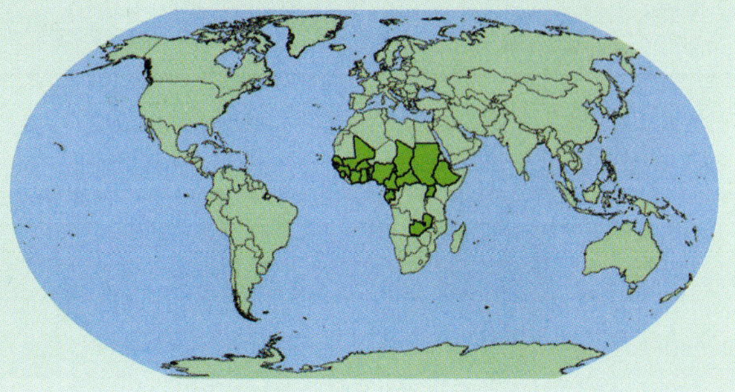

Ficus glumosa

Moraceae

Delile [1826]

Arbre jusqu'à 15 m, avec latex blanc dans toutes les parties; écorce lisse ou un peu écailleuse. Feuilles alternes, entières, de 2–14 x 1–9.5 cm. Fleurs et fruits dans des réceptacles (*figues*) parmi les feuilles ou sous les rameaux un peu en bas des feuilles, obovoïdes, jusqu'à 1.5 cm, devenant rose en fruit; sessile ou presque.

Noms locaux
Mooré: kan-kan sènega

Utilisations
fruit comestible; pas d'autres utilisations rapportées au Burkina.

Habitat
Savanes, forêts galeries, souvent dans endroits rocheux. Floraison en saison des pluies et au début de saison sèche.

Répartition géographique
Sénégal, Gambie, Guinée, Guinée-Bissau, Sierra Leone, Mali, Burkina Faso, Cote d'Ivoire, Ghana, Togo, Benin, Niger, Nigeria, Cameroun, Chad, République Centrafricaine, Gabon, Congo-Kinshasa, Soudan, Erythrée, Ethiopie, Somalie, Ouganda, Kenya, Tanzanie, Angola, Zambie, Malawi, Mozambique, Zimbabwe, Namibie, Botswana, Afrique du Sud, Arabie.

Domaine biogeographique
Afrotropicale.

Categorie liste rouge D'UICN
Préoccupation mineure (LC), évalué ici sur la base de sa répartition et son habitat.

Poids des 1,000 graines = 1.04 g.

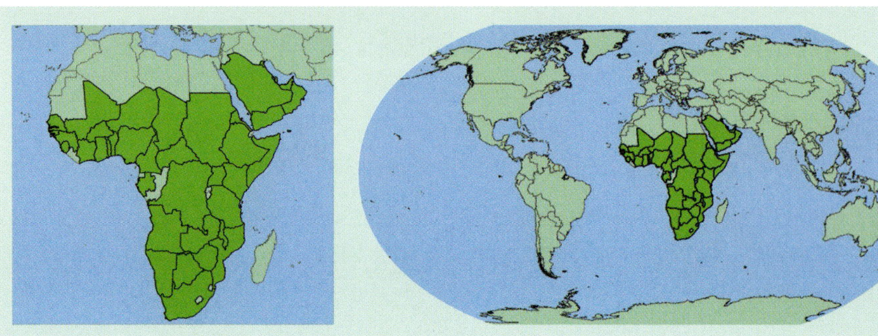

Ficus ingens

(Miq.) Miq. [1867]

Moraceae

Arbre ou arbuste jusqu'à 15 m, avec latex blanc dans toutes les parties; écorce ± écailleuse. Feuilles alternes, entières, de 5–18 x 3–9 cm. Fleurs et fruits dans des réceptacles (*figues*) parmi les feuilles ou sous les rameaux un peu en bas des feuilles, obovoïdes, jusqu'à 1 cm, devenant rougeâtre en fruit; sessile ou avec pédoncule jusqu'à 5 mm.

Noms locaux
Mooré: kunkwiiga

Utilisations
fruit comestible; pas d'autres utilisations rapportées au Burkina.

Habitat
Savanes. Floraison en fin de saison sèche et commencement de saison des pluies.

Répartition géographique
Algérie, Sénégal, Gambie, Guinée, Mali, Burkina Faso, Niger, Cote d'Ivoire, Ghana, Togo, Benin, Nigeria, Cameroun, Chad, République Centrafricaine, Soudan, Erythrée, Djibouti, Ethiopie, Somalie, Congo-Kinshasa, Ouganda, Kenya, Tanzanie, Angola, Zambie, Malawi, Mozambique, Zimbabwe, Namibie, Botswana, Swaziland, Afrique du Sud, Arabie.

Domaine biogeographique
Afrotropicale, Paléarctique.

Categorie liste rouge D'UICN
Préoccupation mineure (LC), évalué ici sur la base de sa répartition et son habitat.

Les graines germent à 89% à la température de 25°C. Poids des 1,000 graines = 0.63 g.

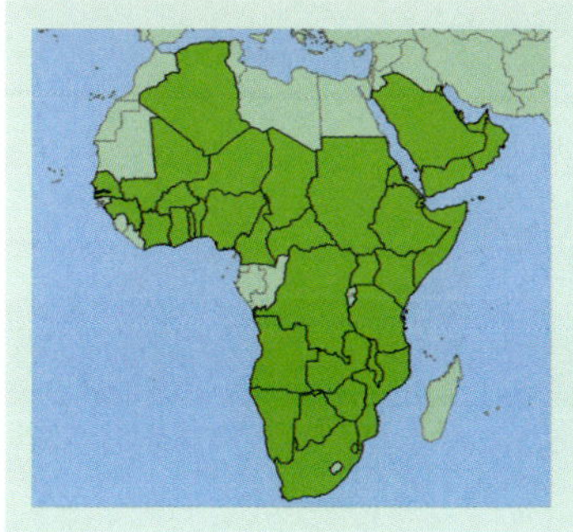

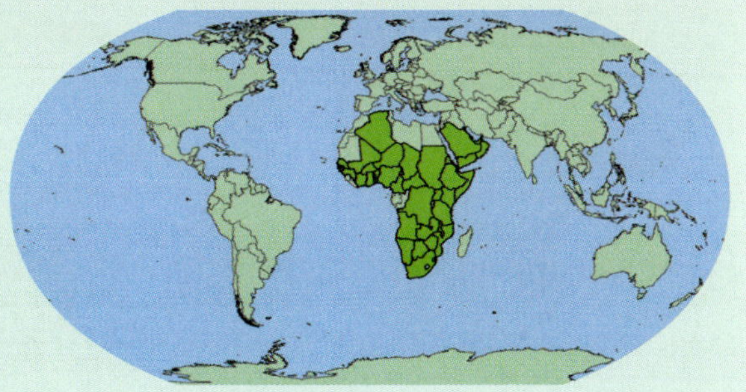

Ficus mucuso

Ficalho [1884]

Moraceae

Arbre de 30 m, avec latex blanc dans toutes les parties; écorce lisse. Feuilles alternées, 6–17 x 4–15 cm, scabres. Fleurs et fruits dans des réceptacles (*figues*) groupées sur des rameaux sans feuilles sur le vieux bois, obovoïdes, 2–4 cm, devenant rougeâtre en fruit; pédoncule de figue de 10–25 mm.

Noms locaux

–

Utilisations

pas documentée au Burkina.

Habitat

Forêt dense; floraison a toutes saisons.

Répartition géographique

Sénégal, Guinée, Guinée-Bissau, Sierra Leone, Burkina Faso, Cote d'Ivoire, Ghana, Togo, Benin, Nigeria, Cameroun, Gabon, Congo-Brazzaville, Congo-Kinshasa, Rwanda, Burundi, Ouganda, Tanzanie, Angola.

Domaine biogeographique

Afrotropicale.

Categorie liste rouge D'UICN

Préoccupation mineure (LC), évalué ici sur la base de sa répartition et son habitat.

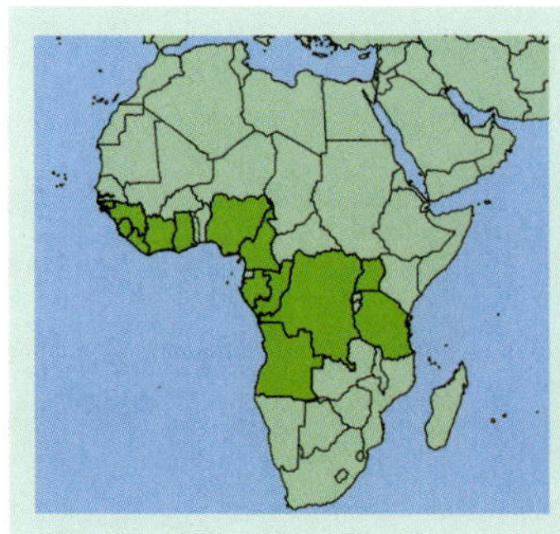

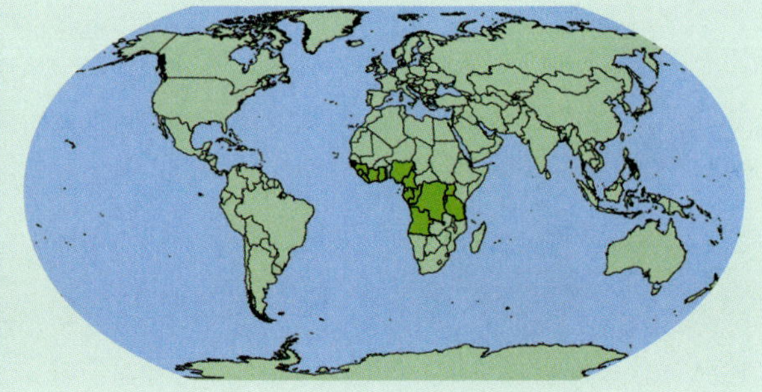

Ficus natalensis

Hochst. [1845]

Moraceae

Arbre jusqu'à 30 m, ou arbuste, avec latex blanc dans toutes les parties; écorce lisse. Feuilles alternes, entières, de 2–10 x 1–4.5 cm. Fleurs et fruits dans des réceptacles (*figues*) parmi les feuilles ou sous les rameaux un peu en bas des feuilles, globuleux, 5 mm au sec; devenant orange ou rouge en fruit, pédoncule de figue de 2–10 mm.

Noms locaux

–

Utilisations

utilisé formellement pour des habits à fibres d'écorce; fibres d'écorce utilisées aussi pour faire du cordage.

Habitat

Galeries forestières, stations humides en savane. Floraison en saison sèche et saison des pluies.

Répartition géographique

Sénégal, Gambie, Guinée, Sierra Leone, Liberia, Mali, Burkina Faso, Cote d'Ivoire, Ghana, Togo, Benin, Nigeria, Cameroun, République Centrafricaine, Gabon, Congo-Brazzaville, Congo-Kinshasa, Soudan, Ouganda, Rwanda, Kenya, Tanzanie, Angola, Zambie, Malawi, Mozambique, Zimbabwe, Afrique du Sud.

Domaine biogeographique

Afrotropicale.

Categorie liste rouge D'UICN

Préoccupation mineure (LC), évalué ici sur la base de sa répartition et son habitat.

Les graines sont Orthodoxes et germent à 100% à la température de 30°C. Poids des 1,000 graines = 0.57 g.

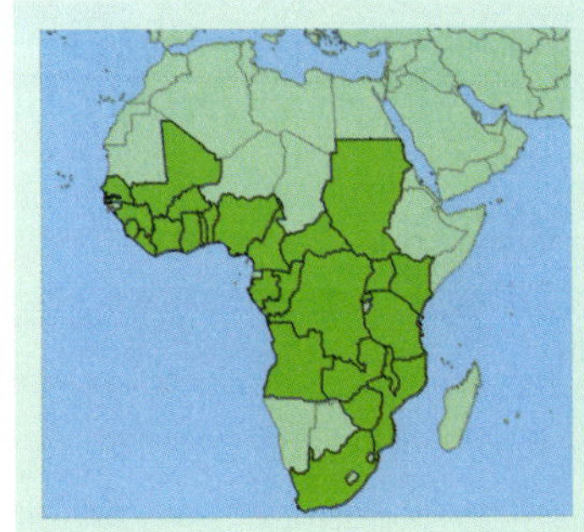

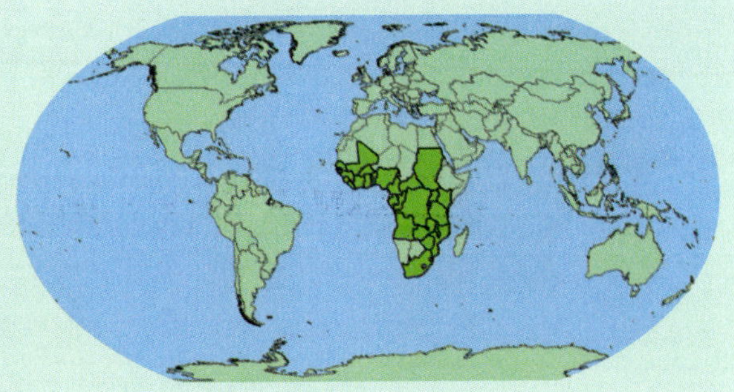

Ficus ovata

Vahl [1805]

Moraceae

Arbre ou arbuste jusqu'à 12 m, avec latex blanc dans toutes les parties; écorce lisse ou écailleuse. Feuilles alternes, entières, de 9–30 x 6–20 cm. Fleurs et fruits dans des réceptacles (*figues*) parmi les feuilles ou sous les rameaux un peu en bas des feuilles, quelquefois sur les rameux plus grands, obovoïdes, jusqu'à 5 cm, devenant verdâtre ou jaune en fruit; pédoncule de figue jusqu'à 5(10) mm longue.

Noms locaux
Senoufo: nkassifiang

Utilisations
plantée souvent comme arbre d'ombrage.

Habitat
Savanes boisées, lisières en forêt; souvent plantée. Floraison en saison sèche et en saison des pluies.

Répartition géographique
Sénégal, Gambie, Guinée, Sierra Leone, Liberia, Mali, Burkina Faso, Cote d'Ivoire, Ghana, Togo, Benin, Nigeria, Cameroun, Guinée Equatorial, République Centrafricaine, Gabon, Congo-Brazzaville, Congo-Kinshasa, Soudan, Erythrée, Ethiopie, Ouganda, Rwanda, Burundi, Kenya, Tanzanie, Angola, Zambie, Malawi, Mozambique.

Domaine biogeographique
Afrotropicale.

Categorie liste rouge D'UICN
Préoccupation mineure (LC), évalué ici sur la base de sa répartition et son habitat.

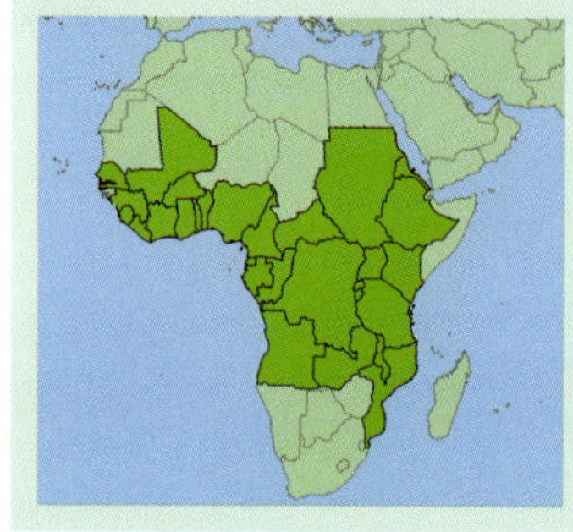

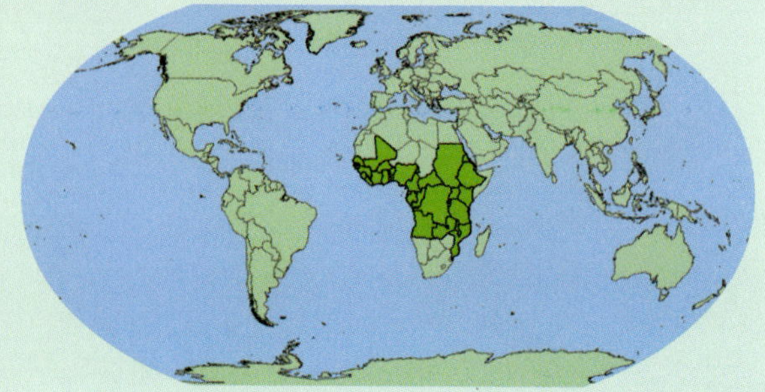

Ficus platyphylla

Delile [1826]

Moraceae

Arbre jusqu'à 15 m, avec latex blanc dans toutes les parties; écorce lisse ou écailleuse. Feuilles alternes, entières, de 15–26 x 10–20 cm. Fleurs et fruits dans des réceptacles (*figues*) parmi les feuilles ou sous les rameaux un peu en bas des feuilles, obovoïdes, jusqu'à 1.5 cm, devenant rougeâtre en fruit; pédoncule de figue de 10–25 mm.

Noms locaux
Mooré: kamsaogo

Utilisations
fruit ± comestible, sucré et à haut contenu de vitamine C.

Habitat
Savanes. Floraison en saison sèche.

Répartition géographique
Sénégal, Gambie, Mali, Burkina Faso, Cote d'Ivoire, Ghana, Togo, Benin, Niger, Nigeria, Cameroun, Chad, République Centrafricaine, Soudan, Ethiopie, Somalie, Ouganda.

Domaine biogeographique
Afrotropicale.

Categorie liste rouge D'UICN
Préoccupation mineure (LC), évalué ici sur la base de sa répartition et son habitat.

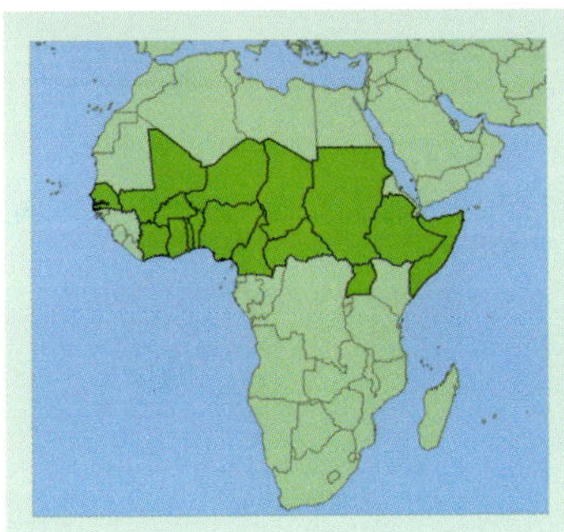

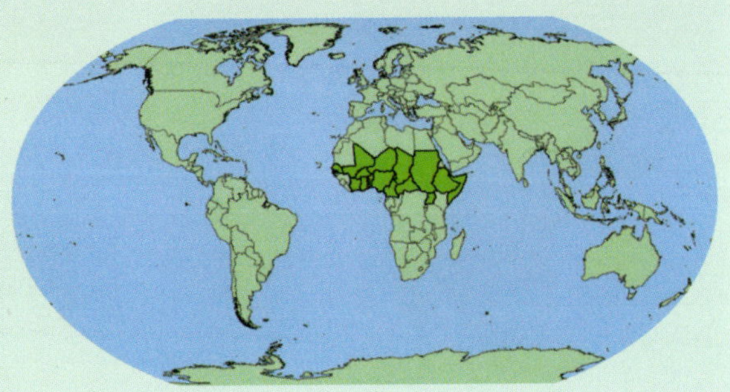

Ficus polita

Vahl [1805]

Moraceae

Arbre ou arbuste jusqu'à 12 m, avec latex blanc dans toutes les parties; écorce lisse. Feuilles alternes, entières, de 5–20 x 3–12 cm. Fleurs et fruits dans des réceptacles (*figues*) groupées sur des éperons sur le vieux bois, obovoïdes, jusqu'à 4 cm, devenant jaune verdâtre en fruit; pédoncule de figue de 8–20 mm.

Noms locaux
Mooré: Pampanga

Utilisations
un des meilleurs arbres d'ombrage avec une couronne large, plate et étalée; facilement multipliable par bouture. Fruit ± comestible.

Habitat
Savanes boisées, galeries forestières; souvent plantée. Floraison au début de saison sèche.

Répartition géographique
Sénégal, Guinée, Sierra Leone, Burkina Faso, Cote d'Ivoire, Ghana, Togo, Benin, Nigeria, Cameroun, Guinée Equatorial, Chad, République Centrafricaine, Gabon, Congo-Brazzaville, Congo-Kinshasa, Soudan, Ouganda, Kenya, Tanzanie, Angola, Zambie, Malawi, Mozambique, Zimbabwe, Afrique du Sud, Madagascar.

Domaine biogeographique
Afrotropicale.

Categorie liste rouge D'UICN
Préoccupation mineure (LC), évalué ici sur la base de sa répartition et son habitat.

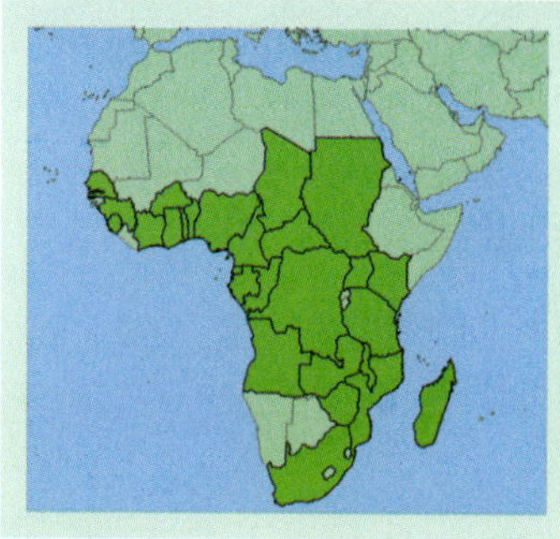

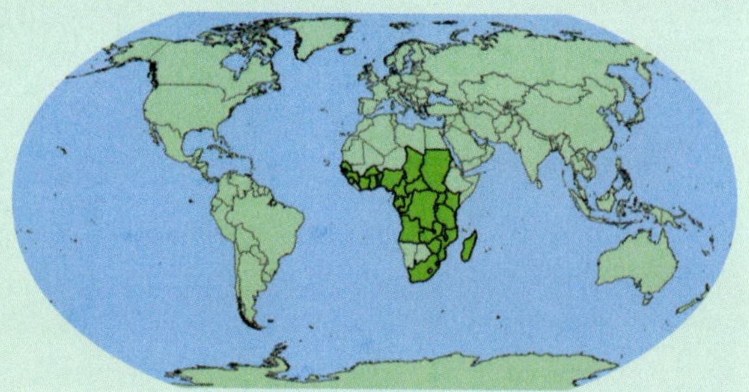

Ficus sur

Moraceae

Forssk. [1775]

Synonyme *F. capensis*

Arbre jusqu'à 8 (–30) m, avec latex blanc dans toutes les parties; écorce lisse ou écailleuse. Feuilles alternes, au bord sinué ou denté, de 4–20 x 3–13 cm. Fleurs et fruits dans des réceptacles (*figues*) groupées sur des rameaux sans feuilles sur le vieux bois, obovoïdes, jusqu'à 4 cm, devenant jaune verdâtre ou pourpre en fruit; pédoncule de figue de 5–20 mm.

Noms locaux
Mooré: Wom-sèèga; **Dioula**: seretoro, toroba; **Peul**: Nigiri bele; **Bambara**: seretoro, toroba

Utilisations
bois très léger, utilisé pour faire des ustensiles; bon bois de feu. La décoction de racine s'utilise en lavement contre les œdèmes. Le fruit est comestible, et est souvent donné aux jeunes femmes après accouchement comme symbole de fécondité.

Habitat
Savanes, galeries forestières. Floraison en saison sèche et en saison des pluies.

Répartition géographique
Cape Vert, Sénégal, Gambie, Guinée, Sierra Leone, Liberia, Mali, Burkina Faso, Cote d'Ivoire, Ghana, Togo, Benin, Nigeria, Cameroun, Guinée Equatorial, Chad, République Centrafricaine, Gabon, Congo-Brazzaville, Congo-Kinshasa, Soudan, Erythrée, Ethiopie, Ouganda, Rwanda, Burundi, Kenya, Tanzanie, Angola, Zambie, Malawi, Mozambique, Zimbabwe, Botswana, Swaziland, Afrique du Sud, Yémen.

Domaine biogeographique
Afrotropicale.

Categorie liste rouge D'UICN
Préoccupation mineure (LC), évalué ici sur la base de sa répartition et son habitat.

Les graines germent à 88% à la température de 20°C. Poids des 1,000 graines = 1.1 g.

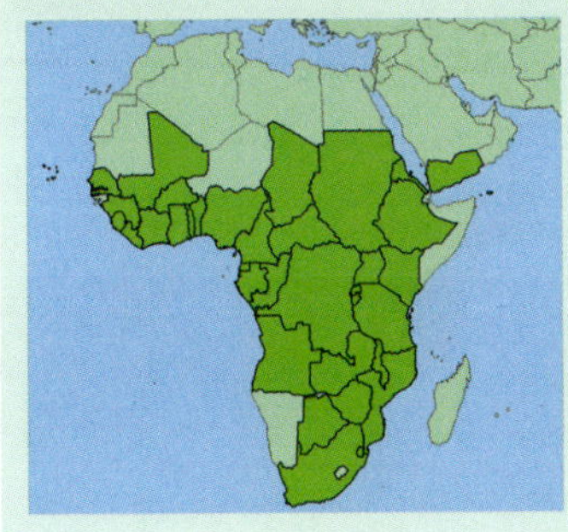

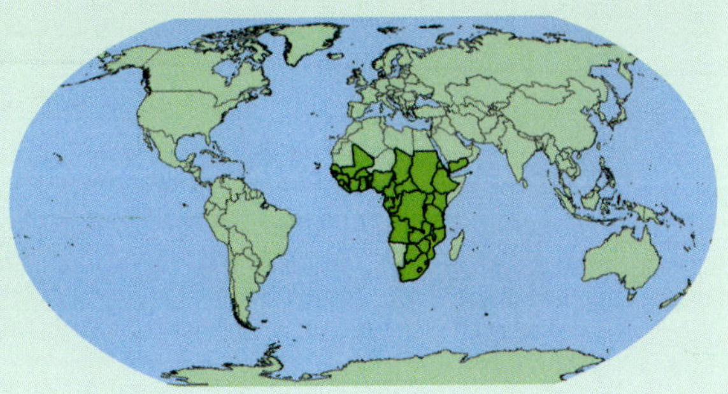

Ficus sycomorus

Moraceae

L. [1753]

Synonyme *Ficus gnaphalocarpa*

Arbre jusqu'à 15 m, avec latex blanc dans toutes les parties; écorce lisse ou un peu écailleuse. Feuilles alternes, entières ou bordures dentées, de 2–12 x 2–11 cm. Fleurs et fruits dans des réceptacles (*figues*) parmi les feuilles ou sous les rameaux un peu en bas des feuilles, obovoïdes, jusqu'à 6 cm, devenant rougeâtre en fruit; pédoncule de figue de 3–25 mm de long.

Noms locaux

Mooré: Kankanga; **Dioula**: sutoro; **Peul**: gaigai; **Bambara**: sutoro

Utilisations

la décoction d'écorce est utilisée contre la toux; feuilles font partie des produits de médecine contre les morsures de serpents. Le fruit est comestible et est souvent vendu dans les marchés.

Habitat

Savanes, souvent le long des fleuves. Floraison en saison sèche et en saison des pluies.

Répartition géographique

Egypte, Mauritanie, Sénégal, Gambie, Guinée-Bissau, Mali, Burkina Faso, Niger, Cote d'Ivoire, Ghana, Benin, Togo, Nigeria, Cameroun, Chad, République Centrafricaine, Soudan, Erythrée, Djibouti, Ethiopie, Somalie, Congo-Kinshasa, Ouganda, Kenya, Tanzanie, Angola, Zambie, Malawi, Mozambique, Zimbabwe, Namibie, Botswana, Afrique du Sud, Madagascar, Comores, Arabie.

Domaine biogeographique

Afrotropicale, Paléarctique.

Categorie liste rouge D'UICN

Préoccupation mineure (LC), évalué ici sur la base de sa répartition et son habitat.

Les graines germent à 100% à la température de 20°C. Poids des 1,000 graines = 0.41 g.

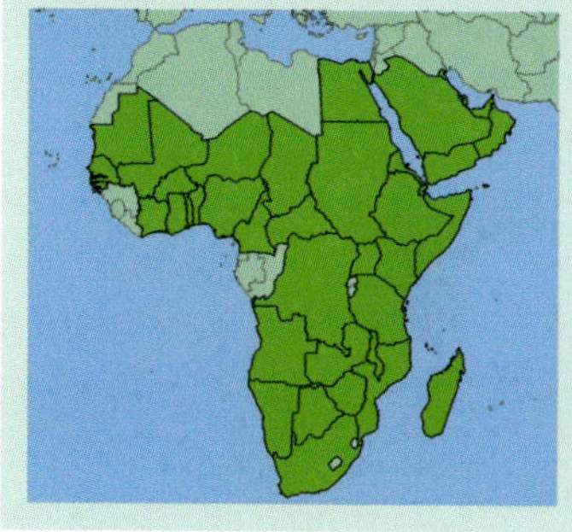

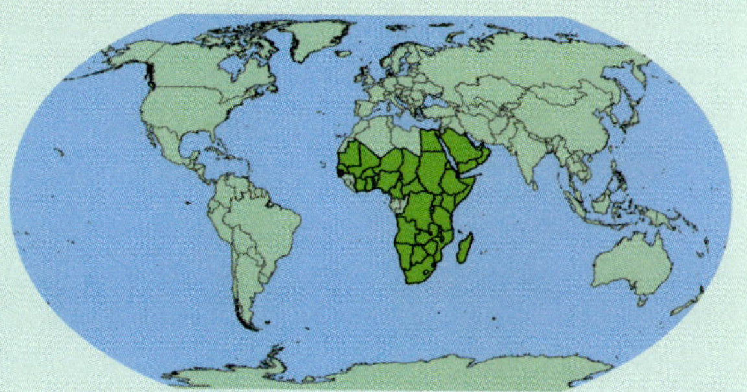

Ficus thonningii

Moraceae

Blume [1836]

Synonyme *Ficus iteophylla*

Arbre jusqu'à 10 m, avec latex blanc dans toutes les parties; écorce lisse. Feuilles alternes, entières, de 3–12 x 1.5–6 cm. Fleurs et fruits dans des réceptacles (*figues*) parmi les feuilles ou sous les rameaux un peu en bas des feuilles, globuleux, jusqu'à 1.2 cm, devenant rougeâtre en fruit; sessile ou pédoncule de figue jusqu'à 10 mm.

Noms locaux
Mooré: kusga; **Dioula**: dubalen; **Bambara**: dubalen; **Senoufo**: djatigfa

Utilisations
souvent planté comme arbre d'ombrage, et se propage facilement par boutures.

Habitat
Savanes, savane boisée, galeries forestières. Floraison en saison sèche et en saison des pluies.

Répartition géographique
Sénégal, Guinée-Bissau, Sierra Leone, Burkina Faso, Cote d'Ivoire, Ghana, Togo, Benin, Nigeria, Cameroun, Chad, République Centrafricaine, Congo-Brazzaville, Congo-Kinshasa, Soudan, Erythrée, Djibouti, Ethiopie, Ouganda, Rwanda, Kenya, Tanzanie, Angola, Zambie, Malawi, Mozambique, Zimbabwe, Namibie, Botswana, Swaziland, Afrique du Sud, Madagascar.

Domaine biogeographique
Afrotropicale.

Categorie liste rouge D'UICN
Préoccupation mineure (LC), évalué ici sur la base de sa répartition et son habitat.

Les graines germent à 100% à la température de 20°C. Poids des 1,000 graines = 0.38 g.

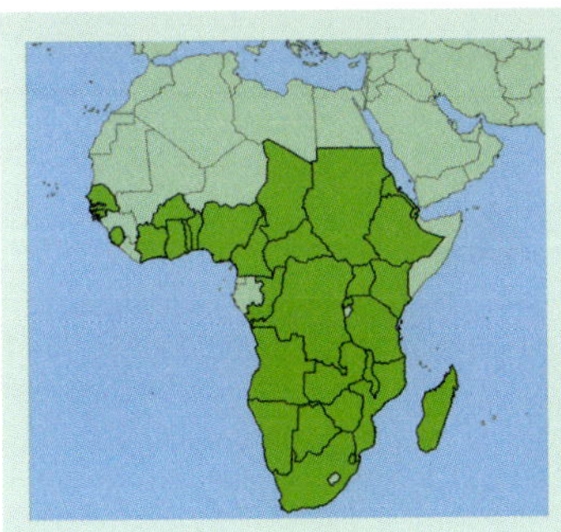

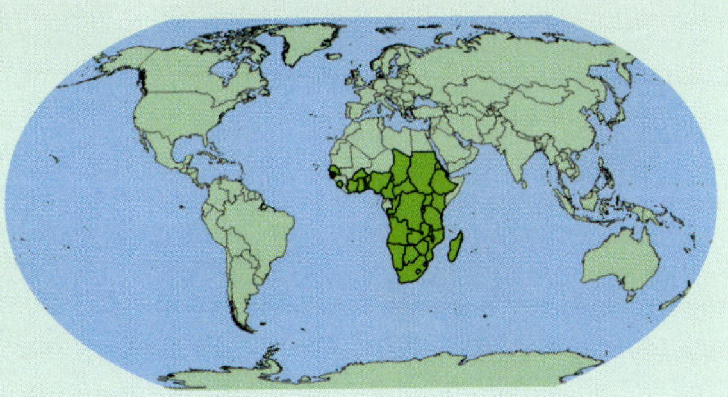

Ficus trichopoda

Moraceae

Baker [1883]

Synonyme *Ficus congensis*

Arbre jusqu'à 15 m, avec latex blanc dans toutes les parties; écorce lisse. Feuilles alternes, entières, de 6–20 x 4–12 cm. Fleurs et fruits dans des réceptacles (*figues*) parmi les feuilles, globuleux, jusqu'à 2 cm, devenant rouge en fruit; pédoncule de figue de 5–10 mm.

Noms locaux

–

Utilisations

pas documentée au Burkina.

Habitat

Savanes, souvent le long des rivières. Floraison en saison sèche et en saison des pluies.

Répartition géographique

Sénégal, Gambie, Guinée-Bissau, Guinée, Sierra Leone, Liberia, Mali, Burkina Faso, Cote d'Ivoire, Ghana, Togo, Benin, Nigeria, Cameroun, Chad, Gabon, Congo-Brazzaville, Congo-Kinshasa, Soudan, Ouganda, Tanzanie, Zambie, Malawi, Mozambique, Afrique du Sud, Madagascar.

Domaine biogeographique

Afrotropicale.

Categorie liste rouge D'UICN

Préoccupation mineure (LC), évalué ici sur la base de sa répartition et son habitat.

Poids des 1,000 graines = 0.14 g.

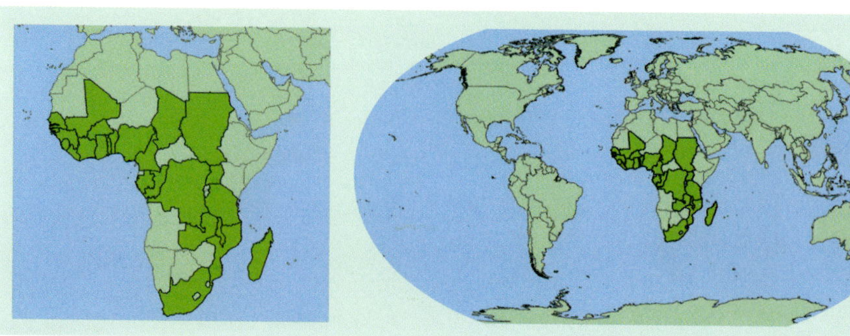

Ficus umbellata

Moraceae

Vahl [1805]

Arbre ou arbuste jusqu'à 10 m, avec latex blanc dans toutes les parties; écorce lisse. Feuilles alternes, entières, de 11–26 x 7–19 cm. Fleurs et fruits dans des réceptacles (*figues*) groupées sur des éperons sur des rameaux vieux ou sur le vieux bois, obovoïdes, jusqu'à 3 cm, devenant rose en fruit; pédoncule de figue de 2–8 mm de long.

Noms locaux
–

Utilisations
pas documentée au Burkina.

Habitat
Savanes, galeries forestières, endroits rocheux. Floraison au début de saison sèche.

Répartition géographique
Sénégal, Guinée-Bissau, Guinée, Sierra Leone, Burkina Faso, Cote d'Ivoire, Ghana, Togo, Benin, Nigeria, Cameroun, Gabon, Congo-Brazzaville, Congo-Kinshasa, Angola.

Domaine biogeographique
Afrotropicale.

Categorie liste rouge D'UICN
Préoccupation mineure (LC), évalué ici sur la base de sa répartition et son habitat.

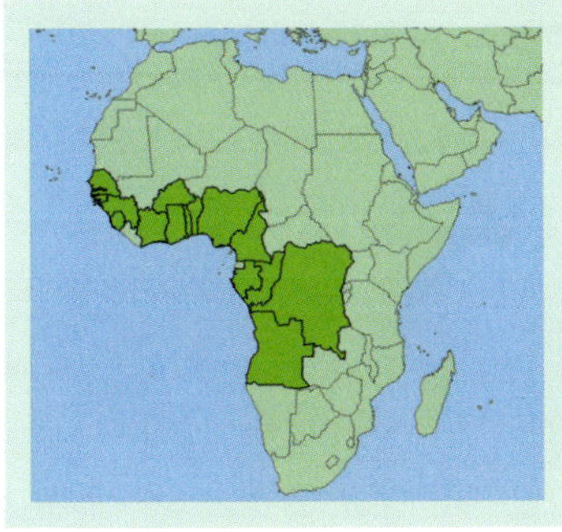

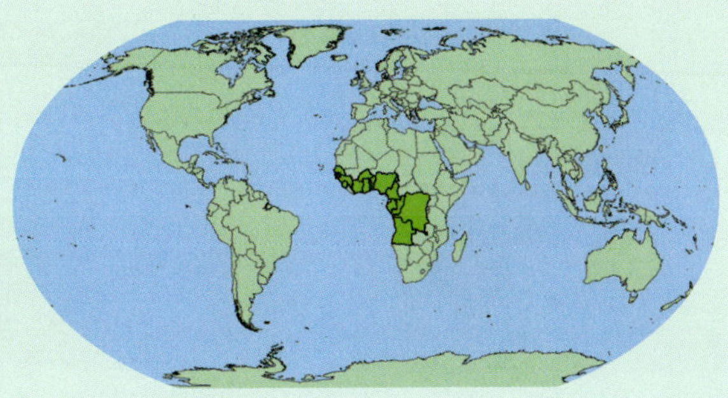

Ficus vallis-choudae

Delile [1843]

Moraceae

Arbre jusqu'à 8 m, avec latex blanc dans toutes les parties; écorce lisse a écailleuse. Feuilles alternes, entières, au bord alternativement convexe et concave ou dentées, de 4–24(44) x 3–24(30) cm. Fleurs et fruits dans des réceptacles (*figues*) parmi les feuilles ou sous les rameaux un peu en bas des feuilles, obovoïdes, jusqu'à 6 cm, devenant rose ou rouge en fruit; pédoncule de figue 2–12 mm de long.

Noms locaux
Bambara: Toroba; **Dioula**: Toro;

Utilisations
la décoction de feuilles est utilisée contre les troubles d'estomac; le fruit est comestible

Habitat
Savanes, bords des cours d'eau. Floraison en saison sèche et en saison des pluies.

Répartition géographique
Cape Vert, Sénégal, Gambie, Guinée-Bissau, Guinée, Sierra Leone, Liberia, Mali, Burkina Faso, Cote d'Ivoire, Ghana, Togo, Benin, Nigeria, Cameroun, République Centrafricaine, Congo-Kinshasa, Soudan, Erythrée, Ethiopie, Ouganda, Rwanda, Burundi, Kenya, Tanzanie, Zambie, Malawi, Mozambique, Zimbabwe.

Domaine biogeographique
Afrotropicale.

Categorie liste rouge D'UICN
Préoccupation mineure (LC), évalué ici sur la base de sa répartition et son habitat.

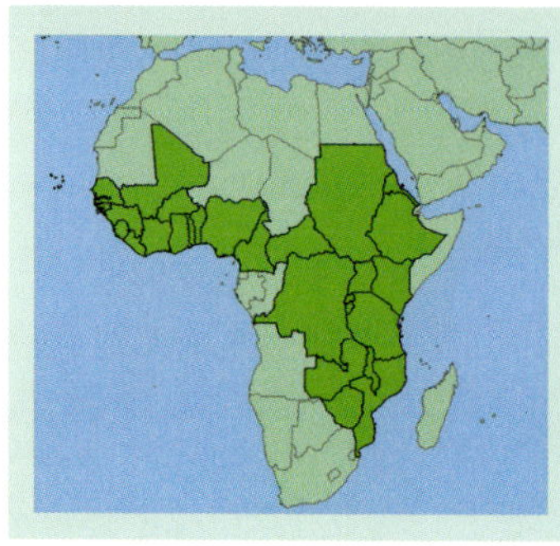

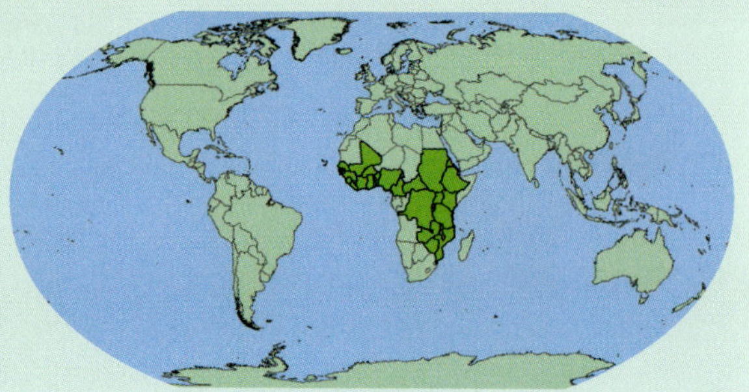

Flueggea virosa

Phyllanthaceae

(Willd.) Voigt [1805]

Synonyme *Securinega virosa*

Arbuste ou petit arbre de 2–6 m; écorce lisse. Feuilles de 2–6 x 1–4 cm. Fleurs de 3–6 mm (♀ et ♂ sur plantes séparées) avec le ♂ en touffes axillaires. Petit fruit blanc, globuleux, de 5 mm.

Noms locaux

–

Utilisations

pôles utilisés en construction de huttes et de cases. Les feuilles et racines produisent un laxatif. Les fleurs attirent les abeilles. Le fruit est comestible.

Habitat

Savane, forêt, localement commun comme régénération. Floraison en fin de saison sèche et commencement des pluies.

Répartition géographique

Egypte, Mauritanie, Sénégal, Gambie, Guinée, Sierra Leone, Mali, Burkina Faso, Niger, Cote d'Ivoire, Ghana, Benin, Nigeria, Cameroun, Chad, République Centrafricaine, Soudan, Erythrée, Djibouti, Ethiopie, Somalie, Congo-Kinshasa, Ouganda, Kenya, Tanzanie, Angola, Zambie, Malawi, Mozambique, Zimbabwe, Namibie, Botswana, Afrique du Sud, Madagascar, Arabie, Pakistan, Inde, Burma, Chine, Japon, Indonésie, Nouvelle Guinée, Australie.

Domaine biogeographique

Afrotropicale, Paléarctique, Indo-Maléenne, Australasienne.

Categorie liste rouge D'UICN

Préoccupation mineure (LC), évalué ici sur la base de sa répartition et son habitat.

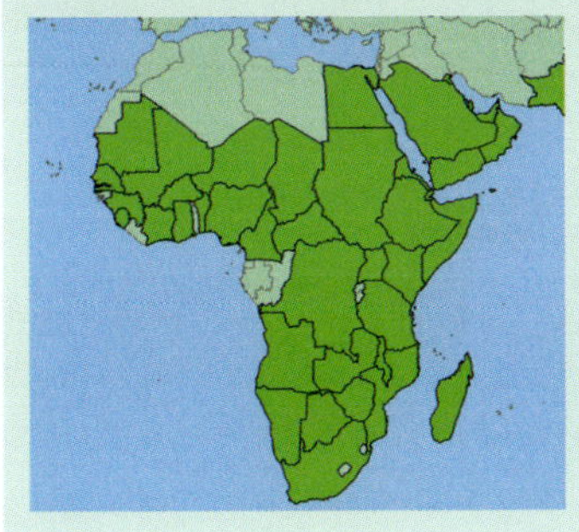

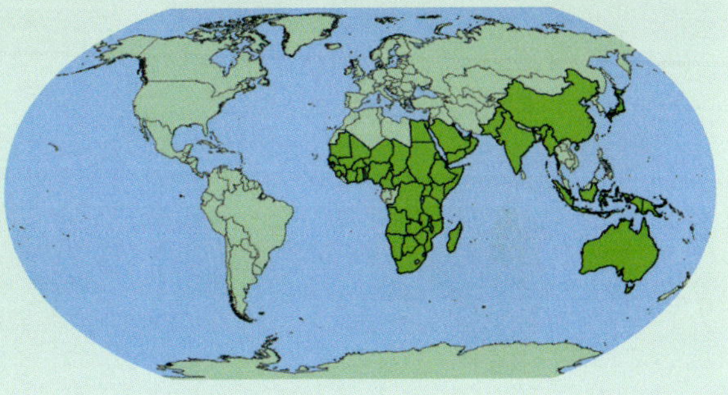

Hexalobus monopetalus

(A. Rich.) Engl. & Diels [1831]

Annonaceae

Arbuste ou arbre jusqu'à 10 m; écorce molle, fibreuse. Feuilles alternes, oblongues, de 2–10 x 1–7 cm. Fleurs 1–3, axillaires, jaune pale, de 2 cm de long. Fruits ellipsoides en groupes de 1–4, rouge, de 2–5 x 1–2.5 cm, disposé en étoile.

Noms locaux

Dioula: Nfuganyan; **Bambara**: Nfuganyan; **Senoufo**: So messin

Utilisations

bois utilisé dans la construction de cases, comme manches d'outils; écorce utilisée comme fibre pour faire des cordes. Fruits comestibles.

Habitat

Savane, galerie forestière. Floraison quand feuilles ne sont pas présentes; fruits au commencement des pluies.

Répartition géographique

Sénégal, Guinée, Mali, Burkina Faso, Cote d'Ivoire, Ghana, Benin, Nigeria, Cameroun, Chad, République Centrafricaine, Congo-Kinshasa, Soudan, Ouganda, Tanzanie, Angola, Zambie, Malawi, Mozambique, Zimbabwe, Namibie, Botswana, Afrique du Sud.

Domaine biogeographique

Afrotropicale.

Categorie liste rouge D'UICN

Préoccupation mineure (LC), évalué ici sur la base de sa répartition et son habitat.

Poids des 1,000 graines = 165.06 g.

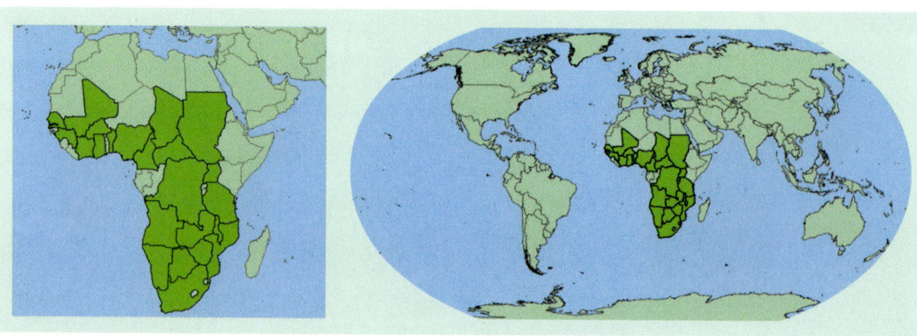

Hymenocardia acida

Tul. [1851]

Phyllanthaceae

Arbre de 6–10 m de haut. Feuilles alternes, 5–10 x 1.5–4 cm. Fleurs de quelques millimètres en épis axillaires de 10 cm, sans pétales. Fruit brun, rond, de 2.5 cm avec 2(3) ailes.

Noms locaux
Mooré: Périté; **Dioula**: Konyonugubo; **Peul**: peleri; **Bambara**: gwèrègwèrènnin

Utilisations
bon bois de feu. Feuilles, écorce et bourgeons feuillus sont utilisés médicalement pour de multiples buts. Le fruit est quelque fois mangé.

Habitat
Savane; commun. Floraison en saison sèche.

Répartition géographique
Sénégal, Gambie, Guinée, Sierra Leone, Mali, Burkina Faso, Ghana, Togo, Benin, Nigeria, Cameroun, Chad, République Centrafricaine, Congo-Brazzaville, Congo-Kinshasa, Soudan, Ethiopie, Ouganda, Rwanda, Burundi, Kenya, Tanzanie, Angola, Zambie, Malawi, Mozambique, Zimbabwe.

Domaine biogeographique
Afrotropicale.

Categorie liste rouge D'UICN
Préoccupation mineure (LC), évalué ici sur la base de sa répartition et son habitat.

Les graines se scarifient sur les téguments avant germination à 95% à la température de 25°C. Poids des 1,000 graines = 69.38 g.

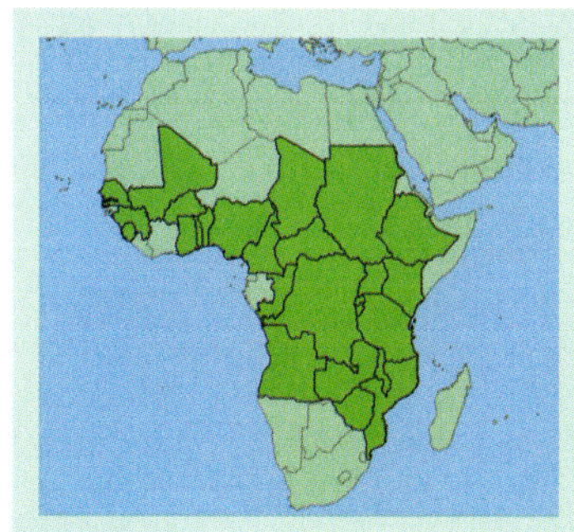

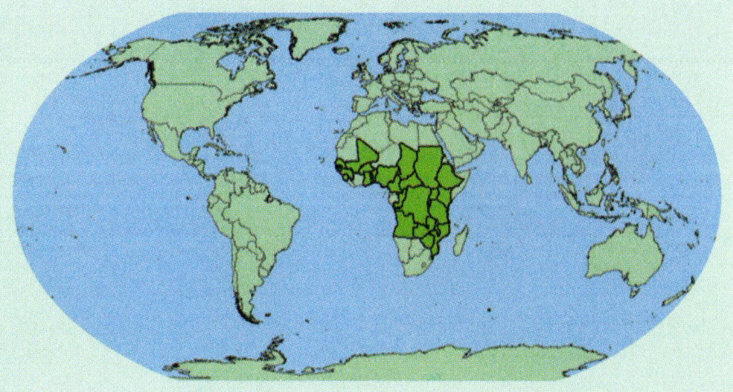

Lophira lanceolata

Keay [1953]

Ochnaceae

Arbre de 10 m; écorce écailleuse. Feuilles alternes mais apparemment verticillées au bout des branches, étroitement allongées, de 15–45 x 2–9 cm, au bord alternativement convexe et concave; jeune feuille rougeâtre. Fleurs blanches, à peu près 3 cm en diamètre, avec beaucoup d'étamines, en groupes terminaux de 15 cm de long. Fruit ligneux, conique, de 3 cm, avec deux ailes inégales de 5–10 cm de long.

Noms locaux
Dioula: Mananga; **Peul**: Mananga; **Bambara**: Mana; **Hausa**: Midjinkadé

Utilisations
jeunes rameaux peuvent s'utiliser comme cure-dents. La graine est comestible et s'utilise en cuisine, pour embrocation et la fabrication du savon.

Habitat
Savanes, lisières de forêts, vieux champs colonisés. Floraison avant feuillaison, en saison sèche.

Répartition géographique
Sénégal, Gambie, Guinée, Mali, Burkina Faso, Cote d'Ivoire, Ghana, Benin, Nigeria, Cameroun, République Centrafricaine, Congo-Kinshasa, Soudan, Ouganda.

Domaine biogeographique
Afrotropicale.

Categorie liste rouge D'UICN
Préoccupation mineure (LC), évalué ici sur la base de sa répartition et son habitat.

Poids des 1,000 graines = 1068.30 g.

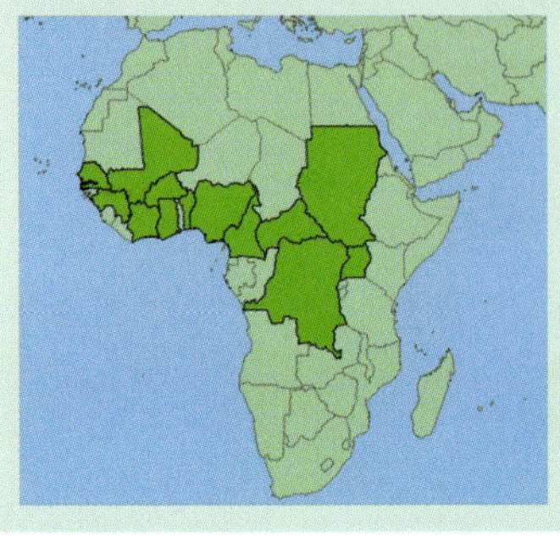

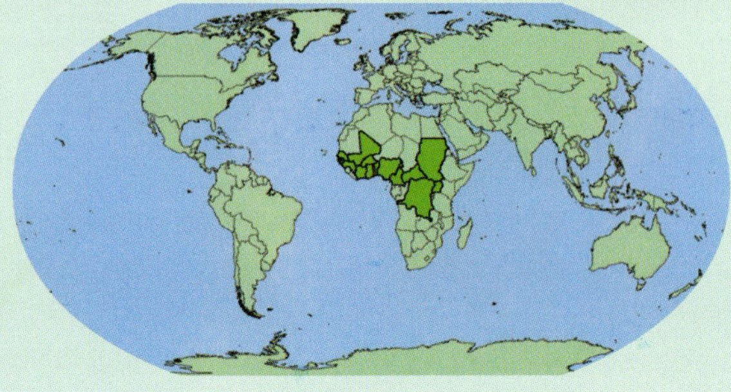

Maerua angolensis

Capparaceae

DC. [1824]

Arbuste ou arbre jusqu'à 10 m; écorce lisse. Feuilles alternes, 2–12 x 1–8 cm. Fleurs en groupes terminaux et axillaires à 10 cm de long; (pétales absents) blanchâtre, à 13 mm de large. Fruit cylindrique et en forme de chapelet, brun, à 25 cm de long et 1.3 cm de diamètre.

Noms locaux
Mooré: Zilogo;
Dioula: Berebere;
Peul: Yelafitahi;
Bambara: Belebele

Utilisations
feuilles utilisées en cuisine et en médecine.

Habitat
Savanes sur sols sableux. Floraison juste avant et avec le commencement des pluies.

Répartition géographique
Mauritanie, Sénégal, Gambie, Mali, Burkina Faso, Niger, Nigeria, Cameroun, Chad, République Centrafricaine, Soudan, Erythrée, Djibouti, Ethiopie, Somalie, Ouganda, Burundi, Kenya, Tanzanie, Angola, Zambie, Malawi, Mozambique, Zimbabwe, Namibie, Botswana, Afrique du Sud, Arabie, Israël, Pakistan, nde, Burma.

Domaine biogeographique
Afrotropicale, Paléarctique, Indo-Maléenne.

Categorie liste rouge D'UICN
Préoccupation mineure (LC), évalué ici sur la base de sa répartition et son habitat.

Les graines germent à 80% après un prétraitement d'incision des téguments. Poids des 1,000 graines = 200.11 g.

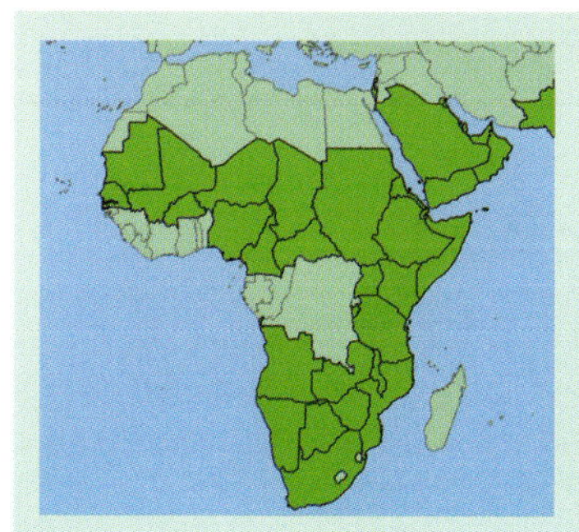

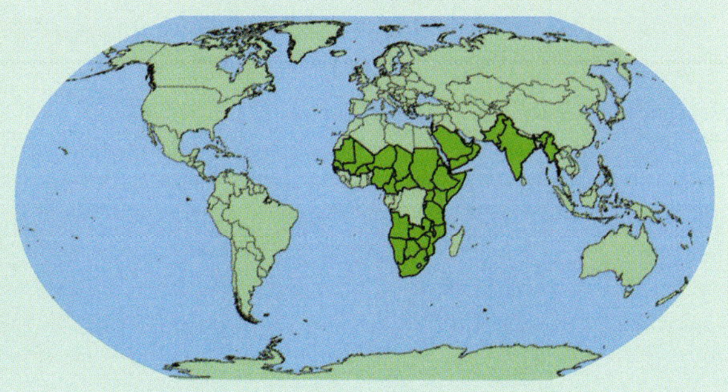

Maerua crassifolia

Forssk. [1775]

Capparaceae

Arbuste ou arbre jusqu'à 10 m; écorce lisse. Feuilles alternes ou en touffes, 1–3 x 0.4–1.8 cm. Fleurs 1–3 ensemble sur des rameaux courts; verts, à 7–15 mm de large. Fruit cylindrique, en forme de chapelet, brun, 2–5 cm de long et 1 cm de diamètre.

Noms locaux
Mooré: kessiga; **Dioula**: bérédiou; **Peul**: sogui; **Bambara**: bélé bélé

Utilisations
bois très dur utilisé comme manche d'outils. Fruits comestibles.

Habitat
Sahel et Sahara. Floraison en saison des pluies, ou en saison sèche quand la plante se trouve près des cours de l'eau.

Répartition géographique
Maroc, Algérie, Libye, Egypte, Sahara Occidental, Mauritanie, Sénégal, Mali, Burkina Faso, Niger, Nigeria, Cameroun, Chad, Soudan, Erythrée, Djibouti, Ethiopie, Somalie, Ouganda, Kenya, Tanzanie, Arabie, Israël.

Domaine biogeographique
Afrotropicale, Paléarctique.

Categorie liste rouge D'UICN
Préoccupation mineure (LC), évalué ici sur la base de sa répartition et son habitat.

Les graines germent à 100% après un prétraitement d'incision des téguments. Poids des 1,000 graines = 63.91 g.

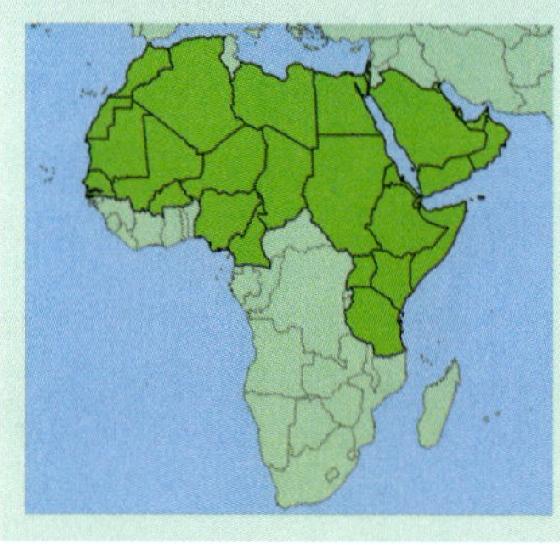

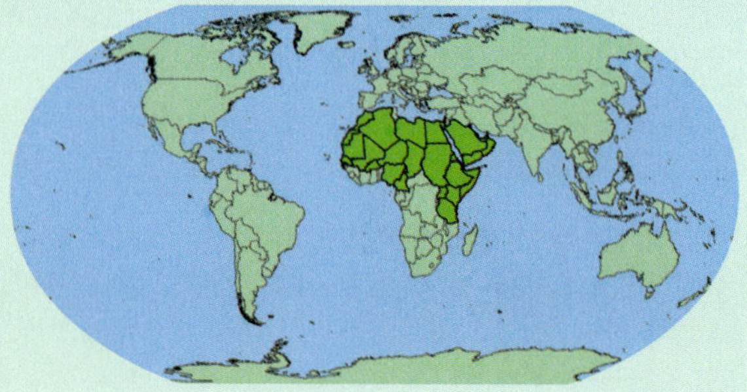

Mangifera indica

L. [1753]

Anacardiaceae

Arbre de 10–12 m; écorce ± rugueuse. Feuilles alternes, 8–40 x 2–10 cm, avec odeur forte au froissement. Fleurs jaunes à oranges de 5 mm organisées en groupes terminaux. Fruit crème à jaune ou rouge, obliquement ovoïde, de 18 cm; la mange.

Noms locaux
MANGUIER; **Mooré**: mangue-tiga; **Dioula**: manguoro-yiri

Utilisations
Cultivée pour ses fruits; aussi excellent arbre d'ombrage; une fois établi, les arbres sont résistants à la sécheresse. Fait du bon charbon. La macération d'écorce s'utilise contre la diarrhée, et la décoction d'écorce est utilisée contre les maux de dents et les douleurs de gorge, etc. Le fruit est une source riche en nutriments et minéraux; l'amende peut être mangée lorsqu'elle est grillée ou séchée.

Habitat
Originaire d'Asie Sud-Est, cultivée un peu partout. Floraison au début de saison sèche.

Domaine biogeographique
Indo-Maléenne.

Les graines sont Récalcitrantes. Poids des 1,000 graines = 4500 g.

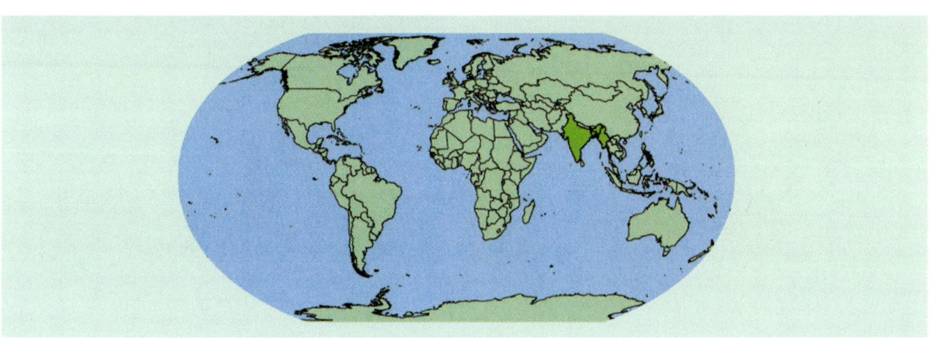

Manilkara obovata

Sapotaceae

(Sabine & G.Don) J.H.Hemsl. [1824]

Synonyme *Manilkara multinervis*

Arbre ou arbuste de 10 m, avec de latex dans toutes les parties; écorce crévassée. Feuilles alternes, de 7–14 x 3–8 cm, argenté ou grisâtre en dessous. Fleurs jaunes de 8 mm, en petits groupes axillaires. Fruit jaune, ovoïde, de 2 cm.

Noms locaux
Dioula: koya, sesina; **Bambara**: Kugé, Kusé, koya, sesina; **Senoufo Burkina**: nkassifiang

Utilisations
bois dur et durable, résistant aux termites; s'utilise dans la construction de maison, et pour faire des instruments et même des arcs.

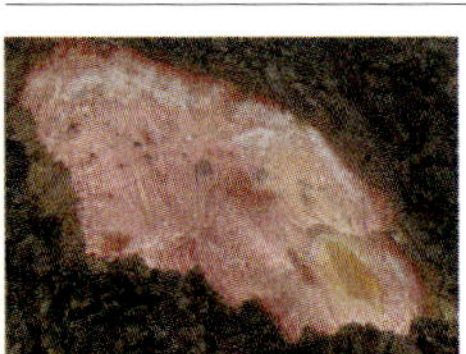

Habitat
Collines rocheuses en savane, galerie forestière. Floraison en saison sèche.

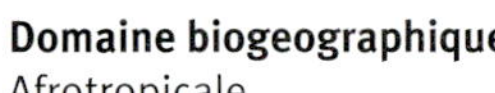

Répartition géographique
Sénégal, Sierra Leone, Mali, Burkina Faso, Liberia, Cote d'Ivoire, Ghana, Togo, Benin, Nigeria, Cameroun, République Centrafricaine, Gabon, Congo-Kinshasa, Soudan, Ouganda, Tanzanie, Angola, Zambie.

Domaine biogeographique
Afrotropicale.

Categorie liste rouge D'UICN
Préoccupation mineure (LC), évalué ici sur la base de sa répartition et son habitat.

Poids des 1,000 graines = 300.68 g.

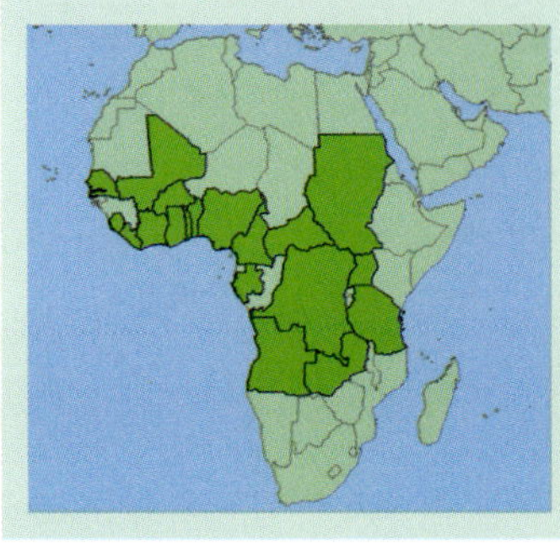

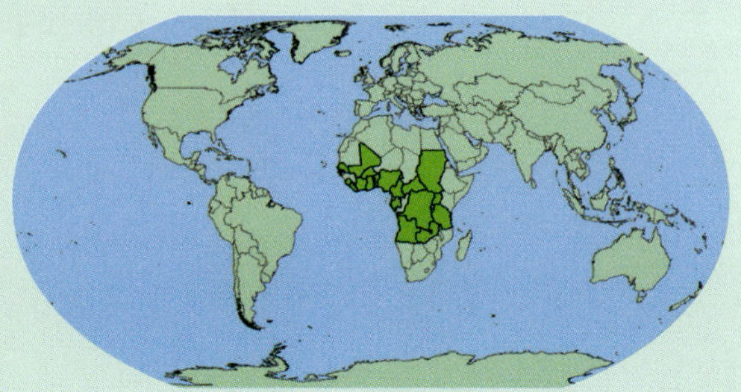

Maranthes polyandra

Chrysobalanaceae

(Benth.) Prance [1849]

Synonyme *Parinari polyandra*

Arbre ou arbuste de 6 m; écorce crevassée, écailleuse. Feuilles alternes, de 8–16 x 4–9 cm, avec 2 glandes sur la base. Fleurs blanches ou roses de 1 cm, en groupes terminaux de 20 cm. Fruit pourpre-rouge, ovoïde, de 2.5 cm.

Noms locaux
Dioula: tutufin (toutou vert); **Bambara**: tutufin (toutou vert); **Senoufo Burkina**: kognalugbo

Utilisations
bois utilisé en construction de hutte, et très bon charbon.

Habitat
Savane, résistant aux feux. Floraison en saison sèche ou saison des pluies.

Répartition géographique
Mali, Burkina Faso, Cote d'Ivoire, Ghana, Togo, Benin, Nigeria, République Centrafricaine, Soudan.

Domaine biogeographique
Afrotropicale.

Categorie liste rouge D'UICN
Préoccupation mineure (LC), évalué ici sur la base de sa répartition et son habitat.

Poids des 1,000 graines = 300.68 g.

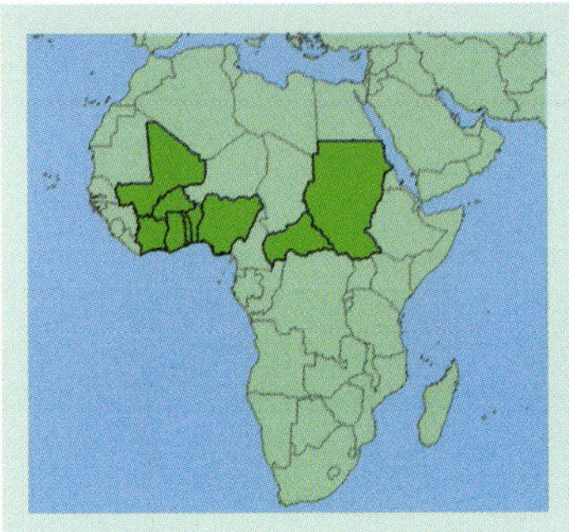

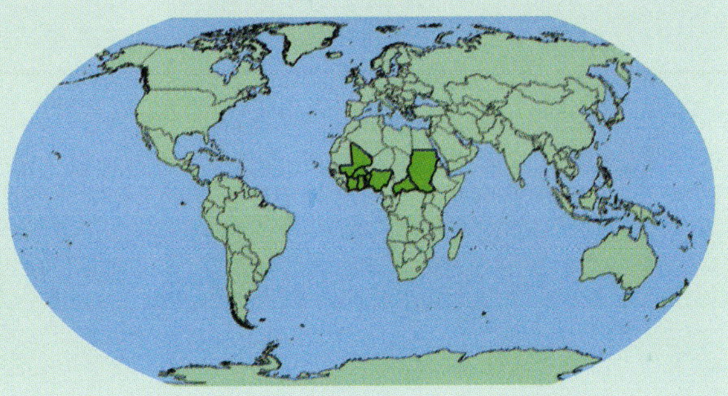

Margaritaria discoidea

(Baill.) Webster [1860]

Phyllanthaceae

Arbre ou arbuste jusqu' à 6 m; écorce lisse à exfoliant en pièces longues. Feuilles alternes, 2–18 x 1–7 cm. Fleurs jaunâtres de 3 mm, en petits groups axillaires (♀ et ♂ sur plantes séparées). Fruit noir et ovoïde de 0.7 x 1.3 cm, 3–4-lobée.

Noms locaux
Dioula: badulafen; **Bambara**: badulafen

Utilisations
bois utilisé en construction et en charpenterie, mais n'est pas résistant aux insectes; bon bois de feu. L'écorce est purgative. La décoction de feuilles est utilisée pour épurer les yeux.

Habitat
Forêt et galeries forestières. Floraison en saison sèche, avec les jeunes feuilles.

Répartition géographique
Sénégal, Gambie, Guinée Bissau, Guinée, Sierra Leone, Liberia, Mali, Burkina Faso, Cote d'Ivoire, Ghana, Togo, Benin, Nigeria, Cameroun, Gabon, République Centrafricaine, Congo-Kinshasa, Soudan, Ethiopie, Ouganda, Rwanda, Burundi, Kenya, Tanzanie, Angola, Zambie, Malawi, Mozambique, Zimbabwe, Botswana, Afrique du Sud.

Domaine biogeographique
Afrotropicale.

Categorie liste rouge D'UICN
Préoccupation mineure (LC), évalué ici sur la base de sa répartition et son habitat.

Poids des 1,000 graines = 20.27 g.

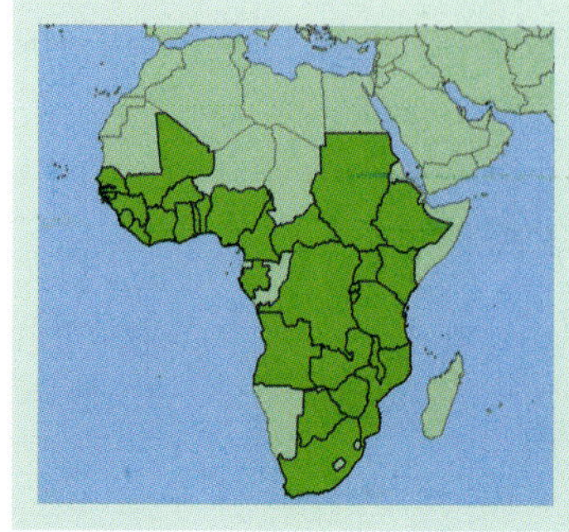

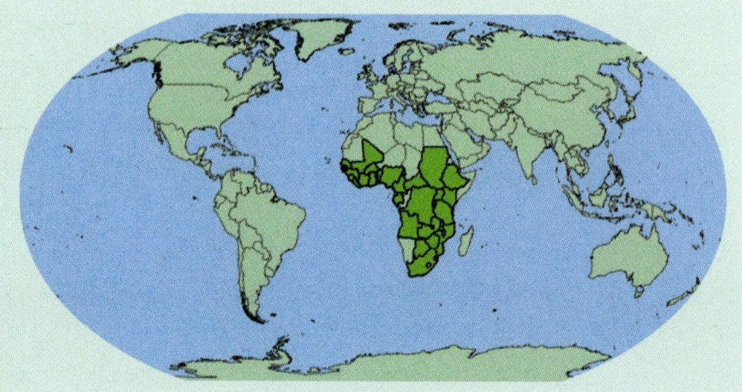

Monotes kerstingii

Dipterocarpaceae

Gilg [1908]

Arbre de 12 m; écorce ± lisse. Feuilles alternes, 10–15 x 6–10 cm. Fleurs en petits groupes axillaires, jaune vert, de 2 cm de diamètre. Fruit vert de 1.5 cm, globuleux, entouré de 5 ailes roses de 5 cm.

Noms locaux
Dioula: Ngantama; **Bambara**: Kukuru

Utilisations
usages mineurs de l'écorce seulement en médecine traditionnelle.

Habitat
Savane boisée, souvent abondant. Floraison en saison des pluies.

Répartition géographique
Guinée, Mali, Burkina Faso, Cote d'Ivoire, Ghana, Togo, Benin, Nigeria, Cameroun, Chad, République Centrafricaine, Soudan.

Domaine biogeographique
Afrotropicale.

Categorie liste rouge D'UICN
Préoccupation mineure (LC), évalué ici sur la base de sa répartition et son habitat.

Statut de conservation (IUCN)
LC (= préoccupation mineure)

Poids des 1,000 graines = 560.15 g.

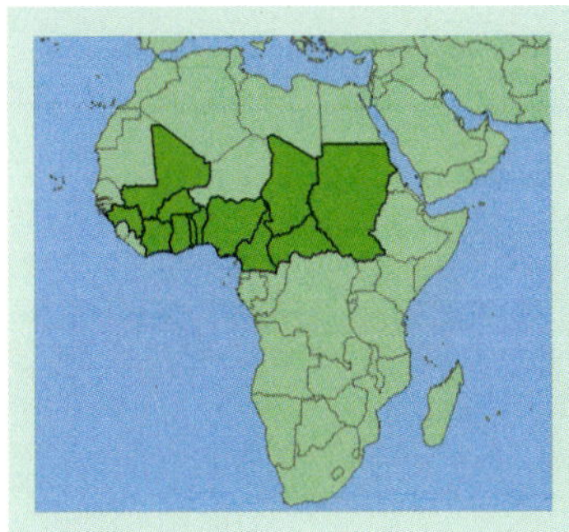

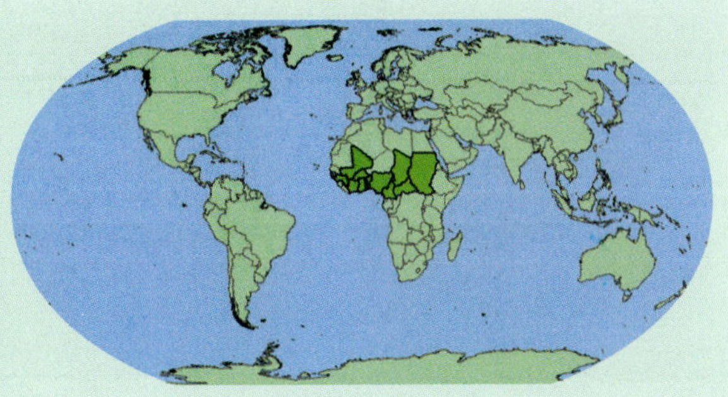

Olax subscorpoidea

Oliv. [1868]

Olacaceae

Arbre ou arbuste de 8 m; écorce lisse ou ± crévassée. Feuilles alternes, 3–12 x 2–5 cm. Fleurs blanches de 6 mm en groupes axillaires. Fruit jaune à rouge, globuleux, de 1.2 cm.

Noms locaux
Manding-Dioula: Kuassumbara; **Senufo**: Minegoli

Utilisations
pas d'utilisations rapportées au Burkina.

Habitat
Forêt et galeries forestières, collines rocheuses en savane. Floraison au début de saison sèche.

Répartition géographique
Guinée Bissau, Guinée, Sierra Leone, Burkina Faso, Cote d'Ivoire, Ghana, Togo, Benin, Nigeria, Cameroun, Chad, République Centrafricaine, Gabon, Congo-Brazzaville, Congo-Kinshasa.

Domaine biogeographique
Afrotropicale.

Categorie liste rouge D'UICN
Préoccupation mineure (LC), évalué ici sur la base de sa répartition et son habitat.

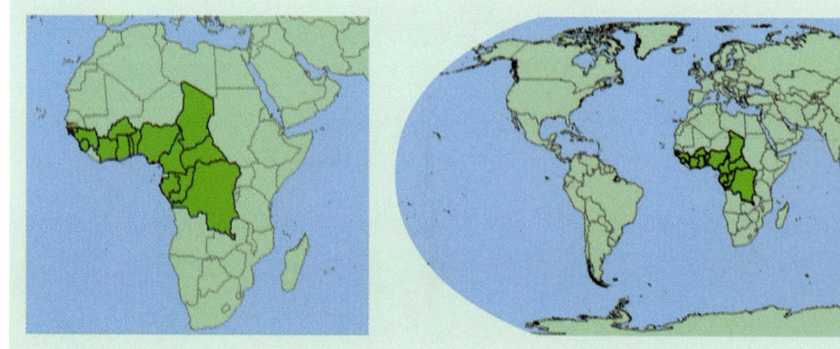

Parinari curatellifolia

Benth. [1849]

Chrysobalanaceae

Arbre ou arbuste de 7 m; écorce crevassée, écailleuse. Feuilles alternes, 5–17 x 3–9 cm, pubescentes-grisâtres en dessous, avec 2 glandes près du sommet du pétiole. Fleurs blanches de 6 mm en groupes terminaux de 20 cm. Fruit brun, ovoïde, de 3.5 cm.

Noms locaux
Mooré: Piinobga; **Dioula**: Tututamba; **Bambara**: tutu ntamba (toutou blanc)

Utilisations
décoction de feuilles utilisée médicalement contre la fièvre. Fruit comestible.

Habitat
Savane, forêt sèche, assez commun. Floraison en saison sèche.

Répartition géographique
Sénégal, Guinée Bissau, Guinée, Burkina Faso, Cote d'Ivoire, Ghana, Benin, Nigeria, Cameroun, Chad, République Centrafricaine, Congo-Brazzaville, Congo-Kinshasa, Soudan, Ouganda, Rwanda, Burundi, Kenya, Tanzanie, Angola, Zambie, Malawi, Mozambique, Zimbabwe, Namibie, Botswana, Swaziland, Afrique du Sud, Madagascar.

Domaine biogeographique
Afrotropicale.

Categorie liste rouge D'UICN
Préoccupation mineure (LC), évalué ici sur la base de sa répartition et son habitat.

Poids des 1,000 graines = 3773.36 g. Les graines sont difficiles à germer et ont besoin d'un prétraitement à l'eau chaude suivi d'un trempage de 24 heures pour germer en six mois et à environ 34%, à la température ambiante (25°C).

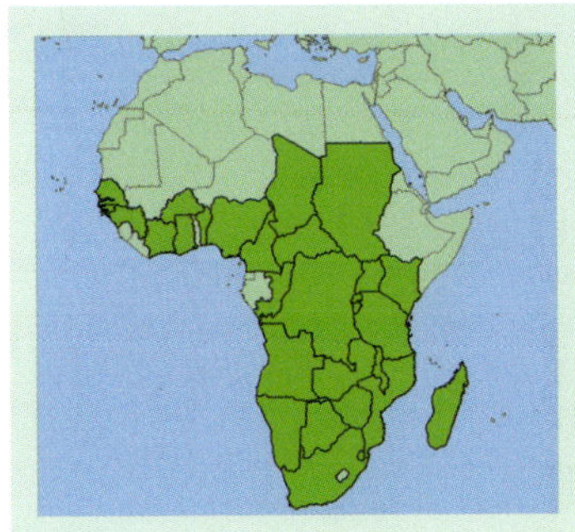

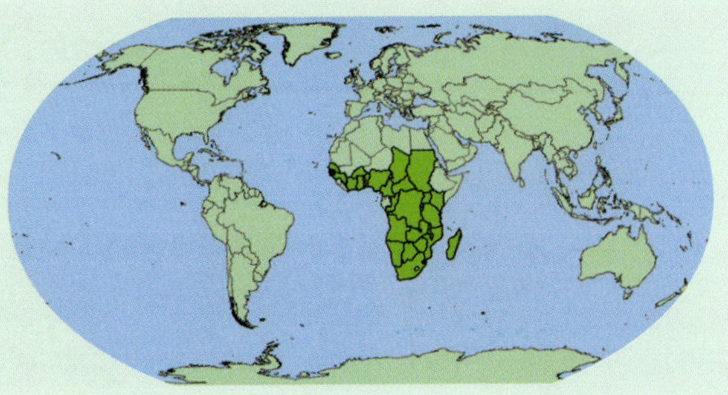

Protea madiensis

Proteaceae

Oliv. [1875]

Synonyme *Protea occidentalis* du Catalogue

Arbuste ou arbre jusqu'à 4 m; écorce écailleuse. Feuilles alternes, de 12–25 x 4–14 cm. Fleurs en têtes globuleuses de 10–14 cm de diamètre, entourées de bractées roses ou rougeâtres; fleurs individuelles blanches ou roses. Fruit sec de 1 cm de long, caché dans la tête globuleuse.

Noms locaux
Soninke-Pana: Rahua

Utilisations
bois dur et brun, utilisé en sculptures ou menuiserie.

Habitat
Espèce de savane. Floraison en saison sèche.

Répartition géographique
Guinée, Sierra Leone, Burkina Faso, Cote d'Ivoire, Ghana, Togo, Benin, Nigeria, Cameroun, République Centrafricaine, Congo-Kinshasa, Soudan, Ethiopie, Ouganda, Rwanda, Burundi, Kenya, Tanzanie, Angola, Zambie, Malawi, Mozambique.

Domaine biogeographique
Afrotropicale.

Categorie liste rouge D'UICN
Préoccupation mineure (LC), évalué ici sur la base de sa répartition et son habitat.

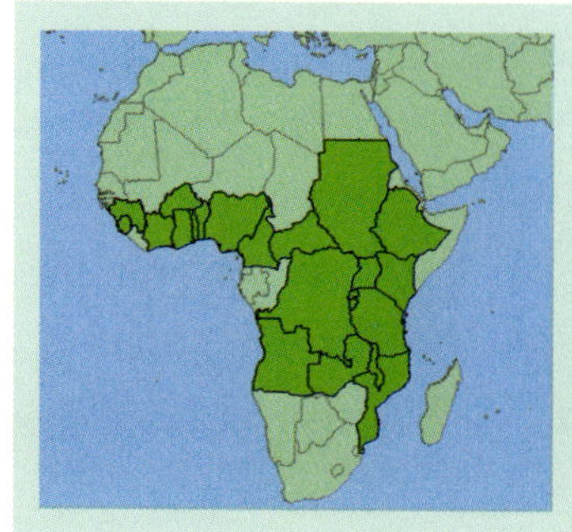

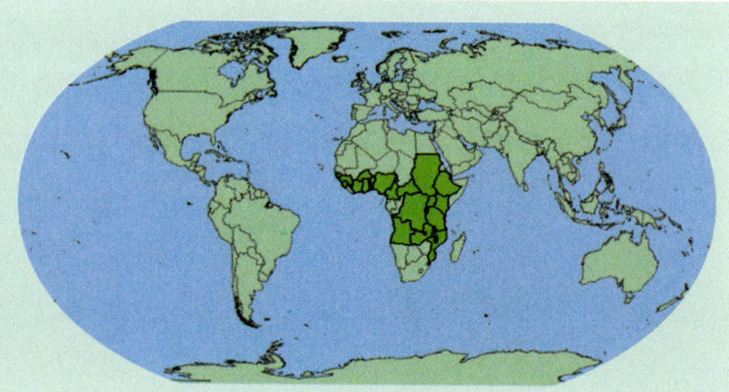

Securidaca longipedunculata

Fresen. [1837]

Polygalaceae

Arbuste ou arbre jusqu'à 5 m; écorce lisse ou desquamant. Feuilles alternes ou fasciculées, de 2–9 x 1–3 cm. Fleurs en groupes terminaux de 5–8 cm de long; violettes ou roses, à 10 mm de large. Fruit sec, 8–10 mm de diamètre, avec une aile jusqu'à 5 cm de long.

Noms locaux
Mooré: Pelga; **Dioula**: Guiro; **Peul**: Alale; **Bambara**: Joro, jori, joto

Utilisations
l'intérieur de l'écorce et la racine sont souvent vendus au marché et beaucoup utilisés en pharmacopée contre les troubles abdominales, les vers, le rhumatisme, les maux de têtes, la conservation des grains, et comme répulsif de serpent.

Habitat
Savane, sur rochers et le long des cours d'eau. Floraison en saison sèche, souvent en même temps que les fruits.

Répartition géographique
Sénégal, Gambie, Guinée, Sierra Leone, Mali, Burkina Faso, Cote d'Ivoire, Ghana, Togo, Benin, Niger, Nigeria, Cameroun, Chad, République Centrafricaine, Congo-Kinshasa, Soudan, Erythrée, Ethiopie, Ouganda, Rwanda, Burundi, Kenya, Tanzanie, Angola, Zambie, Malawi, Mozambique, Zimbabwe, Namibie, Botswana, Swaziland, Afrique du Sud.

Domaine biogeographique
Afrotropicale.

Categorie liste rouge D'UICN
Préoccupation mineure (LC), évalué ici sur la base de sa répartition et son habitat.

Poids des 1,000 graines = 431.55 g.

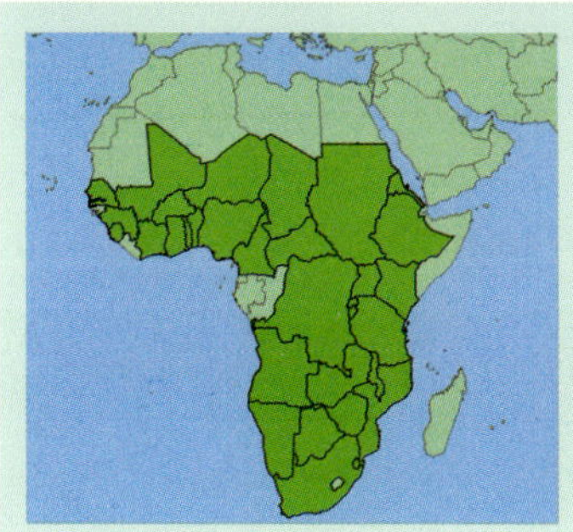

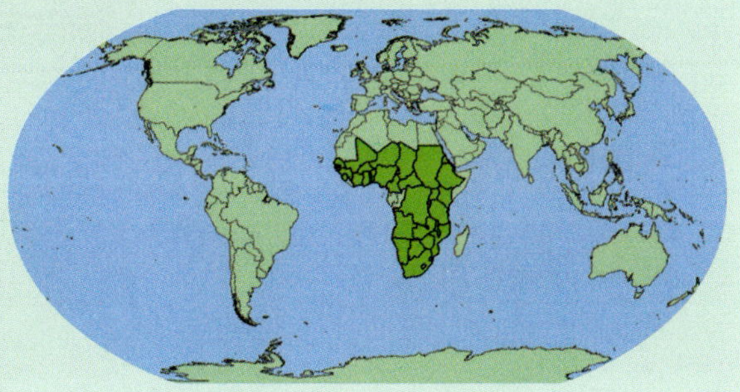

Synsepalum brevipes

Sapotaceae

(Baker) T.D. Penn. [1877]

Synonyme *Pachystela pobeguiniana*

Arbre ou arbuste de 10 m, avec de latex dans toutes les parties; écorce lisse ou peu écailleuse. Feuilles alternes, de 10–20 x 3–8 cm. Fleurs blanchâtres de 6 mm, en petits groupes sur les vieilles branches. Fruit jaune, ovoïde, de 2.5 cm.

Noms locaux
–

Utilisations
bois utilisé pour ustensiles et chaises; la pulpe du fruit est comestible.

Habitat
Galeries forestières, collines rocheuses dans la savane. Floraison en saison des pluies.

Photo B. T. Wursten

Répartition géographique
Guinée Bissau, Guinée, Sierra Leone, Liberia, Burkina Faso, Cote d'Ivoire, Ghana, Nigeria, Cameroun, Gabon, République Centrafricaine, Soudan, Ouganda, Rwanda, Burundi, Kenya, Tanzanie, Angola, Zambie, Malawi, Mozambique, Zimbabwe.

Domaine biogeographique
Afrotropicale.

Categorie liste rouge D'UICN
Préoccupation mineure (LC), évalué ici sur la base de sa répartition et son habitat.

Photo B. T. Wursten

Photo B. T. Wursten

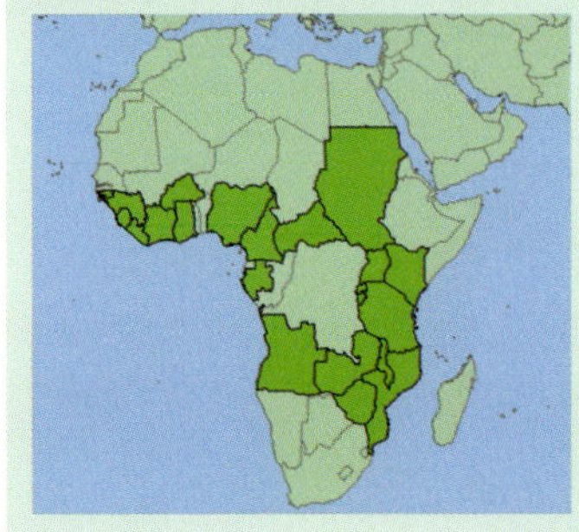

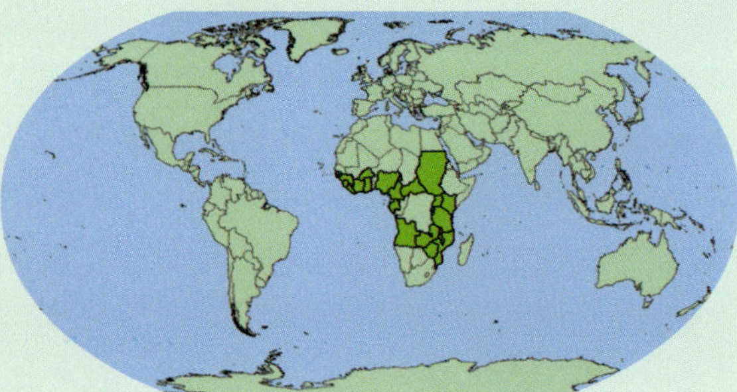

Tamarix senegalensis

DC. [1828]

Tamaricaceae

Pas encore trouvé au Burkina, mais l'espèce peut y être. Petit arbre ou arbuste beaucoup branchu, aux feuilles très petites, ressemblant à des écailles glanduleuses de 2 mm de long. Fleurs roses ou blanches, en épis terminaux; pétales 2 mm. Fruit conique, brune, 4–5 mm.

Noms locaux
inconnu

Utilisations
non documentées

Habitat
Stations très sèches sur sols sableux ou même salés. Floraison en saison sèche. Sénégal à Afrique de l'Est, Sahara.

Categorie liste rouge D'UICN
Statut de conservation (IUCN):
LC (= préoccupation mineure).

Photo Katarina Stenman

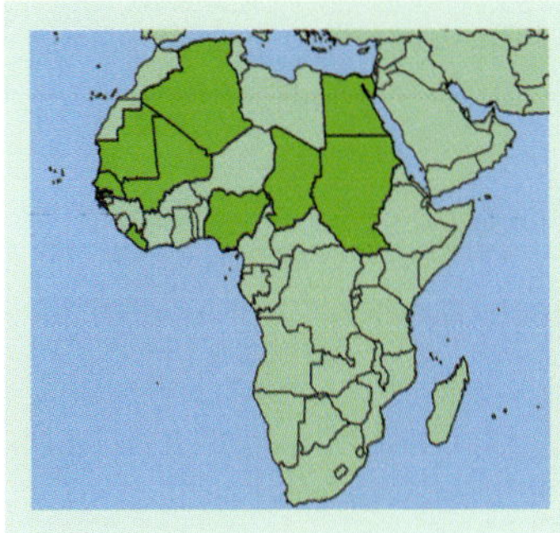

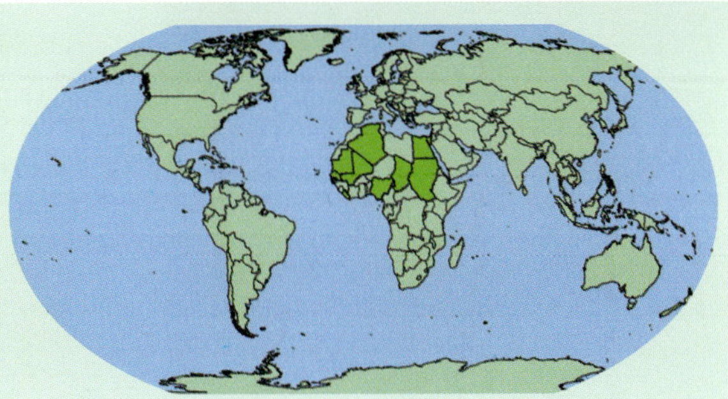

Terminalia avicennioides

Guill. & Perr. [1830]

Combretaceae

Arbre ou arbuste de 8 m; écorce crévassée. Feuilles alternes, de 10–20 x 5–7 cm. Fleurs de 4 mm, en épis axillaires de 12 cm, sans pétales. Fruit blanc-tomenteux de 6.5 x 3 cm, ellipsoide entouré d'une aile.

Noms locaux
Mooré: koondré; **Dioula**: Wolojèrni; **Peul**: Pulemi; **Bambara**: Wolojèni

Utilisations
Le bois décomposé ('uolo mogo' en bambara) est vendu comme encens. Une teinture jaune est obtenue des racines.

Habitat
Savanes, surtout sur sols sableux. Floraison en fin de sèche, avec les premières feuilles.

Répartition géographique
Sénégal, Sierra Leone, Mali, Burkina Faso, Cote d'Ivoire, Ghana, Togo, Benin, Niger, Nigeria, Cameroun, Chad, République Centrafricaine.

Domaine biogeographique
Afrotropicale.

Categorie liste rouge D'UICN
Préoccupation mineure (LC), évalué ici sur la base de sa répartition et son habitat.

Les graines sont scarifiées avant germination à 66% à 30/15°C. Poids des 1,000 graines = 214.79 g.

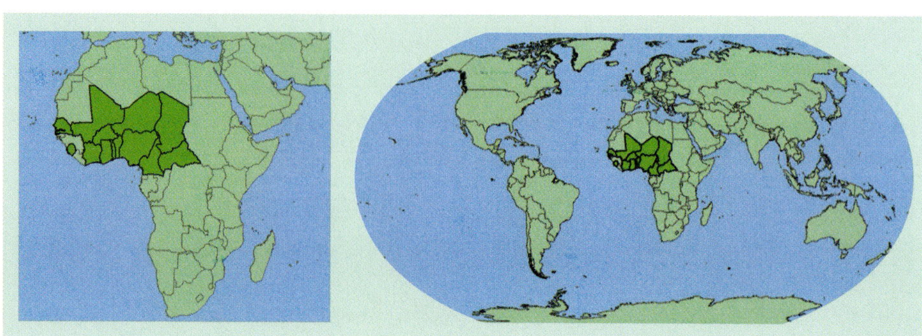

Terminalia glaucescens

Benth. [1849]

Combretaceae

Arbre de 10 m; écorce crévassée. Feuilles alternes, 15–24 x 5–11 cm. Fleurs de 4 mm, en épis axillaires de 15 cm, sans pétales. Fruit pourpre de 9 x 2.5 cm, ellipsoide entouré d'une aile.

Noms locaux
inconnu

Utilisations
la décoction de racine est utilisée médicalement.

Habitat
Savanes, galeries forestières. Floraison en fin de sèche.

Répartition géographique
Guinée, Sierra Leone, Burkina Faso, Cote d'Ivoire, Ghana, Togo, Benin, Nigeria, Cameroun, Chad, République Centrafricaine, Congo-Kinshasa, Soudan, Erythrée, Ethiopie, Ouganda, Tanzanie.

Domaine biogeographique
Afrotropicale.

Categorie liste rouge D'UICN
Préoccupation mineure (LC), évalué ici sur la base de sa répartition et son habitat.

Les graines sont scarifiées pour extraire les embryons qui germent à 77% à 31°C. Poids des 1,000 graines = 304.16 g.

Photo Adjima Thiombiano

Photo Adjima Thiombiano

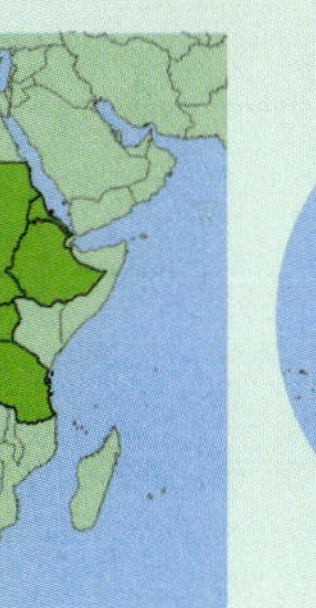

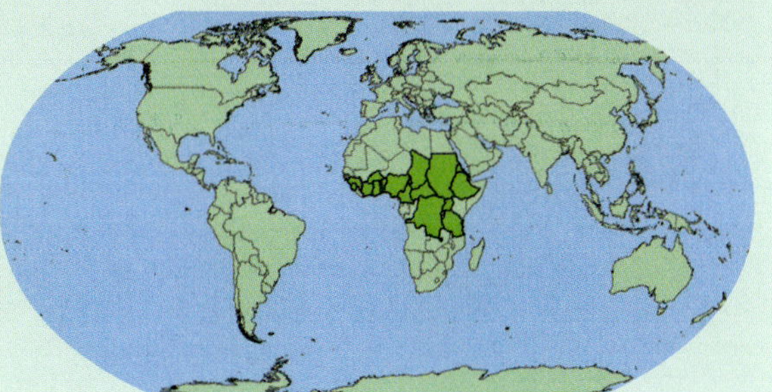

Terminalia laxiflora

Engl. & Diels [1900]

Combretaceae

Arbre de 12 m. Feuilles alternes, 13–22 x 4–10 cm. Fleurs 5 mm en épis axillaires de 15 cm, sans pétales. Fruit brun de 9 x 3.5 cm, ellipsoide entouré d'une aile.

Noms locaux
Mooré: Kondpoko; **Dioula**: Woloba; **Peul**: Bodi

Utilisations
pas d'utilisations rapportées.

Habitat
Savanes. Floraison en fin de sèche.

Répartition géographique
Sénégal, Guinée Bissau, Guinée, Sierra Leone, Mali, Burkina Faso, Cote d'Ivoire, Ghana, Togo, Benin, Nigeria, Cameroun, Chad, République Centrafricaine, Congo-Kinshasa, Soudan, Ethiopie, Ouganda.

Domaine biogeographique
Afrotropicale.

Categorie liste rouge D'UICN
Préoccupation mineure (LC), évalué ici sur la base de sa répartition et son habitat.

Poids des 1,000 graines = 509.48 g.

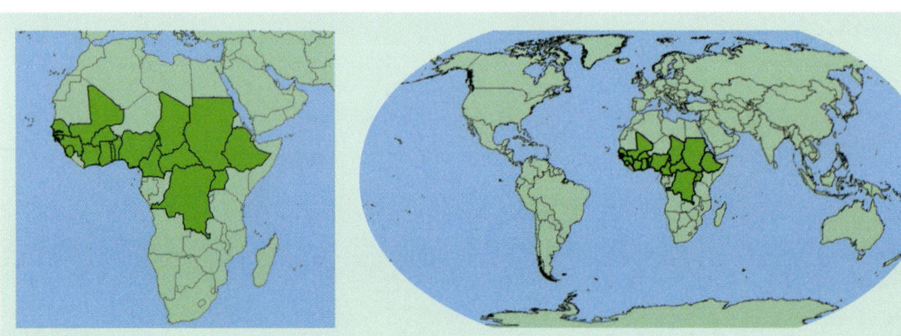

Terminalia macroptera

Guill. & Perr. [1832]

Combretaceae

Arbre de 12 m. Feuilles alternes, 15–37 x 6–17 cm. Fleurs de 5 mm en épis axillaires de 20 cm, sans pétales. Fruit brun de 10 x 4 cm, ellipsoide entouré d'une aile.

Noms locaux
Mooré: Kondpoko; **Dioula**: Wolomuso; **Bambara**: Wolomuso

Utilisations
bois résistant aux termites, utilisé dans la construction des cases. L'écorce contient du tannin, et est utilisée médicalement; l'écorce de racine produit une teinture jaune.

Habitat
Savanes, surtout sur sols argileux comme bas-fonds. Floraison en fin de sèche.

Répartition géographique
Sénégal, Gambie, Guinée, Sierra Leone, Mali, Burkina Faso, Cote d'Ivoire, Ghana, Togo, Benin, Nigeria, Cameroun, République Centrafricaine, Congo-Kinshasa, Soudan, Ethiopie, Ouganda.

Domaine biogeographique
Afrotropicale.

Categorie liste rouge D'UICN
Préoccupation mineure (LC), évalué ici sur la base de sa répartition et son habitat.

Les graines sont scarifiées avant germination à 90% à 40/25°C. Poids des 1,000 graines = 590.12 g.

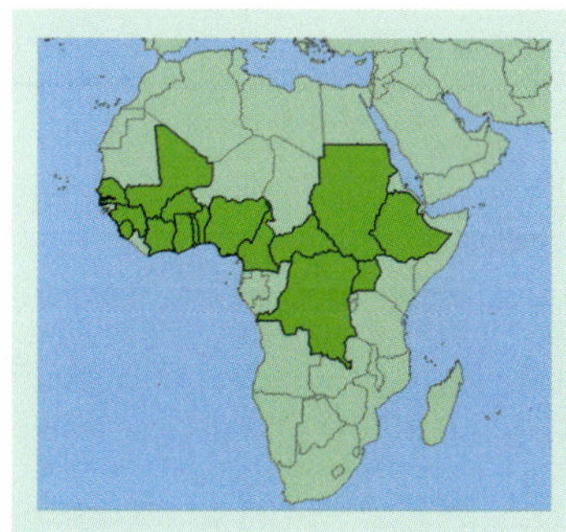

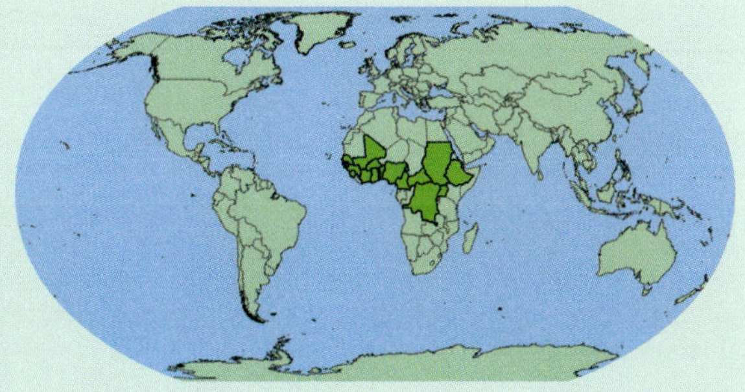

Terminalia mollis

Laws. [1871]

Combretaceae

Arbre de 13 m. Feuilles alternes, de 12–37 x 7–25 cm. Fleurs de 5 mm, en épis axillaires de 17 cm, sans pétales. Fruit jaune-verdâtre de 6–12 x 2–5.5 cm, ellipsoide entouré d'une aile.

Noms locaux
inconnu

Utilisations
pas d'utilisations rapportées.

Habitat
Savanes, souvent sur sols argileux. Floraison en fin de sèche.

Répartition géographique
Guinée, Sierra Leone, Mali, Burkina Faso, Cote d'Ivoire, Ghana, Togo, Benin, Nigeria, Cameroun, République Centrafricaine, Congo-Kinshasa, Soudan, Ouganda, Kenya, Tanzanie, Angola, Zambie.

Domaine biogeographique
Afrotropicale.

Categorie liste rouge D'UICN
Préoccupation mineure (LC), évalué ici sur la base de sa répartition et son habitat.

Poids des 1,000 graines = 756 g.

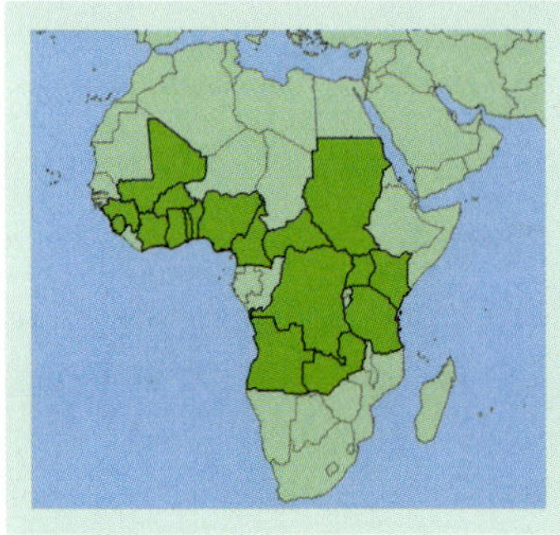

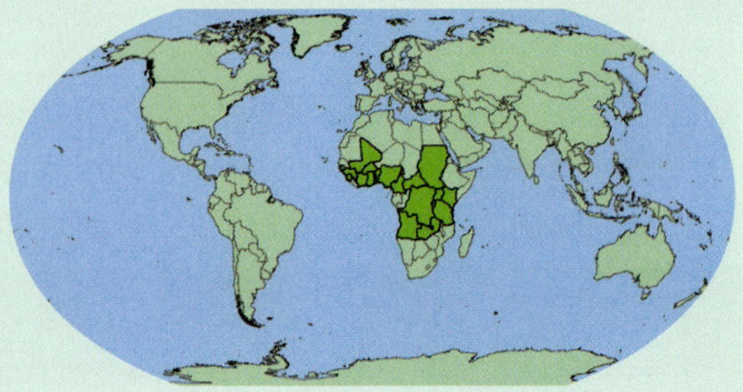

Uapaca togoensis

Pax [1904]

Phyllanthaceae

Arbre de 15 m; écorce crévassée. Feuilles alternes, 10–25 x 5–16 cm. Fleurs blanches ou jaunes de 3–5 mm, ♂ en groupes axillaires, ♀ solitaires. Fruit jaune et ovoïde de 1.7 x 2.5 cm.

Noms locaux
Dioula: somon; **Bambara**: somon

Utilisations
bon bois de feu et du charbon. Fruit comestible.

Habitat
Savane, galerie forestière. Floraison en saison sèche.

Répartition géographique
Sénégal, Guinée Bissau, Guinée, Sierra Leone, Mali, Burkina Faso, Cote d'Ivoire, Ghana, Togo, Benin, Nigeria, Cameroun, Chad, République Centrafricaine, Congo-Brazzaville.

Domaine biogeographique
Afrotropicale.

Categorie liste rouge D'UICN
Préoccupation mineure (LC), évalué ici sur la base de sa répartition et son habitat; assez commun aux bordures nord de forêt guinéenne.

Espèce voisine
Uapaca heudelotii Baill. peut être trouvée au bord des rivières, et a des racines échassées. Il y a aussi des touffes des poils à la base des pétioles. Sa présence au Burkina Faso n'est pas certaine.

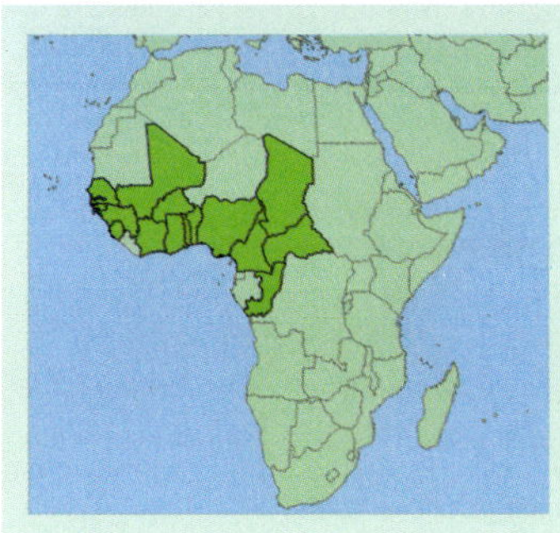

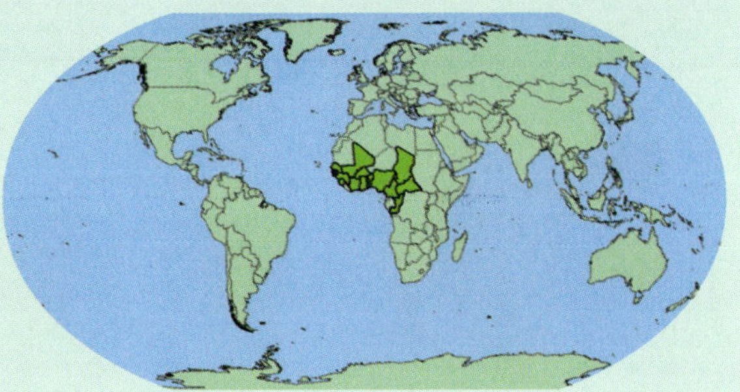

Vernonia amygdalina

Del. [1826]

Compositae/Asteraceae

Arbuste, rarement un arbre, de 5 m. Feuilles alternes, simples, de 4–15 x 1–4 cm, bords ± dentés. Fleurs blanchâtres de 15 mm à petites têtes denses, arrangées en groupes terminaux de 15 mm. Fruits à têtes denses, petits (de 3 mm) couverts de brisure en soie.

Noms locaux
Bambara: Ko safuna; **Mooré**: koa-safandé; **Dioula**: koo-safina

Utilisations
souvent planté pour ses différentes parties utilisées/vendues dans les marchés: les feuilles amères sont bouillies et utilisées en cuisine; elles sont maintenues pour être anti-scorbutiques; elles sont aussi utilisées contre la fièvre. La décoction de racine est bue contre la blennorragie. Le bois de racine et les rameaux sont utilisés comme cure-dents. C'est aussi une bonne plante apicole.

Habitat
Jachères, lisières de forêt. Floraison en fin de saison des pluies.

Répartition géographique
Guinée, Sierra Leone, Mali, Burkina Faso, Liberia, Cote d'Ivoire, Ghana, Benin, Togo, Nigeria, Cameroun, Guinée Equatorial, Gabon, République Centrafricaine, Soudan, Erythrée, Ethiopie, Congo-Kinshasa, Ouganda, Rwanda, Burundi, Kenya, Tanzanie, Zambie, Malawi, Mozambique, Zimbabwe, Botswana, Afrique du Sud, Madagascar, Arabie.

Domaine biogeographique
Afrotropicale.

Categorie liste rouge D'UICN
Préoccupation mineure (LC), évalué ici sur la base de sa répartition et son habitat.

Les graines germent à 80% à la température de 15°C. Poids des 1,000 graines = 0.86 g.

Vernonia colorata (Willd.) Drake est très similaire.

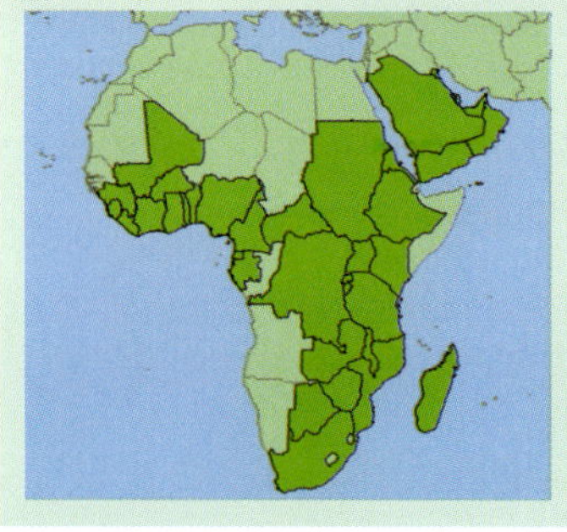

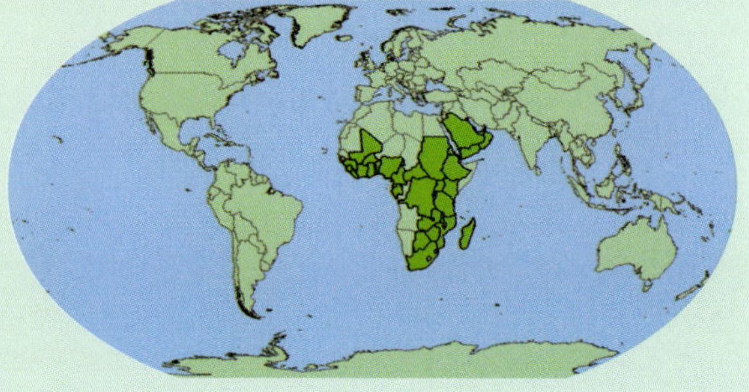

Vitellaria paradoxa

Sapotaceae

Gaertn. f. [1805]

Synonyme *Butyrospermum parkii*

Arbre de 9 m, avec du latex dans toutes les parties; écorce crevassée en 'peau de crocodile'. Feuilles alternes, 10–25 x 4–14 cm. Fleurs crèmes de 15 mm en groupes terminaux. Fruit vert-jaune, ovoïde, de 5 cm.

Noms locaux

Karité; **Diula:** Sii, si yiri; **Mooré**: Taanga**,** Taam; **Peul**: kareje; **Bambara**: si

Utilisations

un important arbre qui est beaucoup utilisé. Le bois est très lourd et résiste aux termites, et s'utilise pour une gamme d'objectifs. La décoction d'écorce est utilisée pour aider l'accouchement, et aussi pour les douleurs chez les chevaux. La décoction de jeunes feuilles est utilisée en bains de vapeur contre les maux de tête et les troubles d'yeux. C'est un bon arbre apicole. Le fruit produit le célèbre 'beurre de karité', gras et plein de protéines et de carbohydrates. Il s'utilise en cosmétiques, jointements et en cuisine, dans les lampes et pour faire du savon.

Habitat

Savane; protégé pour ses fruits. Floraison en saison sèche.

Répartition géographique

Sénégal, Guinée, Guinée Bissau, Sierra Leone, Mali, Burkina Faso, Cote d'Ivoire, Ghana, Togo, Benin, Niger, Nigeria, Cameroun, Chad, République Centrafricaine, Congo-Kinshasa, Soudan, Ouganda.

Domaine biogeographique

Afrotropicale.

Categorie liste rouge D'UICN

Préoccupation mineure (LC), évalué ici sur la base de sa répartition et son habitat.

Les graines sont Récalcitrantes et germent à 100% à la température de 25°C. Poids des 1,000 graines = 4700 g.

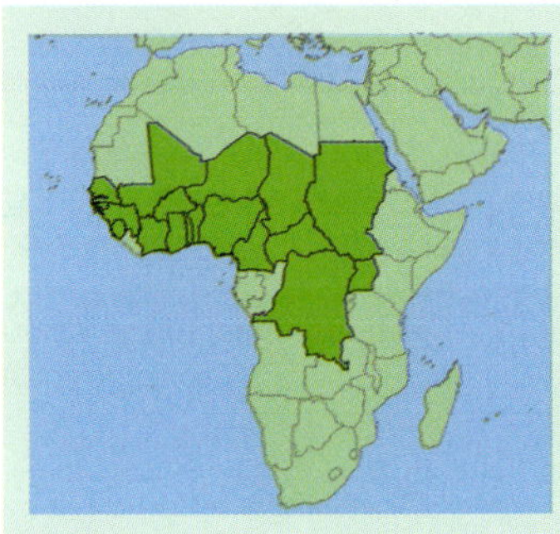

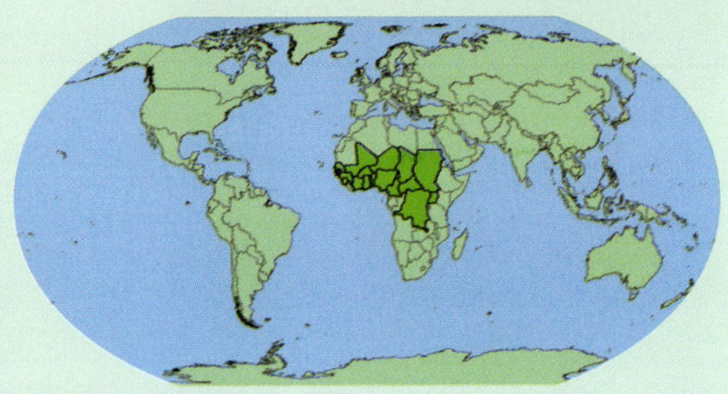

Groupe E – Feuilles alternes, non divisées ou lobées, à bords dentées ou crénelées

E1 Latex présent E2

Latex absent E3
(très peu en *Sapium*, inclus en E3)

E2 Feuilles scabres; fleurs petites, sur des plateformes comme parapluies........ *Antiaris* (voir p121)

Feuilles scabres ou non; fleurs dans l'intérieur des 'figues'........ *Ficus* (voir p139)

E3 Feuilles avec nervation pennée, seulement avec des nervures secondaires E4

Feuilles avec nervation palmée, à 3 ou plus nervures basales et des autres paires de nervures secondaires E7

E4 Feuilles glabres, avec bord denté E5

Feuilles pubescentes ou scabres, au moins en dessous, vec bord crénelé E6

E5 Feuilles avec 2–4 glandes près de la base; fleurs et feuilles en épis........ *Shirakiopsis* p188

Feuilles sans glandes à la base; fleurs et feuilles en boules courtes........ *Ochna* p187

E6 Ecorce écailleuse; pétiole de 10–25 mm de long; feuilles de 10–18 x 3–7 cm .... *Vernonia* (voir p178)

Ecorce lisse; pétiole de 5–10 mm de long; feuilles de 4–10 x 1–4 cm .... *Cordia sinensis* p182

E7 Pétiole de 35–150 mm de long; feuilles plus larges près de la base E8

Pétiole moins de 12 mm de long (ou, pour *Cordia*, 5–35 mm de long mais feuilles plus larges près du sommet et sans poils stéllés)........ E9

E8 Ecorce crevassée et rugueuse; feuilles avec stipules de 4–6 mm de long .... *Dombeya* p183

Ecorce lisse; feuilles sans stipules .... *Alchornea* (voir p117)

E9 Feuilles pubescentes en dessous aux poils stéllés, avec stipules de 2–10 mm de long .... *Grewia* p184-186

Feuilles pubescentes ou non, mais avec poils simples, et toujours scabres; sans stipules, ou stipules caduques E10

E10 Feuilles plus larges près du sommet, de 3–12 x 3–10 cm, à base symétrique........ *Cordia myxa* p181 (voir p135)

Feuilles plus larges près de la base, plus longues que larges, souvent à base asymétrique E11

E11 Feuilles à bords dentés dans la partie 2/3 supérieure .... *Celtis* (voir p131)

Feuilles à bords dentés près de la base .... *Trema* p189

Cordia myxa

Boraginaceae

L. [1753]

Arbre ou arbuste de 12 m; écorce lisse ou peu fendillée. Feuilles alternes, simples, de 3–18 x 3–20 cm, bords entiers ou ± crenulés vers le sommet. Fleurs blanches de 12 mm, arrangées en groupes terminaux de 15 cm. Fruit orange, ovoïde, de 2 cm.

Plus d'informations sur la p. 135

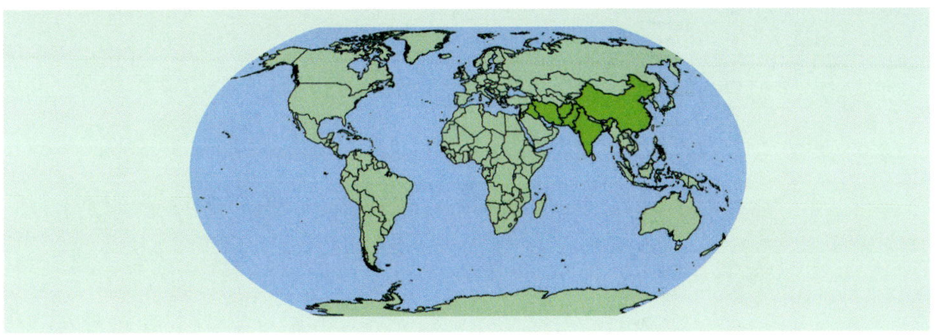

Cordia sinensis

Boraginaceae

Lam. [1792]

Synonyme *Cordia gharaf*

Arbre ou arbuste de 6 m; écorce ± lisse. Feuilles alternes ou opposées, 1.5–11 x 1–4 cm, bords dentés près du sommet, scabres. Fleurs blanches de 8 mm, en groupes terminaux de 4 cm. Fruit orange-rouge, globuleux de 10 mm.

Plus d'informations sur la p. 83

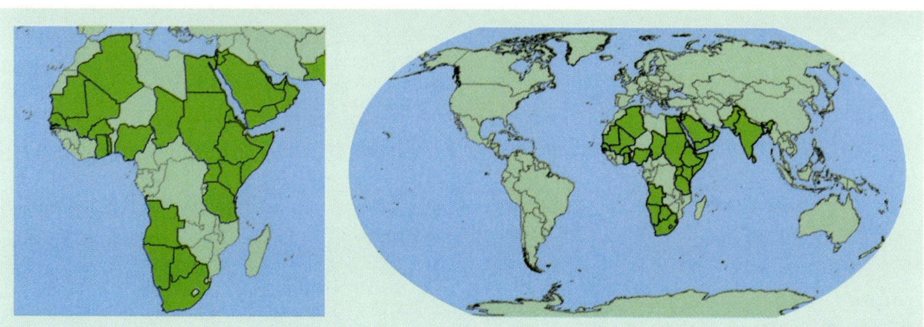

Dombeya quinqueseta

Malvaceae

(Delile) Exell [1826]

Arbre ou arbuste de 4 m; écorce rugueuse ou ± crevassée. Feuilles alternes, simples ou tri-lobées, de 12–24 x 10–20 cm, dentées, cordées. Fleurs blanches de 17 mm, en groupes axillaires larges de 20 cm. Fruit blanc et petit, entouré par les pétales persistants devenant roses.

Noms locaux
Peul: fouyoufaya

Utilisations
fibre d'écorce utilisée pour cordage.

Habitat
Savanes. Floraison en saison sèche.

Répartition géographique
Sénégal, Gambie, Guinée Bissau, Guinée, Mali, Burkina Faso, Ghana, Benin, Nigeria, Cameroun, Chad, République Centrafricaine, Congo-Kinshasa, Soudan, Erythrée, Ethiopie, Ouganda, Kenya.

Domaine biogeographique
Afrotropicale.

Categorie liste rouge D'UICN
Préoccupation mineure (LC), évalué ici sur la base de sa répartition et son habitat.

Photo Blandine Nacoulma

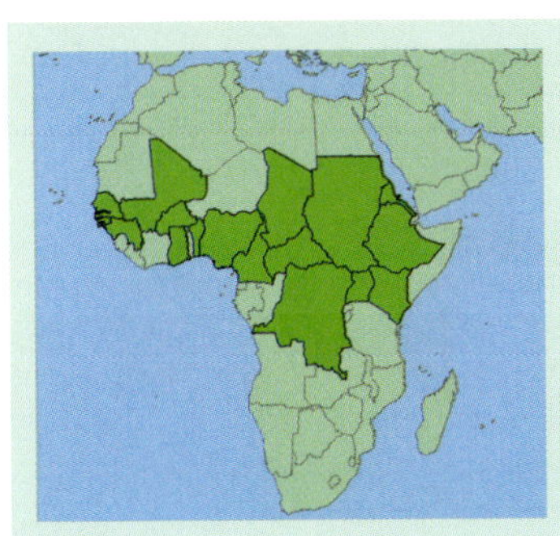

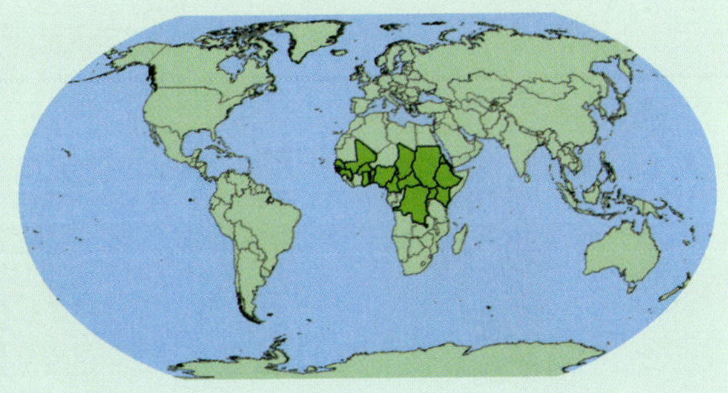

Grewia bicolor

Juss. [1804]

Malvaceae

Arbre ou arbuste de 8 m. Feuilles alternes, de 1–8 x 1–5 cm, blanchâtre en dessous, dentées. Fleurs jaunes de 12 mm en petits groupes axillaires. Fruit orange, globuleux de 0.6 cm.

Noms locaux
Mooré: tonlaga; **Peul**: Keli

Utilisations
la fibre d'écorce est utilisée pour faire du cordage. La décoction des feuilles s'utilise comme boisson ou bain contre plusieurs douleurs. La pulpe du fruit est comestible.

Habitat
Savane, sur sols bien drainés. Floraison en début de saison des pluies.

Répartition géographique
Mauritanie, Sénégal, Mali, Burkina Faso, Benin, Niger, Nigeria, Chad, Congo-Kinshasa, Soudan, Erythrée, Ethiopie, Somalie, Ouganda, Kenya, Tanzanie, Angola, Zambie, Malawi, Mozambique, Zimbabwe, Namibie, Botswana, Afrique du Sud, Arabie, Inde.

Domaine biogeographique
Afrotropicale, Indo-Maléenne.

Categorie liste rouge D'UICN
Préoccupation mineure (LC), évalué ici sur la base de sa répartition et son habitat.

Les graines sont scarifiées sur les téguments et germent faiblement à 3% à 31°C. Poids des 1,000 graines = 136 g.

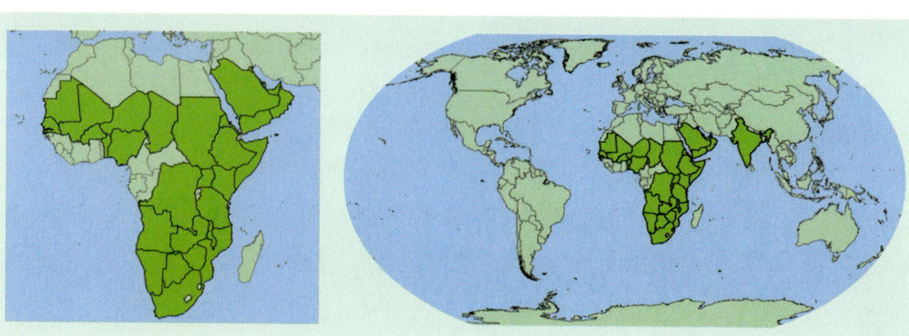

Grewia lasiodiscus

K. Schum. [1901]

Malvaceae

Arbre ou arbuste de 6 m; écorce ± crevassée. Feuilles alternes, de 6–10 x 3–6 cm, dentées. Fleurs jaunes de 10 mm arrangées en petits groupes axillaires. Fruit rouge brun, globuleux de 1.2 cm.

Noms locaux
Mooré: Somkondo

Utilisations
la fibre d'écorce est utilisée pour du cordage. La pulpe de fruit est comestible et peut s'utiliser pour des boissons fermentées.

Habitat
Savanes, assez rare. Floraison en début de saison des pluies.

Répartition géographique
Sénégal, Gambie, Guinée Bissau, Guinée, Mali, Burkina Faso, Cote d'Ivoire, Ghana, Nigeria.

Domaine biogeographique
Afrotropicale.

Categorie liste rouge D'UICN
Préoccupation mineure (LC), évalué ici sur la base de sa répartition et son habitat.

Poids des 1,000 graines = 116.19 g.

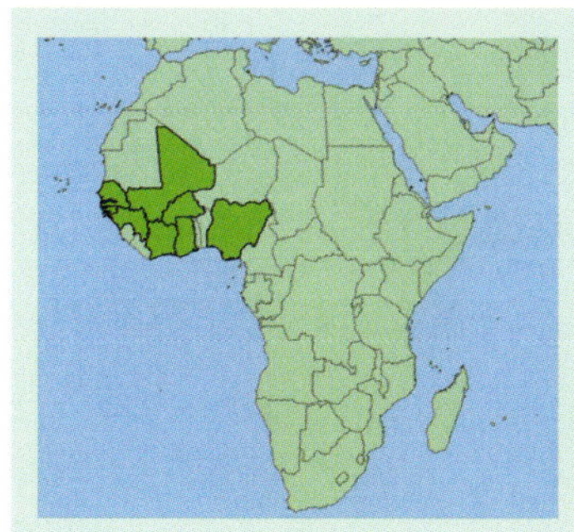

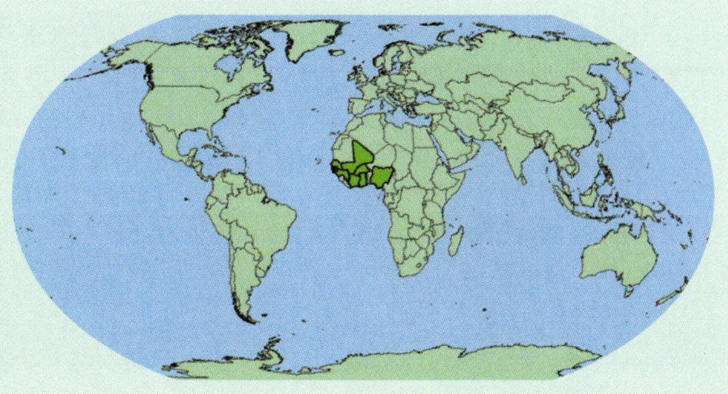

Grewia mollis

Malvaceae

Juss. [1804]

Synonyme *Grewia venusta*

Arbre ou arbuste de 4–8 m, écorce écailleuse. Feuilles alternes, de 3–15 x 2–6 cm, dentées. Fleurs jaunes de 10 mm en petits groupes axillaires. Fruit jaune, globuleux de 1 cm.

Noms locaux
Fulani: Kelli; **Mooré**: Munimuka; **Dioula**: nogonogofin; **Bambara**: nogonogofin

Utilisations
la fibre d'écorce s'utilise pour faire du cordage. Mucilage d'écorce est utilisé contre les ulcères, les blessures et les courbatures. Fleurs très attractives aux abeilles; la pulpe du fruit est mangée surtout par les enfants.

Habitat
Savanes. Floraison au saison sèche.

Répartition géographique
Sénégal, Guinée, Sierra Leone, Mali, Burkina Faso, Cote d'Ivoire, Ghana, Togo, Nigeria, Cameroun, Chad, République Centrafricaine, Congo-Kinshasa, Soudan, Erythrée, Ethiopie, Somalie, Ouganda, Rwanda, Burundi, Kenya, Tanzanie, Angola, Zambie, Arabie.

Domaine biogeographique
Afrotropicale.

Categorie liste rouge D'UICN
Préoccupation mineure (LC), évalué ici sur la base de sa répartition et son habitat.

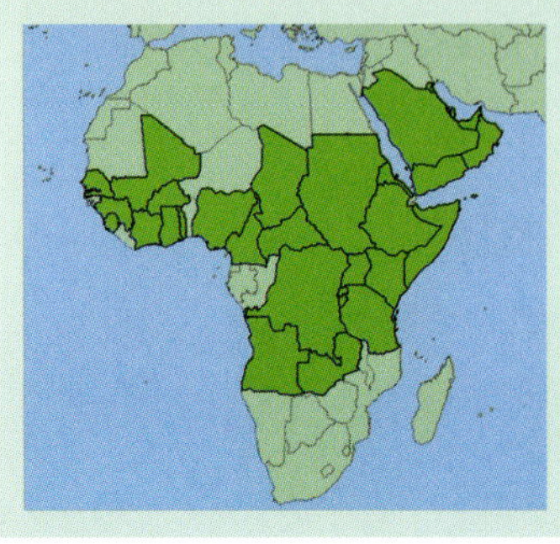

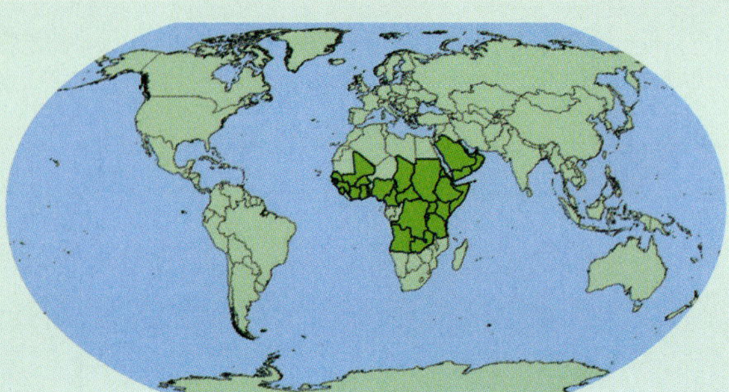

Ochna schweinfurthiana

Ochnaceae

F. Hoffm. [1889]

Arbuste et arbre de 3 m; couronne arrondie; écorce légèrement rugueuse. Feuilles alternes, étroitement allongées, de 5–17 x 2–7 cm, bords crénelés. Fleurs jaunes, de 1 cm de diamètre, en groupes axillaires. Fruit en globes, pourpre-noir de 7–10 mm de diamètre, au centre de 5 sépales roses.

Noms locaux
Mooré: Ti kwenga; **Dioula**: Manani; **Bambara**: Manani

Utilisations
bois utilisé pour fabriquer les manches de houe.

Habitat
Zones herbacées boisées, ou boisées, sur sols rocheux. Floraison avec ou sans fleurs dans la seconde moitie de la saison sèche.

Répartition géographique
Guinée, Mali, Burkina Faso, Cote d'Ivoire, Ghana, Togo, Nigeria, République Centrafricaine, Congo-Kinshasa, Soudan, Ethiopie, Ouganda, Rwanda, Burundi, Kenya, Tanzanie, Angola, Zambie, Malawi, Mozambique, Zimbabwe.

Domaine biogeographique
Afrotropicale.

Categorie liste rouge D'UICN
Préoccupation mineure (LC), évalué ici sur la base de sa répartition et son habitat.

Poids des 1,000 graines = 152.71 g.

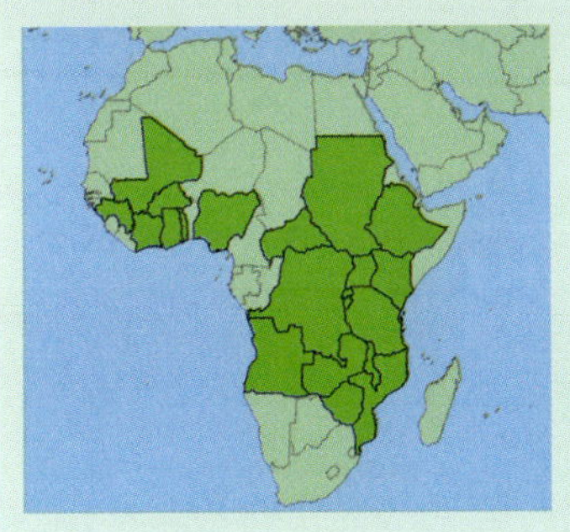

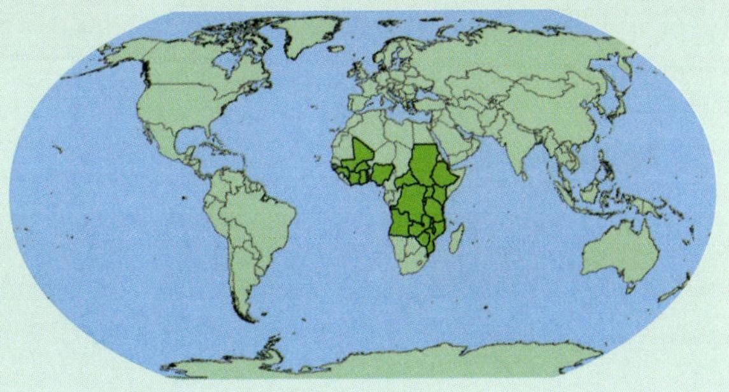

Shirakiopsis elliptica

Euphorbiaceae

(Hochst.) Esser [1845]

Synonyme *Sapium ellipticum*

Arbre ou arbuste jusqu' à 15 m; écorce lisse ou écailleuse. Feuilles alternes, de 4–18 x 1–8 cm, bord crénelé. Fleurs verdâtres de 3–5 mm, en épis axillaires de 12 cm. Fruit orange, ellipsoide et 2-lobée, de 1 cm.

Noms locaux

–

Utilisations

le bois n'est pas beaucoup utilisé.

Habitat

Forêts et galeries forestières. Floraison au début de la saison sèche.

Répartition géographique

Guinée, Sierra Leone, Liberia, Burkina Faso, Cote d'Ivoire, Ghana, Togo, Benin, Nigeria, Cameroun, Guinée Equatorial, République Centrafricaine, Gabon, Congo-Brazzaville, Congo-Kinshasa, Soudan, Ethiopie, Ouganda, Rwanda, Burundi, Kenya, Tanzanie, Angola, Zambie, Malawi, Mozambique, Zimbabwe, Afrique du Sud.

Domaine biogeographique

Afrotropicale.

Categorie liste rouge D'UICN

Préoccupation mineure (LC), évalué ici sur la base de sa répartition et son habitat.

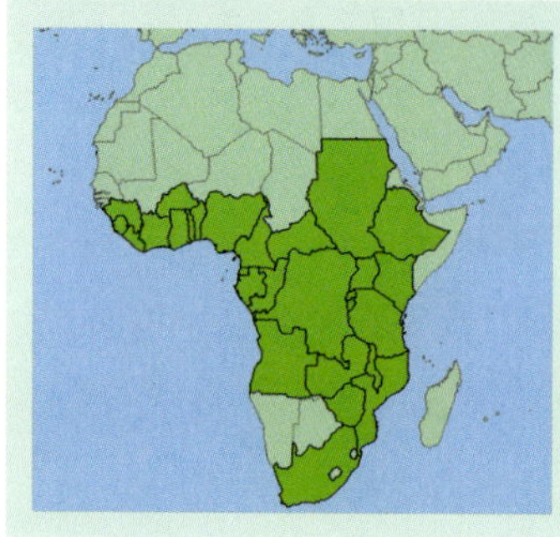

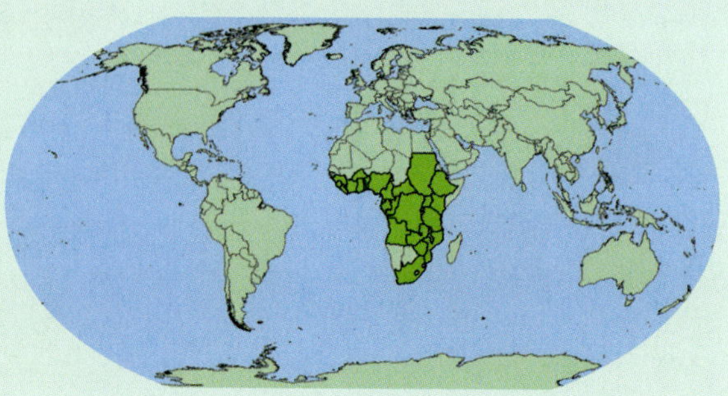

Trema orientalis

(L.) Blume [1753]

Cannabaceae

Arbre ou arbuste de 8 m; écorce ± lisse. Feuilles alternes, de 3–15 x 2–8 cm, crénelées. Fleurs (♀ et ♂ sur arbres séparés) vertes et blanches de 4 mm, en groupes axillaires de 2 cm. Fruit noir, globuleux ou ovoïde de 0.5 cm.

Noms locaux
Senoufo Burkina: kintouwol

Utilisations
l'espèce colonise les jachères abandonnées, et est un bon arbre d'ombre et pour la régénération de forêts. Bois dur et durable et résistant aux termites, s'utilise en construction. Fait du bon bois de feu et de charbon. L'écorce est utilisée en médecines contre les maux de poitrine.

Habitat
Savane, forêt, jachères, collines rocheuses; très commun. Floraison en fin de saison des pluies.

Répartition géographique
Sénégal, Gambie, Guinée Bissau, Guinée, Sierra Leone, Liberia, Mali, Burkina Faso, Cote d'Ivoire, Ghana, Togo, Benin, Nigeria, Cameroun, Guinée Equatorial, Chad, République Centrafricaine, Gabon, Congo-Brazzaville, Congo-Kinshasa, Soudan, Erythrée, Ethiopie, Somalie, Ouganda, Rwanda, Burundi, Kenya, Tanzanie, Angola, Zambie, Malawi, Mozambique, Zimbabwe, Namibie, Swaziland, Afrique du Sud, Madagascar, Arabie, Inde, Népal, Sri Lanka, Bangladesh, Chine, Laos, Burma, Cambodge, Viêt-Nam, Malaysie, Japon, Philippines, Indonésie, Australie, Hawaii.

Domaine biogeographique
Afrotropicale, Indo-Maléenne, Austalasienne, Océanique.

Categorie liste rouge D'UICN
Préoccupation mineure (LC), évalué ici sur la base de sa répartition et son habitat.

Les graines à statut de conservation Incertain. Poids des 1,000 graines = 5.35 g.

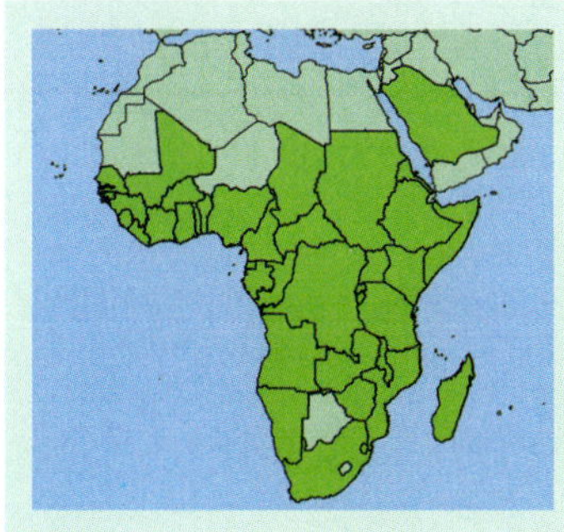

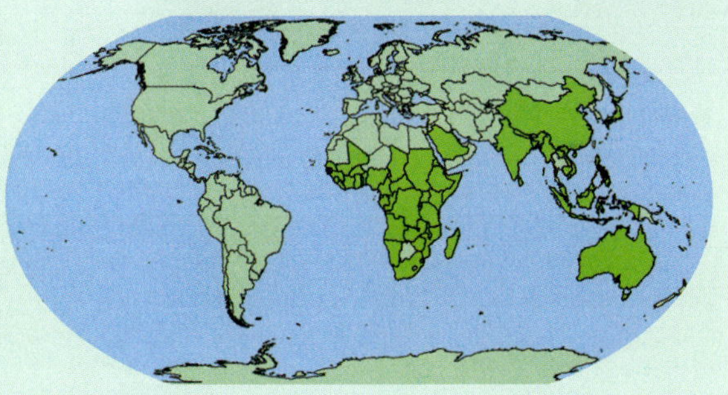

Groupe F – Feuilles lobées, mais non divisées en folioles séparées

F1	Feuilles 2-lobées; nervures basales seulement	F2
	Feuilles avec 3–11 lobes; nervures basales et des nervures secondaires en haut	F3
F2	Rameaux glabres, presque épineuses; feuilles de 1–3 x 1–3 cm	*Bauhinia* p191
	Rameaux pubescentes; feuilles de 7–15 x 8–10 cm	*Piliostigma* p195-196
F3	Ecorce fissurée, rugueuse, écailleuse ou crevassée; poils stéllés	F4
	Ecorce lisse; poils simples ou absentes	F6
F4	Pétiole dilaté en haut, de 100–250 mm de long	*Cola* (voir p133-134)
	Pétiole étroit en haut, de 35–150 mm de long	F5
F5	Feuilles aux lobes à bords dentés	*Dombeya* (voir p183)
	Feuilles aux lobes à bords entiers	*Sterculia* p198
F6	Latex dans toutes les parties	F7
	Latex pas présent	F8
F7	Latex translucide à brun; feuilles de 10–20 x 10–15 cm	*Jatropha* p194
	Latex blanc; feuilles de 30–50 x 30–50 cm	*Carica* p192
F8	Rameaux pubescents; feuilles de 6–17 x 10–17 cm	*Gyrocarpus* p193
	Rameaux glabres; feuilles de 25–50 x 25–50 cm	*Ricinus* p197

Bauhinia rufescens

Lam. [1788]

Leguminosae/Fabaceae

Arbre ou arbuste de 5 m; écorce ± lisse à écailleuse; rameaux terminant en pointes épineuses. Feuilles alternes, profondément bi-lobées, de 1–2 x 1–2.5 cm. Fleurs blanches de 1 cm en groupes terminaux de 5 cm. Fruit brun sombre de 10 cm, aplati, contournée en spirale.

Plus d'informations sur la p. 38

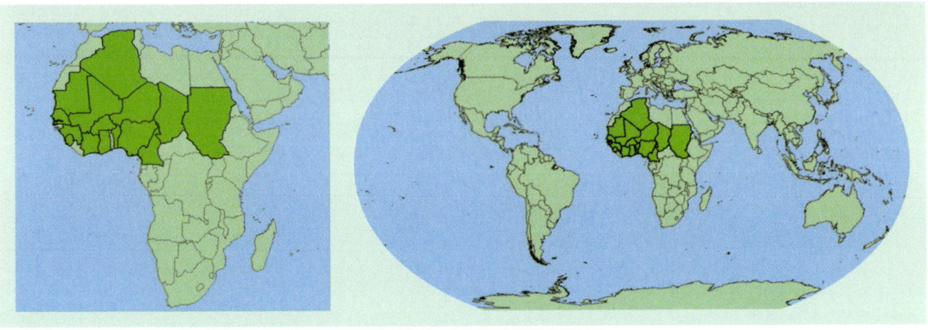

Carica papaya

L. [1753]

Caricaceae

Petit arbre de 4–6 m, avec de latex blanc dans toutes les parties. Feuilles alternes, 5–7-lobées, de 30–50 x 30–50 cm, avec un pétiole jusqu'à 1 m de long. Fleurs blanches, crèmes, de 5 cm, à l'aisselle des feuilles. Fruit, la papaye, est ovoïde, vert, et de taille variable.

Noms locaux
Le papayer

Utilisations
fruit comestible.

Habitat
Originaire de l'Amérique tropicale, cultivé aux villages. Floraison toute l'année.

Répartition géographique
pantropicalee.

Domaine biogeographique
Néotropicale.

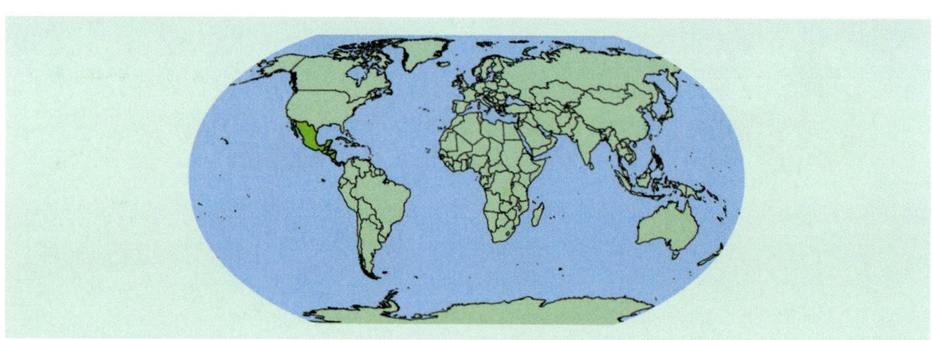

Gyrocarpus americanus

Jacq. [1763]

Hernandiaceae

Arbre de 8 m; écorce lisse devenant écailleuse. Feuilles alternes, 3–7-palmatilobées, de 6–16 x 10–17 cm. Fleurs vert-jaunes de 2 mm en groupes terminaux de 10 cm. Fruit brun, ovoïde, de 1 cm.

Noms locaux

–

Utilisations

pas documentée au Burkina.

Habitat

Collines rocheuses en savane. Floraison en fin de saison sèche.

Répartition géographique

Mali, Burkina Faso, Erythrée, Kenya, Tanzanie, Angola, Zambie, Malawi, Mozambique, Zimbabwe, Namibie, Botswana, Afrique du Sud, Madagascar, Inde, Nouvelle Calédonie, Vanuatu, Amérique du Sud (Colombie, Venezuela), Costa Rica, El Salvador, Guatemala, Honduras, Mexique, Nicaragua.

Domaine biogeographique

Afrotropicale, Indo-Maléenne, Océanique, Néotropicale.

Categorie liste rouge D'UICN

Préoccupation mineure (LC), évalué ici sur la base de sa répartition et son habitat.

Les graines sont probablement Orthodoxes. Poids des 1,000 graines = 287.51 g.

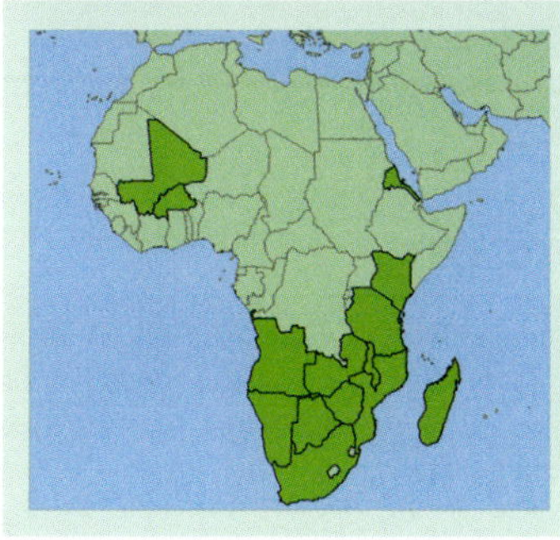

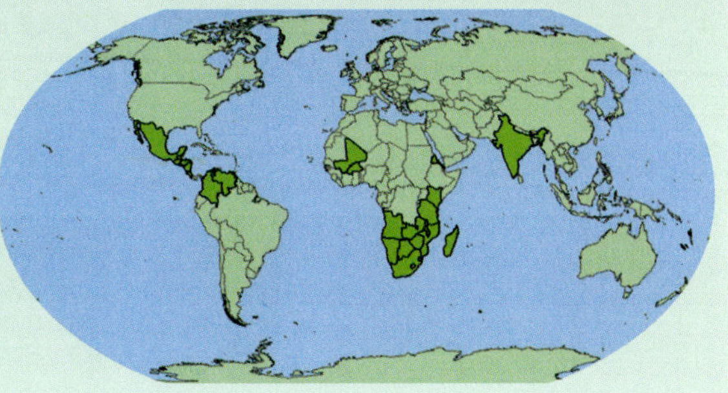

Jatropha curcas

L. [1753]

Euphorbiaceae

Arbuste ou petit arbre de 6 m avec des branches épaisses; écorce lisse. Feuilles à base cordée, souvent en 5 lobes, de dimensions 7–14 x 7–14 cm. Fleurs jaunâtre-verts, de 2–5 mm, en groupes terminaux. Fruit noir, ellipsoide de 2.5 cm de long.

Noms locaux
Mooré: wan-bin-bang-ma; **Dioula**: bagani; **Bambara**: bagani

Utilisations
plante toxique, utilisée en médicine. Plantée comme haie, facile à bouturer. Populaire avec les abeilles. L'huile de la graine est un purgatif, et s'utilise comme bio-carburant.

Habitat
Cultivé et souvent naturalisé. Floraison en saison sèche, avec les jeunes feuilles.

Répartition géographique
Originalement des Amériques.

Domaine biogeographique
Néotropicale.

Les graines sont Orthodoxes et germent à 100% sans prétraitement à 25°C. Poids des 1,000 graines = 520.63 g.

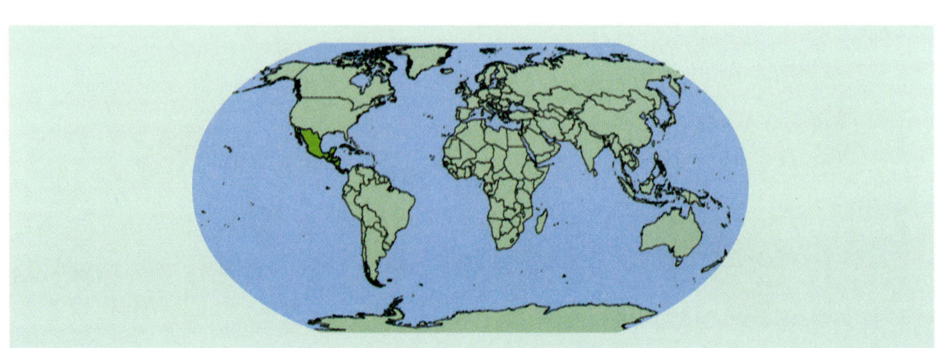

Piliostigma reticulatum

Leguminosae/Fabaceae

(DC.) Hochst. [1825]

Arbre de 10 m; écorce lisse ou légèrement crévassée. Feuilles alternes, 2-lobées, de 5–8 x 5–11 cm. Fleurs blanches de 2,5 cm en groupes axillaires ou terminaux de 15 cm. Fruit brun, aplati et allongé, de 15–30 x 3–5 cm.

Noms locaux
Bobo: Tiebe; **Dagaari:** Banya; **Dioula**: Nama iri; **Fulani**: Mécorceeehe; **Mooré**: Baghen; **Bambara**: nyamcè; **Senufo Burkina**: tjobowqng

Utilisations
bien broutée par les bovins; elle améliore les sols; bois solide, mais utilisé avec différentes dimensions; infusion de feuilles utilisée pour bain de nouveau-nés; fruit comestible, et utilisé contre la toux et les maux de tête.

Habitat
Sahel, mares et cours d'eau temporaires. Floraison en saison sèche.

Répartition géographique
Mauritanie, Sénégal, Gambie, Mali, Burkina Faso, Niger, Nigeria, Cameroun, Chad, Soudan.

Domaine biogeographique
Afrotropicale.

Categorie liste rouge D'UICN
Préoccupation mineure (LC), évalué ici sur la base de sa répartition et son habitat.

Les graines se scarifient sur les téguments avant germination à 100% à 25°C. Poids des 1,000 graines = 102.41 g.

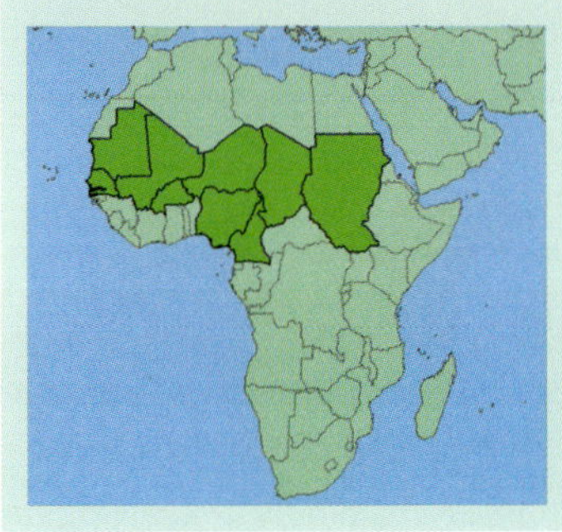

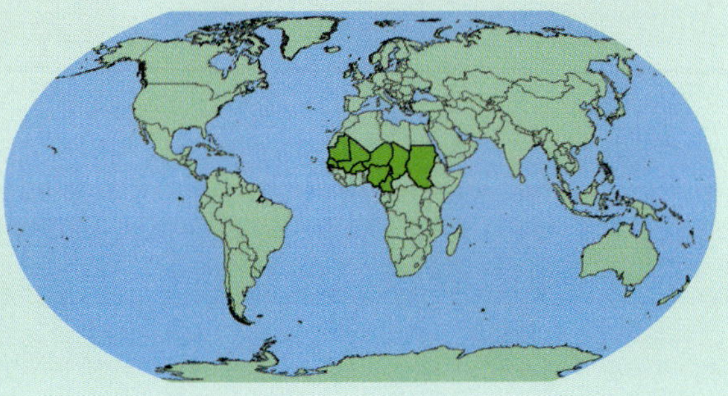

Piliostigma thonningii

(Schum.) Milne-Redhead [1827]

Leguminosae/Fabaceae

Arbre de 8 m; écorce crévassée. Feuilles alternes, 2-lobées, de dimensions 8–16 x 10–18 cm. Fleurs crème de 3 cm en groupes axillaires ou terminaux de 25 cm. Fruit brun, aplati et allongé, de 15–30 x 3–5 cm.

Noms locaux

Fulani: Mécorceeehi; **Moore:** Barandé/Baranga; **Bobo:** Tebe; **Dioula**: Nyamaba, nyamamuso; **Bambara**: Nyamaba, nyamamuso

Utilisations

un colonisateur des terres abandonnées; bois dur utilisé pour charpente, manches d'outils; rameaux utilisés comme cure-dents; fibre d'écorce utilisée pour tissage et comme corde, écorce contient du tannin et est utilisée pour faire la teinture rouge.

Habitat

Savane, abondant sur jachères. Floraison en saison sèche et au début de saison des pluies.

Répartition géographique

Sénégal, Guinée Bissau, Sierra Leone, Mali, Burkina Faso, Cote d'Ivoire, Ghana, Togo, Nigeria, Cameroun, Chad, République Centrafricaine, Congo-Brazzaville, Congo-Kinshasa, Soudan, Erythrée, Ethiopie, Ouganda, Kenya, Tanzanie, Angola, Zambie, Malawi, Mozambique, Zimbabwe, Namibie, Botswana, Afrique du Sud.

Domaine biogeographique

Afrotropicale.

Categorie liste rouge D'UICN

Préoccupation mineure (LC), évalué ici sur la base de sa répartition et son habitat.

Les graines sont Orthodoxes. Poids des 1,000 graines = 121.87 g.

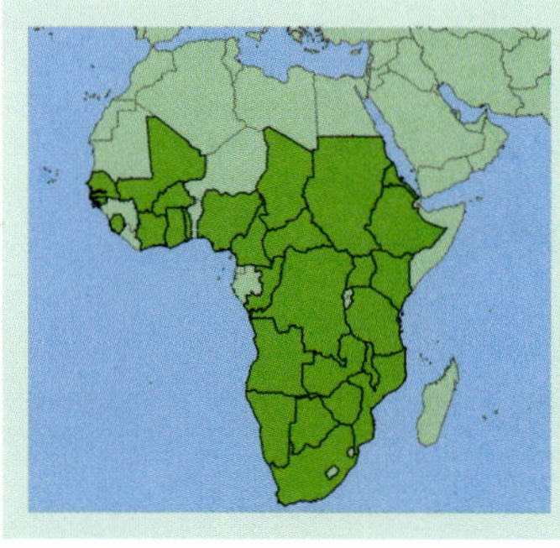

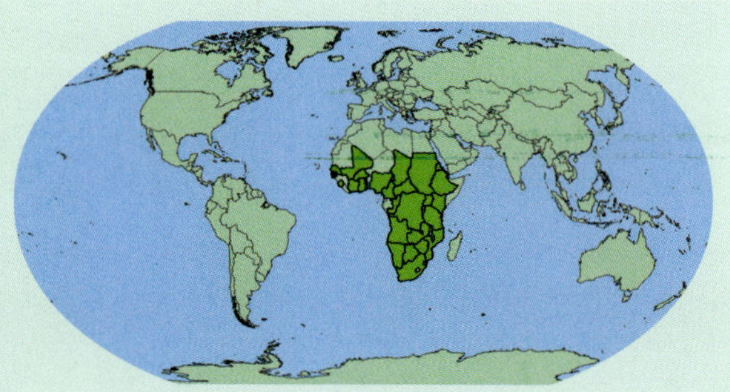

Ricinus communis

Euphorbiaceae

L. [1753]

Herbe, arbuste et quelquefois arbre de 3–5 m; tronc creux. Feuilles alternes, de 7–30 x 2–8 cm (parfois beaucoup plus) avec 7–9-lobes à bordure glandulaire. Fleurs rouges ou pourpres, de 5–8 mm, en groupes terminaux longs de 10–30 cm. Fruit 3-lobé de 1–2 cm de travers.

Noms locaux
Dioula: tomotigui

Utilisations
il existe presque toujours semi-cultivé; s'utilise dans une large gamme médicinale contre les fièvres, varicose de veines, pneumonie, A NOTER que les graines sont très poisonneuses, mais l'huile en extraite après broyage avec précaution est largement utilisée comme purgatif; c'est aussi un bon lubrifiant pour machine, en production de peinture, pour traitement de bois contre les insectes ravageurs.

Habitat
Cultivé et naturalisé, très commun. Floraison en saison sèche et en saison des pluies.

Domaine biogeographique
Afrotropicale.

Categorie liste rouge D'UICN
probablement originaire de l'Afrique NE, naturalisé dans notre pays.

Les graines sont Orthodoxes et se scarifient sur les téguments avant germination à 95% à 33/19°C. Poids des 1,000 graines = 306 g.

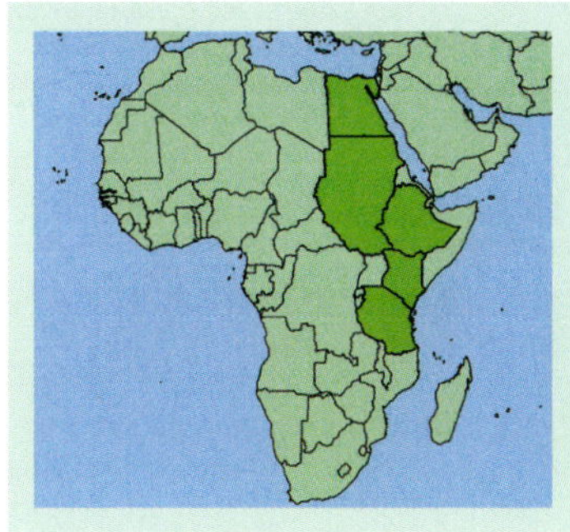

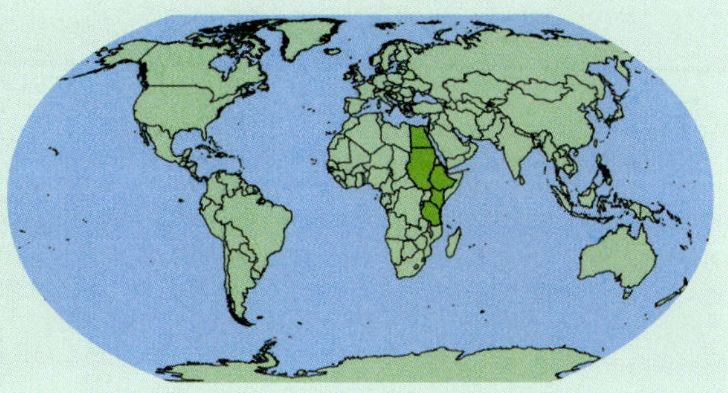

Sterculia setigera

Delile [1826]

Malvaceae

Arbre de 12 m. Feuilles alternes, avec 3–5 lobes, de 8–17 x 8–17 cm, cordées. Fleurs crèmes et rouges de 12 mm (♀ et ♂ sur arbres séparés) en groupes axillaires de 8 cm. Fruit de 10 cm organisé en sous-fruits obovoïdes bruns en 3–5, s'ouvrant pour exposer des graines noires.

Noms locaux
Mooré: Putermuka, Possomporga; **Dioula**: Kongo sira; **Peul**: Bobori; **Bambara**: kungosiranin

Utilisations
fibre d'écorce utilisée pour le cordage. La gomme d'écorce s'utilise contre la toux; la décoction d'écorce est utilisée contre les douleurs d'articulations, la lèpre et la fièvre jaune.

Habitat
Savanes, sur sols rocheux. Floraison en saison sèche.

Répartition géographique
Sénégal, Gambie, Guinée Bissau, Guinée, Mali, Burkina Faso, Cote d'Ivoire, Ghana, Togo, Benin, Nigeria, Cameroun, Chad, République Centrafricaine, Congo-Kinshasa, Soudan, Erythrée, Djibouti, Ethiopie, Ouganda, Tanzanie, Angola.

Domaine biogeographique
Afrotropicale.

Categorie liste rouge D'UICN
Préoccupation mineure (LC), évalué ici sur la base de sa répartition et son habitat.

Les graines sont scarifiées sur les téguments avant germination à 80% à 26°C. Poids des 1,000 graines = 603.27 g.

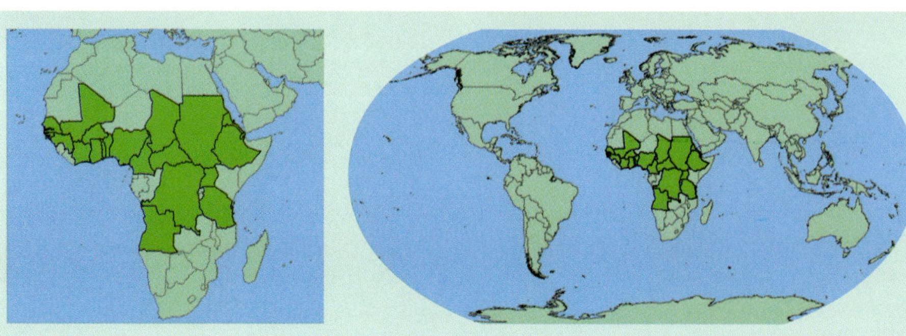

Groupe G – Feuilles digitées avec 3–7 folioles, ou trifoliées

G1 Feuilles avec 5–10 folioles G2

Feuilles avec 3 folioles G3

G2 Ecorce lisse; le baobab, à tronc très large .... *Adansonia* p200

Ecorce crevassée; arbre à tronc cylindrique.......................... *Cussonia* p203

G3 Branches et feuilles glabres; folioles aux bords entiers .... *Crataeva* p202

Branches et feuilles pubescentes; folioles aux bords dentés............. *Allophylus* p201

Adansonia digitata

L. [1753]

Malvaceae

Arbre de 15 m avec un très large tronc; à écorce lisse. Feuilles alternes, digitées avec 5–7 folioles, chaque 5–17 x 2–7 cm. Fleurs blanches solitaires de 20 cm, pendant sur une tige de 80 cm. Fruit brun, ellipsoide de 40 x 15 cm.

Noms locaux
Mooré: Tohèga; **Dioula**: Sira yiri; **Bambara**: nsira, sira; **Francais**: baobab

Utilisations
souvent épargné lors des défrichements pour l'agriculture, et à cause de ses multiples usages. La fibre d'écorce est utilisée pour la corde, ou corde d'instruments de musique, filets de pêche et paniers. L'écorce elle-même s'utilise médicalement. Les feuilles (entières ou pilées en poudre) sont utilisées dans les sauces. La pulpe de fruit est pleine de vitamine B et C et est mangée crue ou utilisée en cuisine.

Habitat
Savane, souvent planté aussi. Floraison en fin de sèche.

Répartition géographique
Mauritanie, Cape Vert, Sénégal, Guinée, Sierra Leone, Mali, Burkina Faso, Cote d'Ivoire, Ghana, Togo, Benin, Niger, Nigeria, Cameroun, Chad, République Centrafricaine, Congo-Brazzaville, Congo-Kinshasa, Soudan, Erythrée, Ethiopie, Somalie, Kenya, Tanzanie, Angola, Zambie, Malawi, Mozambique, Zimbabwe, Namibie, Botswana, Afrique du Sud, Yemen, Oman.

Domaine biogeographique
Afrotropicale.

Categorie liste rouge D'UICN
Préoccupation mineure (LC), évalué ici sur la base de sa répartition et son habitat.

Les graines sont Orthodoxes et se scarifient sur les téguments avant germination à 80% à 26°C. Poids des 1,000 graines = 400 g.

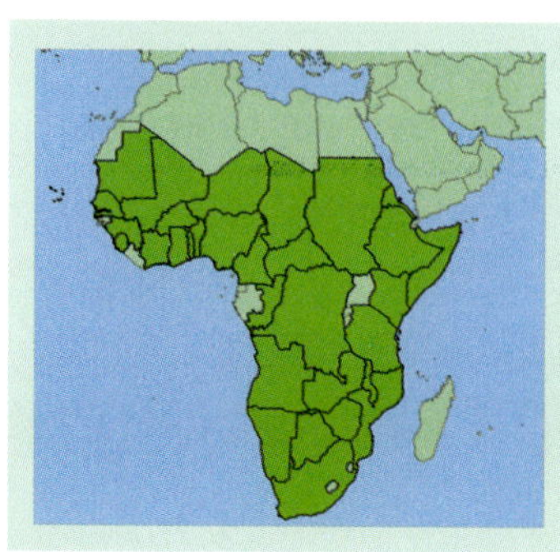

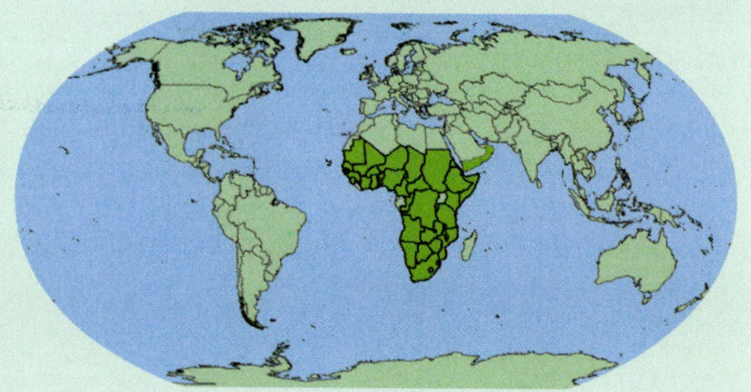

Allophylus africanus

Sapindaceae

P. Beauv. [1819]

Synonyme *Allophylus cobbe* de Geerling

Arbre ou arbuste de 4 m; à écorce lisse. Feuilles alternes, 3-folioles, chacune de 2–15 x 1–7 cm de long, à bord crénelé. Fleurs blanches de 2 mm, en groupes axillaires et terminales de 15 cm. Fruit rouge, globuleux de 0.8 cm.

Noms locaux
Mooré: Dandga; **Senoufo Burkina:** Bhan

Utilisations
sert à faire du bon bois de feu et du charbon. Les rameaux s'utilisent comme cure-dents. Les feuilles écrasées ont une forte odeur qui s'inhalent contre les maux de têtes. Les fleurs attirent les abeilles.

Habitat
Forêt, galeries forestières, collines rocheuses. Floraison au début de saison des pluies.

Répartition géographique
Sénégal, Gambie, Guinée Bissau, Guinée, Sierra Leone, Liberia, Mali, Burkina Faso, Cote d'Ivoire, Ghana, Togo, Benin, Nigeria, Cameroun, Gabon, Guinée Equatorial, République Centrafricaine, Congo-Kinshasa, Soudan, Ethiopie, Somalie, Ouganda, Rwanda, Burundi, Kenya, Tanzanie, Angola, Zambie, Malawi, Mozambique, Zimbabwe, Namibie, Botswana, Afrique du Sud.

Domaine biogeographique
Afrotropicale.

Categorie liste rouge D'UICN
Préoccupation mineure (LC), évalué ici sur la base de sa répartition et son habitat.

Poids des 1,000 graines = 56.13 g.

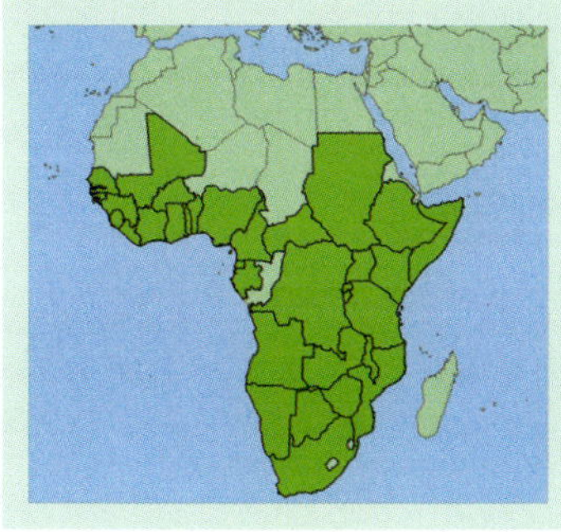

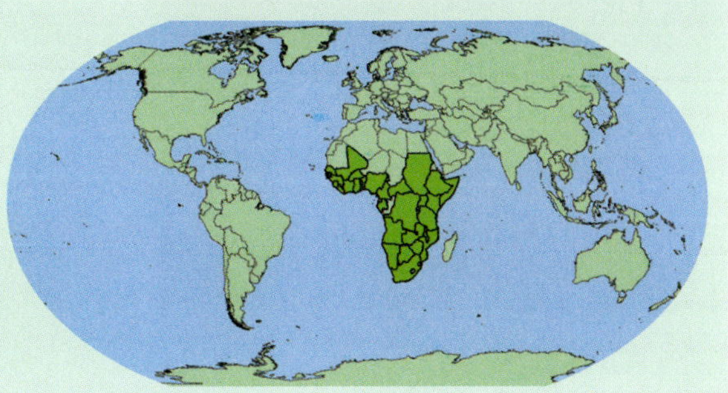

Crataeva adansonii

Capparaceae

DC. [1824]

Arbuste ou arbre jusqu'à 6 m; écorce lisse. Feuilles alternes, 3-foliolées, folioles de 3–13 x 1–5 cm. Fleurs jaune pale de 30 mm de large, organisées en groupes de 7 cm de long. Fruit jaunâtre globuleux, de 4–8 cm de diamètre.

Noms locaux

Mooré: Kalguem-tohèga; **Dioula**: Gangolo; **Peul**: naiko, danta koulagué; **Bambara**: Gangolo; **Senoufo Burkina**: Soliguing

Utilisations

feuilles utilisées en cuisine. Ecorce utilisée contre les troubles d'estomac.

Habitat

Stations humides. Floraison juste avant la saison des pluies, et aussi avant l'apparition des feuilles.

Répartition géographique

Algérie, Libye, Sénégal, Gambie, Guinée, Mali, Burkina Faso, Ghana, Niger, Nigeria, Cameroun, Chad, Soudan, Erythrée, Ethiopie, Congo-Kinshasa, Ouganda, Rwanda, Kenya, Tanzanie, Zambie.

Domaine biogeographique

Afrotropicale, Paléarctique.

Categorie liste rouge D'UICN

Préoccupation mineure (LC), évalué ici sur la base de sa répartition et son habitat.

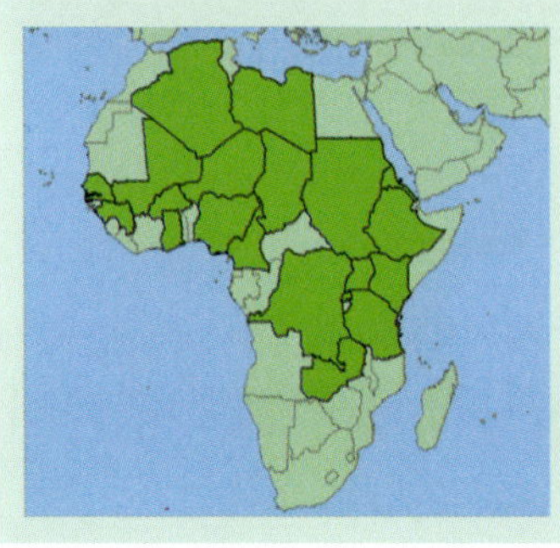

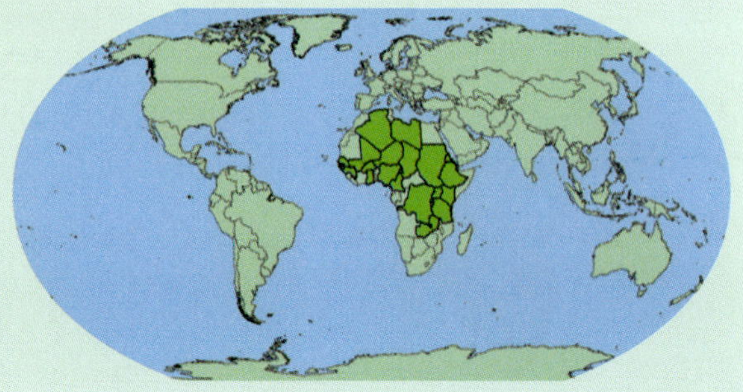

Cussonia arborea

Araliaceae

A. Rich. [1847]

Arbre de 10 m; écorce crevassée. Feuilles alternes, digitées avec 5–9 folioles ou 5–9-lobées, chacune de 7–26 x 3–16 cm, entières ou dentées. Fleurs jaune vert de 3 millimètres, groupées en épis terminaux. Fruit blanchâtre ou vert, globuleux, de 8 mm.

Noms locaux
Dioula: bolokuru; **Bambara**: bolokuru

Utilisations
bois mou et effritant. La poudre d'écorce est utilisée contre les courbatures; les rameaux feuilles sont utilisées dans des cérémonies contre la fièvre jaune et la maladie du sommeil.

Habitat
Savane. Floraison en saison sèche, avant les feuilles.

Répartition géographique
Sénégal, Guinée, Sierra Leone, Mali, Burkina Faso, Cote d'Ivoire, Ghana, Togo, Benin, Nigeria, Cameroun, République Centrafricaine, Congo-Kinshasa, Soudan, Ethiopie, Ouganda, Rwanda, Burundi, Kenya, Tanzanie, ?Angola, Zambie, Malawi, Mozambique, Zimbabwe.

Domaine biogeographique
Afrotropicale.

Categorie liste rouge D'UICN
Préoccupation mineure (LC), évalué ici sur la base de sa répartition et son habitat.

Poids des 1,000 graines = 7.91 g.

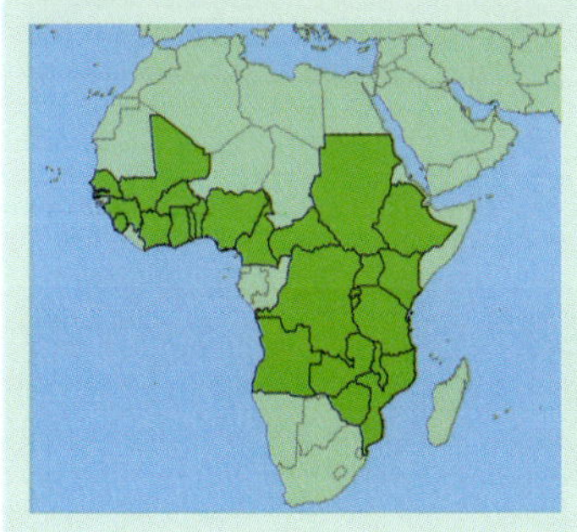

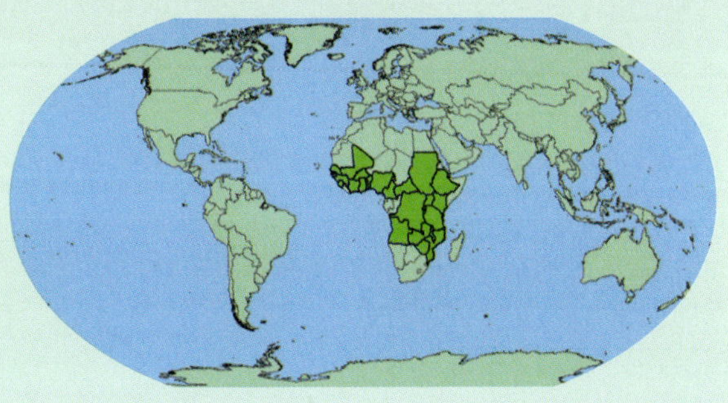

Groupe H – Feuilles bipennées

H1 Pinnules branchées à la base – feuilles tripennées, avec pinnule terminale . . . . . *Moringa* p215

Pinnules strictement simples; feuilles sans pinnule terminale H2

H2 Folioles alternes H3

Folioles opposées H4

H3 Rameaux et folioles glabres . . . . . *Amblygonocarpus* p209

Rameaux et jeunes folioles pubescentes . . . . . *Burkea* p210

H4 Pétiole sans glandes H5

Pétiole avec glande crateriforme près de la base, ou entre chaque paire de pinnules, et souvent avec de petites glandes entre les dernières paires de pinnules H6

H5 Ecorce lisse; fleurs rouges et grandes (le flamboyant); ruits des gousses ligneuses . . . . . *Delonix* p211

Ecorce crévassée ou fissurée et écailleuse; fleurs crèmes et petites; fruits des gousses membraneuses . . . . . *Entada* p212-213

H6 Glandes entre chaque paire de pinnules, mais sans glandes sur le pétiole H7

Glandes grandes sur le pétiole propre, et glandes plus petites entre quelques paires des pinnules H8

H7 Ecorce lisse; pinnules en 4–7 paires; folioles en 10–20 paires, de 8–15 x 2–3 mm . . . . . *Leucaena* p214

Ecorce crévassée; pinnules en 2–4 paires; folioles en 6–12 paires, de 15–20 x 5–8 mm . . . . . *Prosopis* p217

H8 Pinnules en 2–15 paires; folioles en 3–20 paires, de 3–90 x 1–50 mm . . . . . *Albizia* p205-208

Pinnules en 10–30 paires; folioles en 14–65 paires, de 12–18 x 3–5 mm . . . . . *Parkia* p216

Albizia chevalieri

Harms [1907]

Leguminosae/Fabaceae

Arbre ou arbuste de 6 m; écorce crévassée, subéreuse. Feuilles alternes, bipennées, avec 6–15 paires de pinnules, chacune avec 7–25 paires de folioles de 5–13 x 1–4 mm. Petites fleurs blanches en groupes axillaires ou terminaux à têtes de 2.5 cm. Fruit brun, plat-allongé, de 15 x 2.5 cm.

Noms locaux
Moore: Dosendonga, ronsdonga

Utilisations
pas documenté au Burkina.

Habitat
Savane; peu commun. Floraison en saison sèche.

Répartition géographique
Sénégal, Mali, Burkina Faso, Ghana, Togo, Benin, Niger, Nigeria, Chad, République Centrafricaine.

Domaine biogeographique
Afrotropicale.

Categorie liste rouge D'UICN
Préoccupation mineure (LC), évalué ici sur la base de sa répartition et son habitat.

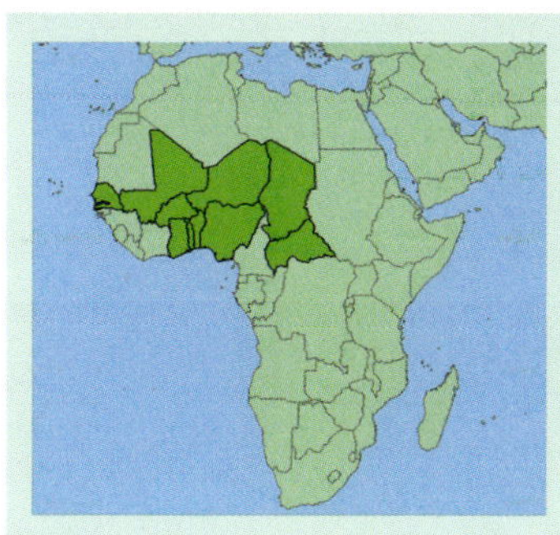

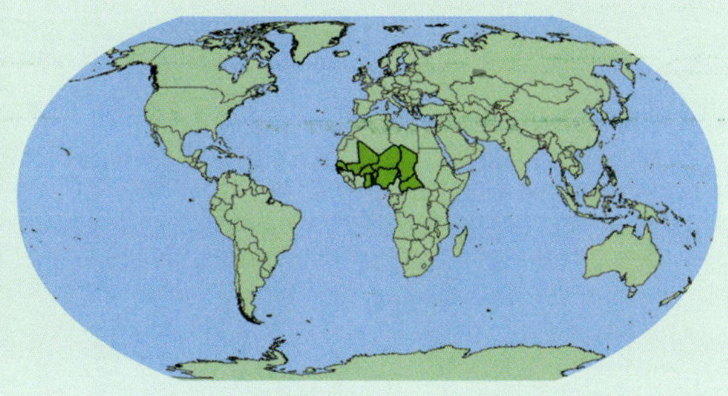

Albizia lebbeck

(L.) Benth. [1753]

Leguminosae/Fabaceae

Arbre de 8–15 m, écorce lisse. Feuilles alternes, bipennées, avec 1–5 paires de pinnules, chaque avec 3–10 paires de folioles de 2–5 x 1–2.5 cm. Petites fleurs blanches en groupes axillaires ou terminaux à têtes de 7 cm. Fruit brun, plat-allongé, de 33 x 6 cm.

Noms locaux
Français: Albizia

Utilisations
souvent plantée comme arbre d'ombrage et dans la reforestation pour réduire l'érosion et améliorer le sol. Bon fourrage pour animaux.

Habitat
Plantée dans villages et villes. Floraison en saison sèche.

Répartition géographique
Originaire de l'Inde, maintenant pantropicale.

Domaine biogeographique
Indo-Maléenne.

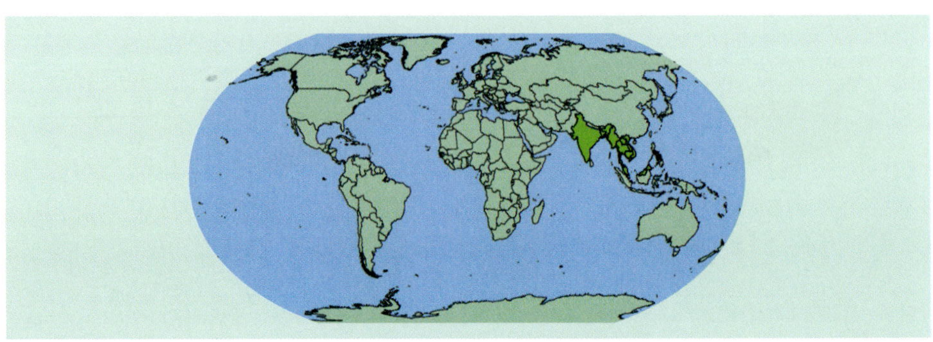

Albizia malacophylla

(A. Rich.) Walp. [1847]

Leguminosae/Fabaceae

Arbre de 15 m; écorce crévassée. Feuilles alternes, bipennées, avec 3–10 paires de pinnules, chacune avec 6–15 paires de folioles de 1–4 x 0.5–2.5 cm. Petites fleurs blanches de 6 mm, en groupes axillaires de têtes de 3 cm. Fruit brun, plat-allongé, de 20 x 4 cm.

Noms locaux

–

Utilisations

–

Habitat

Savane, galeries forestières. Floraison en saison sèche.

Répartition géographique

Sénégal, Mali, Burkina Faso, Cote d'Ivoire, Nigeria, Cameroun, Chad, République Centrafricaine, Soudan, Erythrée, Ethiopie, Ouganda, Kenya.

Domaine biogeographique

Afrotropicale.

Categorie liste rouge D'UICN

Préoccupation mineure (LC), évalué ici sur la base de sa répartition et son habitat.

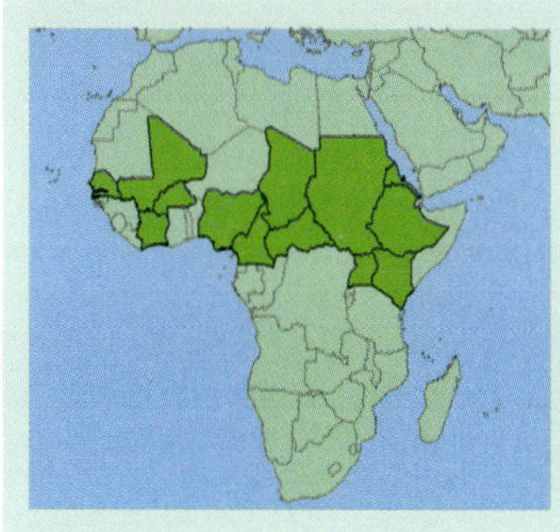

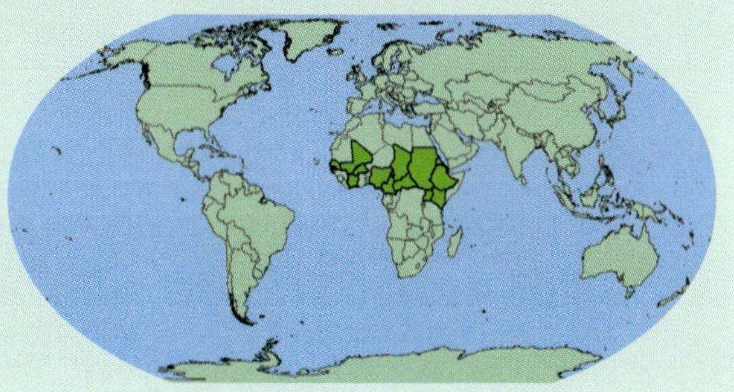

Albizia zygia

(DC.) J.F. MacBr. [1825]

Leguminosae/Fabaceae

Arbre de 15 m; écorce lisse ou crévassée. Feuilles alternes, bipennées, avec 2–4 paires de pinnules, chaque avec 2–5 paires de folioles de 1.5–9 x 1–5 cm. Petites fleurs blanches de 9 mm en groupes axillaires ou terminaux de têtes de 3.5 cm. Fruit brun, plat-allongé, de 20 x 3.5 cm.

Noms locaux
Senufo: Dekan

Utilisations
bon arbre d'ombrage. Bois très dur et utilisé en menuiserie, construction de maison, fabrication de portes et de pilons; fait du bon charbon. Jeunes feuilles utilisées en cuisine; feuilles utilisées contre la diarrhée.

Habitat
Savane, galeries forestières, forêts. Floraison en fin de saison sèche.

Photo Forrest & Kim Starr

Répartition géographique
Sénégal, Guinée Bissau, Guinée, Sierra Leone, Liberia, Mali, Burkina Faso, Cote d'Ivoire, Ghana, Togo, Nigeria, Cameroun, Guinée Equatorial, Chad, République Centrafricaine, Gabon, Congo-Brazzaville, Congo-Kinshasa, Soudan, Ouganda, Rwanda, Burundi, Kenya, Tanzanie, Angola (Cabinda).

Domaine biogeographique
Afrotropicale.

Categorie liste rouge D'UICN
Préoccupation mineure (LC), évalué ici sur la base de sa répartition et son habitat.

Les graines sont Orthodoxes.

Photo Forrest & Kim Starr

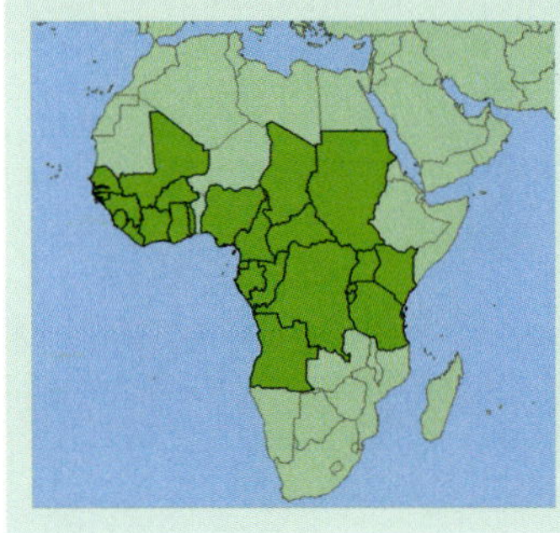

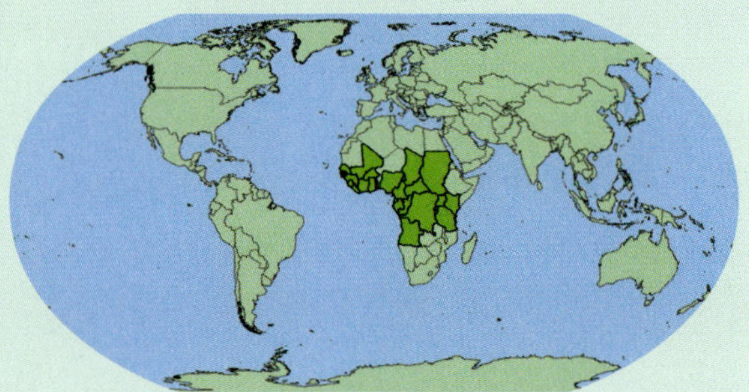

Amblygonocarpus andongensis

(Oliv.) Exell & Torre [1871]

Leguminosae/ Fabaceae

Arbre de 20 m; écorce crévassée, écailleuse. Feuilles alternes, bipennées, avec 2–4 paires de pinnules, chaque avec 6–20 paires de folioles de 2.5 x 1.5 cm. Fleurs jaunâtres de 5 mm, en épis de 5–15 cm. Fruit ligneux de 15 cm de long, 4-angles, et de 2 cm de large.

Noms locaux
–

Utilisations
bois très dur et difficile à travailler, mais utilisé en joinerie.

Habitat
Savane; assez rare. Floraison en saison?

Répartition géographique
Burkina Faso, Ghana, Nigeria, Cameroun, Chad, République centrafricaine, Congo-Kinshasa, Soudan, Ouganda, Tanzanie, Angola, Zambie, Malawi, Mozambique, Zimbabwe, Namibie.

Domaine biogeographique
Afrotropicale.

Categorie liste rouge D'UICN
Préoccupation mineure (LC), évalué ici sur la base de sa répartition et son habitat.

Les graines germent à 90% après scarification, à la température de 26°C. Poids des 1,000 graines = 500 g.

Photo B. T. Wursten

Photo B. T. Wursten

Photo B. T. Wursten

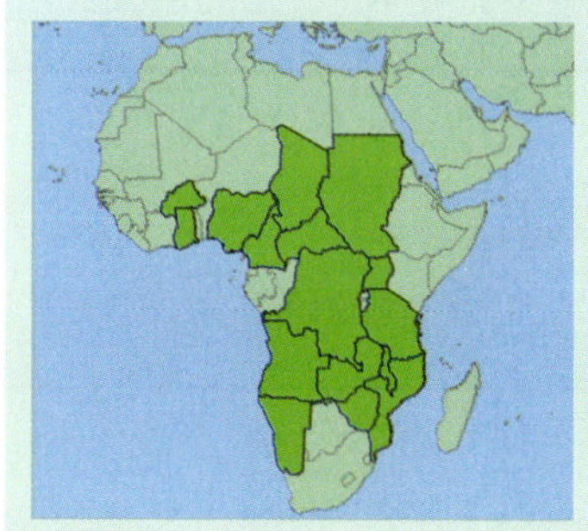

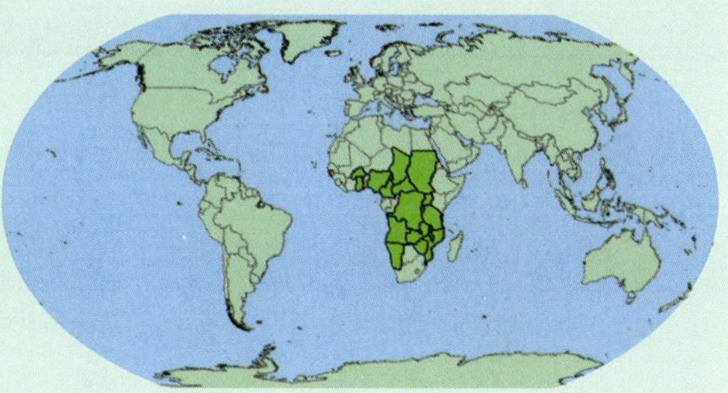

Burkea africana

Hook. [1843]

Leguminosae/Fabaceae

Arbre de 4–12 m; écorce crévassée. Feuilles alternes, bipennées avec 2–5 paires of pinnules et 6–18 folioles par pinnule, chacune de 2–5 x 1–3.5 cm. Fleurs blanches à crèmes de 6 mm, en touffes d'épis terminales. Fruit brun, plat, ellipsoide de 4–6 x 2–3 cm.

Noms locaux

Mooré: Kasi sané; **Dioula**: Siriwessé; **Peul**: jororkijigahi; **Bambara**: Siri

Utilisations

solide bois de construction. Rameaux utilisés comme cure-dents. L'écorce est utilisée pour piéger les poissons; écorce et feuilles sont toxiques aux bétails. Feuilles sont utilisées en médecines contre les fièvres.

Habitat

Savane; commun. Floraison en fin de sèche, avec les jeunes feuilles.

Répartition géographique

Sénégal, Guinée, Mali, Burkina Faso, Cote d'Ivoire, Ghana, Togo, Benin, Nigeria, Cameroun, Chad, République Centrafricaine, Congo-Brazzaville, Congo-Kinshasa, Soudan, Ouganda, Tanzanie, Angola, Zambie, Malawi, Mozambique, Zimbabwe, Namibie, Botswana, Afrique du Sud.

Domaine biogeographique

Afrotropicale.

Categorie liste rouge D'UICN

Préoccupation mineure (LC), évalué ici sur la base de sa répartition et de son habitat.

Les graines germent à 100% après scarification, à 20°C. Poids des 1,000 graines = 100.35 g.

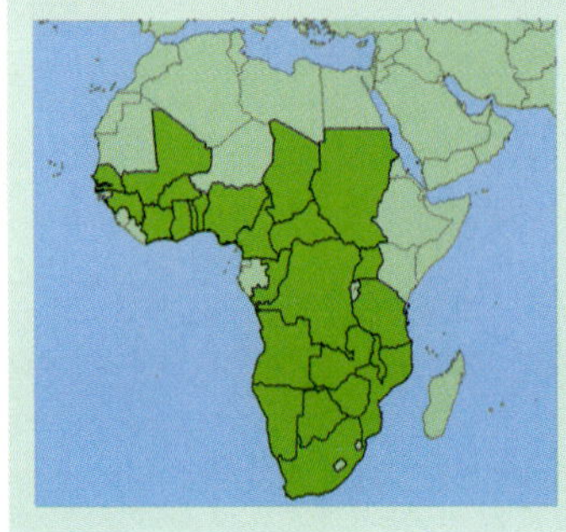

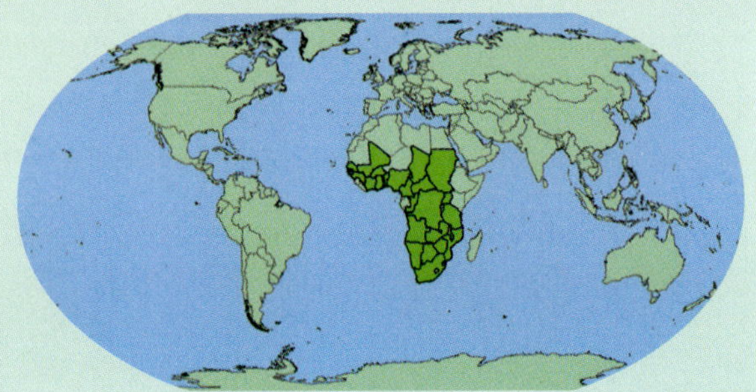

Delonix regia

(Boj.) Raf. [1829]

Leguminosae/Fabaceae

Arbre de 15 m; écorce lisse. Feuilles alternes, bipennées, avec 10–40 paires de pinnules, chacune avec 10–20 paires de folioles, de 1–1.5 cm de long. Fleurs rouges de 5 cm en groupes terminaux de 20 cm. Fruit brun à noir, aplati et linéaire, de 40 x 5 cm.

Noms locaux
Flamboyant

Utilisations
originaire de Madagascar, cet arbre est très largement planté comme une espèce ornementale.

Habitat
Arbre cultivée. Floraison en fin de saison sèche.

Répartition géographique
Introduite de Madagascar.

Domaine biogeographique
Afrotropicale.

Les graines sont Orthodoxes et se scarifient sur les téguments avant germination à 89% à 20°C. Poids des 1,000 graines = 420 g.

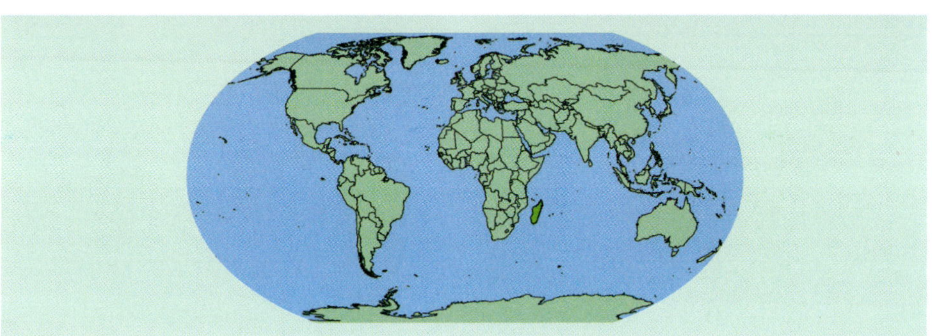

Entada abyssinica

A. Rich. [1847]

Leguminosae/Fabaceae

Arbre ou arbuste de 3–5 m; écorce ± fissurée. Feuilles alternes, bipennées, avec 2–22 paires de pinnules, chacune avec 20–55 paires de folioles de 4–12 x 1–3 mm. Petites fleurs de 2 mm blanches à jaunâtres en épis axillaires de 7–15 cm. Fruit brun, plat-allongé, de 40 x 10 cm.

Noms locaux
Bambara: Samanéréni; **Dyula:** Samanéré, sammédére

Utilisations
pas documenté au Burkina.

Habitat
Savane, jachères. Floraison en fin de saison sèche.

Répartition géographique
Guinée, Sierra Leone, Mali, Burkina Faso, Cote d'Ivoire, Ghana, Togo, Benin, Nigeria, Cameroun, République Centrafricaine, Congo-Brazzaville, Congo-Kinshasa, Soudan, Erythrée, Ethiopie, Ouganda, Rwanda, Burundi, Kenya, Tanzanie, Angola, Zambie, Malawi, Mozambique, Zimbabwe.

Domaine biogeographique
Afrotropicale.

Categorie liste rouge D'UICN
Préoccupation mineure (LC), évalué ici sur la base de sa répartition et son habitat.

Les graines sont Orthodoxes et se scarifient sur les téguments avant germination à 100% à la température de 21°C. Poids des 1,000 graines = 209.20 g.

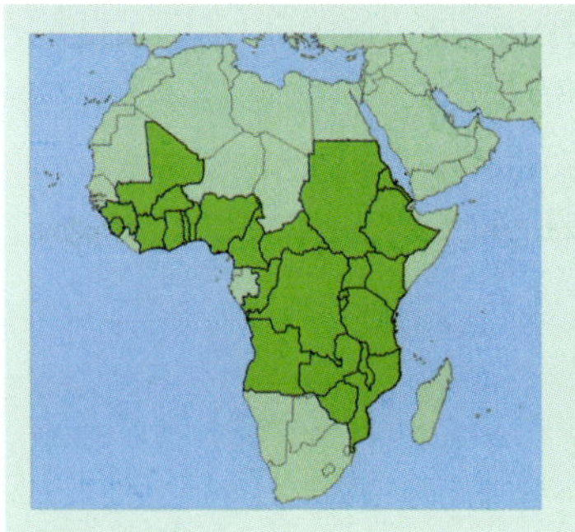

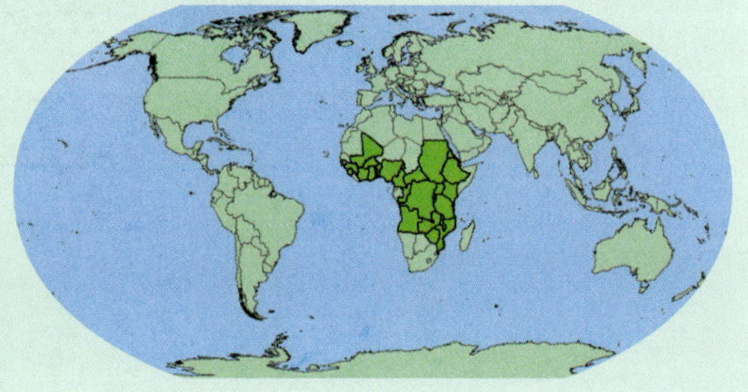

Entada africana

Guill. & Perr. [1832]

Leguminosae/Fabaceae

Arbre ou arbuste de 7 m; écorce crevassée. Feuilles alternes, bipennées, avec 1–9 paires de pinnules, chacune avec 10–24 paires de folioles de 1–4 x 0.5–1 cm. Petites fleurs blanches à jaunâtres de 3 mm en épis axillaires de 6–15 cm. Fruit brun, plat-allongé, de 40 x 8 cm.

Noms locaux

Mooré: Séonega; **Dioula**: Sama néré; **Peul**: Fadowandukii; **Bambara**: Sama néré

Utilisations

écorce largement utilisée dans le pansement de plaies, contre les douleurs et contre des maux de gorge; l'écorce produit aussi de fibres pour corde. Feuilles s'utilisent comme fourrage pour bétail.

Habitat

Savane. Floraison en fin de saison sèche.

Répartition géographique

Sénégal, Gambie, Guinée Bissau, Guinée, Mali, Burkina Faso, Cote d'Ivoire, Ghana, Togo, Benin, Nigeria, Cameroun, Chad, République Centrafricaine, Congo-Kinshasa, Soudan, Ethiopie, Ouganda.

Domaine biogeographique

Afrotropicale.

Categorie liste rouge D'UICN

Préoccupation mineure (LC), évalué ici sur la base de sa répartition et son habitat.

Poids des 1,000 graines = 150.54 g.

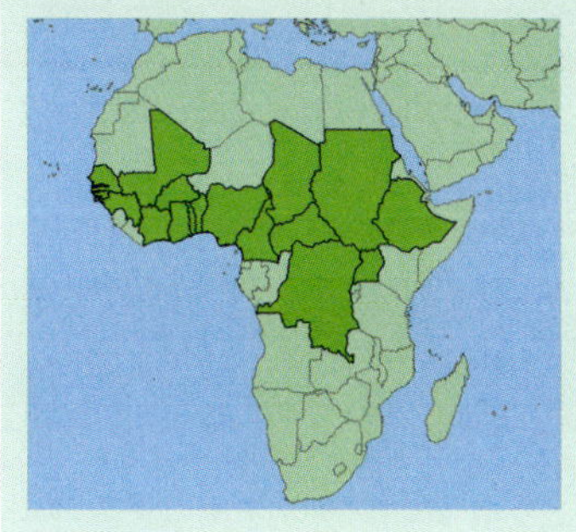

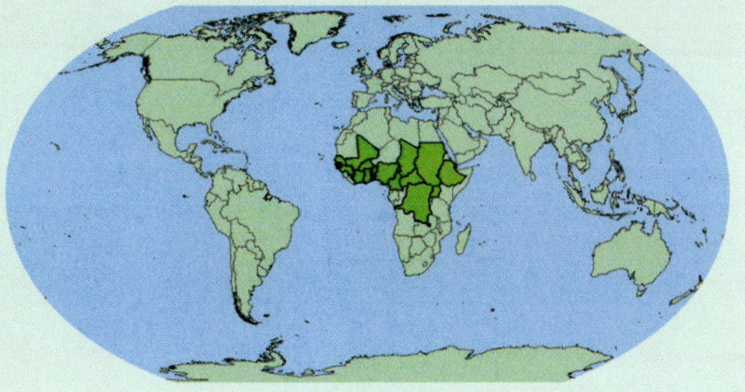

Leucaena leucocephala

(Lam.) de Wit [1783]

Leguminosae/Fabaceae

Arbuste ou arbre de 1–10 m; écorce lisse. Feuilles alternes, bipennées, bleu-vert, à 3–8 paires de pinnules et 5–20 paires de folioles de 7–18 x 1.5–5 mm. Fleurs blanches de 5 mm, en boules sphériques près de la base des feuilles. Fruit est une gousse brune plate, de 10–15 x 1.5–2 cm, en groupes denses.

Noms locaux

–

Utilisations

Croit comme espèce ornementale et se répand hors des villages. Bon pour haies de clôtures, mais peut envahir les terres cultivées. Fixatrice d'azote, et donc utile pour la réhabilitation des zones dégradées et pour freiner l'érosion. Les feuilles peuvent s'utiliser en cuisine (14% contenu en protéines!). Bon aliment pour bovins, ovins et caprins; mais peut devenir poisoneux pour les chevaux et cochons qui en mangent trop, à cause d'un alcaloïde – ce qui peut être aussi dangereux pour les humains.

Habitat

Cultivé et parfois naturalisé en brousse secondaire. Floraison presque toute l'année.

Répartition géographique

Originaire des Amériques.

Domaine biogeographique

Néotropicale.

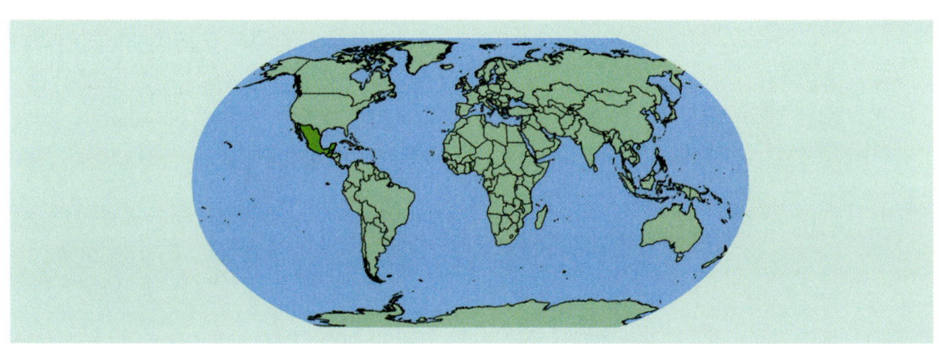

Moringa oleifera

Lam. [1785]

Moringaceae

Arbuste ou petit arbre de 5 m; écorce lisse, exsudant une gomme rouge foncée. Feuilles alternes, composées-2–3-pennées, de 60 cm de long; avec 2–6 paires de pinnules; folioles de 3 x 2 cm. Fleurs en groupes terminaux de 8–30 cm de long, crème ou jaunâtre, parfumées; pétales de 10–20 mm de long. Fruit allongé, 3-anguleux, brun, 10–50 cm de long, 1.5–2.5 cm de large; graines 3-ailées.

Noms locaux
Mooré: Arzan tiiga; **Dioula**: Ardjana yiri; **Bambara**: Masa yiri

Utilisations
souvent planté à partir de graines ou de boutures autour des villages et comme clôtures; feuilles riches en minéraux et consommées comme sauces, et les branches feuillées alimentent les animaux. L'infusion d'écorces est utilisée contre la fièvre. Les fruits murs sont poisoneux, mais l'huile des graines peut s'utiliser dans la cuisine, en cosmétique comme lubrifiant pour horloges et montres et dans la machinerie en général; elle est utilisée pour faire du bon savon.

Habitat
Initialement cultives, maintenant sub-spontanés sur sols bien draines. Floraison se produit à tout moment, dépendant de la station écologique.

Répartition géographique
Originaire de l'Inde du Nord.

Domaine biogeographique
Indo-Maléenne.

Categorie liste rouge D'UICN
Préoccupation mineure (LC), évalué ici sur la base de sa répartition et son habitat.

Les graines sont probablement Orthodoxes et germent à 70% après une scarification des téguments. Poids des 1,000 graines = 250 g.

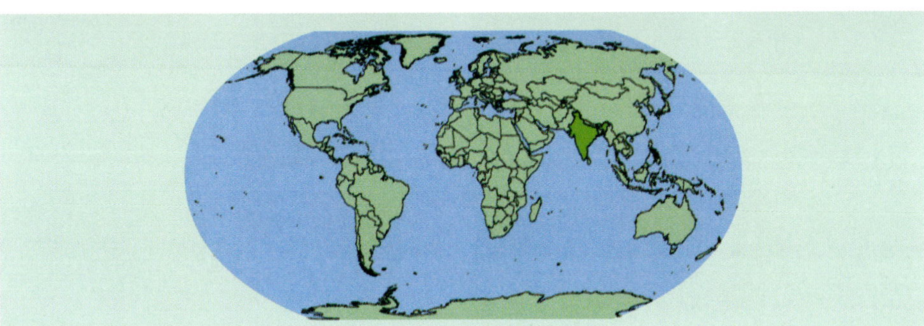

Parkia biglobosa

(Jacq.) Benth. [1763]

Leguminosae/Fabaceae

Arbre de 15 m; écorce crevassée, écailleuse. Feuilles alternes, bipennées, avec 8–30 paires de pinnules, chaque avec 35–65 paires de folioles de 1–2 x 0.3–0.6 cm. Petites fleurs rouges en têtes globuleuses pendantes de 5 cm. Fruits bruns cylindriques en groupes courbes de 30 x 2.5 cm.

Noms locaux

Mooré: Roanga; **Dioula**: nènè yiri; **Peul**: niri; **Bambara**: nèrè sun

Utilisations

espèce souvent épargnée pendant les défrichements; chaque arbre à un propriétaire; améliore le sol. Bois mou et pas beaucoup utilisé. L'infusion d'écorce s'utilise comme tonic et contre la diarrhée, pour bains de bouche et contre des maux de dents; s'utilise aussi contre les douleurs et les ulcères. C'est un bon arbre apicole. Fruit comestible à maturité; l'extrait des gousses est utilisé pour durcir les sols en latérite, dans les puits d'indigo et sur les murs des maisons. Les graines sont souvent vendues dans les marchés pour la cuisine; la pulpe est comestible et fait des boissons.

Habitat

Savane. Floraison en saison sèche.

Répartition géographique

Sénégal, Gambie, Guinée Bissau, Guinée, Sierra Leone, Liberia, Mali, Burkina Faso, Cote d'Ivoire, Ghana, Togo, Benin, Niger, Nigeria, Cameroun, Guinée Equatorial, Chad, République Centrafricaine, Congo-Kinshasa, Soudan, Ouganda.

Domaine biogeographique

Afrotropicale.

Categorie liste rouge D'UICN

Préoccupation mineure (LC), évalué ici sur la base de sa répartition et son habitat.

Les graines sont Orthodoxes et se scarifient sur les téguments avant germination à 100% à la température de 21°C. Poids des 1,000 graines = 1000 g.

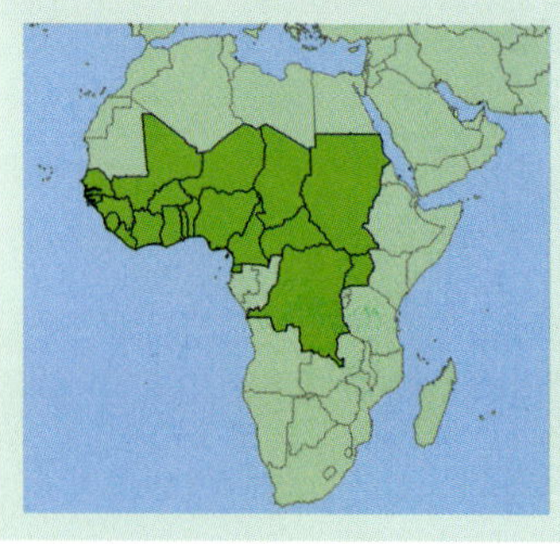

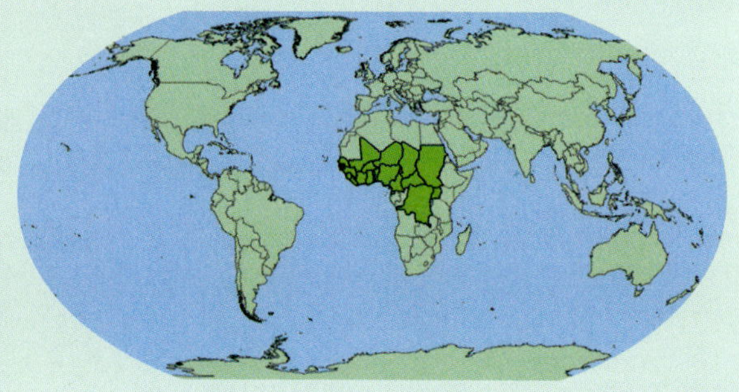

Prosopis africana

(Guill. & Perr.) Taub. [1832]

Leguminosae/Fabaceae

Arbre de 4–15 m; écorce crévassée. Feuilles alternes, bipennées, avec 2–4 paires de pinnules, chacune avec 7–15 paires de folioles de 1.5–3 x 0.4–1 cm. Petites fleurs blanches à jaunâtres de 4 mm, en épis axillaires de 3–6 cm. Fruit brun, plat-allongé, de 15 x 3 cm.

Noms locaux
Fulani: Kohi; **Mooré**: duanduanga; **Dioula**:gwele; **Peul**: tidene; **Bambara**: gwele; **Senoufo Burkina**: naguingue

Utilisations
croissance rapide; améliore le sol. Bois dur et lourd, immune aux termites, s'utilise pour fabriquer des armoires et des pirogues, des manches d'outils, dans la construction. Fait un excellent charbon de bois pour les forgerons et les bijoutiers. Les rameaux s'utilisent comme cure-dent. L'écorce contient du tannin et est utilisée dans le tannage du cuir et la teinture de coloration (rouge-brun). La décoction de racine s'utilise contre les maux de dents. Le fruit est dit comestible.

Habitat
Savane. Floraison en saison sèche.

Répartition géographique
Sénégal, Gambie, Guinée Bissau, Guinée, Sierra Leone, Mali, Burkina Faso, Cote d'Ivoire, Ghana, Togo, Benin, Nigeria, Cameroun, Chad, République Centrafricaine, Congo-Kinshasa, Soudan, Ouganda.

Domaine biogeographique
Afrotropicale.

Categorie liste rouge D'UICN
Préoccupation mineure (LC), évalué ici sur la base de sa répartition et son habitat.

Les graines sont Orthodoxes et se scarifient sur les téguments avant germination à 100% à la température de 21°C. Poids des 1,000 graines = 153.21 g.

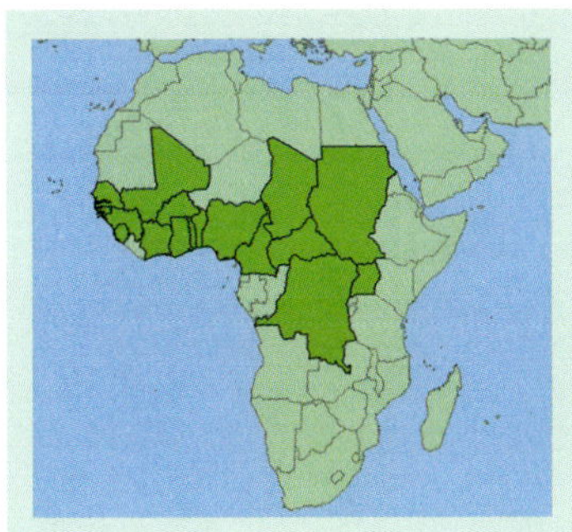

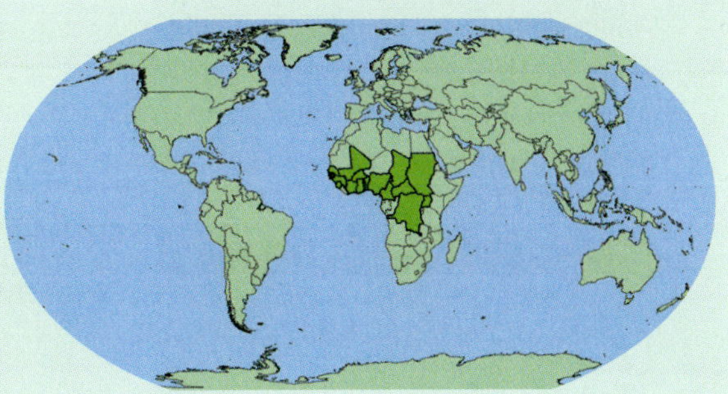

Groupe J – Feuilles avec folioles opposées en paires, sans foliole unique au bout (paripennées)

J1 Feuilles avec glandes linéaires entre chaque paire de folioles....... *Senna singueana* p231

Feuilles sans glandes entre les folioles...J2

J2 Pétiole des folioles avec une petite glande noire près de la base; folioles avec points translucides le long des bords.........................*Daniella* p224

Pétiole des folioles sans glandes; folioles sans points translucides....................J3

J3 Folioles pubescentes en dessous...J4

Folioles glabres...J9

J4 Ecorce crevassée ou écailleuse; fruits des gousses pendantes brunes.................J5

Ecorce lisse; fruit obovoïde, charnue, rouge.................................*Blighia* p221

J5 Folioles en 3–4(5) paires, 5–10 cm de large, la base asymétrique.....................................*Isoberlinia tomentosa* p226

Folioles normalement plus étroit, 0.6–6 cm de large.....................................J6

J6 Folioles en 8–15 paires, 0.6–1 cm de large, la base asymmétrique........*Tamarindus* p232

Folioles en moins de paires (2–9), 2–6 cm de large......................................J7

J7 Folioles en 2–6 paires, 2.5–6 cm de large, glanduleux (cultivé).............*Sapindus* p229

Folioles sans glandes..J8

J8 Folioles avec base ± symétrique et bord plat......................*Cassia sieberiana* p223

Folioles avec base asymétrique et bord au bord alternativement convexe et concave...................................*Pseudocedrela* p228

J9 Folioles en (6)8–13 paires..J10

Folioles en en 3–6(9) paires, plus de 50 x 30 mm.......................................J11

J10 Folioles 35–60 x 12–25 mm....................................*Senna siamea* p230

Folioles 20–30 x 6–10 mm.......................................*Tamarindus* p232

J11 Ce groupe est difficile à distinguer sans fleurs ou fruits -

Fruits globuleux ou ovoïdes, 5–15 cm de diamètre; Fleurs blanches, symétriques..J12

Fruits en gousses aplaties 10–30 x 5–8 x 1–2 cm; fleurs asymétriques, dépassant 8 mm...J13

J12 Fruit globuleux, 5–10 cm en diamètre; folioles à 17 x 7 cm.................. *Khaya* p227

Fruit ovoïde, 12–15 cm en diamètre; folioles à 50 x 15 cm...................*Carapa* p222

J13 Fruit s'ouvrant par 2 valves plates; graine noire, avec une cupule orange à la base; fleurs de 10–12 mm.. *Afzelia* p219

Fruits s'ouvrant par 2 valves spiralées; graine marron.................................J14

J14 Pétiolules des folioles moins de 8 mm de long; fleurs 60 x 30 mm........... *Berlinia* p220

Pétiolules des folioles dépassant 8 mm de long; fleurs 8–12 mm......*Isoberlinia* p225-226

Afzelia africana

Pers. [1805]

Leguminosae/Fabaceae

Arbre de 30 m, avec des contreforts; écorce écailleuse. Feuilles alternes, paripennées avec 2–7 paires de folioles, chaque 5–15 x 3–7 cm. Fleurs blanches et pourpres de 12 mm, en groupes terminaux de 20 cm. Fruit brun sombre, ellipsoïdal, plat, de 18 x 6 cm et de 5 cm d'épaisseur.

Noms locaux
Mooré: kankalga; **Dioula**: lengue yiri; **Peul**:pettohi; **Bambara**: lenge

Utilisations
important bois commercial, durable et résistant aux termites; beaucoup utilisé pour les travaux de construction, meubles, mortiers, ustensiles, etc. La décoction d'écorce ou la cendre est utilisée médicalement comme un analgésique. Les jeunes feuilles sont mangées; les feuilles sont aussi utilisées comme aliments bétails. La cendre de fruit est utilisée dans la fabrication de savon. La graine est poissonneuse, mais l'arille est consommé. C'est aussi un arbre fétiche.

Habitat
Savane, galeries forestières, forêts claires; commun. Floraison en saison des pluies.

Répartition géographique
Sénégal, Guinée Bissau, Guinée, Sierra Leone, Mali, Burkina Faso, Cote d'Ivoire, Ghana, Togo, Benin, Niger, Nigeria, Cameroun, Chad, République Centrafricaine, Congo-Kinshasa, Soudan, Ouganda.

Domaine biogeographique
Afrotropicale.

Categorie liste rouge D'UICN
Préoccupation mineure (LC), évalué ici sur la base de sa répartition et son habitat.

Les graines sont Orthodoxes et se scarifient sur les téguments avant germination à 100% à 25°C. Poids des 1,000 graines = 2718.6 g.

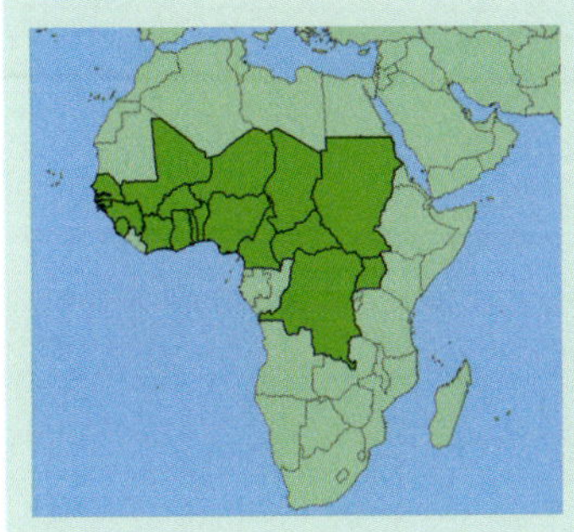

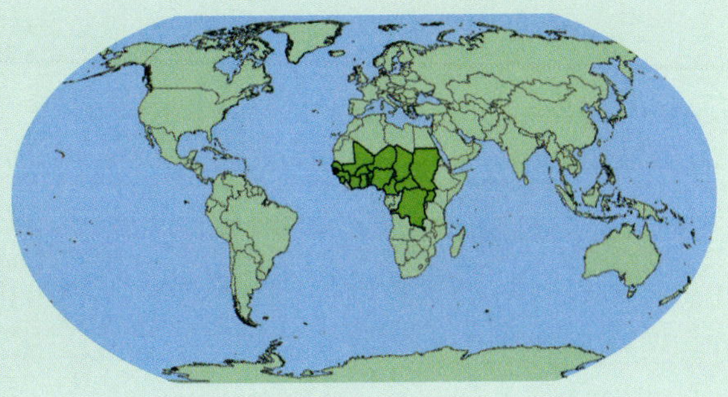

Berlinia grandiflora

(Vahl) Hutch. & Dalz. [1810]

Leguminosae/Fabaceae

Arbre de 20 m, à écorce écailleuse. Feuilles alternes, paripennées avec 3–6 paires de folioles, chacune de 8–16 x 3–6 cm. Fleurs blanches de 6 cm en groupes terminaux de 20 cm. Fruit brun, plat et ellipsoide de 30 x 7 cm.

Noms locaux
Dioula: soso; **Bambara**: soso; **Senifo Burkina**: gopolsanli

Utilisations
plantée comme espèce d'ombrage et arbre d'alignement. Bois utilisé en menuiserie et en construction. La résine est utilisée contre les courbatures, et la décoction de feuilles contre les fièvres.

Habitat
Galerie forestière, lisière de forêt. Floraison en fin de sèche.

Répartition géographique
Guinée, Sierra Leone, Mali, Burkina Faso, Cote d'Ivoire, Ghana, Togo, Benin, Nigeria, Cameroun, Gabon, République Centrafricaine, Congo-Brazzaville, Congo-Kinshasa.

Domaine biogeographique
Afrotropicale.

Categorie liste rouge D'UICN
Préoccupation mineure (LC), évalué ici sur la base de sa répartition et son habitat.

Les graines sont Orthodoxes.

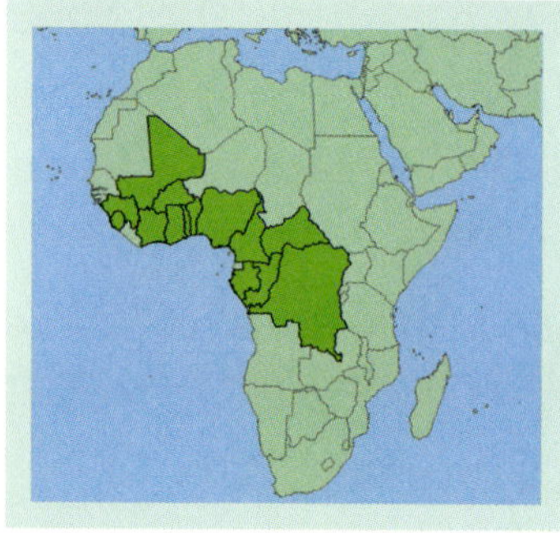

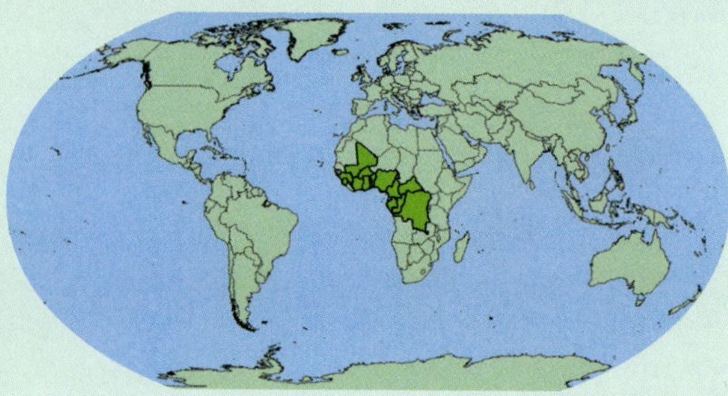

Blighia sapida

Kon. [1806]

Sapindaceae

Arbre de 7–15 m; écorce lisse à ± rugueuse. Feuilles alternes, paripennées avec 3–5 paires de folioles, chacune de 3–18 x 2–9 cm. Fleurs crèmes de 6 mm, en épis axillaires de 20 cm. Fruit rouge, obovoïde, de 6 cm.

Noms locaux

–

Utilisations

souvent plantée comme arbre d'ombrage. Fructifie plusieurs fois dans l'année, et l'arille du fruit est comestible – seulement quand c'est exactement mur (non mur ou trop mur, c'est poisoneux). Arbre d'importance médicaux-magique. Bois s'utilise en construction et pour la fabrication des meubles. La pulpe d'écorce est utilisée contre les œdèmes et les douleurs d'entrecôtes.

Habitat

Originaire des forêts de Cote d'Ivoire et Ghana a Nigeria et São Tomé, plantée dans les villages.

Domaine biogeographique

Afrotropicale.

Les graines ont une conservation Incertaine.
Poids des 1,000 graines = 2940 g.

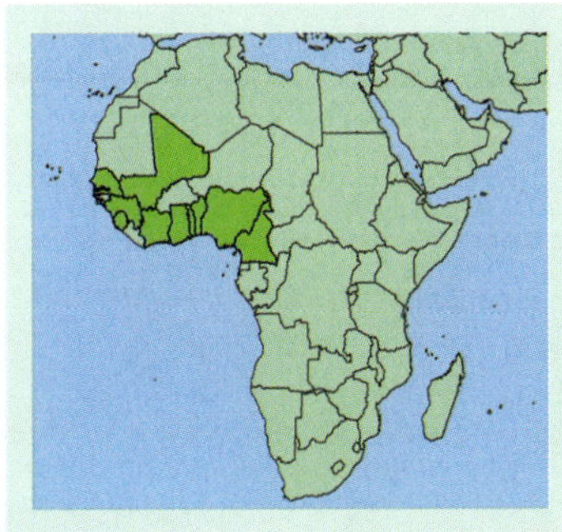

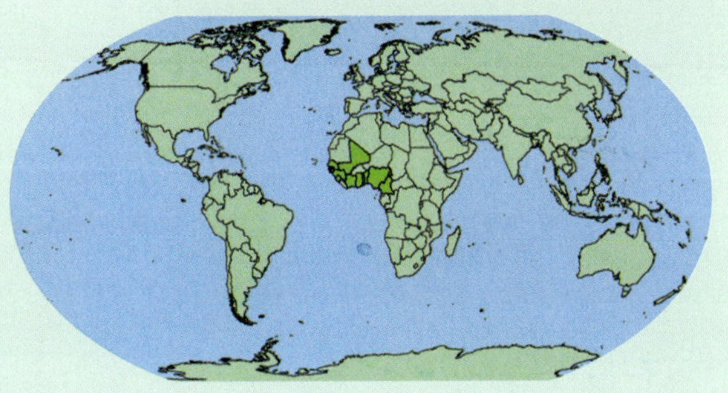

Carapa procera

DC. [1824]

Meliaceae

Arbre de 20 m. Feuilles paripennées, avec 6–21 paires de folioles, chaque de dimension 50 x 16 cm. Fleurs blanches et roses, à pétales de 6 mm de long, parfumées, en groupes étroitement branchues à 70 cm de long. Fruit ellipsoide de 15 cm de long, s'ouvrant par des valves.

Noms locaux
Bobo: Gbèn gén;
Dioula: kobi;
Bambara: kobi

Utilisations
bois s'utilise pour la construction et en charpenterie, et est estimé résistant aux termites. La décoction d'écorce est utilisée contre la fièvre, comme un vermifuge et tonique, contre les courbatures et le rhumatisme, la toux et les maux de poitrine. Les rameaux sont utilisés comme cure-dents. La graine contient une haute teneur (55%) d'huile, qui est utilisée comme cosmétique, et médicalement contre les courbatures, les douleurs de rhumatisme, etc.

Au Mali et au Burkina Faso, cette huile rentre dans le traitement phytosanitaire (insecticide) du cotonnier dans le cadre de la production du coton biologique. Elle est un puissant purgatif; les graines causent des vomissements et sont poisonneuses.

Habitat
L'espèce a une distribution strictement localisée le long de quelques cours d'eau, avec dans la majorité des cas une densité inférieure à 10 pieds par hectare. Il fleurit généralement de janvier à mars et la dissémination des graines se déroule du mois d'avril à la fin du mois de juin.

Répartition géographique
Sénégal, Guinée, Sierra Leone, Burkina Faso, Liberia, Cote d'Ivoire, Ghana, Nigeria, Cameroun, Gabon, Guinée Equatorial, Congo-Kinshasa, Ouganda, Tanzanie, Angola; Amérique du Sud (Colombie, Venezuela, Pérou, Guyana, Suriname, Brésil, Paraguay).

Domaine biogeographique
Afrotropicale, Néotropicale.

Categorie liste rouge D'UICN
Préoccupation mineure (LC), évalué ici sur la base de sa répartition et son habitat.

Les graines sont Récalcitrantes. Poids des 1,000 graines = 25000 g.

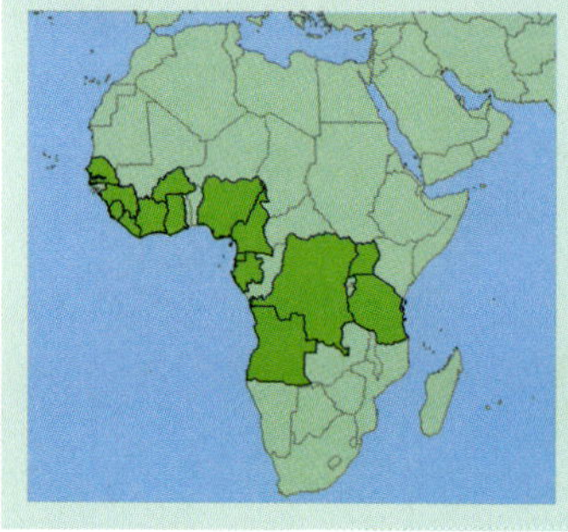

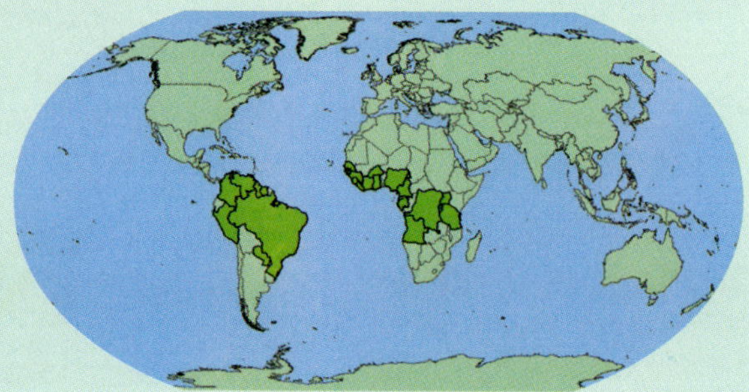

Cassia sieberiana

Leguminosae/Fabaceae

DC. [1825]

Arbre de 2–10 m; écorce crévassée. Feuilles alternes, paripennées avec 5–9 paires de folioles, chaque 3–10 x 2–5 cm. Fleurs jaunes de 5 cm, en groupes pendantes de 15–40 cm. Fruit brun foncé, cylindrique, de 30–90 x 1–2 cm.

Noms locaux
Mooré: Kumbrissaka; **Dioula**: Sindjan; **Peul**: Gama fadahi; **Bambara**: Sindjanfin

Utilisations
bois résistant aux termites, utilisé en menuiserie et pour faire de petits articles. L'écorce de la racine est un purgatif fort, et est vendue dans les marchés.

Habitat
Savane, galerie forestière. Floraison en saison sèche, avec ou avant les jeunes feuilles.

Répartition géographique
Sénégal, Guinée Bissau, Guinée, Sierra Leone, Liberia, Mali, Burkina Faso, Cote d'Ivoire, Ghana, Togo, Benin, Nigeria, Cameroun, Chad, République Centrafricaine, Congo-Kinshasa, Soudan, Ouganda.

Domaine biogeographique
Afrotropicale.

Categorie liste rouge D'UICN
Préoccupation mineure (LC), évalué ici sur la base de sa répartition et son habitat.

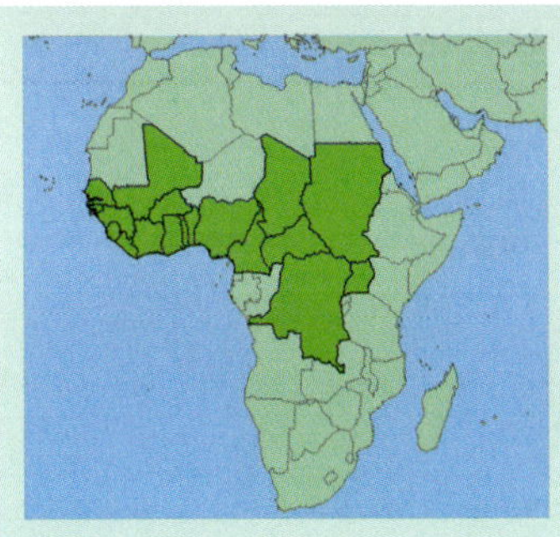

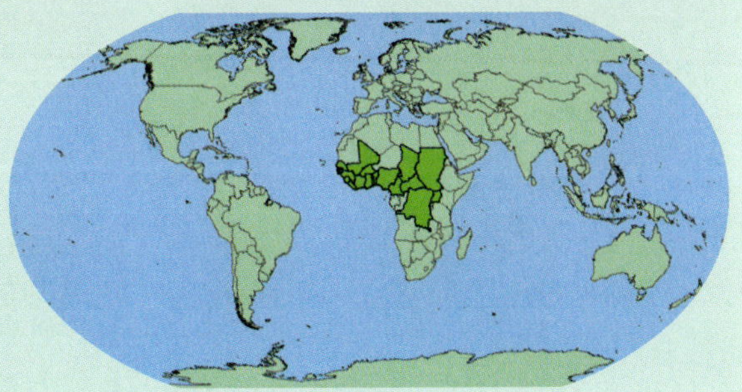

Daniellia oliveri

Leguminosae/Fabaceae

(Rolfe) Hutch. & Dalz. [1912]

Arbre de 8–20 m; écorce écailleuse. Feuilles alternes, paripennées avec 4–11 paires de folioles, chacune de 3–18 x 2–10 cm. Fleurs blanches de 1–2 cm, en groupes axillaires de 6–25 cm. Fruit beige, aplati, obovoïde de 6–10 x 3–5 cm.

Noms locaux
Mooré: Aoga; **Dioula**: Sannayiri; **Peul**: Karlahi; **Bambara**: Sanan

Utilisations
bois utilisé en charpenterie, construction, dans la fabrication de petits articles; il fait aussi du bon bois de feu et du charbon. Les blessures du tronc produisent une gomme qui est vendue comme encens et pour la fumigation des cases. Cette gomme est aussi utilisée médicalement, comme colle, et comme vernis. L'écorce et les rameaux feuillus sont utilisés médicalement contre plusieurs maladies.

Habitat
Savane. Floraison en saison sèche.

Répartition géographique
Sénégal, Gambie, Guinée Bissau, Guinée, Sierra Leone, Mali, Burkina Faso, Cote d'Ivoire, Ghana, Togo, Benin, Niger, Nigeria, Cameroun, République Centrafricaine, Congo-Kinshasa, Soudan, Ouganda.

Domaine biogeographique
Afrotropicale.

Categorie liste rouge D'UICN
Préoccupation mineure (LC), évalué ici sur la base de sa répartition et son habitat.

Les graines sont Orthodoxes et se scarifient sur les téguments avant germination à 100% à 21°C. Poids des 1,000 graines = 1271.73 g.

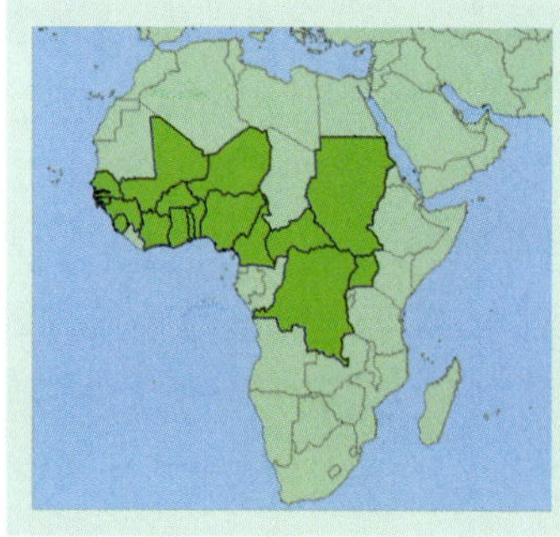

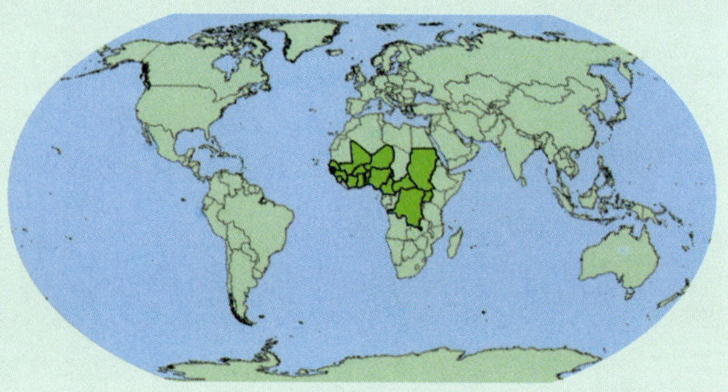

Isoberlinia doka

Craib & Stapf [1911]

Leguminosae/Fabaceae

Arbre de 12 m, écorce écailleuse. Feuilles alternes, paripennées avec 3–4 paires de folioles, chacune de 6–18 x 3–13 cm. Fleurs blanches de 12 mm, en groupes terminaux de 30 cm. Fruit brun, aplati et allongé, de 15–30 x 5–7 cm.

Noms locaux
Mooré: kalsaka; **Dioula**: Wonyiri; **Bambara**: so

Utilisations
un colonisateur des terres abandonnées; les tiges sont utilisées dans la construction de case, mais ne sont pas durables; bois un peu inférieur est utilisé pour la fabrication de meubles.

Habitat
Forêt claire, savane. Floraison en saison sèche.

Répartition géographique
Guinée, Mali, Burkina Faso, Cote d'Ivoire, Ghana, Benin, Niger, Nigeria, Cameroun, Chad, République Centrafricaine, Congo-Kinshasa, Soudan, Ouganda.

Domaine biogeographique
Afrotropicale.

Categorie liste rouge D'UICN
Préoccupation mineure (LC), évalué ici sur la base de sa répartition et son habitat.

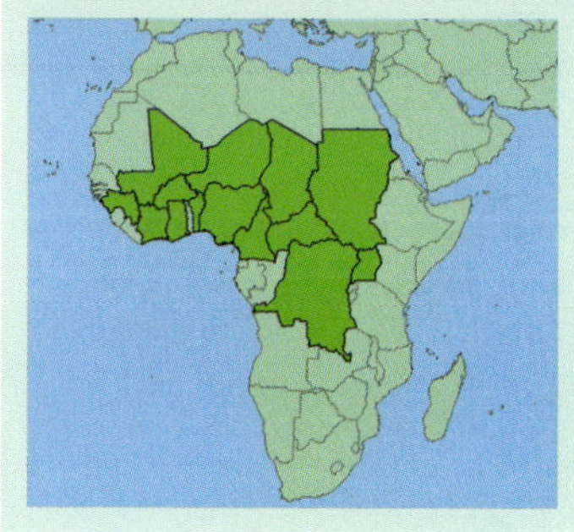

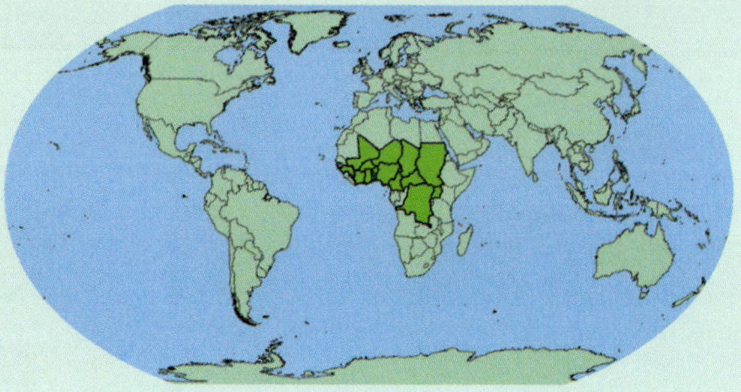

Isoberlinia tomentosa

(Harms) Craib & Stapf [1901]

Leguminosae/Fabaceae

Arbre de 20 m, écorce écailleuse. Feuilles alternes, paripennées avec 3–5 paires de folioles, de 10–25 x 5–13 cm chaque. Fleurs blanches de 15 mm en groupes terminaux de 30 cm. Fruit brun, aplati et allongé de 15–30 x 5–9 cm.

Noms locaux
Mooré: kalsaka; **Dioula**: Wonyiri; **Bambara**: so

Utilisations
bois d'œuvre inferieur, pas très dur utilisé comme poteau pour case et pour des meubles. La décoction d'écorce est utilisée contre les courbatures. Feuilles sont utilisées en sauces en pays Mossi au Burkina.

Habitat
Forest claire, savane; assez commun. Floraison en saison sèche.

Répartition géographique
Guinée, Mali, Burkina Faso, Cote d'Ivoire, Ghana, Togo, Benin, Nigeria, Cameroun, République Centrafricaine, Congo-Kinshasa, Soudan, Tanzanie, Zambie, Malawi.

Domaine biogeographique
Afrotropicale.

Categorie liste rouge D'UICN
Préoccupation mineure (LC), évalué ici sur la base de sa répartition et son habitat.

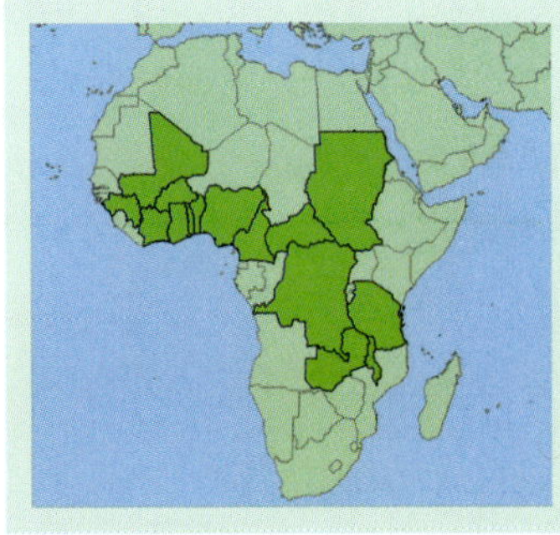

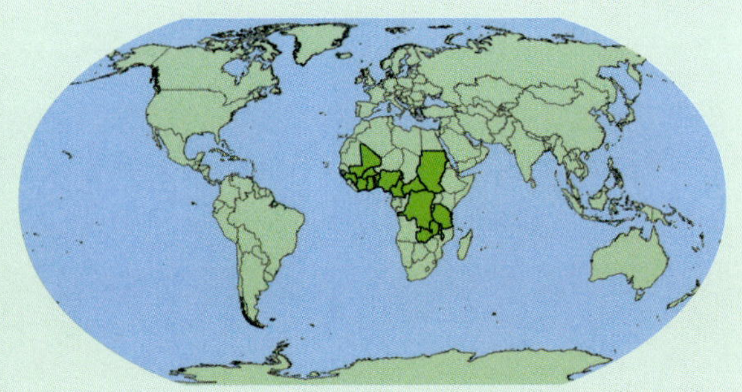

Khaya senegalensis

(Desr.) A. Juss. [1791]

Meliaceae

Arbre de 35 m; écorce lisse, devenant écailleuse. Feuilles alternes, paripennées avec 3–6 paires de folioles, chacune de 5–12 x 2–6 cm. Fleurs blanches de 8 mm en groupes axillaires de 20 cm. Fruit gris, rond, de 10 cm, s'ouvrant avec 4 valves.

Noms locaux
Mooré: kuka; **Dioula**: jala yiri; **Peul**: kail; **Bambara**: jala

Utilisations
souvent plantée comme arbre d'ombrage, elle est probablement utilisée contre la désertification à cause de sa croissance rapide et de sa résistance aux sols durs. Bois lourd, s'utilise pour faire des barques, haut calibre dans la menuiserie et en construction; c'est 'l'acajou de Sénégal' du commerce. L'écorce est très amère et communément utilisée contre la fièvre; la décoction d'écorce est purgative. La décoction des rameaux feuillus est utilisée contre les problèmes de peaux. Pour certains groupes culturels, c'est une espèce magique ou un arbre fétiche.

Habitat
Savane, le long des cours d 'eau. Floraison en saison sèche.

Répartition géographique
Sénégal, Gambie, Guinée Bissau, Guinée, Sierra Leone, Mali, Burkina Faso, Cote d'Ivoire, Ghana, Togo, Benin, Niger, Nigeria, Cameroun, Gabon, Chad, République Centrafricaine, Soudan, Ouganda.

Domaine biogeographique
Afrotropicale.

Categorie liste rouge D'UICN
Préoccupation mineure (LC), évalué ici sur la base de sa répartition et son habitat.

Les graines sont Intermédiaires (probablement Orthodoxes) et germent à 100% à la température de 25°C. Poids des 1,000 graines = 200 g.

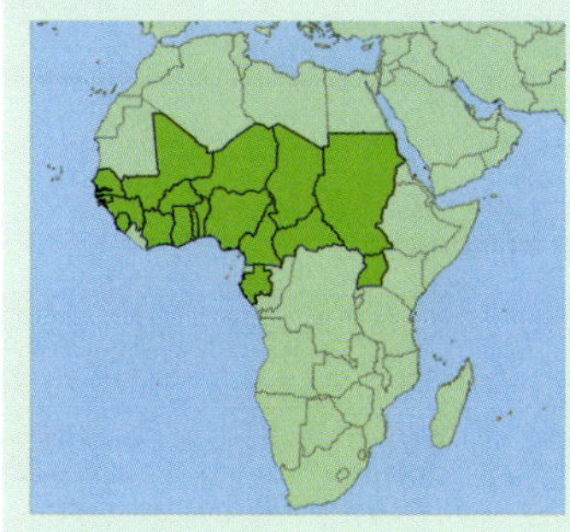

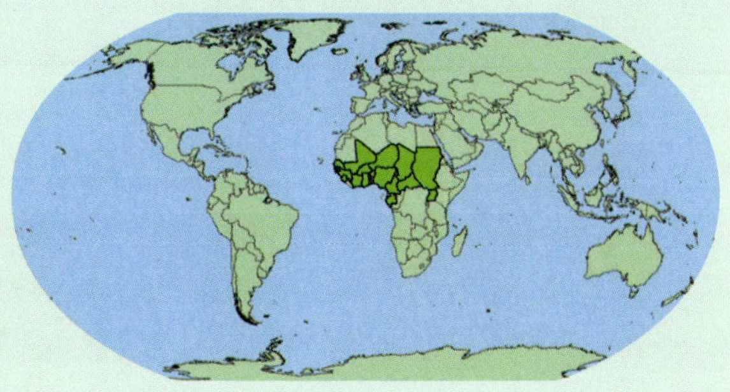

Pseudocedrela kotschyi

Meliaceae

(Scweinf.) Harms [1868]

Arbre de 9 m; écorce profondément crévassée. Feuilles alternes, (im)paripennées avec 3–8 paires de folioles, chacune de 7–15 x 2–6 cm, base asymétrique. Fleurs blanches de 7 mm, en groupes axillaires de 30 cm. Fruit brun, obovoïde de 12 x 3 cm, s'ouvrant avec 5 valves.

Noms locaux

Mooré: Siguédré; **Dioula**: sensanfin; **Bambara**: sensanfin

Utilisations

bois de mahoganie, mais très lourd; s'utilise pour la construction de maisons, en menuiserie et pour des ustensiles. L'écorce est très amère et est dite être toxique, malgré qu'elle s'utilise en infusion contre les troubles d'estomac. Les rameaux écrasés sont utilisés contre les maux de tête.

Habitat

Savane. Floraison en saison sèche.

Répartition géographique

Sénégal, Guinée, Mali, Burkina Faso, Cote d'Ivoire, Ghana, Togo, Benin, Nigeria, Cameroun, République Centrafricaine, Congo-Kinshasa, Soudan, Ethiopie, Ouganda.

Domaine biogeographique

Afrotropicale.

Categorie liste rouge D'UICN

Préoccupation mineure (LC), évalué ici sur la base de sa répartition et son habitat.

Poids des 1,000 graines = 130 g.

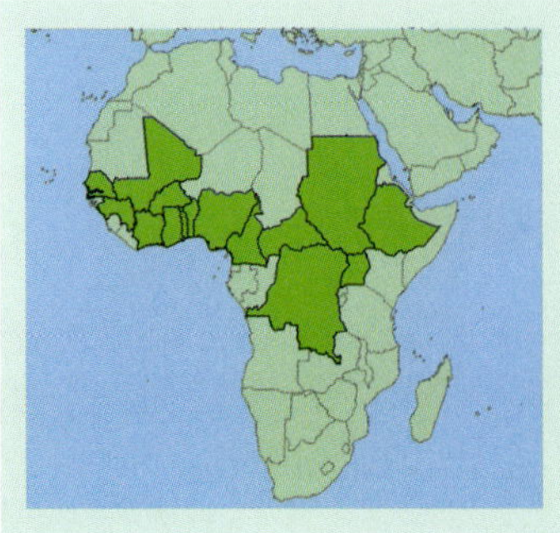

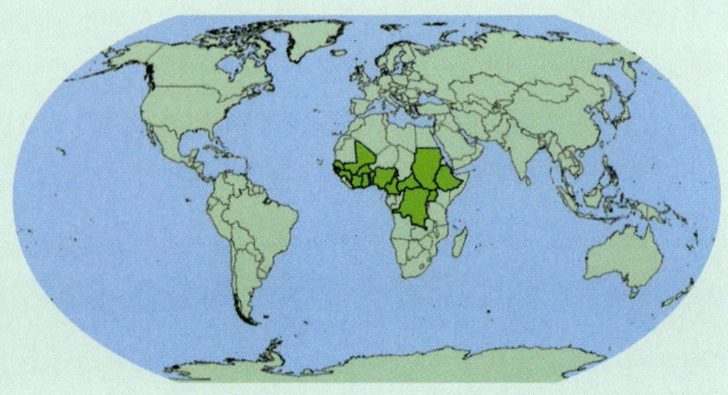

Sapindus saponaria

L. [1753]

Sapindaceae

Arbre 8–18 m; écorce fissurée. Feuilles paripennées, avec 4–12 folioles, de 7–18 x 2–6 cm chaque. Fleurs blanches de 2 mm, en groupes branchus de 30–70 cm. Fruit bleu-noir, globuleux, de 2 cm de diamètre.

Noms locaux

–

Utilisations

croit comme espèce ornementale; bois dur et lourd. Fruit riche en saponine et est utilisé pour le lavage des habits.

Habitat

cultivé comme arbre d'alignement et d'avenues et dans les villages.

Répartition géographique

Originaire d'Amérique du Sud.

Domaine biogeographique

Néotropicale.

Les graines à conservation Incertaine, mais germent à 85% à la température de 26°C après scarification. Poids des 1,000 graines = 1167 g..

Photo Wendy Cutler

Photo J. de Deus Medeiros

Photo Wendy Cutler

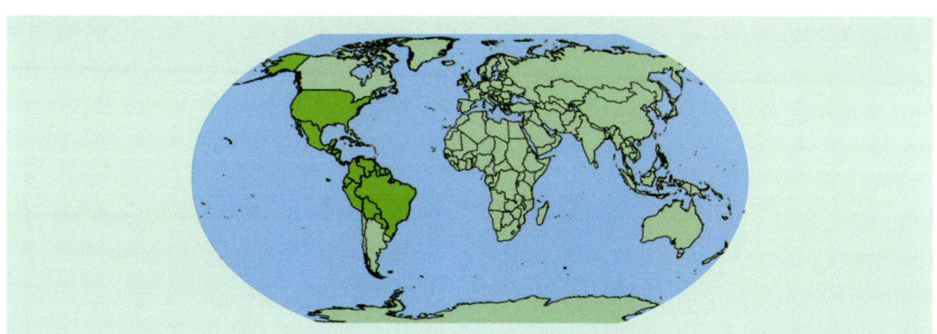

Senna siamea

(Lam.) Irwin & Barneby [1785]

Leguminosae/Fabaceae

Arbre de 4–15 m; écorce écailleuse ou lisse. Feuilles alternes, paripennées avec 8–13 paires de folioles, de 3–6 x 1–2.5 cm chacune. Fleurs jaunes en groupes terminaux, de 35 mm. Fruit brun, aplati, linéaire, de 15–30 x 1 cm.

Noms locaux
Français: cassia

Utilisations
utilisée en reforestation parce qu'elle résiste bien à la sécheresse et produit du bon bois de feu; résiste aux attaques de termites; le bois de cœur est dur et solide. Le fruit parait poisoneux aux cochons.

Habitat
Planté pour ombrage. Floraison en tous saisons.

Répartition géographique
Originaire de l'Asie.

Domaine biogeographique
Indo-Maléenne.

Les graines sont Orthodoxes et se scarifient sur les téguments avant germination à 100% à 25°C. Poids des 1,000 graines = 25 g.

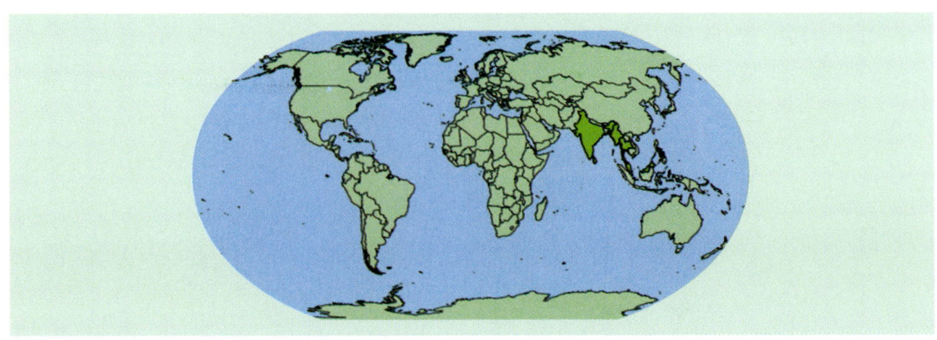

Senna singueana

(Del.) Lock [1826]

Leguminosae/Fabaceae

Arbre ou arbuste de 3–10 m; écorce crévassée. Feuilles alternes, paripennées avec 5–8 paires de folioles, chacune de 2–5 x 1–3 cm. Fleurs jaunes de 30 mm en groupes terminaux de 8 cm. Fruit noir, cylindrique de 10–15 x 0.6 cm.

Noms locaux
Mooré: gyel-poonsré

Utilisations
résistant aux feux de brousse.

Habitat
Savane, surtout sur jachères. Floraison en saison des pluies ou en début de saison sèche.

Répartition géographique
Mali, Burkina Faso, Cote d'Ivoire, Ghana, Niger, Nigeria, Cameroun, République Centrafricaine, Congo-Kinshasa, Soudan, Erythrée, Ethiopie, Ouganda, Rwanda, Burundi, Kenya, Tanzanie, Angola, Zambie, Malawi, Mozambique, Zimbabwe, Namibie, Botswana, Comores.

Domaine biogeographique
Afrotropicale.

Categorie liste rouge D'UICN
Préoccupation mineure (LC), évalué ici sur la base de sa répartition et son habitat.

Photo B. T. Wursten

Photo B. T. Wursten

Photo B. T. Wursten

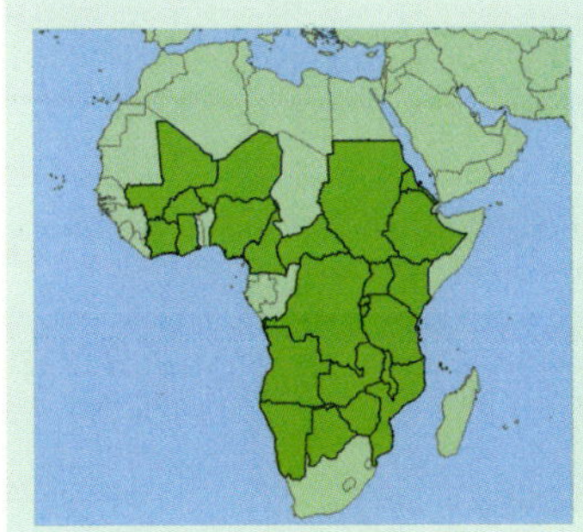

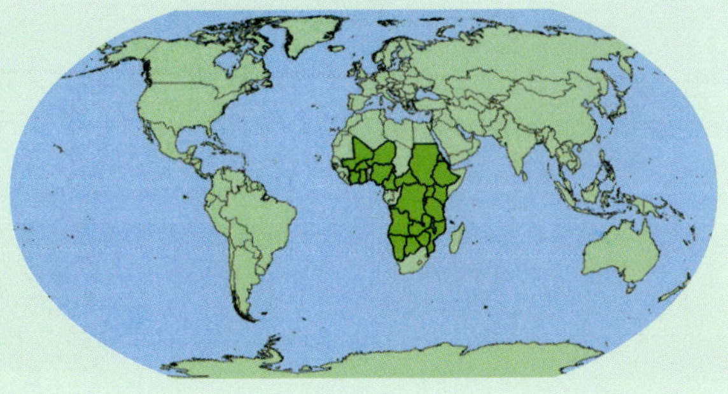

Tamarindus indica

L. [1753]

Leguminosae/Fabaceae

Arbre de 15 m; écorce crévassée. Feuilles alternes, paripennées avec 8–15 paires de folioles, de 1–3 x 0.3–1 cm chacune. Fleurs jaunes et rouges de 25 mm en groupes axillaires ou terminaux. Fruit brun, cylindrique souvent courbé, de 6–18 x 2–3 cm.

Noms locaux

Mooré: Pusga; **Dioula**: Tomi yiri; **Peul**: N'jami; **Bambara**: ntomi; **Bobo:** Ta; **Fulani:** Njamme; **Bambara:** Tumbi; **Senufo:** Kissama; **Songhai:** Bosaie

Utilisations

bon arbre d'ombrage et d'alignement; utilisé en reforestation, il résiste raisonnablement à la sécheresse; bois lourd et utilisé en construction, pour meubles, outils de maison et modérément durable; fait du bon charbon, malgré qu'il existe quelquefois des tabous sur cet arbre! Feuilles sont utilisées en cuisine, et les décoctions de feuilles sont utilisées pour les pansements de plaies ou bues contre les toux. Mais le produit le plus largement utilisé est le fruit, qui entre en cuisine, pour faire des boissons, ou viandes sucrées; les graines sont utilisées comme aliments.

Habitat

Savane, forêt claire, termitières. Floraison en fin de saison sèche.

Répartition géographique

Mauritanie, Sénégal, Gambie, Guinée Bissau, Guinée, Sierra Leone, Mali, Burkina Faso, Liberia, Cote d'Ivoire, Ghana, Togo, Benin, Niger, Nigeria, Cameroun, Chad, République Centrafricaine, Soudan, Erythrée, Ethiopie, Somalie, Ouganda, Kenya, Tanzanie, Zambie, Malawi, Mozambique, Zimbabwe, Madagascar, Yémen (et cultivée dans les tropiques de l'Asie).

Domaine biogeographique

Afrotropicale.

Categorie liste rouge D'UICN

Préoccupation mineure (LC), évalué ici sur la base de sa répartition et son habitat.

Les graines sont Orthodoxes et se scarifient sur les téguments avant germination à 100% à 20°C. Poids des 1,000 graines = 745.16 g.

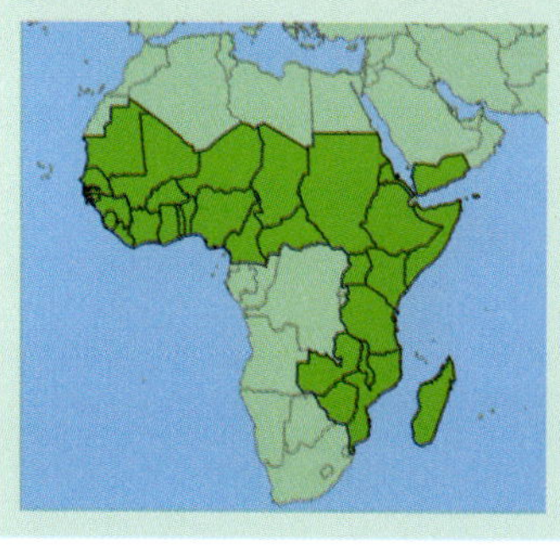

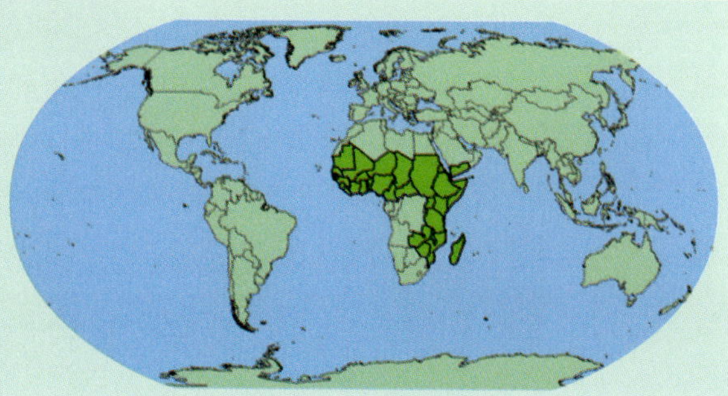

Groupe K – Feuilles avec folioles opposées ou alternes, et une foliole unique au bout de l'axe (imparipennées)

K1 Folioles aux bords dentés ou alternativement convexes et concaves K2

Folioles aux bords entiers K5

K2 Ecorce lisse et avec des lamelles comme du papier K3

Ecorce crevassée K4

(Ecorce écailleuse, folioles dentées sur feuilles rejets seulement – feuilles normales aux bords entiers .... *Sclerocarya* p256)

K3 Feuilles aux 3–10 folioles de 1–7 cm de long, pubescents en dessous .... *Commiphora* p240-241

Feuilles aux 12–20 folioles de 6–13 cm de long, glabres.................. *Boswellia* p238

K4 Folioles pubescentes en dessous, aux sommets arrondis .... *Pseudocedrela* (voir p228)

Folioles glabres, aux sommets longs-acuminés...................... *Azadirachta* p236

K5 Stipelles présentes à la base des folioles (très caduques chez *Canarium* – voir K21) K6

Stipelles absentes.. K8

K6 Feuilles aux 9–13 folioles alternes ou sub-opposées .... *Pericopsis* p250

Feuilles aux folioles opposées ou sub-opposées K7

K7 Feuilles aux 5–7 folioles opposées ou sub-opposées................. *Philenoptera* p251

Feuilles aux 11–21 folioles opposées.. *Andira* p235

K8 Pétiolules des folioles très longues, 20–40 mm de long.................... *Quassia* p255

Pétiolules des folioles moins de 10 mm de long K9

K9 Folioles criblées de points translucides K10

Points translucides absents...K11

K10 Folioles aux sommets arrondis ou marginés, nervures secondaires en 15–30 paires .... *Detarium* p243

Folioles aux sommets aigus ou acuminés, nervures secondaires en 7–15 paires .... *Lannea microcarpa* p248

K11 Feuilles avec 16–30 folioles, 2–3 x 0.3–0.6 cm.......................... *Sesbania* p257

Feuilles avec moins de folioles, ou folioles plus larges.......................... K12

K12 Folioles aux sommets arrondis à marginés, ou arrondis et avec une pointe courte.. K13

Folioles aux sommets aigues ou acuminés K20

K13 Jeunes feuilles avec odeur résineuse quand frottée; folioles toujours opposées.. K14

Feuilles sans odeur résineuse K15

K14 Folioles en 3–5 paires.. *Lannea velutina* p249

Folioles en 6–10 paires .... *Sclerocarya* p256

K15 Les espèces suivantes sont difficiles à distinguer:

Pterocarpus - fleur asymétrique jaune de 10–15 mm; fruit entourée d'une aile cylindrique de 4–7 cm de diamètre p252-254

Dalbergia – fleur asymétrique blanche de 5 mm; fruit est une gousse plate membraneuse de 3–6 x 1.5 cm p242

Bobgunnia - fleur avec 1 pétale blanc de 25 mm; fruit est une gousse noire cylindrique de 30 x 2 cm p237

Xeroderris – fleur asymétrique blanche de 18 mm; fruit est une gousse plate brune de 7–15 x 2–5 cm p261

Trichilia – fleur symétrique crème-verdâtre de 20–25 mm; fruit obovoïde, rouge-brune, 2–2.5 x 1.5–2 cm. p260

K20 Jeunes feuilles avec odeur résineuse quand frottées; folioles toujours opposées. .... *Lannea* p246-249

Feuilles sans odeur résineuse K21

K21 Grand arbre à contreforts; folioles 17–25 .... *Canarium* p239

Arbres sans contreforts; folioles 5–19. .... K22

K22 Ecorce crévassée. .... *Spondias* p259

Ecorce lisse ou écailleuse. K23

K23 Rameaux et folioles pubescentes; folioles 5–7 .... *Dialium* p244

Rameaux et folioles glabres K24

K24 Folioles 11–19. .... *Pterocarpus santalinoides* p254

Folioles 5–11 .... *Sorindeia juglandifolia* p258

Folioles 7–17 .... *Ekebergia capensis* p245

Andira inermis

(Wright) DC. [1787]

Leguminosae/Fabaceae

Arbre de 7–10 m; à écorce ± lisse. Feuilles alternes, imparipennées avec 4–10 paires de folioles de 5–11 x 2–5 cm. Fleurs roses de 12 mm en groupes terminaux de 60 cm. Fruit vert, pendant, ovoïde, de 3–7.5 x 2.5–5 cm.

Noms locaux
Moore: Uenlebendé; **Dioula**: kinedu; **Bambara**: kinedu

Utilisations
bois dur et lourd, s'utilise pour faire des meubles. L'écorce contient de puissantes toxines, et est quelquefois utilisée dans le traitement de maladies mentales.

Habitat
Galeries forestières, bords des mares. Floraison en saison sèche. Fruit en fin de saison des pluies.

Répartition géographique
Sénégal, Gambie, Guinée, Mali, Burkina Faso, Cote d'Ivoire, Ghana, Togo, Nigeria, Cameroun, Chad, République Centrafricaine, Soudan, Ouganda; Caribéen, Amérique Centrale (Belize, Costa Rica, Guatemala, Honduras, Mexique, Nicaragua, Panama) et du Sud (Colombie, Equateur, Bolivie, Pérou, Venezuela, Guyana, Suriname, Brésil, Argentine, Paraguay).

Domaine biogeographique
Afrotropicale, Néotropicale.

Categorie liste rouge D'UICN
Préoccupation mineure (LC), évalué ici sur la base de sa répartition et son habitat.

Les graines sont Récalcitrantes. Poids des 1,000 graines = 792 g.

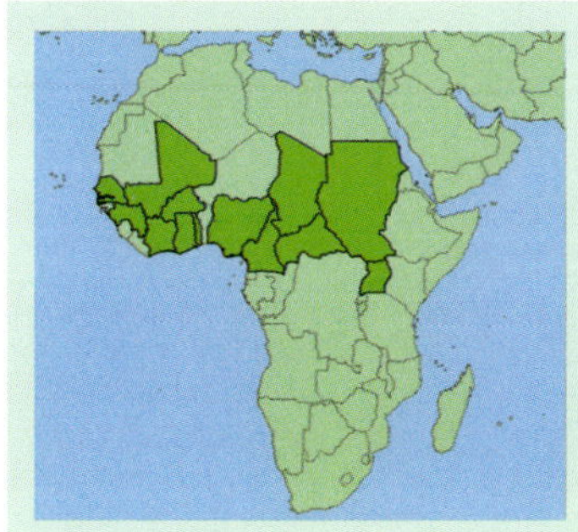

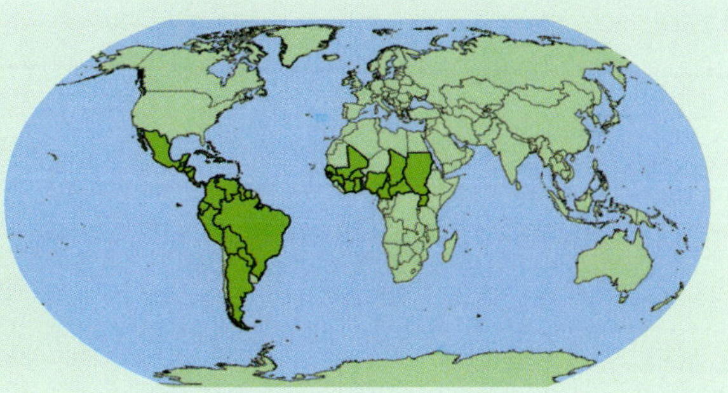

Azadirachta indica

Meliaceae

A. Juss. [1830]

Arbre de 15 m; écorce crévassée. Feuilles alternes, imparipennées avec 5–8 paires de folioles, de 7–10 x 2–3 cm chacune, bords dentés. Fleurs blanches de 10 mm, en groupes axillaires de 20 cm. Fruit jaune, ovoïde de 1.8 cm de long.

Noms locaux

Neem; **Mooré**: neem; **Dioula**: sa furani; **Bambara**: sa furani; **Fulani:** Mirwahi, Tirotiya

Utilisations

espèce native de l'Inde et de l'Asie du sud-ouest, est maintenant largement plantée sous les tropiques dans des conditions sèches; c'est un bon arbre d'ombrage, il rejette très bien et le bois est dur et durable; il est utilisé en charpenterie, fait du bon bois de feu et de charbon. Les feuilles s'utilisent comme insecticide et nematocide.

Habitat

Plantée. Floraison a tous saisons.

Répartition géographique

Originaire a l'Inde, maintenant cultivé dans tous les zones tropicales.

Domaine biogeographique

Indo-Maléenne.

Les graines sont Intermédiaires (probablement Orthodoxes) et les embryons germent à 90% à la température de 25°C. Poids des 1,000 graines = 250 g.

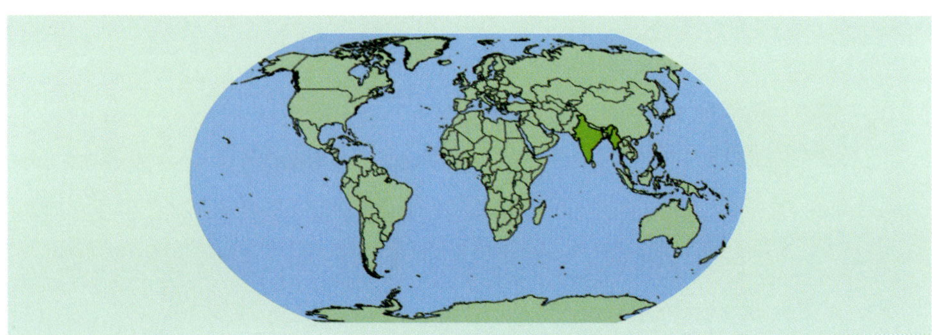

Bobgunnia madagascariensis

(Desv.) J.H. Kirkbr. & Wiersema [1826]

Leguminosae/ Fabaceae

Synonyme *Swartzia madagascariensis*

Arbre de 6 m; écorce lisse, écailleuse ou crévassée. Feuilles alternes, imparipennées avec 5–15 folioles alternes, chacune de 3–8 x 1–5 cm. Fleurs blanches de 25 mm en groupes axillaires ou terminaux de 10 cm. Fruit noir, cylindrique, de 8–30 x 1–2 cm.

Noms locaux
Senufo: Fomégué; **Dioula**: samagwara; **Peul**: gugeriki; **Bambara**: samagwara, Saman kara

Utilisations
bois dur et lourd, utilisé en construction et pour des meubles; bon bois de feu et charbon. Le fruit (et la graine) est écrasé et la poudre est utilisée comme poison pour poissons; cette poudre est aussi un insecticide.

Habitat
Savane. Floraison en saison sèche et au début de saison des pluies.

Répartition géographique
Sénégal, Gambie, Guinée, Guinée Bissau, Mali, Burkina Faso, Cote d'Ivoire, Ghana, Togo, Benin, Nigeria, Cameroun, Chad, République Centrafricaine, Congo-Kinshasa, Tanzanie, Angola, Zambie, Malawi, Mozambique, Zimbabwe, Namibie, Botswana, Afrique du Sud.

Domaine biogeographique
Afrotropicale.

Categorie liste rouge D'UICN
Préoccupation mineure (LC), évalué ici sur la base de sa répartition et son habitat.

Les graines se scarifient sur les téguments avant germination à 100% à 25°C. Poids des 1,000 graines = 118.69 g.

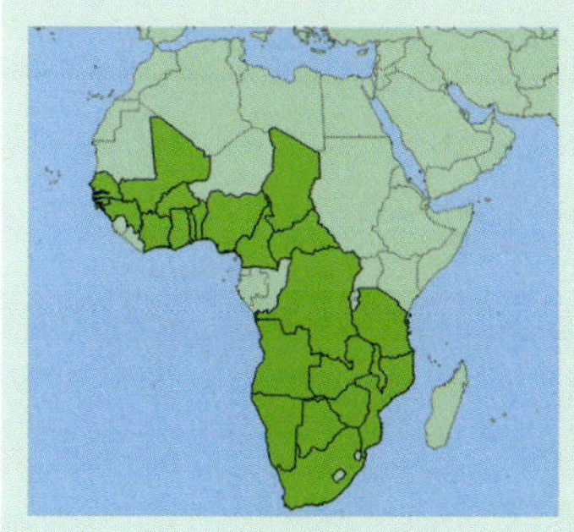

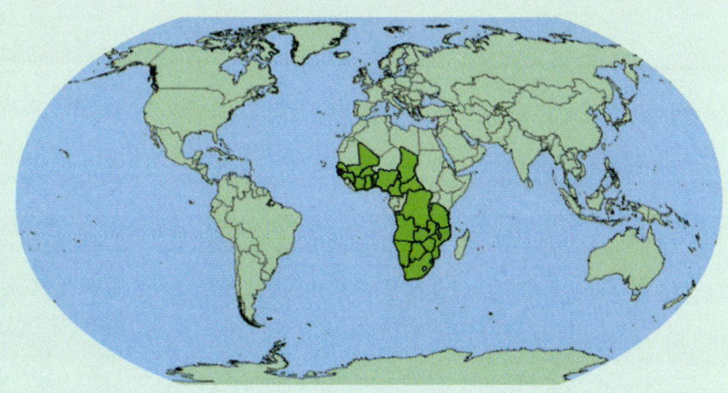

Boswellia dalzielii

Burseraceae

Hutch. [1910]

Arbre de 13 m; écorce lisse, exfoliant. Feuilles alternes, imparipennées avec 6–10 paires de folioles, de 6–10 x 1–3 cm chacune, bords dentés. Fleurs blanches et rouges de 15 mm en groupes de 30 cm. Fruit brun, obovoïde de 2 cm.

Noms locaux
Mooré: Gondregnego; **Peul**: andakehi gorki

Utilisations
Quelque fois plantée comme ornementale; la résine parfumée d'écorce est brulée pour la fumigation des chambres et des habits.

Habitat
Savanes sèches. Floraison en saison sèche.

Répartition géographique
Burkina Faso, Cote d'Ivoire, Ghana, Niger, Nigeria, Cameroun, République Centrafricaine.

Domaine biogeographique
Afrotropicale.

Categorie liste rouge D'UICN
Préoccupation mineure (LC), évalué ici sur la base de sa répartition et son habitat.

Poids des 1,000 graines = 10.74 g.

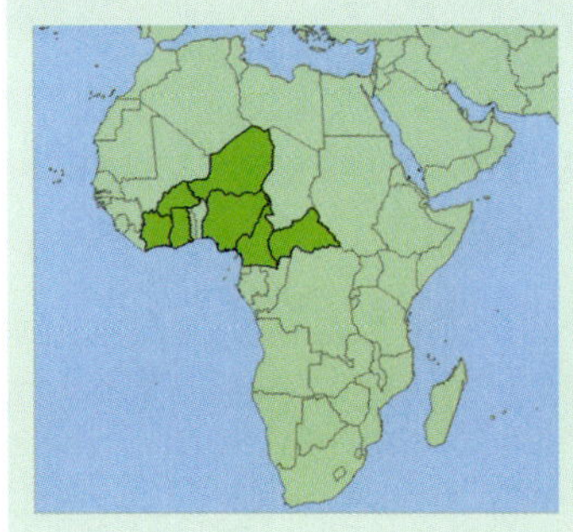

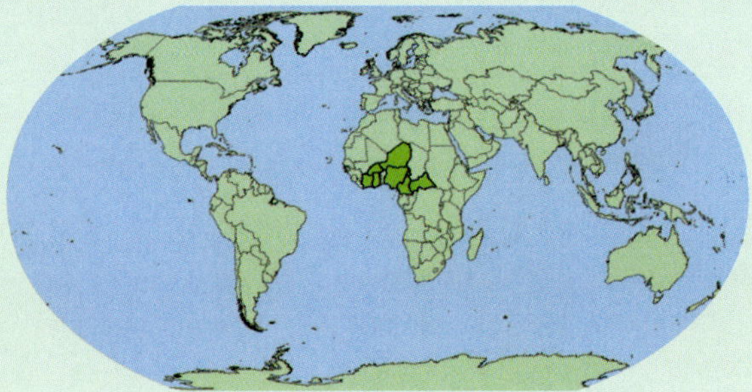

Canarium schweinfurthii

Engl. [1883]

Burseraceae

Arbre de 36 m, avec de petits contreforts. Feuilles imparipennées, avec 8–12 paires de folioles, chacune de 4–20 x 2–6 cm. Fleurs crèmes à pétales de 10 mm de long, en groupes branchus. Fruit pourpre, ellipsoide de 4 x 2 cm.

Noms locaux
–

Utilisations
bois mou, s'utilise pour meubles, planches et travaux de construction. La décoction d'écorce est utilisée contre la dysenterie. Fruit comestible.

Habitat
Forêt. Floraison?

Répartition géographique
Sénégal, Guinée Bissau, Guinée, Sierra Leone, Burkina Faso, Cote d'Ivoire, Ghana, Togo, Nigeria, Cameroun, République Centrafricaine Gabon, Congo-Kinshasa, Soudan, Ouganda, Tanzanie, Angola, Zambie, Malawi; Madagascar.

Domaine biogeographique
Afrotropicale.

Categorie liste rouge D'UICN
Préoccupation mineure (LC), évalué ici sur la base de sa répartition et son habitat.

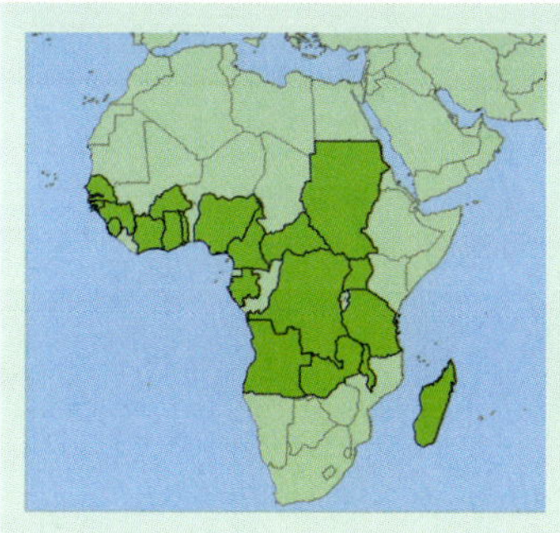

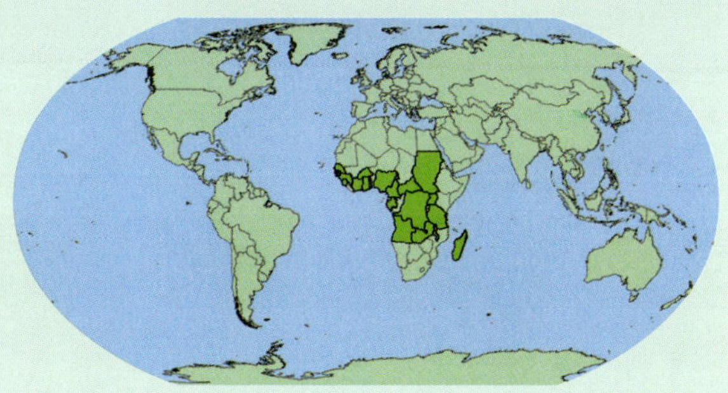

Commiphora africana

Burseraceae

(A. Rich.) Engl. [1831]

Arbre ou arbuste de 6 m, souvent avec branches épineuses; écorce lisse, exfoliant en écailles membraneuses. Feuilles alternes, 3-foliolées, chaque foliole mesure 2–4 x 1–2 cm, aux bords crénelés. Fleurs rouge-jaunâtres de 8 mm en petits touffes axillaires. Fruit rouge à brun, globuleux ou ovoïde de 8 mm.

Plus d'informations sur la p. 47

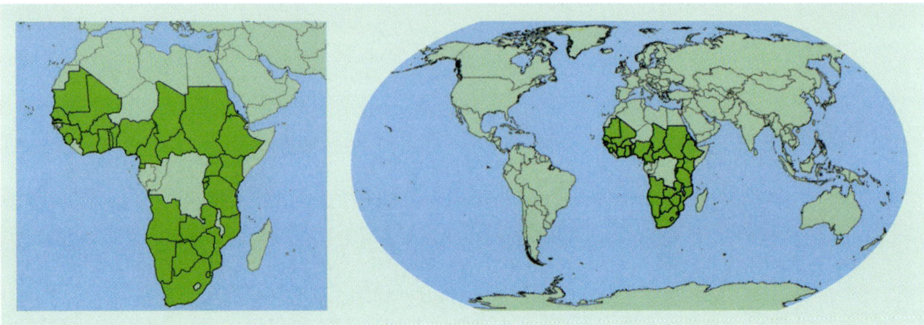

Commiphora pedunculata

Burseraceae

(Kotschy & Peyr.) Engl. [1867]

Arbre ou arbuste de 4 m, souvent avec des branches épineuses; écorce lisse, exfoliant en écailles membraneuses, puis rugueuse. Feuilles alternes, imparipennées avec 2–5 paires de folioles, chacune de 2–7 x 1–3 cm, bords crénelés. Fleurs blanches ou crèmes de 7 mm en groupes courts axillaires. Fruit noir, ellipsoide de 12 mm.

Plus d'informations sur la p. 48

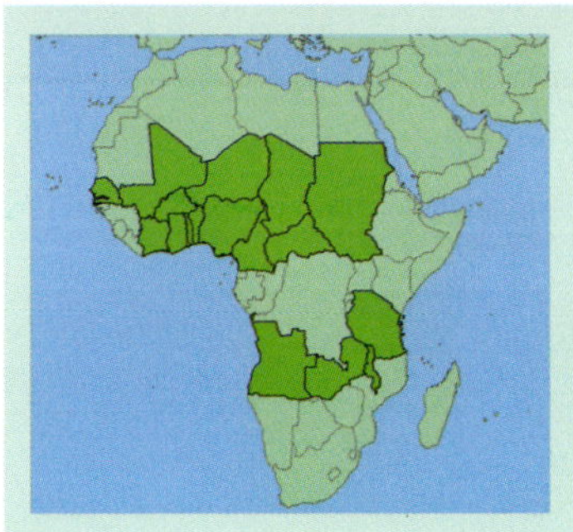

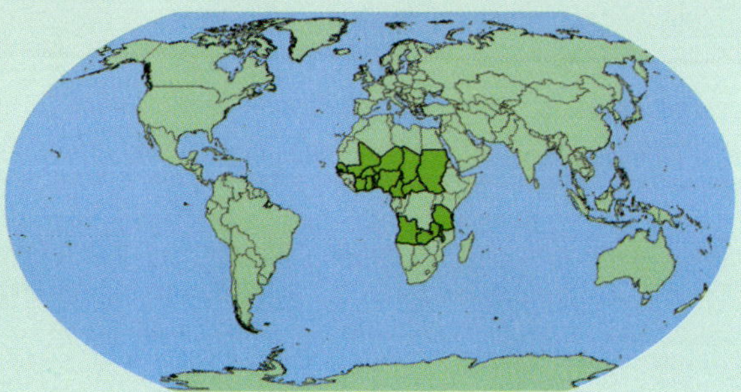

Dalbergia melanoxylon

Guill. & Perr. [1832]

Leguminosae/Fabaceae

Arbre de 5–12 m; écorce lisse. Feuilles alternes, imparipennées avec 2–5 paires de folioles de 1–5 x 1–3 cm. Fleurs blanches de 5 mm en groupes terminaux de 10 cm. Fruit brun, plat, allongé, de 6 x 1.5 cm.

Plus d'informations sur la p. 49

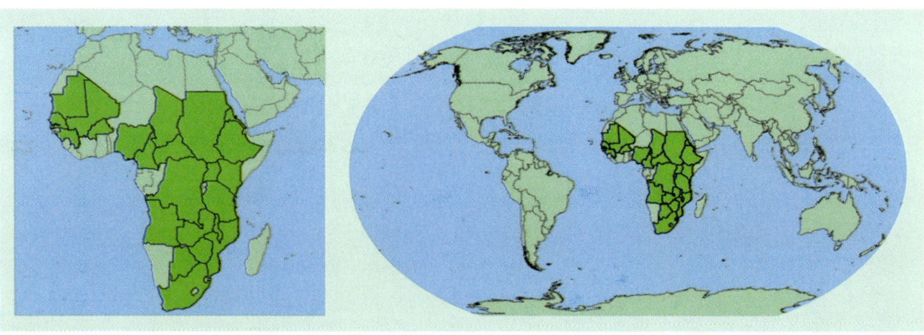

Detarium microcarpum

Leguminosae/Fabaceae

Guill. & Perr. [1832]

Arbre de 10 m; écorce écailleuse. Feuilles alternes, imparipennées avec 3–6 paires de folioles, de 7–11 x 3–5 cm chacune. Fleurs de couleur crème (sans pétales) de quelques millimètres, en groupes axillaires de 5 cm. Fruit vert, ± aplati, ovoïde ou globuleux, de 5 x 2.5 cm.

Noms locaux

Mooré: Kagadéga; **Dioula**: Tamba; **Peul**: Kalahi; **Bambara**: ntamanjalen

Utilisations
le fruit est comestible.

Habitat
Savane; commun. Floraison en saison des pluies.

Répartition géographique
Sénégal, Gambie, Guinée Bissau, Guinée, Mali, Burkina Faso, Cote d'Ivoire, Togo, Nigeria, Cameroun, République Centrafricaine, Congo-Kinshasa, Soudan.

Domaine biogeographique
Afrotropicale.

Categorie liste rouge D'UICN
Préoccupation mineure (LC), évalué ici sur la base de sa répartition et son habitat.

Les graines sont probablement Orthodoxes et se scarifient sur les téguments avant germination à 90% à 23/9°C. Poids des 1,000 graines = 1868.52 g.

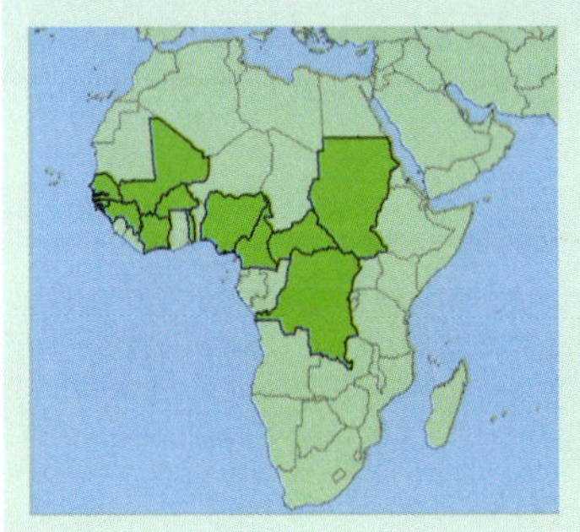

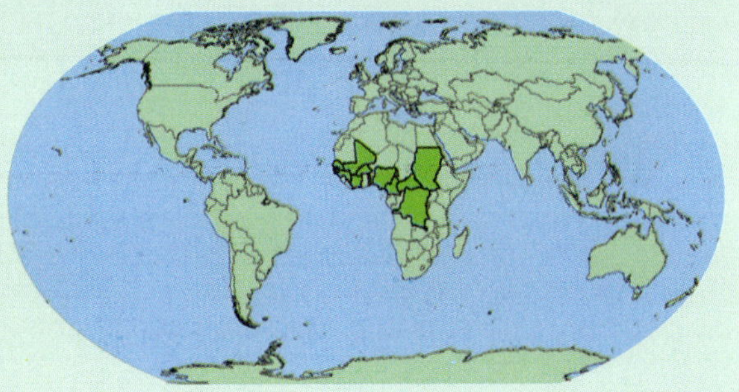

Dialium guineense

Willd. [1796]

Leguminosae/Fabaceae

Arbre de 10 m; écorce lisse. Feuilles alternes, subopposées, imparipennées avec 5–7 folioles, de 3–13 x 1–5 cm chacune. Fleurs verdâtres de 6 mm en groupes terminaux de 30 cm. Fruit brun-noir, aplati-globuleux de 2.5 cm.

Noms locaux
Mooré: Maka poussa

Utilisations
bois utilisé dans la petite menuiserie; fait du bon bois de feu et charbon. La pulpe du fruit est comestible et le fruit est souvent vendu dans les marchés.

Habitat
Forêts, collines rocheuses; localement commun. Floraison en saison sèche.

Répartition géographique
Sénégal, Gambie, Sierra Leone, Guinée Bissau, Guinée, Liberia, Mali, Burkina Faso, Cote d'Ivoire, Ghana, Togo, Benin, Nigeria, Cameroun, São Tomé and Príncipe.

Domaine biogeographique
Afrotropicale.

Categorie liste rouge D'UICN
Préoccupation mineure (LC), évalué ici sur la base de sa répartition et son habitat.

Les graines sont Orthodoxes. Poids des 1,000 graines = 130.16 g.

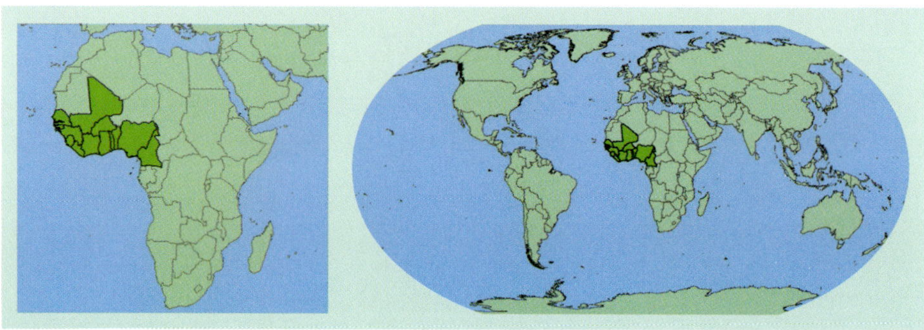

Ekebergia capensis

Meliaceae

Sparrm. [1779]

Synonyme *Ekebergia senegalensis*

Arbre de 10–12 m. Feuilles alternes, imparipennées à 3–8 paires de folioles (sub-)opposées, chaque 5–12 x 2–5 cm. Fleurs blanches-verdatres, de 5 mm, en petits groupes parmi les feuilles. Fruit brun-orange, rond de 15–20 mm.

Noms locaux
Senufo: Naulébé; **Bambara**: Gumi

Utilisations
toutes les parties de la plante sont considérées toxiques.

Habitat
Galerie forestière ou forêt claire; floraison en saison sèche.

Répartition géographique
Sénégal, Guinée, Guinée-Bissau, Sierra Leone, Mali, Burkina Faso, Cote d'Ivoire, Ghana, Togo, Benin, Nigeria, Cameroun, CAR, Congo-Kinshasa, Rwanda, Burundi, Soudan, Ethiopie, Ouganda, Kenya, Tanzanie, Angola, Zambie, Malawi, Mozambique, Zimbabwe, Botswana, Afrique du Sud.

Domaine biogeographique
Afrotropicale.

Categorie liste rouge D'UICN
Préoccupation mineure (LC), évalué ici sur la base de sa répartition et son habitat.

Poids des 1,000 graines = 1,880 g.

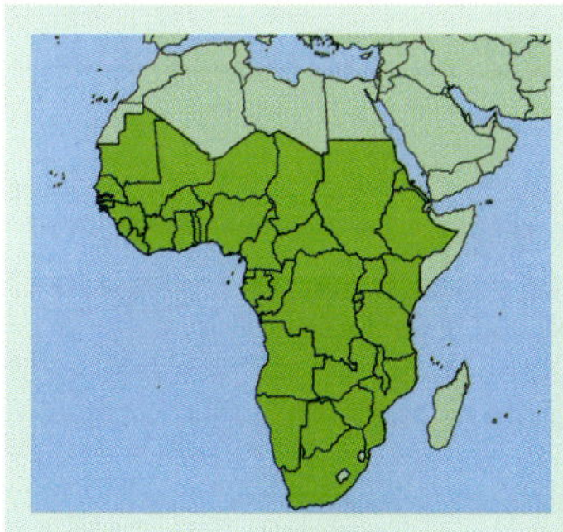

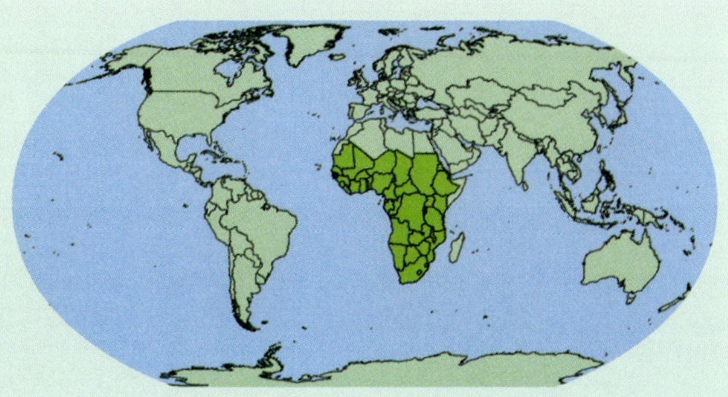

Lannea acida

Anacardiaceae

A. Rich. [1831]

Arbre de 12 m; écorce écailleuse et crévassée. Feuilles alternes, imparipennées, avec 3–6 paires de folioles et une foliole terminale, de 4–12 x 1–5 cm chacune. Fleurs blanches à jaunes de 4 mm, en groupes terminaux. Fruit jaune à rouge, ellipsoide de 1 cm de long.

Noms locaux
Mooré: Sabtulga; **Dioula**: Npeku; **Peul**: Farouhi; **Bambara**: npekugwèlèn

Utilisations
espèce souvent épargnée pendant les défrichements; bois utilisé pour faire de petits objets; l'écorce produit une gomme comestible; l'écorce de racine s'utilise en médecine contre les saignements et comme soulagement pour les enfants rachitiques; l'écorce s'utilise largement dans les accouchements; feuilles jeunes sont comestibles; la pulpe de fruit est comestible.

Habitat
Savane. Floraison en fin de saison sèche.

Répartition géographique
Sénégal, Gambie, Guinée Bissau, Sierra Leone, Mali, Burkina Faso, Cote d'Ivoire, Togo, Benin, Nigeria.

Domaine biogeographique
Afrotropicale.

Categorie liste rouge D'UICN
Préoccupation mineure (LC), évalué ici sur la base de sa répartition et son habitat.

Poids des 1,000 graines = 121.48 g.

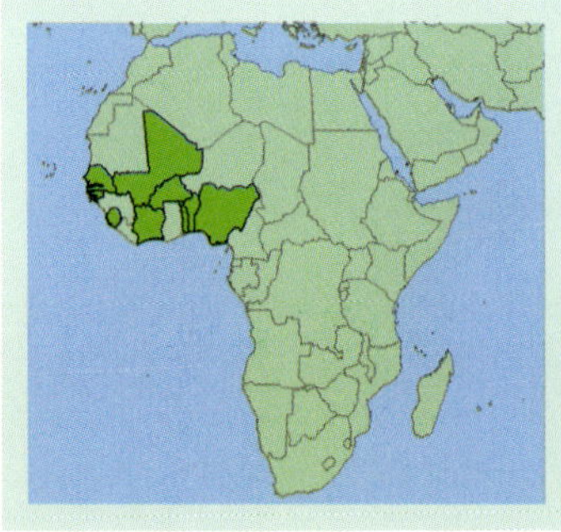

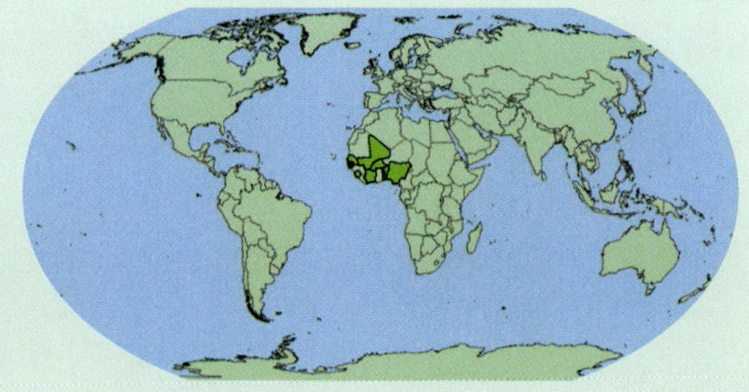

Lannea barteri

(Oliv.) Engl. [1868]

Anacardiaceae

Arbre de 12 m; écorce lisse. Feuilles alternes, imparipennées avec 2–6 paires de folioles, de 9–13 x 4–7 cm chacune. Fleurs jaunâtres de 3 mm, en groupes terminaux. Fruit pourpre à noir, ellipsoide de 13 mmb.

Noms locaux
–

Utilisations
l'écorce fibreuse est utilisée dans le cordage, l'écorce s'utilise aussi pour faire une teinture (de couleur brun rougeâtre), elle s'utilise aussi contre les ulcères et les douleurs, et contre la diarrhée et l'épilepsie.

Habitat
Savane. Floraison en fin de saison sèche.

Répartition géographique
Guinée, Sierra Leone, Mali, Burkina Faso, Cote d'Ivoire, Ghana, Togo, Benin, Nigeria, République Centrafricaine, Congo-Kinshasa, Soudan, Ethiopie, Ouganda.

Domaine biogeographique
Afrotropicale.

Categorie liste rouge D'UICN
Préoccupation mineure (LC), évalué ici sur la base de sa répartition et son habitat.

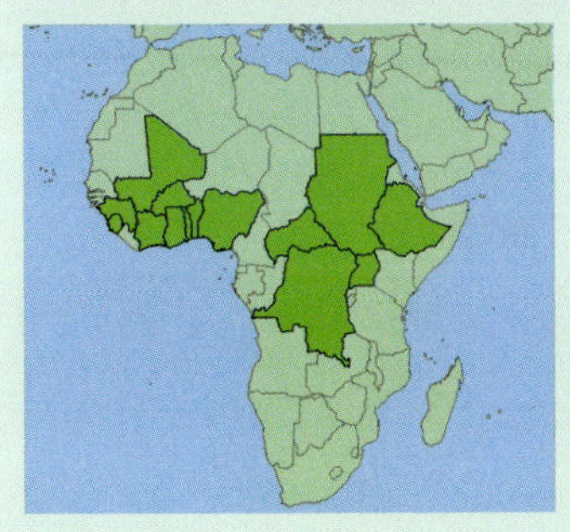

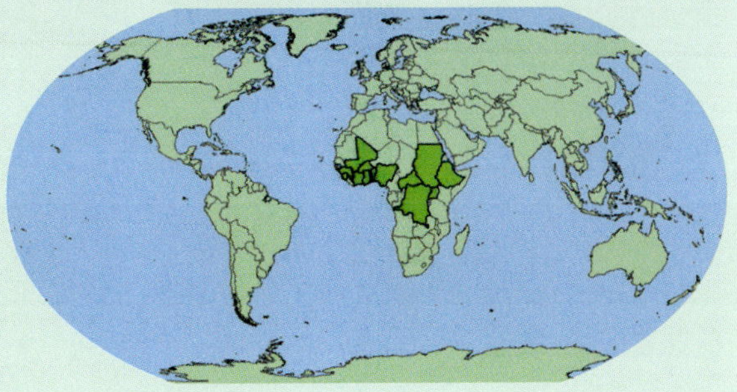

Lannea microcarpa

Engl. & K. Krause [1911]

Anacardiaceae

Arbre de 15 m; écorce lisse ou ± écailleuse. Feuilles alternes, imparipennées, avec 2–4 paires de folioles, de 5–13 x 2–6 cm chacune. Fleurs jaunâtres de 4 mm, en groupes terminaux. Fruit pourpre, ellipsoide de 14 mm.

Noms locaux
Mooré: Sabga; **Dioula**: npekuba; **Peul**: inconu; **Bambara**: npekuba; **Senufo**: Veké

Utilisations
la fibre d'écorce s'utilise pour faire des cordes; la gomme d'écorce est comestible, tout comme les feuilles et la pulpe de fruit.

Habitat
Savanes, collines rocheuses. Floraison en fin de saison sèche.

Répartition géographique
Sénégal, Gambie, Guinée, Burkina Faso, Cote d'Ivoire, Ghana, Togo, Benin, Nigeria, Niger, Cameroun.

Domaine biogeographique
Afrotropicale.

Categorie liste rouge D'UICN
Préoccupation mineure (LC), évalué ici sur la base de sa répartition et son habitat.

Les graines sont Orthodoxes. Poids des 1,000 graines = 155.29 g.

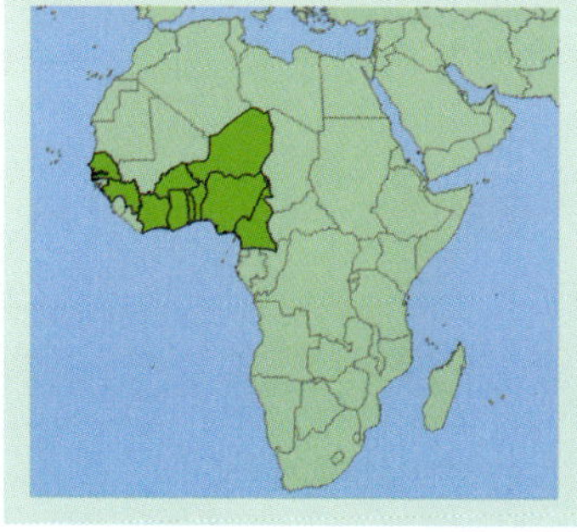

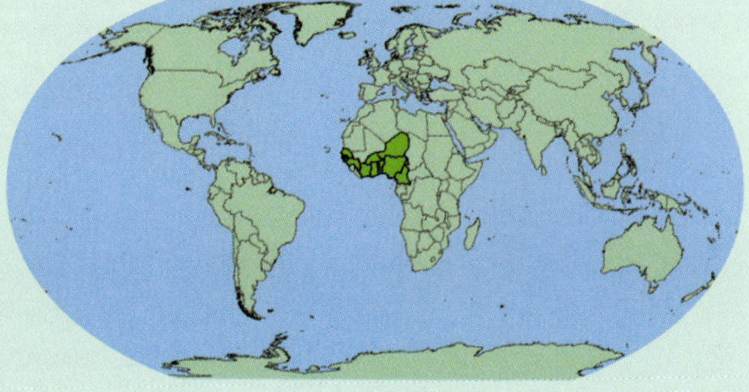

Lannea velutina

A. Rich. [1831]

Anacardiaceae

Petit arbre de 8 m; écorce lisse. Feuilles alternes, imparipennées, avec 3–5 paires de folioles, de 7–10 x 3–6 cm chacune. Fleurs jaunâtres de 5 mm, en groupes terminaux. Fruit ellipsoide et rougeâtre de 10 mm.

Noms locaux
Mooré: Wam-sibi; **Dioula**: npekubangènyè; **Peul**: inconu; **Bambara**: npekubangènyè

Utilisations
bois est utilisé pour faire des outils et boles; l'écorce produit une teinture rouge-brun; la pulpe de fruit est comestible.

Habitat
Savane. Floraison en fin de saison sèche.

Répartition géographique
Sénégal, Gambie, Guinée Bissau, Guinée, Mali, Burkina Faso, Cote d'Ivoire, Ghana.

Domaine biogeographique
Afrotropicale.

Categorie liste rouge D'UICN
Préoccupation mineure (LC), évalué ici sur la base de sa répartition et son habitat.

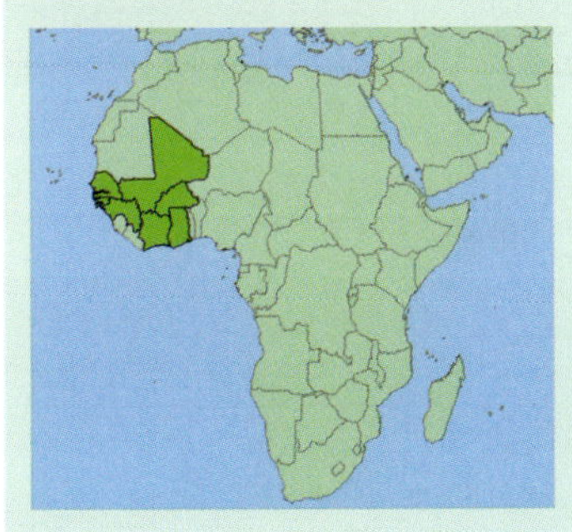

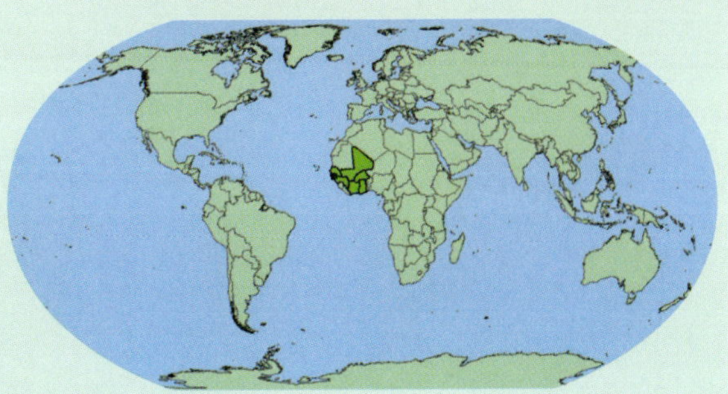

Pericopsis laxiflora

(Bak.) van Meeuwen [1871]

Leguminosae/Fabaceae

Arbre de 7 m; écorce lisse, avec taches oranges. Feuilles alternes, imparipennées avec 4–6 paires de folioles, de 3–10 x 2–5 cm chacune. Fleurs vert-blanches de 18 mm en groupes, terminales ou axillaires de 20 cm. Fruit brun, plat-allongé, de 15 x 2.5 cm.

Noms locaux
Mooré: Kwil taanga, Tankoniliga; **Peul**: Kokobi; **Bambara**: kolokolo; **Dyula**: Domo, kolo-kolo

Utilisations
bois de cœur très solide et résistant aux termites, s'utilise pour construction de maison, manches d'outils, pilons et en charpenterie; fait du bon charbon. L'écorce est utilisée médicalement contre une gamme de maladies; la décoction de racine est utilisée contre la diarrhée, et un morceau de racine est souvent ajouté au vin de palme afin d'augmenter sa potence.

Habitat
Savane, assez commun. Floraison en fin de saison sèche et commencement de saison des pluies.

Répartition géographique
Sénégal, Guinée, Sierra Leone, Mali, Burkina Faso, Cote d'Ivoire, Ghana, Togo, Benin, Nigeria, Cameroun, République Centrafricaine, Soudan.

Domaine biogeographique
Afrotropicale.

Categorie liste rouge D'UICN
Préoccupation mineure (LC), évalué ici sur la base de sa répartition et son habitat.

Les graines sont Orthodoxes et se scarifient sur les téguments avant germination à 85% à la température de 25°C. Poids des 1,000 graines = 92.2 g.

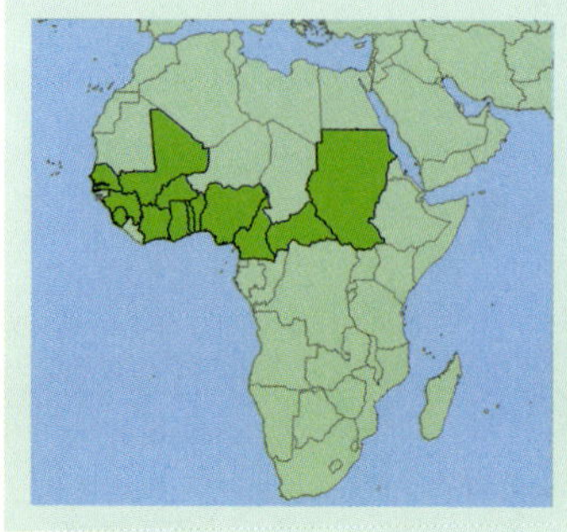

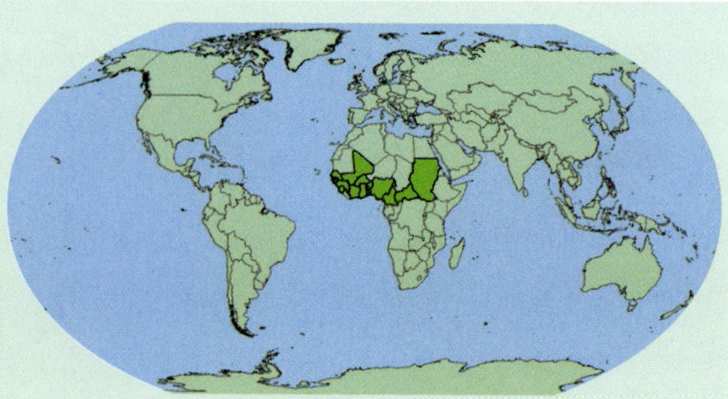

Philenoptera laxiflora

Leguminosae/Fabaceae

(Guill. & Perr.) Roberty [1832]

Synonyme *Lonchocarpus laxiflorus*

Arbre de 8 m; écorce lisse, ± écailleuse. Feuilles alternes, imparipennées avec 3–5 paires de folioles, de 3–18 x 1.5–7 cm chacune. Fleurs violettes de 12 mm en épis, terminales pendantes. Fruit brun, plat allongé, de 10 x 2 cm.

Noms locaux
Moore: Nihilenga, Yiiga

Utilisations
pas documentée au Burkina.

Habitat
Savane. Floraison en saison sèche. De Sénégal au Kenya.

Répartition géographique
Sénégal, Gambie, Guinée Bissau, Guinée, Mali, Burkina Faso, Cote d'Ivoire, Ghana, Togo, Benin, Nigeria, Niger, Cameroun, République Centrafricaine, Congo-Kinshasa, Soudan, Erythrée, Ethiopie, Ouganda, Kenya, Tanzanie.

Domaine biogeographique
Afrotropicale.

Photo Katharina Schumann www.westafricanplants.senckenberg.de

Categorie liste rouge D'UICN
Préoccupation mineure (LC), évalué ici sur la base de sa répartition et son habitat.

Les graines sont Orthodoxes et se scarifient sur les téguments avant germination à 90% à la température de 25°C.

Photo Anne Mette Lykke www.westafricanplants.senckenberg.de

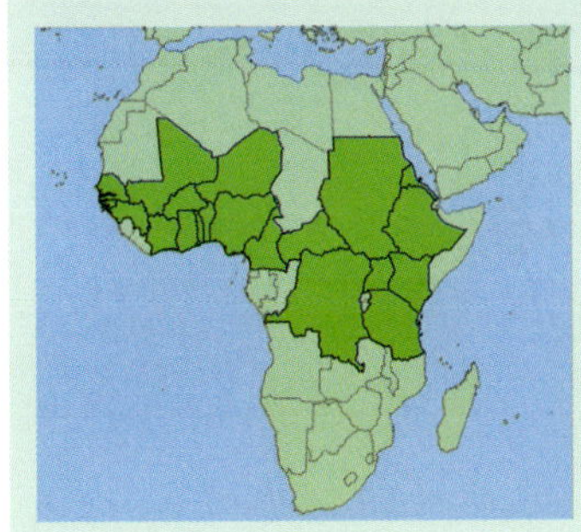

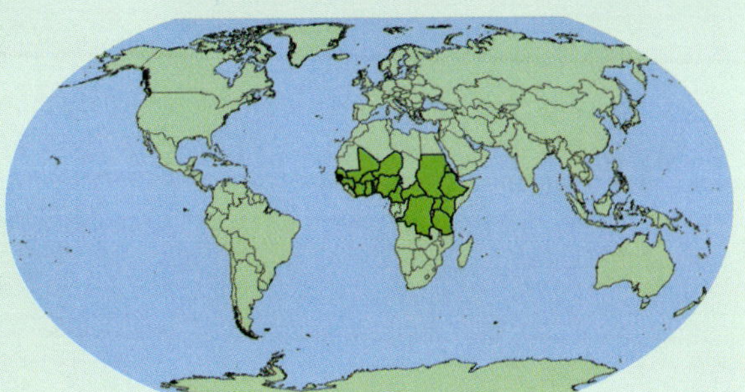

Pterocarpus erinaceus

Leguminosae/Fabaceae

Poir. [1804]

Arbre de 12 m; écorce écailleuse. Feuilles alternes, imparipennées avec 3–7 paires de folioles alternes, chacune de 6–11 x 3–6 cm. Fleurs jaunes de 12 mm en groupes terminaux de 20 cm. Fruit brun, arrondi et épineux, le centre entouré par une aile plate et ronde de 7 cm de diamètre.

Noms locaux

–

Utilisations

Bois dur et élastique, très bon bois de qualité pour la menuiserie et la fabrication des meubles; résistant aux insectes foreurs. Le bois de cœur est source de teinture rouge, et les plaquettes en sont vendues dans les marchés pour ce but. La résine d'écorce est utilisée contre la diarrhée en pharmacopée. C'est aussi un bon arbre mellifère.

Habitat

Savane. Floraison en saison sèche.

Répartition géographique

Sénégal, Gambie, Guinée-Bissau, Guinée, Sierra Leone, Mali, Burkina Faso, Cote d'Ivoire, Ghana, Togo, Benin, Niger, Nigeria, Cameroun, République Centrafricaine.

Domaine biogeographique

Afrotropicale.

Categorie liste rouge D'UICN

Préoccupation mineure (LC), évalué ici sur la base de sa répartition et son habitat.

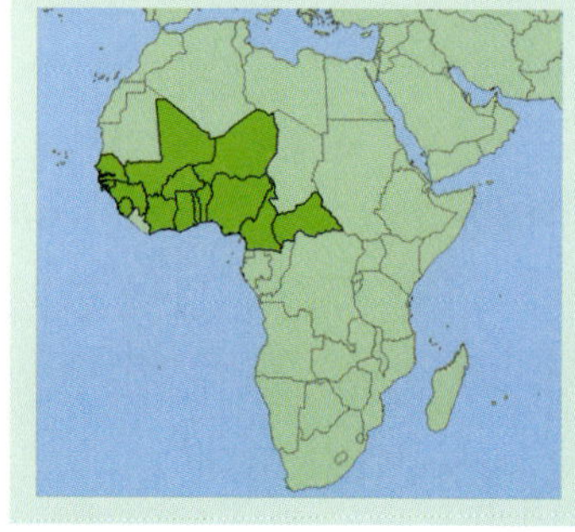

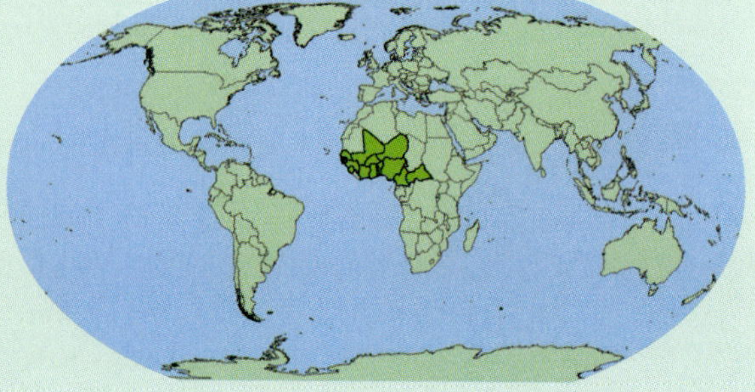

Pterocarpus lucens

Guill. & Perr. [1832]

Leguminosae/Fabaceae

Arbre ou arbuste de 10 m; écorce lisse ou ± écailleuse. Feuilles alternes, imparipennées avec (1)5–9 folioles subopposés ou alternes, de 4–8 x 2–5 cm chaque. Fleurs jaunes de 15 mm en épis axillaires de 12 cm. Fruit brun, dont le milieu rond est entouré par une aile plate et circulaire de 5.5 cm de diamètre.

Noms locaux
Moore: Pempélaga; **Dioula**: bala; **Peul**: tiami; **Fulani:** Cami; **Bambara**: bala

Utilisations
bois dur et flexible, et souvent utilisé en charpenterie; bon bois de feu. Feuilles sont mangées par le bétail, y compris les chameaux.

Habitat
Savane, termitières.

Répartition géographique
Mauritanie, Sénégal, Guinée, Mali, Burkina Faso, Ghana, Niger, Nigeria, Cameroun, Chad, République Centrafricaine, Congo-Brazzaville, Congo-Kinshasa, Soudan, Erythrée, Ethiopie, Ouganda, Angola, Zambie, Malawi, Mozambique, Zimbabwe, Namibie, Botswana, Afrique du Sud.

Domaine biogeographique
Afrotropicale.

Categorie liste rouge D'UICN
Préoccupation mineure (LC), évalué ici sur la base de sa répartition et son habitat.

Les graines se scarifient sur les téguments avant germination à 90% à la température de 21°C. Poids des 1,000 graines = 163.58 g.

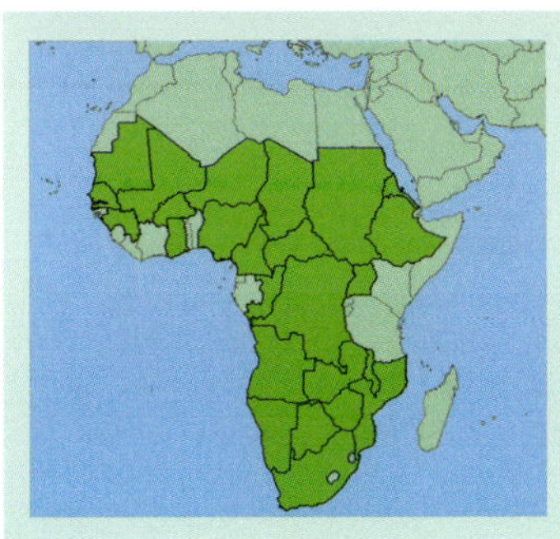

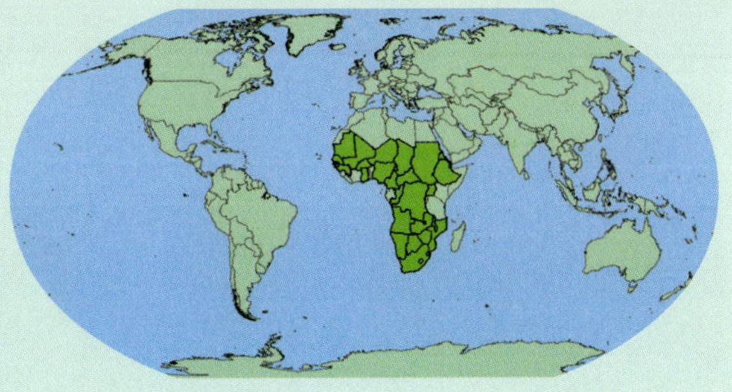

Pterocarpus santalinoides

DC. [1825]

Leguminosae/ Fabaceae

Arbre de 15 m; écorce ± écailleuse. Feuilles alternes, imparipennées avec 5–9 paires de folioles alternes, chacune de 5–12 x 3–5 cm. Fleurs jaunes de 15 mm en épis axillaires de 20 cm. Fruit brun, ovoïde, entouré par une aile plate et circulaire de 6 cm de diamètre.

Noms locaux
Bambara: Diado, jako; **Dioula**: jako

Utilisations
bois non durable, utilisé en charpenterie et pour bois de feu. La résine d'écorce s'utilise comme 'kino' pour soigner les plaies, et contre la fièvre. C'est aussi un bon arbre mellifère.

Habitat
Galeries forestières, savane. Floraison en saison sèche.

Répartition géographique
Sénégal, Gambie, Guinée, Sierra Leone, Liberia, Mali, Burkina Faso, Cote d'Ivoire, Ghana, Togo, Benin, Nigeria, Cameroun; Brésil, Paraguay, Argentine.

Domaine biogeographique
Afrotropicale, Néotropicale.

Categorie liste rouge D'UICN
Préoccupation mineure (LC), évalué ici sur la base de sa répartition et son habitat.

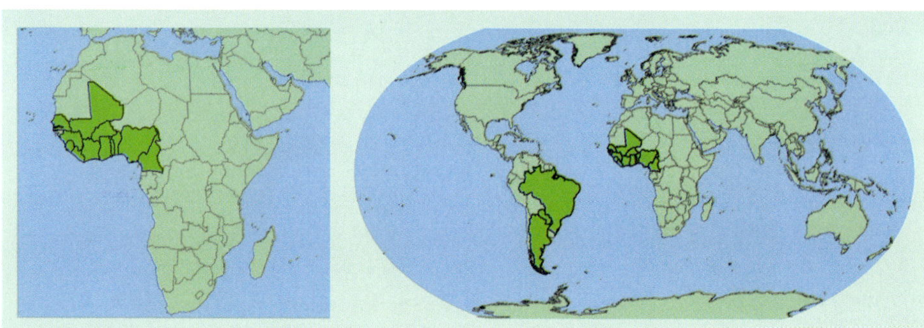

Quassia undulata

Simaroubaceae

(Guill. & Perr.) D. Dietr. [1831]

Synonyme *Hannoa undulata* de Lebrun & Stork

Arbre ou arbuste de 10 m; écorce crevassée, molle et subéreuse. Feuilles alternes, imparipennées avec 3–5 paires de folioles, de 5–10 x 2–5 cm chaque. Fleurs crèmes de 8 mm en groupes terminaux de 35 cm. Fruit pourpre, ovoïde de 2 cm.

Noms locaux
Dioula: kolonson; **Bambara**: kolonson; **Hausa**: Takanedédjiua

Utilisations
croissance rapide, et colonise les zones cultivables abandonnées. Bois mou, facile à travailler, pas durable; utilisé pour planches, escabots et outils, et tam-tams. Le fruit est utilisé en remède contre les poux de têtes.

Habitat
Savane, assez rare. Floraison en saison sèche.

Répartition géographique
Sénégal, Gambie, Liberia, Guinée, Burkina Faso, Ghana, Togo, Benin, Nigeria, Cameroun, Gabon, République Centrafricaine, Congo (Kinshasa), Ouganda, Kenya, Tanzanie, Zambie, Angola.

Domaine biogeographique
Afrotropicale.

Categorie liste rouge D'UICN
Préoccupation mineure (LC), évalué ici sur la base de sa répartition et son habitat.

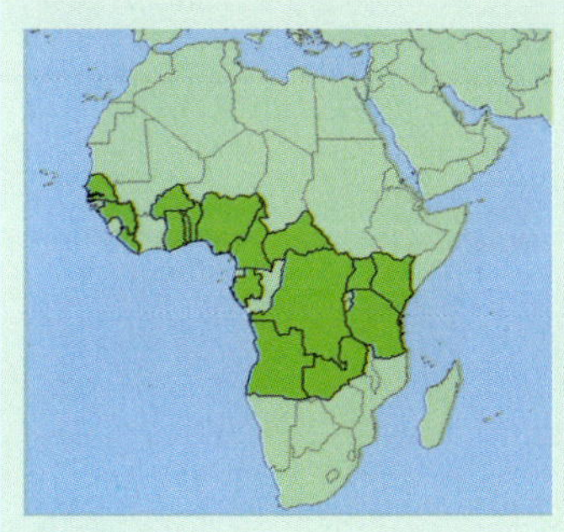

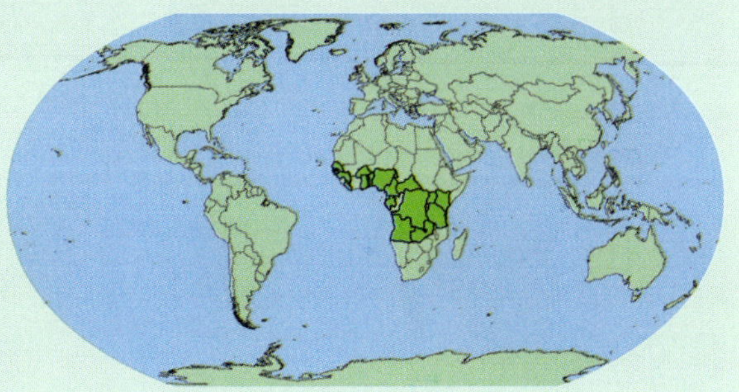

Sclerocarya birrea

(A. Rich.) Hochst. [1831]

Anacardiaceae

Arbre de 12 m; écorce écailleuse. Feuilles alternes, imparipennées avec 6–10 paires de folioles, chacune de 1–9 x 1–4 cm. Fleurs rougeâtres ou verdâtres de 6 mm (♀ et ♂ sur arbres séparés), en groupes terminaux de 3–5 cm de long. Fruit jaune, globulaire de 35 mm.

Noms locaux
Mooré: Nobéga, Noabga; **Dioula**: Kunan yiri; **Senufo:** Kegue; **Peul**: gurugahi; **Bambara**: nkunan

Utilisations
l'espèce se propage facilement par graines ou boutures. Bois s'utilise pour des mortiers et conteneurs; l'écorce s'utilise pour ses fibres, et pour faire de l'encre. Le fruit est comestible, et est souvent vendu dans les marchés.

Habitat
Savane, sur sols sableux; commune. Floraison en fin de saison sèche.

Répartition géographique
Mauritanie, Sénégal, Gambie, Guinée, Mali, Burkina Faso, Niger, Cote d'Ivoire, Ghana, Togo, Benin, Nigeria, Cameroun, Chad, République Centrafricaine, Soudan, Erythrée, Ethiopie, Congo-Kinshasa, Ouganda, Kenya, Tanzanie, Angola, Zambie, Malawi, Mozambique, Zimbabwe, Namibie, Botswana, Afrique du Sud, Madagascar.

Domaine biogeographique
Afrotropicale.

Categorie liste rouge D'UICN
Préoccupation mineure (LC), évalué ici sur la base de sa répartition et son habitat.

Les graines sont probablement Orthodoxes. Poids des 1,000 graines = 431.55 g.

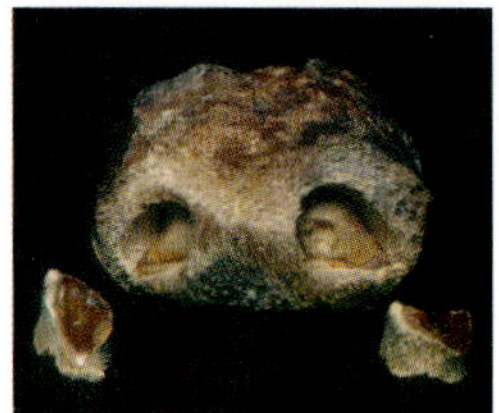

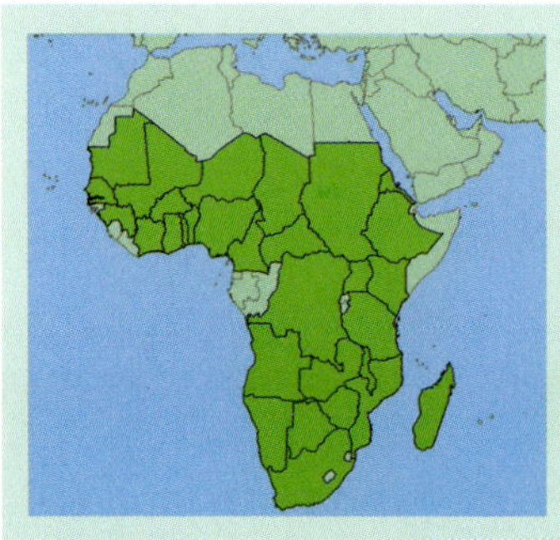

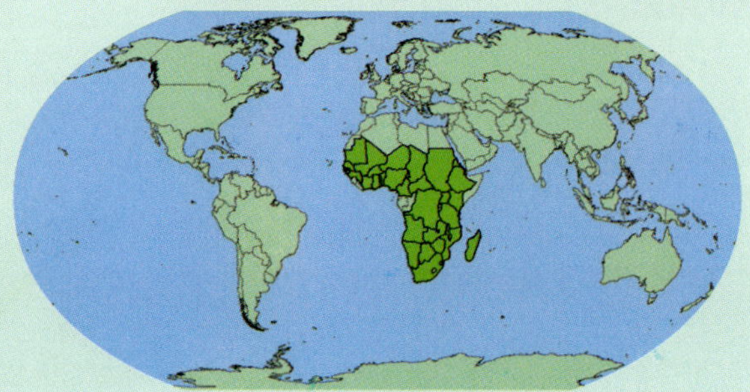

Sesbania sesban

(L.) Merrill [1753]

Leguminosae/Fabaceae

Arbre ou arbuste de 3 m; écorce lisse. Feuilles alternes, imparipennées avec 8–15 paires de folioles, chacune de 2–3 x 0.3–0.5 cm. Fleurs jaunes et pourpres de 30 mm en groupes axillaires. Fruit brun, long et mince de 25 x 0.5 cm.

Noms locaux

–

Utilisations

croit comme bordures, qui deviennent rapidement impénétrables; médiocre bois de feu; médiocre bois de service. Les feuilles contiennent de la saponine et peuvent être utilisées comme un insecticide. Les fleurs et jeunes fruits sont comestibles, mais les graines doivent être bouillies afin de les rendre comestibles.

Habitat

Bancs des cours d'eau. Floraison en saison des pluies.

Répartition géographique

Maroc, Egypte, Mauritanie, Sénégal, Gambie, Sierra Leone, Mali, Burkina Faso, Niger, Cote d'Ivoire, Ghana, Nigeria, Guinée Equatorial, Chad, République Centrafricaine, Soudan, Erythrée, Ethiopie, Somalie, Congo-Kinshasa, Ouganda, Kenya, Tanzanie, Angola, Zambie, Malawi, Mozambique, Zimbabwe, Namibie, Botswana, Afrique du Sud, Madagascar, Arabie, Iraq, Israël, Pakistan, Inde, Sri Lanka, Burma, Taiwan, Hawaii, Amérique du Sud (Surinam, Brésil, Venezuela, Paraguay), Caribéen.

Domaine biogeographique

Afrotropicale, Paléarctique, Indo-Maléenne, Océanique, Néotropicale.

Categorie liste rouge D'UICN

Préoccupation mineure (LC), évalué ici sur la base de sa répartition et son habitat.

Les graines sont Orthodoxes et se scarifient sur les téguments avant germination à 100% à la température de 25°C. Poids des 1,000 graines = 47.01 g.

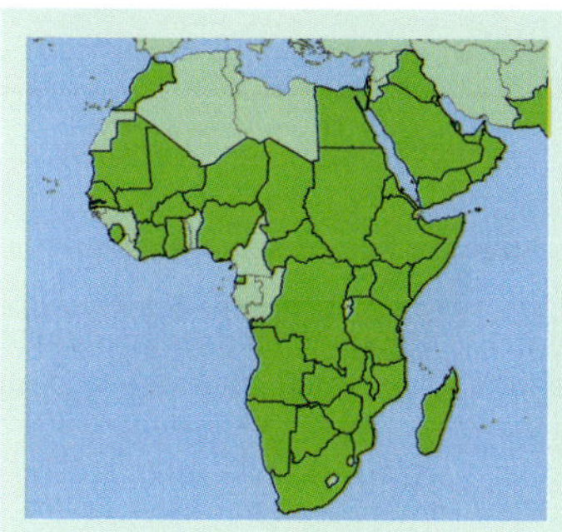

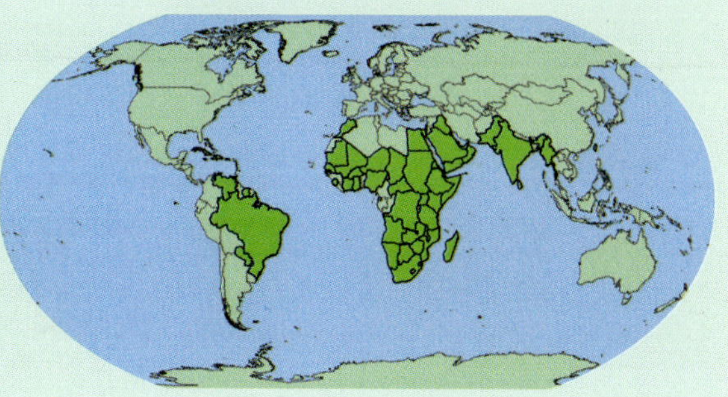

Sorindeia juglandifolia

(A. Rich.) Oliv. [1831]

Anacardiaceae

Synonyme *Sorindeia collina*

Arbre de 20 m; rameaux quelquefois avec un peu de latex blanche. Feuilles imparipennées au 5–11 folioles, ceux alternes ou subopposites, chaque 10–18 x 3–6 cm. Fleurs blanchâtres ou roses, de 3–5 mm, en groupes terminales jusqu'à 60 cm de long. Fruit orange, ellipsoide, de 12–20 x 9–10 mm.

Noms locaux

–

Utilisations

–

Habitat

Forêt, forêt ripicole.

Répartition géographique

Sénégal, Guinée, Guinée-Bissau, Sierra Leone, Mali, Burkina Faso, Cote d'Ivoire, Benin, Cameroun, Gabon, Congo-Brazzaville,Congo-Kinshasa, Rwanda, Burundi, Ouganda, Tanzanie, Angola, Zambie, Mozambique.

Domaine biogeographique

Afrotropicale.

Categorie liste rouge D'UICN

Préoccupation mineure (LC), évalué ici sur la base de sa répartition et son habitat.

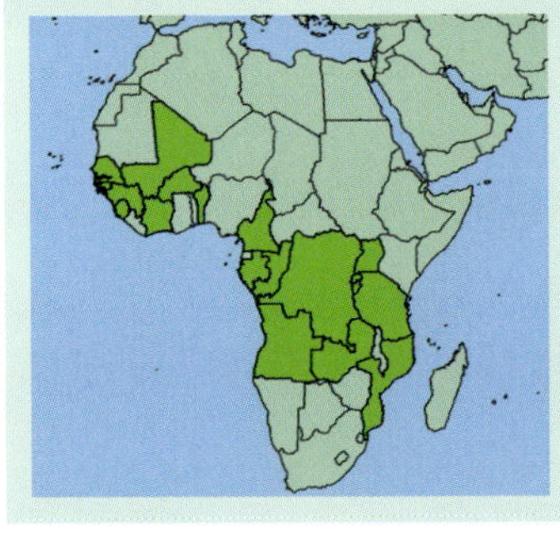

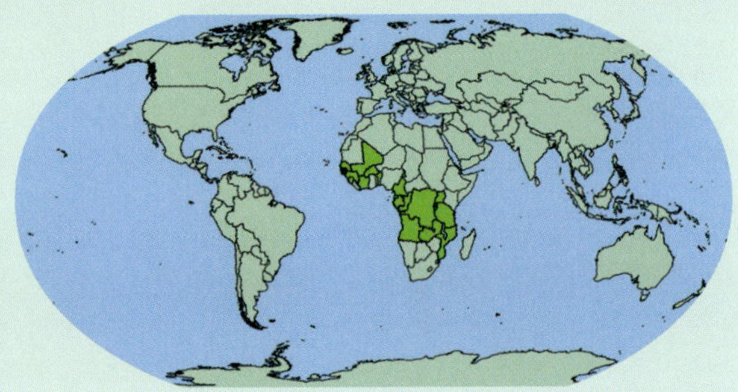

Spondias mombin

L. [1753]

Anacardiaceae

Arbre de 15 m; écorce crévassée. Feuilles alternes, imparipennées, avec 5–8 paires de folioles, chacune de 7–13 x 3–5 cm. Fleurs blanches de 12 mm en groupes terminaux de 20 cm. Fruit jaune, ellipsoide ou ovoïde, de 35 mm.

Noms locaux

–

Utilisations

l'espèce croit facilement en boutures pour faire des haies vives. Bois se prête aux attaques de termites et s'utilise pour faire de petits instruments. L'écorce s'utilise pour traiter les douleurs et la lèpre. La racine est utilisée contre la fièvre. Les feuilles fraiches sont des purgatives, et sont utilisées sur les douleurs. Le fruit est comestible, et est souvent vendu sur les marchés.

Habitat

Originaire d'Amérique centrale, cultivée dans les villages et parfois spontanée en lisière de forêt. Floraison en fin de saison sèche.

Domaine biogeographique

Néotropicale.

Categorie liste rouge D'UICN

Préoccupation mineure (LC), évalué ici sur la base de sa répartition et son habitat.

Les graines sont probablement Orthodoxes. Poids des 1,000 graines = 1097.5 g.

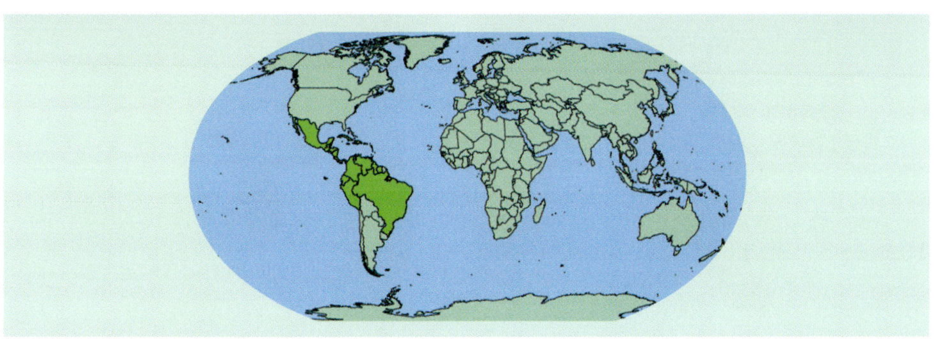

Trichilia emetica

Meliaceae

Vahl [1790]

Arbre de 12 m; écorce fissurée et écailleuse. Feuilles alternes, imparipennées avec 3–7 paires de folioles, chacune de 5–15 x 3–6 cm. Fleurs crèmes de 25 mm, en groupes axillaires ou terminaux de 8 cm. Fruit rouge, obovoïde de 2.5 cm.

Noms locaux
Mooré: Kinkirs-taanga; **Dioula**: solafinzan; **Peul**: budeyel; **Bambara**: sensanjè

Utilisations
bois utilisé pour faire des meubles, en travaux de construction et pour manches d'outils. Rameaux utilisés comme broche à dents. Écorce et feuilles sont amères et sont un puissant purgative et émétique; ceci peut causer des fatalités.

Habitat
Savane, souvent en stations rocheuses. Floraison en saison sèche.

Répartition géographique
Sénégal, Guinée, Sierra Leone, Mali, Burkina Faso, Cote d'Ivoire, Ghana, Togo, Benin, Nigeria, Cameroun, République Centrafricaine, Congo-Kinshasa, Soudan, Erythrée, Ethiopie, Somalie, Ouganda, Rwanda, Burundi, Kenya, Tanzanie, Angola, Zambie, Malawi, Mozambique, Zimbabwe, Namibie, Botswana, Afrique du Sud, Arabie.

Domaine biogeographique
Afrotropicale.

Categorie liste rouge D'UICN
Préoccupation mineure (LC), évalué ici sur la base de sa répartition et son habitat.

Les graines sont Récalcitrantes. Poids des 1,000 graines = 512.82 g.

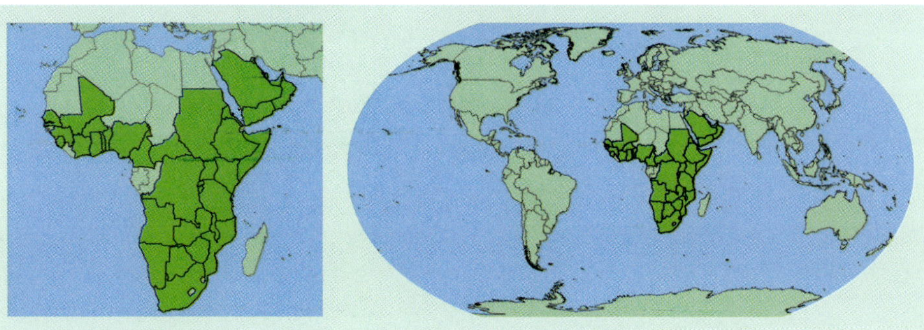

Xeroderris stuhlmannii

Leguminosae/Fabaceae

(Taub.) Mendonça & E.C.Sousa [1895]

Arbre de 12 m; écorce écailleuse. Feuilles alternes, imparipennées avec 4–7 paires de folioles, chacune de 8–11 x 3–6 cm. Fleurs blanches de 18 mm, en groupes terminaux de 20 cm. Fruit brun, plat-allongé, de 15 x 4.5 cm.

Noms locaux
Mooré: Baombanko, Boang banko; **Dioula**: Muso sanan; **Peul**: Dani rameji; **Bambara**: kungodugaranin

Utilisations
bois dur et parfumé, s'utilise en menuiserie. L'écorce est amère et utilisée médicalement. Graines sont apparemment poisonneuses.

Habitat
Savane sur sol rocheux. Floraison en fin de saison sèche.

Répartition géographique
Sénégal, Gambie, Guinée, Sierra Leone, Mali, Burkina Faso, Cote d'Ivoire, Ghana, Togo, Benin, Nigeria, Congo-Kinshasa, Kenya, Tanzanie, Zambie, Malawi, Mozambique, Zimbabwe, Namibie, Botswana, Swaziland, Afrique du Sud.

Domaine biogeographique
Afrotropicale.

Categorie liste rouge D'UICN
Préoccupation mineure (LC), évalué ici sur la base de sa répartition et son habitat.

Les graines se scarifient sur les téguments avant germination à 80% à la température de 26°C. Poids des 1,000 graines = 435 g.

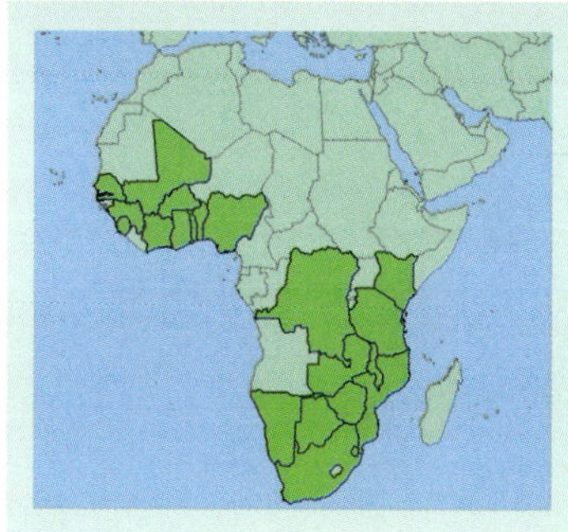

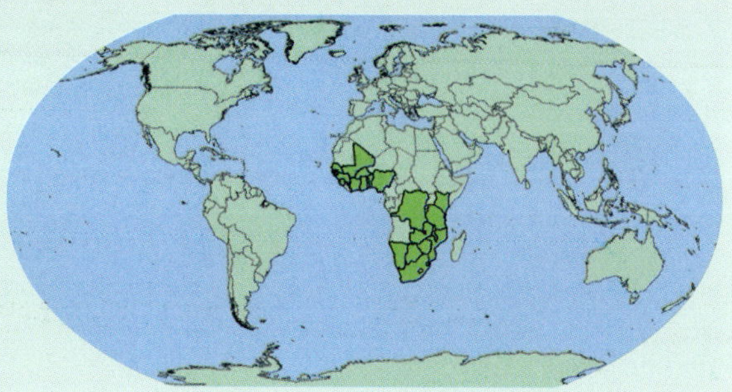

Guibourtia copallifera

Leguminosae/Fabaceae

Benn. [1857]

Arbre de 20 m; écorce ± lisse. Feuilles alternes, en 2 folioles, chacune de 4–12 x 2–5 cm. Fleurs blanches (sans pétales) de 8 mm, en épis axillaires ou terminaux en groupes de 50 cm. Fruit brun, aplati obovoïde, de 3–4 x 3 cm.

Noms locaux
Français: Copallier

Utilisations
troncs sont utilisés dans la construction des ponts; bois comme manches d'outils; fait du bon bois de feu et charbon. La résine est utilisée en médecine.

Habitat
Forêt, collines rocheuses; localement commun. Floraison en saison sèche et au début de saison des pluies.

Répartition géographique
Sénégal, Guinée, Liberia, Mali, Burkina Faso, Côte d'Ivoire.

Domaine biogeographique
Afrotropicale.

Categorie liste rouge D'UICN
Préoccupation mineure (LC), évalué ici sur la base de sa distribution et son habitat, et le fait que l'espèce peut être commune localement.

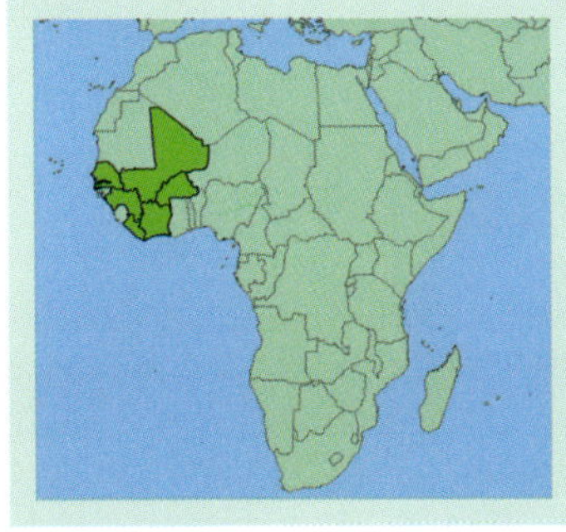

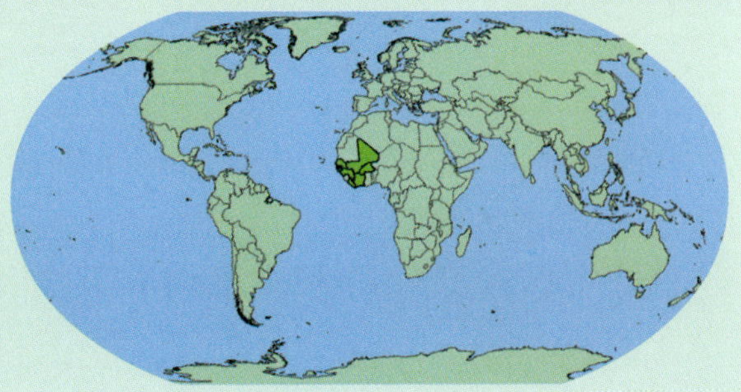

Oxytenanthera abyssinica

(A. Rich.) Munro [1851]

Gramineae/Poaceae

Pas vraiment un arbre – plutôt une herbe ligneuse, poussant en touffes, formant des groupes très denses; troncs/rameaux creuses, écorce très lisse. Feuilles alternes, simples, de 5–25 x 1–3 cm. Fleurs ± 1 cm, en groupes denses organisés en têtes denses au bout des rameaux. Fruits très petits, cachés dans les têtes des fleurs. Quand la fructification a lieu dans un peuplement, toutes les tiges donnent des fruits sans distinction d'âge et de dimensions. Nous avons observé que le taux de fertilité des fruits est très faible avec 5 à 10% de graines dans les fruits. Après la fructification, toutes les tiges ayant donné des fruits meurent. La fructification est cyclique et très rare et est si mal connue par la population que la majorité croit que l'espèce ne se multiplie que par drageonnage. Cependant, et d'après les dires des paysans au Mali, l'année de fructification de l'espèce augure un mauvais signe pour les rois, conquérants et chefs d'état ou de tribu. L'espèce est très sensible aux feux de brousse, mais son habitat naturel est la zone de prédilection des feux de brousse.

Noms locaux
Bambara: bambou, bô

Utilisations
une espèce dont les chaumes sont largement utilisés dans la confection des toitures, dans la menuiserie traditionnelle et moderne; abondamment exploitée par les artisans.

Habitat
Collines ou près des marais. Floraison à grands intervalles (20+ années), quand tous les pieds sont en fleur au même temps, fructifient, et meurent.

Répartition géographique
Afrique tropicale en dehors de la zone de forêt humide, du Sénégal à l'Ethiopie et Sud de l'Angola, Mozambique et Afrique du Sud. Introduit en partie en Asie.

Domaine biogeographique
Afrotropicale.

Categorie liste rouge D'UICN
Préoccupation mineure (LC), évalué ici sur la base de sa grande aire de distribution et l'habitat assez commun.

Une autre espèce, *Bambusa vulgaris*, est parfois cultivée; la différence est que les troncs de cette espèce sont jaunes, et non gris-verts comme en *Oxytenanthera*. La collection ML-276; SBD serial No 322902 du 20/01/2006 a été choisie comme la milliardième graine du Millennium Seed Bank.

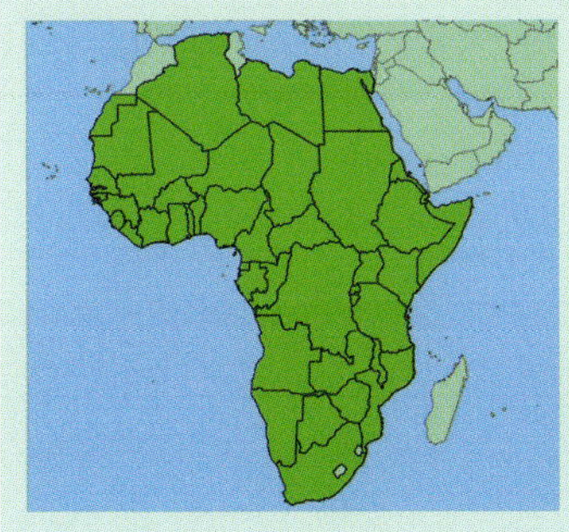

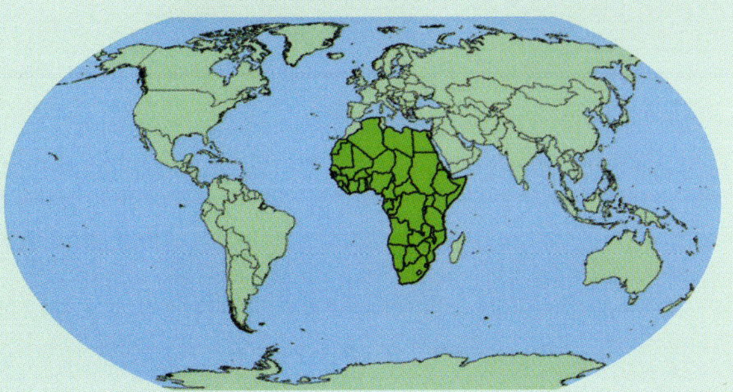

Références bibliographiques

Angiosperm Phylogeny Group. 2009. An update of the Angiosperm Phylogeny Group classification for the orders and families of flowering plants: APG III. Botanical Journal of the Linnean Society 161(2): 105–121.

Arbonnier M. 2002. Arbres, arbustes et lianes des zones sèches d'Afrique de l'Ouest. CIRAD, MNHN, IUCN. pp 539.

Burkill H. M. 1985. The useful plants of west tropical Africa vol. 1. Royal Botanic Gardens, Kew.

Burkill H. M. 1994. The useful plants of west tropical Africa vol. 2. Royal Botanic Gardens, Kew.

Burkill H. M. 1994. The useful plants of west tropical Africa vol. 3. Royal Botanic Gardens, Kew.

Burkill H. M. 1994. The useful plants of west tropical Africa vol. 4. Royal Botanic Gardens, Kew.

Burkill H. M. 2000. The useful plants of west tropical Africa vol. 5. Royal Botanic Gardens, Kew.

Geerling C. 1982. Guide de terrain des ligneux Sahéliens et Soudano-Guinéens. Meded. Landb. Wageningen 82-3: 1–340.

Hutchinson J. & Dalziel J. M. 1954–58. Flora of West Tropical Africa 2nd ed., vol. 1 (R. W. J. Keay, ed.). Crown Agents, London.

Hutchinson J. & Dalziel J. M. 1963. Flora of West Tropical Africa 2nd ed., vol. 2 (N. Hepper, ed.). Crown Agents, London.

Hutchinson J. & Dalziel J. M. 1968. Flora of West Tropical Africa 2nd ed., vol. 3 (N. Hepper, ed.). Crown Agents, London.

Lebrun J. P., Toutain B., Gaston A. & Boudet G. 1991. Catalogue des plantes vasculaires du Burkina Faso. IEMVT, Maisons Alfort.

Annexe: graines du Burkina Faso

Liste des espèces de la flore du Burkina Faso, dont les graines et les échantillons d'herbier sont récoltées et conservées dans les banques de semences du Centre National de Semences Forestières à Ouagadougou, Burkina Faso et au MSB à RBG Kew, en Angleterre. (Pour la Conservation: Recal. = Récalcitrant; Interm. = Intermédiaire; Ortho. = Orthodoxe; and Ortho. P = Orthodoxe Probable.)

Famille	Taxon	Forme	Hauteur (m)	Récolte (mois)	Conser-vation	Poids 1000 (gr)	Germi-nation (%)	Pre-traitement	Temp. Germ. (°C), Lumiere (hrs)
Acanthaceae	*Blepharis linariifolia*	Grimpante	0.35	12					
Acanthaceae	*Blepharis maderaspatensis*	Herbe érigée	0.50	11					
Acanthaceae	*Dicliptera paniculata*	Herbe érigée	1	1					
Acanthaceae	*Dyschoriste perrottetii*	Herbe érigée	0.85	2					
Acanthaceae	*Hygrophila africana*	Grimpante	0.5	12					
Acanthaceae	*Hygrophila barbata*	Herbe érigée	1	12					
Acanthaceae	*Hygrophila niokoloensis*	Herbe érigée	0.5	1					
Acanthaceae	*Hygrophila schulli*	Herbe érigée	1.2	5					
Acanthaceae	*Hygrophila senegalensis*	Herbe érigée	1	11					
Acanthaceae	*Justicia ladanoides*	Herbe érigée	0.50	10					
Acanthaceae	*Lepidagathis anobrya*	Herb	0.05	12					
Acanthaceae	*Lepidagathis heudolotiana*	Herbe érigée	1	11					
Acanthaceae	*Monechma ciliatum*	Herbe érigée	0.3	10					
Acanthaceae	*Monechma depauperatum*	Herbe érigée	1	2					
Acanthaceae	*Nelsonia canescens*	Herbe érigée	0.3	1					
Alismataceae	*Burnatia enneandra*	Herbe érigée	0.42	9					
Alismataceae	*Limnophyton obtusifolium*	Grimpante	0.2	11					
Alismataceae	*Sagittaria guayanensis subsp. lappula*	Herbe érigée		10					
Aloaceae	*Aloe schweinfurthii*	Herbe érigée	1	5					
Amaranthaceae	*Achyranthes aspera*	Herbe érigée	0.8	10					
Amaranthaceae	*Aerva javanica*			12					
Amaranthaceae	*Alternanthera nodiflora*	Herbe érigée	0.2	1					
Amaranthaceae	*Alternanthera pungens*	Grimpante	0.5	12					
Amaranthaceae	*Amaranthus spinosus*	Herbe érigée	0.4	11					
Amaranthaceae	*Amaranthus viridis*	Herbe érigée	0.9	10					
Amaranthaceae	*Celosia trigyna*	Herbe érigée	0.6	8					
Amaranthaceae	*Crinum spp.*	Herbe érigée	0.4	9					
Amaranthaceae	*Crinum zeylanicum*	Herbe érigée	0.5	6	Recal.				
Amaranthaceae	*Cyathula achyranthoides*	Herbe érigée	1.5	1					
Amaranthaceae	*Pancratium tenuifolium*	Herbe érigée	0.2	7					
Amaranthaceae	*Pandiaka angustifolia*	Herbe érigée		9					
Amaranthaceae	*Pandiaka involucrata*	Herbe érigée	0.7	2					
Amaranthaceae	*Scadoxus multiflorus*	Herbe érigée	0.5	7					
Anacardiaceae	*Anacardium occidentale*	Arbre	5	5	Ortho.	3500	90%		
Anacardiaceae	*Lannea acida*	Arbre	9	4		121.48			
Anacardiaceae	*Lannea barteri*	Arbre	10	5					
Anacardiaceae	*Lannea microcarpa*	Arbre	6	7	Ortho.	200			
Anacardiaceae	*Mangifera indica (cul)*	Arbre	12	5	Recal.	4500	100%		
Anacardiaceae	*Ozoroa insignis*	Arbuste	3	1		212.24			
Anacardiaceae	*Ozoroa pulcherrima*	Herbe érigée	1	5		56.8			
Anacardiaceae	*Sclerocarya birrea*	Arbre	8	5	Ortho. p	431.55			
Anacardiaceae	*Sorindeia juglandifolia*	Arbuste	2.5	5	Recal.				
Anacardiaceae	*Spondias mombin*	Arbre	10	10	Ortho.?	1097.5			
Annonaceae	*Annona senegalensis var. senegalensis*	Arbuste	3	7		126.42	70%		
Annonaceae	*Cleistopholis patens*	Arbre	10	6					
Annonaceae	*Hexalobus monopetalus*	Arbuste	4			165.06			
Annonaceae	*Uvaria chamae*	Arbuste	4	10		96.39			
Annonaceae	*Xylopia longipetala*	Arbre	10	11					
Annonaceae	*Xylopia parviflora*	Arbre	10	11		155.92			
Anthericaceae	*Chlorophytum blepharo-phyllum*	Herbe	0.25	8					
Anthericaceae	*Chlorophytum gallabatense*	Herbe érigée	0.7	6					
Anthericaceae	*Chlorophytum macrophyllum*	Succulent	0.25	10					
Anthericaceae	*Chlorophytum tripedale*	Herbe érigée	0.2	2					

Famille	Taxon	Forme	Hauteur (m)	Récolte (mois)	Conser-vation	Poids 1000 (gr)	Germi-nation (%)	Pre-traitement	Temp. Germ. (°C), Lumiere (hrs)
Apocynaceae	*Adenium obesum*	Arbuste	2			25			
Apocynaceae	*Ancylobothrys amoena*	Liane	3	5					
Apocynaceae	*Baissea multiflora*	Liane	3	2					
Apocynaceae	*Carissa edulis*	Arbuste			Ortho.?	330.56			
Apocynaceae	*Cascabela thevetia*	Arbuste	2.5	3					
Apocynaceae	*Holarrhena floribunda*	Arbuste	2	1		16.32	100%		21ºC, 12/12
Apocynaceae	*Landolphia dulcis*	Liane	5	5					
Apocynaceae	*Landolphia heudelotii*	Liane	3	6					
Apocynaceae	*Rauvolfia vomitoria*	Arbuste	3			35.62			
Apocynaceae	*Saba comorensis*	Liane	15	6					
Apocynaceae	*Saba senegalensis*	Liane	6	5					
Apocynaceae	*Strophanthus sarmentosus*	Liane	5	2					
Apocynaceae	*Thevetia peruviana*	Arbuste	3			3431.32			
Apocynaceae	*Voacanga africana*	Arbuste	3	10					
Araceae	*Amorphophallus aphyllus*	Herbe érigée	0.4	7					
Araceae	*Amorphophallus dracontioides*	Herbe érigée	0.7	6					
Araliaceae	*Cussonia arborea*	Arbuste	3	8		7.91			
Arecaceae	*Elaeis guineensis*	Palmier	6	7	Interm.	3000			
Asclepiadaceae	*Calotropis procera*	Arbuste	4	5		8.01	100%		31 °C, 12/12
Asclepiadaceae	*Gongronema latifolium*	Grimpante		2					
Asclepiadaceae	*Leptadenia hastata*	Grimpante	3	3					
Asclepiadaceae	*Omphalogonus calophyllus*	liane	4	2					
Asclepiadaceae	*Oxystelma bornouense*	Grimpante		4					
Asclepiadaceae	*Pergularia daemia*	Grimpante	3	10					
Asclepiadaceae	*Pergularia tomentosa*	Liane	0.5	9					
Asclepiadaceae	*Tacazzea apiculata*	Liane	5	12					
Asparagaceae	*Asparagus flagellaris*	Liane	2	5					
Balanitaceae	*Balanites aegyptiaca*	Arbre	6	1			100%		
Bignoniaceae	*Kigelia africana*	Arbre	12		Ortho.	103.09			
Bignoniaceae	*Stereospermum kunthianum*	Arbre	7	5		18.25			
Bixaceae	*Bixa orellana*	Arbre	10		Ortho.?	25	70%		25 °C, 8/16
Bombacaceae	*Adansonia digitata*	Arbre	10	3		399.26	80%	scarifiées	26 °C, 12/12
Bombacaceae	*Bombax costatum*	Arbre	8	3		74.1	58%	scarifiées	20ºC, 8/16
Bombacaceae	*Ceiba pentandra*	Arbre	15	3	Ortho.?	45	98%	scarifiées	33/19 °C, 12/12
Boraginaceae	*Coldenia procumbens*	Grimpante	0.05	5					
Boraginaceae	*Cordia myxa*	Arbuste	4			265.46	62%		35/20°C, 8/16
Boraginaceae	*Cordia sinensis*	Arbuste	5		Ortho.?	92.2	75%	scarifiées	20 °C, 8/16
Boraginaceae	*Heliotropium bacciferum*	Herbe érigée	0.45	10					
Boraginaceae	*Heliotropium indicum*	Herbe érigée	0.6	5					
Boraginaceae	*Heliotropium strigosum*	Herbe érigée	0.35	5					
Boraginaceae	*Heliotropium supinum*	Grimpante	0.2	2					
Burseraceae	*Boswellia dalzielii*	Arbre	7	5		10.74			
Burseraceae	*Canarium schweinfurthii*	Arbre	15	7					
Burseraceae	*Commiphora pedunculata*	Arbuste	4	9					
Caesalpiniaceae	*Afzelia africana*	Arbre	8	1	Ortho.	2718.6	80%		
Caesalpiniaceae	*Bauhinia monandra*	Arbuste	2		Ortho.	199.8	90%	scarifies	20 °C, 8/16
Caesalpiniaceae	*Bauhinia rufescens*	Arbuste	3	10	Ortho.	78.63	100%	scarifies	21 °C, 12/12
Caesalpiniaceae	*Berlinia grandiflora*	Arbre	12	10	Ortho.				
Caesalpiniaceae	*Burkea africana*	Arbre	8	11		71	100%	scarifiées	20 °C, 12/12
Caesalpiniaceae	*Caesalpinia pulcherrima*	Arbuste	3	10	Ortho. p	181.82			
Caesalpiniaceae	*Cassia sieberiana*	Arbuste	4	3					
Caesalpiniaceae	*Chamaecrista absus*	Herbe érigée	1	10					
Caesalpiniaceae	*Chamaecrista mimosoides*	Herbe érigée	2.00	9					
Caesalpiniaceae	*Cynometra vogelii*	Arbre	8			434.36			
Caesalpiniaceae	*Daniellia oliveri*	Arbre	10	3	Ortho.	1271.73	100%	scarifiées	21ºC, 12/12
Caesalpiniaceae	*Delonix regia*	Arbre	6	6	Ortho.	420	89%	scarifiées	20°, 8/16
Caesalpiniaceae	*Detarium microcarpum*	Arbre	6	2	Recal.	8016	70%	scarifiées	21 °C, 12/12
Caesalpiniaceae	*Detarium senegalense*	Arbre	30	6		14285.7	50%		
Caesalpiniaceae	*Dialium guineense*	Arbre	15	4	Ortho.	107.5	20%		
Caesalpiniaceae	*Erythrophleum africanum*	Arbre	10	11					
Caesalpiniaceae	*Erythrophleum suaveolens*	Arbre	18	3					

Famille	Taxon	Forme	Hauteur (m)	Récolte (mois)	Conser-vation	Poids 1000 (gr)	Germi-nation (%)	Pre-traitement	Temp. Germ. (°C), Lumiere (hrs)
Caesalpiniaceae	*Guibourtia copallifera*	Arbre	7	2					
Caesalpiniaceae	*Isoberlinia doka*	Arbre	7	5					
Caesalpiniaceae	*Isoberlinia tomentosa*	Arbre	12	6					
Caesalpiniaceae	*Parkinsonia aculeata*	Arbre	6		Ortho.	73.772	100%	scarifiées	20 °C, 8/16
Caesalpiniaceae	*Piliostigma reticulata*	Arbuste	3	1					
Caesalpiniaceae	*Piliostigma reticulatum*	Arbuste	3	1		102.41	100%	scarifiées	25°C, 8/16
Caesalpiniaceae	*Piliostigma thonningii*	Arbuste	4	1	Ortho.	138.43			
Caesalpiniaceae	*Senna alata*	Arbuste	2.5	12					
Caesalpiniaceae	*Senna hirsuta*	Herbe érigée	1.50	12					
Caesalpiniaceae	*Senna italica*	Herbe érigée	0.5	3					
Caesalpiniaceae	*Senna occidentalis*	Herbe érigée	1	1					
Caesalpiniaceae	*Senna podocarpa*	Arbuste	3	2					
Caesalpiniaceae	*Senna siamea*	Arbre	7	2	Ortho.	23.25	100%	entaillées	25 °C, 8/16
Caesalpiniaceae	*Senna singueana*	Arbuste	2.5	3					
Caesalpiniaceae	*Senna tora*	Arbuste		11					
Caesalpiniaceae	*Swartzia madagascariensis*	Arbre	5			118.69	100%	scarifiées	25 °C, 8/16
Caesalpiniaceae	*Tamarindus indica*	Arbre	10	3	Ortho.	385	100%	scarifiées	20 °C, 8/16
Campanulaceae	*Sphenoclea zeylanica*	Herbe érigée	0.8	11					
Campanulaceae	*Wahlenbergia perrottetii*	Herbe érigée	0.3	3					
Capparaceae	*Boscia salicifolia*	Arbuste				49.32			
Capparaceae	*Boscia senegalensis*	Arbuste	2	7	Recal.	500			
Capparaceae	*Capparis corymbosa*	Liane	3	7					
Capparaceae	*Cleome gynandra*	Grimpante	0.5	9					
Capparaceae	*Cleome monophylla*	Herbe érigée	0.35	10					
Capparaceae	*Cleome viscosa*	Herbe érigée	0.6	7					
Capparaceae	*Crateva adansonii subsp. adansonii*	Arbre	6	1					
Capparaceae	*Crateva adansonii subsp. adansonii*	Arbre	6	1					
Capparaceae	*Ritchiea reflexa*	Liane	4.5	6					
Capparaceae	*Ritchiea reflexa*	Liane	4.5	6					
Capparidaceae	*Cadaba farinosa*	Arbuste	2	7		3.55			
Capparidaceae	*Cadaba glandulosa*	Arbuste	2			5.37	81%	scarifiées	25 °C, 8/16
Capparidaceae	*Maerua angolensis*	Arbuste				200.11	78%	scarifiées	30 °C, 8/16
Capparidaceae	*Maerua crassifolia*	Arbuste				63.91	100%	scarifiées	25 °C, 8/16
Caryophyllaceae	*Polycarpaea corymbosa var. corymbosa*	Herbe érigée	0.2	11					
Caryophyllaceae	*Polycarpaea eriantha*	Herbe érigée	0.3	11					
Caryophyllaceae	*Polycarpaea linearifolia*	Herbe érigée	0.2	1					
Caryophyllaceae	*Polycarpaea tenuifolia*	Herbe érigée	0.3	11					
Cecropiaceae	*Myrianthus serratus*	Arbre	15	7					
Celastraceae	*Gymnosporia senegalensis*	Arbuste	2	1					
Celastraceae	*Loeseneriella africana*	Liane	3	4					
Celastraceae	*Maytenus senegalensis*	Arbuste	3			11.3			
Celastraceae	*Salacia erecta*	Arbuste	4	5					
Celastraceae	*Salacia pyriformis*	Liane	10	4					
Celastraceae	*Salacia standtiana*	Liane	6	3					
Celastraceae	*Salacia stuhlmanniana*	Liane	3	3					
Chrysobalanaceae	*Chrysobalanus icaco*	Arbre	6			5555.5			
Chrysobalanaceae	*Maranthes polyandra*	Arbuste	3	10					
Chrysobalanaceae	*Parinari curatellifolia*	Arbre	4	10		2857	20%		
Cochlosperma-ceae	*Cochlospermum planchonii*	Herbe érigée	1	1					
Cochlosperma-ceae	*Cochlospermum tinctorum*	Herbe érigée	0.4	3					
Colchicaceae	*Iphigenia pauciflora*	Herb	0.15	8					
Combretaceae	*Anogeissus leiocarpus*	Arbre	8	1		8.93	90%	scarifiées	26ºC, 12/12
Combretaceae	*Combretum aculeatum*	Arbuste	5	1		58.01	100%		26 ºC, 12/12
Combretaceae	*Combretum adenogonium*	Arbuste	5	3					
Combretaceae	*Combretum collinum subsp. geitonophyllum*	Arbuste	5	1		792.44	100%	scarifiées	26 °C, 12/12
Combretaceae	*Combretum collinum subsp. hypopilinum*	Arbuste	2	11					
Combretaceae	*Combretum fragrans*	Arbuste	4			97.26	100%		25 °C, 8/16
Combretaceae	*Combretum glutinosum*	Arbuste	3	3		78.53	95%	Scarifiées	26ºC, 12/12

Famille	Taxon	Forme	Hauteur (m)	Récolte (mois)	Conser-vation	Poids 1000 (gr)	Germi-nation (%)	Pre-traitement	Temp. Germ. (°C), Lumiere (hrs)
Combretaceae	*Combretum micranthum*	Arbuste	3	1		11.74	100%	scarifiées	26 °C, 12/12
Combretaceae	*Combretum molle*	Arbre	6	1		107.96	95%	scarifiées	25 °C, 8/16
Combretaceae	*Combretum nigricans*	Arbre	7	1		210.32	100%		26 ºC, 12/12
Combretaceae	*Combretum nigricans var. elliotii*	Arbre	6	1					
Combretaceae	*Combretum nioroense*	Arbuste	3			25.1			
Combretaceae	*Combretum paniculatum*	Liane	3	3					
Combretaceae	*Combretum racemosum*	Liane	3	2		14.95	90%		
Combretaceae	*Combretum sericeum*	Arbuste	0.5	2					
Combretaceae	*Guiera senegalensis*	Arbuste	2	3		31.7	73%	scarifiées	31 °C, 12/12
Combretaceae	*Pteleopsis suberosa*	Arbuste	4	3		26.35	100%	scarifiées	33/19ºC, 12/12
Combretaceae	*Terminalia avicennoides*	Arbuste	6	1		214.79	66%	scarifiées	30/15°C, 8/16
Combretaceae	*Terminalia glaucescens*	Arbuste	5	3		304.16	77%	scarifies	31ºC, 12/12
Combretaceae	*Terminalia laxiflora*	Arbuste	5	1		509.48			
Combretaceae	*Terminalia macroptera*	Arbuste	5	1		590.12	90%	scarifiées	40/25°, 8/16
Combretaceae	*Terminalia mollis*	Arbuste	5	3		756			
Commelinaceae	*Aneilema paludosum*	Herbe érigée	0.50	11					
Commelinaceae	*Aneilema setiferum var. pallidiciliatum*	Grimpante		10					
Commelinaceae	*Commelina forsskalii*	Grimpante	1	10					
Commelinaceae	*Commelina subulata*	Herbe érigée	0.15	9					
Commelinaceae	*Cyanotis longifolia var. gracilis*	Herbe érigée	0.20	10					
Commelinaceae	*Floscopa africana subsp. africana*	Herbe érigée	0.9	1					
Commelinaceae	*Floscopa glomerata*	Herbe érigée	1	2					
Commelinaceae	*Murdannia simplex*	Herbe érigée	1.00	11					
Compositae	*Acanthospermum hispidum*	Herbe érigée	0.8	12					
Compositae	*Acmella uliginosa*	Herbe érigée	0.8	10					
Compositae	*Adenostemma caffrum*	Herbe érigée	0.50	11					
Compositae	*Ageratum conyzoides*	Herbe érigée	1	10					
Compositae	*Aspilia angustifolia*	Herbe érigée	1	10					
Compositae	*Aspilia helianthoides*	Herbe érigée	0.8	10					
Compositae	*Aspilia helianthoides subsp. ciliata*	Herbe érigée	1	10					
Compositae	*Aspilia paludosa*	Herbe érigée	1	11					
Compositae	*Bidens borianiana*	Herbe érigée	1.5	9					
Compositae	*Bidens pilosa*	Herbe érigée	0.8	11					
Compositae	*Bidens spp.*	Herbe érigée	1.00	9					
Compositae	*Blumea axillaris*	Herbe érigée	0.8	2					
Compositae	*Ceruana pratensis*	Herbe érigée	0.4	4					
Compositae	*Chrysanthellum indicum var. afroamericanum*	Grimpante	0.1	10					
Compositae	*Conyza aegyptiaca*	Herbe érigée	0.3	5					
Compositae	*Crassocephalum rubens*	Herbe érigée	1	2					
Compositae	*Elephantopus mollis*	Herbe érigée	0.8	2					
Compositae	*Enydra radicans*	Grimpante	0.5	3					
Compositae	*Ethulia conyzoides*	Herbe érigée	1	6					
Compositae	*Herderia truncata*	Grimpante	0.2	8					
Compositae	*Laggera crispata*	Herbe érigée	0.80	11					
Compositae	*Launaea intybacea*	Herbe érigée	1.2	11					
Compositae	*Litogyne gariepina*	Herbe érigée	0.4	4					
Compositae	*Melanthera scandens*	Herbe érigée	0.40	9					
Compositae	*Parthenium hysterophorus*	Herbe érigée	0.8	9					
Compositae	*Porphyrostemma chevalieri*	Herbe érigée	0.2	10					
Compositae	*Pseudoconyza viscosa*	Herbe érigée	.3	3					
Compositae	*Pulicaria undulata*	Herbe érigée	0.4	11					
Compositae	*Sparganophorus sparganophora*	Herbe érigée	1.5	5					
Compositae	*Sphaeranthus angustifolius*	Herbe érigée	0.4	2					
Compositae	*Sphaeranthus senegalensis*	Grimpante	0.3	6					
Compositae	*Synedrella nodiflora*	Herbe érigée	1	3					
Compositae	*Tridax procumbens*	Grimpante		10					
Compositae	*Vernonia adoensis*	Herb	0.8	9					

Famille	Taxon	Forme	Hauteur (m)	Récolte (mois)	Conser-vation	Poids 1000 (gr)	Germi-nation (%)	Pre-traitement	Temp. Germ. (°C), Lumiere (hrs)
Compositae	*Vernonia ambigua*	Herbe érigée	0.40	11					
Compositae	*Vernonia amygdalina*	Arbuste	4			0.49	80%		15°C, 8/16
Compositae	*Vernonia colorata*	Arbuste	2.5	2	Ortho.	1.35	94%		15 °C, 8/16
Compositae	*Vernonia galamensis*	Herbe érigée		1					
Compositae	*Vernonia nigritiana*	Herbe érigée	0.4	11					
Compositae	*Vernonia purpurea*	Herbe érigée	0.5	11					
Compositae	*Vernonia purpurea var. purpurea*	Herbe érigée	1	10					
Connaraceae	*Rourea minor*	Liane	2.5	4					
Convolvulaceae	*Aniseia martinicensis*	Grimpante	2	3					
Convolvulaceae	*Evolvulus alsinoides*	Grimpante		10					
Convolvulaceae	*Ipomoea acanthocarpa*	Grimpante	3	1					
Convolvulaceae	*Ipomoea argentaurata*	Grimpante	1	2					
Convolvulaceae	*Ipomoea chrysochaetia var. velutipes*	Grimpante		5					
Convolvulaceae	*Ipomoea heterotricha*	Liane	3	1					
Convolvulaceae	*Ipomoea mauritiana*	Grimpante	2	3					
Convolvulaceae	*Ipomoea rubens*	Liane		3					
Convolvulaceae	*Ipomoea spp.*	Grimpante		5					
Convolvulaceae	*Jacquemontia tamnifolia*	Liane	3	3					
Convolvulaceae	*Lepistemon owariense*	Grimpante		2					
Convolvulaceae	*Merremia hederacea*	Grimpante		11					
Convolvulaceae	*Merremia tridentata*	Grimpante	0.6	8					
Crassulaceae	*Kalanchoe crenata*	Herbe érigée	0.5	5					
Cruciferae	*Cardamine hirsuta*	Liane	3	1					
Cruciferae	*Farsetia stenoptera*	Herbe érigée	0.7	10					
Cucurbitaceae	*Citrullus lanatus*	Grimpante	0.1	12					
Cucurbitaceae	*Ctenolepis cerasiformis*	Grimpante	2	10					
Cucurbitaceae	*Cucumis maderaspatanus*	Grimpante	2	10					
Cucurbitaceae	*Cucumis melo subsp. agrestis*	Grimpante		10					
Cucurbitaceae	*Cucumis metuliferus*	Grimpante		9					
Cucurbitaceae	*Cucumis prophetarum*	Grimpante	1	11					
Cucurbitaceae	*Cucumis prophetarum subsp. prophetarum*	Grimpante	0.1	12					
Cucurbitaceae	*Lagenaria siceraria*	Grimpante		12					
Cucurbitaceae	*Luffa cylindrica*	Liane	3	1					
Cucurbitaceae	*Momordica balsamina*	Grimpante	2	10					
Cucurbitaceae	*Momordica charantia*	Grimpante	2	3					
Cyperaceae	*Ascolepis capensis*	Herbe érigée	0.5	5					
Cyperaceae	*Bulbostylis abortiva*	Herbe érigée	0.4	10					
Cyperaceae	*Bulbostylis coleotricha*	Herbe érigée	0.2	10					
Cyperaceae	*Bulbostylis filamentosa*	Herbe érigée	0.8	11					
Cyperaceae	*Bulbostylis hispidula*	Herbe érigée	0.2	11					
Cyperaceae	*Bulbostylis hispidula subsp. hispidula*	Herbe érigée	0.1	11					
Cyperaceae	*Bulbostylis hispidula subsp. senegalensis*	Herbe érigée	0.1	8					
Cyperaceae	*Bulbostylis spp.*	Herbe érigée	0.30	9					
Cyperaceae	*Cyperus amabilis*	Herbe érigée	0.15	12					
Cyperaceae	*Cyperus cuspidatus*	Herbe érigée	0.15	12					
Cyperaceae	*Cyperus cyperoides subsp. cyperoides*	Herbe érigée	0.5	7					
Cyperaceae	*Cyperus difformis*	Herbe érigée	0.3	9					
Cyperaceae	*Cyperus digitatus*	Herbe érigée	1.3	9					
Cyperaceae	*Cyperus digitatus subsp. auricomus*	Herbe érigée	2	7					
Cyperaceae	*Cyperus distans*	Herbe érigée	0.5	1					
Cyperaceae	*Cyperus exaltatus*	Herbe érigée	1.2	5					
Cyperaceae	*Cyperus haspan*	Herbe érigée	0.6	7					
Cyperaceae	*Cyperus imbricatus*	Herbe érigée	1	6					
Cyperaceae	*Cyperus iria*	Herbe érigée	0.4	9					
Cyperaceae	*Cyperus margaritaceus*	Herbe érigée	0.8	8					
Cyperaceae	*Cyperus pectinatus*	Herbe érigée	0.6	5					
Cyperaceae	*Cyperus podocarpus*	Herbe érigée	0.4	9					
Cyperaceae	*Cyperus pulchellus*	Herbe érigée	0.4	9					

Famille	Taxon	Forme	Hauteur (m)	Récolte (mois)	Conser-vation	Poids 1000 (gr)	Germi-nation (%)	Pre-traitement	Temp. Germ. (°C), Lumiere (hrs)
Cyperaceae	*Cyperus pustulatus*	Herbe érigée	0.5	9					
Cyperaceae	*Cyperus reduncus*	Herbe érigée	0.3	11					
Cyperaceae	*Cyperus rotundus*	Herbe érigée	0.4	6					
Cyperaceae	*Cyperus spp.*	Herbe érigée	0.50	9					
Cyperaceae	*Cyperus tenuiculmis*	Herbe érigée	0.4	9					
Cyperaceae	*Cyperus tenuiculmis var. schweinfurthianus*	Herbe érigée	1	7					
Cyperaceae	*Cyperus tenuis*	Herbe érigée	0.35	7					
Cyperaceae	*Cyperus tenuispica*	Herbe érigée		12					
Cyperaceae	*Eleocharis acutangula*	Herbe érigée	1	11					
Cyperaceae	*Eleocharis atropurpurea*	Herbe érigée		12					
Cyperaceae	*Eleocharis complanata*	Herbe érigée		12					
Cyperaceae	*Eleocharis nigrescens*	Herbe érigée	0.3	9					
Cyperaceae	*Fimbristylis dichotoma*	Herbe érigée	0.7	5					
Cyperaceae	*Fimbristylis dichotoma subsp. dichotoma*	Herbe érigée	0.5	12					
Cyperaceae	*Fimbristylis littoralis*	Herbe érigée	0.5	4					
Cyperaceae	*Fimbristylis quinquangularis*	Herbe érigée	0.5	10					
Cyperaceae	*Fimbristylis squarrosa*	Herbe érigée	0.1	6					
Cyperaceae	*Fuirena stricta*	Herbe érigée	0.3	2					
Cyperaceae	*Fuirena umbellata*	Herbe érigée	1	5					
Cyperaceae	*Kyllinga erecta*	Herbe érigée	0.5	7					
Cyperaceae	*Kyllinga odorata*	Herbe érigée	0.3	8					
Cyperaceae	*Kyllinga pumila*	Herbe érigée	0.4	7					
Cyperaceae	*Kyllingiella microcephala*	Herbe érigée	0.1	7					
Cyperaceae	*Lipocarpha albiceps*	Herbe érigée	0.25	6					
Cyperaceae	*Lipocarpha atra*	Herbe érigée	.1	11					
Cyperaceae	*Lipocarpha chinensis/atra*	Herbe érigée	0.7	7					
Cyperaceae	*Lipocarpha gracilis*	Herbe érigée	0.4	12					
Cyperaceae	*Lipocarpha kernii*	Herbe érigée	0.3	12					
Cyperaceae	*Nemum spadiceum*	Herbe érigée	0.15	11					
Cyperaceae	*Oxycaryum cubense*	Herbe érigée	1.2	1					
Cyperaceae	*Pycreus acuticarinatus*	Herbe érigée	0.55	7					
Cyperaceae	*Pycreus capillifolius*	Herbe érigée	0.25	10					
Cyperaceae	*Pycreus flavescens subsp. fallaciosus*	Herbe érigée	0.2	5					
Cyperaceae	*Pycreus lanceolatus*	Herbe érigée	0.5	6					
Cyperaceae	*Pycreus macrostachyos subsp. tremulus*	Herbe érigée	0.8	10					
Cyperaceae	*Pycreus mundtii*	Herbe érigée	1.5	1					
Cyperaceae	*Pycreus nuerensis*	Herbe érigée	0.5	6					
Cyperaceae	*Pycreus polystachyos*	Herbe érigée	0.8	4					
Cyperaceae	*Rhynchospora corymbosa*	Herbe érigée	1.75	5					
Cyperaceae	*Rhynchospora eximia*	Herbe érigée	0.5	11					
Cyperaceae	*Rhynchospora triflora*	Herbe érigée	1	8					
Cyperaceae	*Schoenoplectiella senega-lensis*	Herbe érigée	0.3	12					
Cyperaceae	*Scleria catophylla*	Herbe érigée	0.6	11					
Cyperaceae	*Scleria depressa*	Herbe érigée		3					
Cyperaceae	*Scleria foliosa*	Herbe érigée	1.8	11					
Cyperaceae	*Scleria iostephana*	Herbe érigée	1.5	1					
Dilleniaceae	*Tetracera alnifolia*	Liane	5	6					
Dioscoreaceae	*Dioscorea bulbifera*	liane	3	1					
Dioscoreaceae	*Dioscorea praehensilis*	Liane	3	1					
Dioscoreaceae	*Dioscorea preussii*	Liane	6	5					
Dipterocarpaceae	*Monotes kerstingii*	Arbre	5	1		560.15			
Dracaenaceae	*Sansevieria liberica*	Grimpante	0.7	10					
Droseraceae	*Drosera madagascariensis*	Grimpante	0.3	3					
Ebenaceae	*Diospyros abyssinica*	Arbuste	3	11		318.56			
Ebenaceae	*Diospyros ferrea*	Arbre	6			31.39			
Ebenaceae	*Diospyros mespiliformis*	Arbre	10	1	Ortho. p	225.83	80%		30°C, 8/16
Elatinaceae	*Bergia suffruticosa*	Grimpante	1	1					
Eriocaulaceae	*Eriocaulon afzelianum*	Herbe érigée	0.30	12					
Eriocaulaceae	*Eriocaulon cinereum*	Herbe érigée	0.1	9					

Famille	Taxon	Forme	Hauteur (m)	Récolte (mois)	Conser-vation	Poids 1000 (gr)	Germi-nation (%)	Pre-traitement	Temp. Germ. (°C), Lumiere (hrs)
Eriocaulaceae	*Eriocaulon nigericum*	Herbe érigée	0.1	2					
Eriocaulaceae	*Eriocaulon plumale subsp. plumale*	Herbe érigée	0.25	9					
Erythroxylaceae	*Erythroxylum emarginatum*	Arbuste	1.8	6					
Euphorbiaceae	*Acalypha ciliata*	Herbe érigée	0.3	9					
Euphorbiaceae	*Alchornea cordifolia*	Arbuste	3	5	Ortho.	53			
Euphorbiaceae	*Antidesma venosum*	Arbuste	3	10		31.67	10%		
Euphorbiaceae	*Bridelia ferruginea*	Arbuste	3	11		53.27			
Euphorbiaceae	*Bridelia micrantha*	Arbuste	4			51			
Euphorbiaceae	*Bridelia scleroneura*	Arbuste	5	2					
Euphorbiaceae	*Chrozophora senegalensis*	Herbe érigée	0.8	5					
Euphorbiaceae	*Croton hirtus*	Herbe érigée	0.45	11					
Euphorbiaceae	*Dalechampia scandens var. cordofana*	Grimpante	1.5	8					
Euphorbiaceae	*Euphorbia convolvuloides*	Herbe érigée	0.25	11					
Euphorbiaceae	*Euphorbia heterophylla*	Herbe érigée	0.3	10					
Euphorbiaceae	*Euphorbia kouandenensis*	Herbe érigée	0.4	6					
Euphorbiaceae	*Euphorbia polycnemoides*	Herbe érigée	0.25	10					
Euphorbiaceae	*Euphorbia spp.*	Grimpante	0.15	9					
Euphorbiaceae	*Euphorbia sudanica*					5.64	60%	scarifiées	35/20 °C, 8/16
Euphorbiaceae	*Excoecaria grahamii*	Herbe érigée	0.4	8					
Euphorbiaceae	*Flueggea virosa*	Arbuste	2.5	10					
Euphorbiaceae	*Flueggea virosa*	Arbuste	2.5	10					
Euphorbiaceae	*Hymenocardia acida*	Arbuste	4	11		66.7	95%	scarifiées	25°C, 8/16
Euphorbiaceae	*Hymenocardia heudelotii*	Arbuste	2.0	9		26.31			
Euphorbiaceae	*Jatropha curcas*	Arbuste	3	1	Ortho.	430	100%		25 °C, 8/16
Euphorbiaceae	*Margaritaria discoidea*	Arbuste	4	1		19.59			
Euphorbiaceae	*Margaritaria discoidea*	Arbre	5	1					
Euphorbiaceae	*Phyllanthus maderaspatensis*	Herbe érigée	0.3	9					
Euphorbiaceae	*Phyllanthus muellerianus*	Arbuste	4	10					
Euphorbiaceae	*Phyllanthus sublanatus*	Herbe	0.1	8					
Euphorbiaceae	*Ricinus communis*	Arbuste	3	1	Ortho.	125.58	95%	scarifiées	33/19 °C, 12/12
Euphorbiaceae	*Spondianthus preussii var. glaber*	Arbre	12	4					
Euphorbiaceae	*Uapaca guineensis*	Arbre	12	4					
Euphorbiaceae	*Uapaca togoensis*	Arbuste	5	6	Recal.?				
Flacourtiaceae	*Flacourtia flavescens*	Arbuste	4	10		39.99			
Flacourtiaceae	*Flacourtia indica*	Arbuste	3		Ortho.?	9.6			
Flacourtiaceae	*Oncoba spinosa*	Arbre	4.5	3	Ortho. p	15.49	100%		30 °C, 8/16
Gentianaceae	*Faroa pusilla*	Grimpante		12					
Gentianaceae	*Neurotheca loeselioides subsp. robusta*	Grimpante		11					
Gisekiaceae	*Gisekia pharnaceoides*	Grimpante	0.4	5					
Guttiferae	*Garcinia livingstonei*	Arbre	8	5	Recal.?	6667	30%		
Guttiferae	*Garcinia ovalifolia*	Arbuste	3	5		353.4			
Guttiferae	*Pentadesma butyracea*	Arbre	15	5		33333			
Guttiferae	*Psorospermum febrifugum*	Arbuste	3			11.94			
Guttiferae	*Psorospermum senegalense*	Arbuste	2	8					
Hernandiaceae	*Gyrocarpus americanus*	Arbre	11		Ortho.?	287.51			
Hyacinthaceae	*Albuca nigritana*			1					
Hyacinthaceae	*Dipcadi viride*	Herbe érigée	0.8	7					
Hydrocharitaceae	*Najas spp.*			9					
Hydrocharitaceae	*Ottelia ulvifolia*			12					
Hydrophyllaceae	*Hydrolea palustris*	Grimpante	0.5	2					
Hypericaceae	*Harungana madagascariensis*					7.88	86%	sans tegument	25 °C, 8/16
Iridaceae	*Gladiolus gregarius*	Herbe érigée	0.5	11					
Labiatae	*Aeollanthus pubescens*	Herbe érigée	0.4	12					
Labiatae	*Basilicum polystachyon*	Herbe érigée	0.2	1					
Labiatae	*Clerodendrum splendens*	Liane	4	2					
Labiatae	*Clerodendrum splendens*	Liane	4	2					
Labiatae	*Endostemon tereticaulis*	Herbe érigée	0.4	10					
Labiatae	*Haumaniastrum caeruleum*			2					

Famille	Taxon	Forme	Hauteur (m)	Récolte (mois)	Conser-vation	Poids 1000 (gr)	Germi-nation (%)	Pre-traitement	Temp. Germ. (°C), Lumiere (hrs)
Labiatae	*Hoslundia opposita*	Arbuste	2.5	10					
Labiatae	*Hyptis lanceolata*	Herbe érigée	1.25	1					
Labiatae	*Hyptis spicigera*			1					
Labiatae	*Hyptis suaveolens*			1					
Labiatae	*Leonotis nepetifolia*	Herbe érigée	2.50	11					
Labiatae	*Leucas martinicensis*			1					
Labiatae	*Ocimum americanum*			1					
Labiatae	*Ocimum basilicum*	Herbe érigée	0.5	5					
Labiatae	*Ocimum gratissimum subsp. gratissimum*	Herb	2.5	12					
Labiatae	*Orthosiphon pallidus*	Herbe érigée	0.3	5					
Labiatae	*Plectranthus chevalieri*	Herbe érigée	0.30	10					
Labiatae	*Plectranthus gracillimus*	Herbe érigée	0.5	11					
Labiatae	*Plectranthus guerkei*	Herbe érigée	0.8	1					
Labiatae	*Plectranthus monostachyus*			9					
Labiatae	*Plectranthus monostachyus subsp. monostachyus*	Herbe érigée	0.8	10					
Labiatae	*Premna lucens*	Arbuste	2	9					
Labiatae	*Rotheca alata*			9					
Labiatae	*Tectona grandis*	Arbre	6	1	Ortho.	240.67			
Labiatae	*Tinnea barteri*	Arbuste	1.5	12					
Labiatae	*Tinnea rhodesiana*	Arbuste	1.5	8					
Labiatae	*Vitex chrysocarpa*	Arbuste	4	10		592.76	70%	re-humidi-fiées	25ºC, 12/12
Labiatae	*Vitex chrysocarpa*	Arbuste	4	10					
Labiatae	*Vitex doniana*	Arbuste	3			500			
Labiatae	*Vitex madiensis*	Arbuste	3	8					
Lamiaceae	*Gmelina arborea*	Arbre	10		Ortho.	741			
Lauraceae	*Cassytha filiformis*	liane filiforme	2.5	11					
Lentibulariaceae	*Utricularia stellaris*	Herb		11					
Limnocharitaceae	*Butomopsis latifolia*	Herbe érigée	0.4	3					
Loganiaceae	*Anthocleista djalonensis*	Arbre	10	5		2.3			
Loganiaceae	*Anthocleista procera*	Arbre	10	5					
Loganiaceae	*Spigelia anthelmia*	Herbe érigée	0.25	10					
Loganiaceae	*Strychnos innocua*	Arbuste	4	5		473.68			
Loganiaceae	*Strychnos spinosa*	Arbuste	4	1	Ortho.	592	89%	stérilisées	35/20 °C, 8/16
Loganiaceae	*Strychnos usambarensis*	Liane	3.5	2					
Loganiaceae	*Usteria guineensis*	Liane	3	3					
Loranthaceae	*Tapinanthus bangwensis*	Parasite	0.5	9	Recal.				
Lythraceae	*Ammannia auriculata*	Herbe érigée	0.3	10					
Lythraceae	*Ammannia baccifera*			12					
Lythraceae	*Ammannia senegalensis*	Herbe érigée	0.3	1					
Lythraceae	*Lawsonia inermis*	Arbuste	2	10		1.69	96%		26 ºC, 12/12
Lythraceae	*Nesaea radicans*	Grimpante	0.8	2					
Lythraceae	*Rotala elatinoides*			12					
Malpighiaceae	*Flabellaria paniculata*	Liane	7	7					
Malvaceae	*Abutilon pannosum*	Arbuste	2	9					
Malvaceae	*Abutilon ramosum*	Herbe érigée	1.5	10					
Malvaceae	*Gossypium arboreum*	Arbuste	3	8					
Malvaceae	*Hibiscus asper*	Herbe érigée	2	1					
Malvaceae	*Hibiscus cannabinus*	Herbe érigée		10					
Malvaceae	*Hibiscus mechowii*	Herbe érigée	1.5	1					
Malvaceae	*Hibiscus micranthus*	Arbuste	1	10					
Malvaceae	*Hibiscus panduriformis*	Herbe érigée	3	12					
Malvaceae	*Hibiscus rostellatus*	Grimpante	4	2					
Malvaceae	*Hibiscus squamosus*	Herbe érigée	0.5	10					
Malvaceae	*Sida alba*	Herbe érigée	1	10					
Malvaceae	*Sida cordifolia*	Herbe érigée	1.5	10					
Malvaceae	*Sida linearifolia*	Herbe érigée	1.5	11					
Malvaceae	*Sida ovata*		0.6	9					
Malvaceae	*Sida rhombifolia*	Herbe érigée	1	10					
Malvaceae	*Sida urens*	Herbe érigée	1.5	11					
Malvaceae	*Urena lobata*			1					

Famille	Taxon	Forme	Hauteur (m)	Récolte (mois)	Conser-vation	Poids 1000 (gr)	Germi-nation (%)	Pre-traitement	Temp. Germ. (°C), Lumiere (hrs)
Malvaceae	*Wissadula amplissima*		2.00	9					
Marantaceae	*Marantochloa purpurea*	Herbe érigée	1	7					
Marantaceae	*Thalia geniculata*	Herbe érigée	2	11					
Marsileaceae	*Marsilea coromandelina*			12					
Melastomataceae	*Antherotoma decandra*	Herbe érigée	0.3	1					
Melastomataceae	*Antherotoma senegambiensis var. senegambiensis*	Herbe érigée	1	11					
Melastomataceae	*Dissotis thollonii var. elliotii*	Herbe érigée	1.5	2					
Melastomataceae	*Heterotis amplexicaulis*	Herbe érigée	0.8	1					
Melastomataceae	*Melastomastrum capitatum*	Herbe érigée	0.5	1					
Melastomataceae	*Melastomastrum theifolium*	Arbuste	1.5	4					
Melastomataceae	*Memecylon polyanthemos*	Arbre	6	6					
Meliaceae	*Azadirachta indica*	arbre	8	5	Interm.?	158.7	77%	scarifiées	26 ºC, 12/12
Meliaceae	*Carapa procera*	Arbre	12	2	Recal.				
Meliaceae	*Ekebergia capensis*	Arbre	10	6					
Meliaceae	*Ekebergia senegalensis*	Arbre	10	6	Ortho.?	1880			
Meliaceae	*Khaya senegalensis*	Arbre	15	2	Interm.?	260	100%		26 °C, 12/12
Meliaceae	*Pseudocedrela kotschyi*	Arbre	6	1		130			
Meliaceae	*Trichilia emetica*	Arbre	7	5	Recal.	460			
Menispermaceae	*Triclisia subcordata*	Grimpante	2	3					
Menyanthaceae	*Nymphoides ezannoi*			12					
Mimosaceae	*Acacia amythethophylla*	Arbre	4.5	2	Ortho.	78.55	95%	entaillées	25 °C, 8/16
Mimosaceae	*Acacia ataxacantha*	Arbuste	3	3		90.4	100%	scarifiées	21 °C, 12/12
Mimosaceae	*Acacia brevispica*	Arbuste	3	1					
Mimosaceae	*Acacia dudgeoni*	Arbuste	3	1					
Mimosaceae	*Acacia ehrenbergiana*	Arbuste	4	12		20.54	100%	scarifiées	26 ºC, 12/12
Mimosaceae	*Acacia gerrardii*	Arbre	5	12					
Mimosaceae	*Acacia gourmaensis*	Arbuste	4	1		82.42	90%	scarifiées	26ºC, 12/12
Mimosaceae	*Acacia hockii*	Arbuste	4			33.5	96%	scarifiées	20 °C, 12/12
Mimosaceae	*Acacia holosericea*	Arbuste	4		Ortho.	10	89%	scarifiées	20°, 8/16
Mimosaceae	*Acacia kirkii*	Arbuste	4			53.14	100%	scarifiées	21 °C, 12/12
Mimosaceae	*Acacia laeta*	Arbuste	4			76.95	100%	scarifiées	26 °C, 12/12
Mimosaceae	*Acacia macrostachya*	Arbuste	4			57	100%	scarifiées	26 ºC, 12/12
Mimosaceae	*Acacia nilotica*	Arbuste	4	1	Ortho.	16	100%	scarifiées	21 °C, 12/12
Mimosaceae	*Acacia polyacantha*	Arbuste	6	1		68.53	100%	scarifiées	26ºC, 12/12
Mimosaceae	*Acacia raddiana*	Arbuste	4		Ortho.		90%	scarifiées	
Mimosaceae	*Acacia senegal*	Arbuste	4	3	Ortho.	46.3	100%	scarifiées	20 °C, 12/12
Mimosaceae	*Acacia seyal*	Arbuste	4	3	Ortho. p	42.69	95%	scarifiées	20 °C, 12/12
Mimosaceae	*Acacia sieberiana*	Arbuste	6	1	Ortho.		80%		
Mimosaceae	*Acacia stenocarpa var. boboensis*	Arbuste	4		Ortho.		??		
Mimosaceae	*Acacia tortilis*	Arbuste	4		Ortho.	26.44	100%	scarifiées	26 °C, 12/12
Mimosaceae	*Albizia chevalieri*	Arbre	6	2					
Mimosaceae	*Albizia lebbeck*	Arbre	6	3					
Mimosaceae	*Albizia zygia*	Arbre	6	2	Ortho.				
Mimosaceae	*Amblygonocarpus andongensis*					500	90%	scarifiées	26 °C, 12/12
Mimosaceae	*Dichrostachys cinerea subsp. africana*	Arbuste	2	1	Ortho.	23.4	100%	scarifiées	21 ºC, 12/12
Mimosaceae	*Entada abyssinica*	Arbuste	3	3	Ortho.	205.47	100%	scarifiées	21 °C, 12/12
Mimosaceae	*Entada africana*	Arbuste	3.5	1					
Mimosaceae	*Faidherbia albida*	Arbre	15	3	Ortho.	51.6	100%	scarifiées	21 °C, 12/12
Mimosaceae	*Leucaena leucocephala*	Arbre	4.5	10					
Mimosaceae	*Mimosa camporum*	Herbe érigée	0.4	10					
Mimosaceae	*Mimosa pigra*	Arbuste	2	3					
Mimosaceae	*Neptunia oleracea*	Grimpante	20	11					
Mimosaceae	*Parkia biglobosa*	Arbre	8	4	Ortho.	1000	100%	scarifiées	21 °C, 12/12
Mimosaceae	*Pithecellobium dulce*					123.5	100%	scarifiées	25°, 8/16
Mimosaceae	*Prosopis africana*	Arbre	12	12	Ortho.	106.22	100%	scarifiées	21 °C, 12/12
Molluginaceae	*Glinus dahomensis*	Grimpante	0.1	5					
Molluginaceae	*Glinus lotoides*	Grimpante	0.5	4					
Molluginaceae	*Mollugo nudicaulis*	Herbe érigée	0.5	10					
Moraceae	*Antiaris toxicaria var. Africana*	Arbre	15	2		667			
Moraceae	*Ficus abutilifolia*	Arbre	10	5					

Famille	Taxon	Forme	Hauteur (m)	Récolte (mois)	Conser-vation	Poids 1000 (gr)	Germi-nation (%)	Pre-traitement	Temp. Germ. (°C), Lumiere (hrs)
Moraceae	*Ficus asperifolia*	Arbuste	2	6					
Moraceae	*Ficus asperifolia*	Arbuste	2	6					
Moraceae	*Ficus dicranostyla*	Arbuste	4	2		0.45	100%		25 °C, 8/16
Moraceae	*Ficus exasperata*		3			0.6			
Moraceae	*Ficus glumosa*	Arbre	6	11		1.04			
Moraceae	*Ficus ingens*		6			0.63	89%		25 °C, 8/16
Moraceae	*Ficus mucuso*	Arbre	10	9					
Moraceae	*Ficus natalensis subsp. leprieurii*	Arbre	6	5	Ortho.	0.57	100%		30 °C, 8/16
Moraceae	*Ficus ottoniifolia*	Arbre	6	5					
Moraceae	*Ficus sur*	Arbre	4	10		0.32	88%		20ºC, 12/12
Moraceae	*Ficus sycomorus subsp. gnaphalocarpa*	Arbre	8	10		0.41	100%		20 °C, 12/12
Moraceae	*Ficus thonningii*	Arbre	12	7		0.35	100%		20 °C, 8/16
Moraceae	*Ficus trichopoda*		6			0.14			
Moraceae	*Ficus verruculosa*		4			0.43	55%		20 °C, 8/16
Moraceae	*Ficus vogeliana*	Arbre	15	5					
Moringaceae	*Moringa oleifera*	Arbre	5	3	Ortho. p	250	70%	scarifiées	35/20 °C, 8/16
Myrtaceae	*Psidium guajava*	Arbuste	4		Ortho.	12.62	100%		21ºC, 12/12
Myrtaceae	*Syzygium guineense*	Arbre	9	4	Recal.	2222			
Myrtaceae	*Syzygium guineense var. guineense*	Arbre	9	4					
Nyctaginaceae	*Boerhavia diffusa*		0.4	9					
Nyctaginaceae	*Boerhavia erecta*	Grimpante	0.5	1					
Nyctaginaceae	*Boerhavia repens*	Grimpante	0.7	9					
Nymphaeaceae	*Nymphaea lotus*			10					
Ochnaceae	*Campylospermum glaber-rimum*	Arbuste	2	8					
Ochnaceae	*Lophira lanceolata*	Arbre	8	2		1068.3			
Ochnaceae	*Ochna rhizomatosa*	Arbuste	0.5	5					
Ochnaceae	*Ochna schweinfurthiana*	Arbuste	1			152.71			
Olacaceae	*Olax subscorpioidea*	Arbuste	3	5					
Olacaceae	*Ximenia americana*	Arbuste	3	7	Ortho.	800	88%	sterilisées	26ºC, 12/12
Oleaceae	*Chionanthus niloticus*	Arbuste	2.5	9					
Oleaceae	*Jasminum dichotomum*	Liane	3	5					
Oleaceae	*Jasminum pauciflorum*	Liane	2	6					
Onagraceae	*Ludwigia adscendens subsp. diffusa*	Grimpante	1	4					
Onagraceae	*Ludwigia erecta*	Herbe érigée	1	5					
Onagraceae	*Ludwigia hyssopifolia*	Herbe érigée	0.70	12					
Onagraceae	*Ludwigia leptocarpa*	Herbe érigée	2.2	10					
Onagraceae	*Ludwigia octovalvis subsp. brevisepala*	Herbe érigée	2	1					
Onagraceae	*Ludwigia perennis*	Herbe érigée	0.25	10					
Onagraceae	*Ludwigia stenorraphe subsp. stenorraphe*	Arbuste	3	11					
Ophioglossaceae	*Ophioglossum costatum*	Herb	0.1	8					
Ophioglossaceae	*Ophioglossum costatum*	Herb	0.1	8					
Opiliaceae	*Opilia amentacea*	Liane	5	3	Recal.				
Orchidaceae	*Eulophia angolensis*	Herbe érigée	1.00	9					
Orchidaceae	*Eulophia juncifolia*	Herbe érigée	0.40	9					
Oxalidaceae	*Biophytum umbraculum*	Herbe érigée	0.1	11					
Palmae	*Borassus akeassii*	Palmier	8	1					
Palmae	*Borassus flabellifer*	Palmier	8	1					
Palmae	*Calamus deerratus*	Liane	8	5					
Palmae	*Hyphaene thebaica*	Palmier	12			24000	100%	sans téguments	30 °C, 8/16
Palmae	*Phoenix dactylifera*	Arbre	10		Ortho.	1333	95%		30 °C, 8/16
Palmae	*Phoenix reclinata*	Arbuste	3.5	3					
Palmae	*Raphia sudanica*	Palmier	8	3					
Pandanaceae	*Pandanus brevifrugalis*	Arbuste	2.5	9					
Pandanaceae	*Pandanus candelabrum*	Arbre	4	5		289.2			
Papaveraceae	*Argemone mexicana*	Herbe érigée	0.5	1					
Papilionaceae	*Aeschynomene indica*	Arbuste	2.5	9					
Papilionaceae	*Aeschynomene spp.*	Herbe érigée	2.00	9					

Famille	Taxon	Forme	Hauteur (m)	Récolte (mois)	Conser-vation	Poids 1000 (gr)	Germi-nation (%)	Pre-traitement	Temp. Germ. (°C), Lumiere (hrs)
Papilionaceae	*Aeschynomene tambacoundensis*	Herbe érigée	1.5	10					
Papilionaceae	*Alysicarpus glumaceus*	Grimpante	0.2	11					
Papilionaceae	*Alysicarpus ovalifolius*	Herbe érigée	0.5	10					
Papilionaceae	*Alysicarpus rugosus*	Herbe érigée	1	2					
Papilionaceae	*Alysicarpus vaginalis var. vaginalis*	Grimpante		10					
Papilionaceae	*Andira inermis*	Arbre	8	5	Recal.	792			
Papilionaceae	*Andira inermis subsp. rooseveltii*	Arbre	8	5					
Papilionaceae	*Andira inermis subsp. rooseveltii*	Arbre	8	5					
Papilionaceae	*Bobgunnia madagascariensis*			1					
Papilionaceae	*Cajanus kerstingii*	Arbuste	1.5	10					
Papilionaceae	*Canavalia rosea*	Liane	5	1					
Papilionaceae	*Centrosema pubescens*			12					
Papilionaceae	*Cordyla pinnata*	Arbre	10	5	Recal.	10380			
Papilionaceae	*Crotalaria bongensis*	Herbe érigée	1	11					
Papilionaceae	*Crotalaria comosa*	Herbe érigée	1	11					
Papilionaceae	*Crotalaria confusa*			1					
Papilionaceae	*Crotalaria deightonii*	Herbe érigée	1	11					
Papilionaceae	*Crotalaria goreensis*	Arbuste	1.00	11					
Papilionaceae	*Crotalaria lachnophora*	Herbe érigée	1	2					
Papilionaceae	*Crotalaria microcarpa*	Grimpante		10					
Papilionaceae	*Crotalaria naragutensis*	Herbe érigée	1	2					
Papilionaceae	*Crotalaria ochroleuca*	Herbe érigée	2.5	12					
Papilionaceae	*Crotalaria pallida*	Herbe érigée	1	2					
Papilionaceae	*Crotalaria pallida var. pallida*	Herbe érigée	1	2					
Papilionaceae	*Crotalaria podocarpa*	Herbe érigée	0.8	11					
Papilionaceae	*Crotalaria pseudotenuirama*	Herbe érigée	0.5	11					
Papilionaceae	*Crotalaria retusa*			1					
Papilionaceae	*Cyclocarpa stellaris*	Herbe érigée	0.3	10					
Papilionaceae	*Dalbergia hostilis*	Arbuste	3	2					
Papilionaceae	*Dalbergia melanoxylon*	Arbre	6	3	Ortho. p	105.45	100%	Sans téguments	25 °C, 8/16
Papilionaceae	*Desmodium barbatum*	Herbe érigée	0.8	1					
Papilionaceae	*Desmodium gangeticum*	Herbe érigée	1.5	3					
Papilionaceae	*Desmodium hirtum var. delicatulum*	Grimpante		9					
Papilionaceae	*Desmodium laxiflorum*	Herbe érigée	1.25	1					
Papilionaceae	*Desmodium salicifolium*	Herbe érigée	1.25	1					
Papilionaceae	*Desmodium scorpiurus*	Grimpante	1.5	11					
Papilionaceae	*Desmodium tortuosum*	Herbe érigée	1.02	10					
Papilionaceae	*Desmodium velutinum*			1					
Papilionaceae	*Eriosema griseum*	Herbe érigée	0.2	9					
Papilionaceae	*Eriosema psoraleoides*	Arbuste	1.5	1					
Papilionaceae	*Eriosema pulcherrimum*	Herbe érigée	0.15	8					
Papilionaceae	*Erythrina senegalensis*	Arbuste	3	3	Ortho.	144.34	85%	scarifiées	21ºC, 12/12
Papilionaceae	*Indigofera arrecta*	Arbuste	2	10					
Papilionaceae	*Indigofera astragalina*	Herbe érigée	0.6	5					
Papilionaceae	*Indigofera bracteolata*	Herbe érigée	0.3	10					
Papilionaceae	*Indigofera capitata*	Arbuste	0.75	2					
Papilionaceae	*Indigofera congesta*			12					
Papilionaceae	*Indigofera deightonii subsp. deightonii*	Grimpante	0.8	11					
Papilionaceae	*Indigofera dendroides*	Herbe érigée	0.3	11					
Papilionaceae	*Indigofera geminata*	Herbe érigée	0.3	11					
Papilionaceae	*Indigofera kerstingii*	Grimpante	0.3	11					
Papilionaceae	*Indigofera leprieurii*	Herbe érigée	0.9	10					
Papilionaceae	*Indigofera macrocalyx*	Arbuste	1	2					
Papilionaceae	*Indigofera microcarpa*	Herbe érigée	0.8	12					
Papilionaceae	*Indigofera nummulariifolia*	Grimpante		10					
Papilionaceae	*Indigofera omissa*	Herbe érigée	1	11					
Papilionaceae	*Indigofera paniculata*	Herbe érigée	1.02	10					
Papilionaceae	*Indigofera prieureana*	Herbe érigée	0.5	10					

Famille	Taxon	Forme	Hauteur (m)	Récolte (mois)	Conser-vation	Poids 1000 (gr)	Germi-nation (%)	Pre-traitement	Temp. Germ. (°C), Lumiere (hrs)
Papilionaceae	*Indigofera pulchra*	Arbre	1	1					
Papilionaceae	*Indigofera secundiflora*	Grimpante	1	3					
Papilionaceae	*Indigofera secundiflora var. rubripilosa*	Herbe érigée	0.5	11					
Papilionaceae	*Indigofera secundiflora var. secundiflora*	Herbe érigée	0.8	12					
Papilionaceae	*Indigofera simplicifolia*	Herbe érigée	0.65	11					
Papilionaceae	*Indigofera terminalis*	Herbe érigée	0.4	3					
Papilionaceae	*Indigofera tinctoria*	Herbe érigée		10					
Papilionaceae	*Leptoderris brachyptera*	Liane	8.5	3					
Papilionaceae	*Lonchocarpus cyanescens*	Arbre	6		Ortho.				
Papilionaceae	*Lonchocarpus laxiflorus*	Arbre	7		Ortho.		90%	entaillées	25 °C, 8/16
Papilionaceae	*Mucuna poggei var. occidentalis*	Liane		2					
Papilionaceae	*Mucuna poggei var. occidentalis*	Liane	4	2					
Papilionaceae	*Mucuna pruriens var. pruriens*	Liane	3	2					
Papilionaceae	*Mucuna pruriens var. utilis*	Liane	3	2					
Papilionaceae	*Mundulea sericea*					35.77	100%	scarifiées	21 °C, 12/12
Papilionaceae	*Pericopsis (Afrormosia) laxiflora*	Arbre	5	1	Ortho.	92.2	85%	entaillées	25 °C, 8/16
Papilionaceae	*Pericopsis laxiflora*	Arbre	5	1					
Papilionaceae	*Phaseolus lunatus*	Grimpante		11					
Papilionaceae	*Philenoptera cyanescens*	Arbuste	2	2					
Papilionaceae	*Philenoptera laxiflorus*	Arbuste	2	4					
Papilionaceae	*Pseudarthria hookeri*	Herbe érigée	2.00	12					
Papilionaceae	*Psophocarpus palustris*	Liane	3	3					
Papilionaceae	*Pterocarpus erinaceus*	Arbre	12	3					
Papilionaceae	*Pterocarpus lucens*	Arbre	12	1		163.58	90%	scarifiées	21 °C, 12/12
Papilionaceae	*Pterocarpus santalinoides*	Arbre	6	6					
Papilionaceae	*Rhynchosia hirta*	Grimpante		11					
Papilionaceae	*Rhynchosia minima*	Grimpante	2	10					
Papilionaceae	*Rhynchosia minima var. minima*	Grimpante		10					
Papilionaceae	*Rhynchosia pycnostachya*	Grimpante		11					
Papilionaceae	*Rhynchosia sublobata*	Liane	1	3					
Papilionaceae	*Rhynchosia viscosa subsp. violacea*	Grimpante	1	2					
Papilionaceae	*Sesbania pachycarpa*		3.50	9					
Papilionaceae	*Sesbania sesban*	Arbuste	3	3					
Papilionaceae	*Sesbania sesban*	Arbuste	3	3	Ortho.	9.5	100%	scarifiées	20 °C, 8/16
Papilionaceae	*Sesbania sesban subsp. punctata*	Herbe érigée	2.5	11					
Papilionaceae	*Sesbania sesban subsp. sesban*	Arbuste	2	3					
Papilionaceae	*Sphenostylis schweinfurthii*	Arbuste	1.2	6					
Papilionaceae	*Tephrosia bracteolata*	Herbe érigée	2	10					
Papilionaceae	*Tephrosia elegans*	Herbe érigée	0.4	10					
Papilionaceae	*Tephrosia linearis*	Herbe érigée	0.6	10					
Papilionaceae	*Tephrosia pedicellata*	Grimpante		10					
Papilionaceae	*Tephrosia platycarpa*	Grimpante	0.3	10					
Papilionaceae	*Tephrosia purpurea*	Herbe érigée	0.6	8					
Papilionaceae	*Tephrosia purpurea subsp. apollinea*	Herbe érigée		9					
Papilionaceae	*Tephrosia uniflora*	Herbe érigée		9					
Papilionaceae	*Teramnus labialis*	Grimpante		2					
Papilionaceae	*Uraria picta*		1.5	10					
Papilionaceae	*Vigna adenantha*	Liane		3					
Papilionaceae	*Vigna racemosa*	Grimpante	1.5	11					
Papilionaceae	*Vigna radiata var. sublobata*	Grimpante		10					
Papilionaceae	*Vigna reticulata*			11					
Papilionaceae	*Xeroderris (Ostryoderris) stuhlmannii*	Arbuste	4	1		435	80%	scarifiées	26 °C, 12/12
Passifloraceae	*Passiflora foetida*	Grimpante		11					
Passifloraceae	*Smeathmannia pubescens*	Arbuste	3	4					
Pedaliaceae	*Martynia annua*			3					

Famille	Taxon	Forme	Hauteur (m)	Récolte (mois)	Conser-vation	Poids 1000 (gr)	Germi-nation (%)	Pre-traitement	Temp. Germ. (°C), Lumiere (hrs)
Pedaliaceae	*Rogeria adenophylla*	Herbe érigée	2	3					
Piperaceae	*Peperomia pellucida*	Herbe érigée	0.15	9					
Poaceae	*Acroceras zizanioides*	Herbe érigée	1	10					
Poaceae	*Alloteropsis semialata*	Érigée	0.6	7					
Poaceae	*Andropogon fastigiatus*	Érigée	1.6	10					
Poaceae	*Andropogon gayanus*	Érigée	2.5	11					
Poaceae	*Andropogon perligulatus*	Érigée	1.5	11					
Poaceae	*Andropogon pseudapricus*	Érigée	2	10					
Poaceae	*Andropogon tectorum*	Érigée	2.8	11					
Poaceae	*Aristida adscensionis*	Érigée	0.3	7					
Poaceae	*Aristida funiculata*	Herbe	0.2	10					
Poaceae	*Aristida hordeacea*	Érigée	0.3	11					
Poaceae	*Brachiaria dischotiplulis*	Érigée	0.35	9					
Poaceae	*Brachiaria jubata*	Érigée	0.6	7					
Poaceae	*Brachiaria lata*	Érigée	0.5	9					
Poaceae	*Brachiaria spp.*	Érigée	2	12					
Poaceae	*Cenchrus biflorus*	Érigée	0.6	9					
Poaceae	*Cenchrus prieurii*			9					
Poaceae	*Chasmopodium caudatum*	Érigée	2	10					
Poaceae	*Chloris lamproparia*	Érigée	0.3	8					
Poaceae	*Chloris pilosa*	Érigée	0.8	10					
Poaceae	*Chloris robusta*	Érigée	3	12					
Poaceae	*Chloris virgata*	Érigée		9					
Poaceae	*Chrysopogon nigritanus*	Herbe	2.50	9					
Poaceae	*Ctenium elegans*	Érigée	1	10					
Poaceae	*Ctenium newtonii*	Érigée	1.20	9					
Poaceae	*Ctenium villosum*	Érigée	0.8	10					
Poaceae	*Cymbopogon giganteus*	Érigée	2.8	10					
Poaceae	*Cymbopogon schoenanthus subsp. proximus*	Érigée	1.5	8					
Poaceae	*Dactyloctenium aegyptium*	Érigée	0.2	10					
Poaceae	*Digitaria argillacea*	Érigée	0.5	8					
Poaceae	*Digitaria gayana*	Érigée	0.4	7					
Poaceae	*Digitaria horizontalis*	Érigée	0.6	9					
Poaceae	*Digitaria leptorachis*	Érigée	0.4	9					
Poaceae	*Diheteropogon amplectens var. catangensis*	Érigée	2.3	10					
Poaceae	*Diheteropogon hagerupii*	Érigée	2	11					
Poaceae	*Dilophotriche tristachyoides*	Érigée	0.9	10					
Poaceae	*Echinochloa colona*	Érigée	1	10					
Poaceae	*Echinochloa pyramidalis*	Érigée	2.00	9					
Poaceae	*Echinochloa stagnina*	Érigée		9					
Poaceae	*Eleusine indica*	Érigée	0.5	10					
Poaceae	*Elionurus ciliaris*	Érigée	2.3	10					
Poaceae	*Elionurus elegans*	Érigée	0.8	10					
Poaceae	*Elionurus euchaetus*	Érigée	2.5	11					
Poaceae	*Elytrophorus spicatus*	Érigée	0.2	1					
Poaceae	*Enteropogon prieurii*	Grimpante		9					
Poaceae	*Eragrostis aspera*	Érigée	0.70	12					
Poaceae	*Eragrostis ciLianensis*	Érigée	1.5	11					
Poaceae	*Eragrostis ciliaris*	Érigée	0.3	10					
Poaceae	*Eragrostis domingensis*	Érigée	0.8	10					
Poaceae	*Eragrostis egregia*	Herbe		12					
Poaceae	*Eragrostis gangetica*	Herbe		10					
Poaceae	*Eragrostis japonica*	Érigée	1	10					
Poaceae	*Eragrostis pilosa*	Herbe		9					
Poaceae	*Eragrostis tremula*	Érigée	0.8	12					
Poaceae	*Eriochrysis brachypogon*	Herbe	1.8	2					
Poaceae	*Hackelochloa granularis*	Érigée	0.8	10					
Poaceae	*Heteropogon contortus*		1.75	9					
Poaceae	*Hyparrhenia glabriuscula*		2.15	11					
Poaceae	*Hyparrhenia newtonii*	Érigée	1	10					
Poaceae	*Hyparrhenia smithiana var. smithiana*	Érigée	2.15	10					

Famille	Taxon	Forme	Hauteur (m)	Récolte (mois)	Conser-vation	Poids 1000 (gr)	Germi-nation (%)	Pre-traitement	Temp. Germ. (°C), Lumiere (hrs)
Poaceae	*Hyparrhenia subplumosa*	Érigée	2.4	10					
Poaceae	*Hyperthelia dissoluta*	Érigée	2.5	10					
Poaceae	*Ischaemum rugosum*	Érigée	2	12					
Poaceae	*Leersia hexandra*	Herbe	0.5	3					
Poaceae	*Loudetia hordeiformis*	Herbe	1	2					
Poaceae	*Loudetia hordeiformis*	Herbe	1	2					
Poaceae	*Loudetia phragmitoides*	Érigée	2	11					
Poaceae	*Loudetia simplex*	Érigée	1.5	10					
Poaceae	*Loudetia togoensis*	Érigée	0.50	9					
Poaceae	*Loudetiopsis kerstingii*	Érigée	1.75	12					
Poaceae	*Loudetiopsis scaettae*	Érigée	0.8	10					
Poaceae	*Melinis repens subsp. repens*	Érigée	0.5	4					
Poaceae	*Olyra latifolia*	Érigée	2	2					
Poaceae	*Oplismenus hirtellus*	Herbe	0.8	2					
Poaceae	*Oryza barthii*	Érigée	0.75	9					
Poaceae	*Oryza longistaminata*	Érigée	1.8	11					
Poaceae	*Oxytenanthera abyssinica*	Érigée	3.5	3					
Poaceae	*Panicum spp.*	Érigée	2.00	9					
Poaceae	*Panicum laetum*	Érigée	0.2	9					
Poaceae	*Panicum laxum*	Érigée	1	4					
Poaceae	*Panicum maximum*	Érigée	1	12					
Poaceae	*Panicum pansum*	Érigée	0.4	11					
Poaceae	*Panicum phragmitoides*	Érigée	1.50	11					
Poaceae	*Panicum praealtum*	Érigée	1.00	9					
Poaceae	*Panicum tenellum*	Érigée	0.45	11					
Poaceae	*Parahyparrhenia annua*	Érigée	1.5	10					
Poaceae	*Paspalum scrobiculatum*	Érigée	0.5	10					
Poaceae	*Pennisetum pedicellatum*	Érigée	1.5	10					
Poaceae	*Pennisetum polystachion*	Érigée	0.1	10					
Poaceae	*Pennisetum polystachion subsp. atrichum*	Érigée	1	10					
Poaceae	*Pennisetum sieberianum*	Érigée		9					
Poaceae	*Pennisetum unisetum*	Érigée	2.8	11					
Poaceae	*Pennisetum violaceum*	Érigée		11					
Poaceae	*Perotis patens*	Érigée	0.6	7					
Poaceae	*Phragmites karka*	Érigée	2.15	10					
Poaceae	*Rhytachne triaristata*	Érigée	0.5	10					
Poaceae	*Rottboellia cochinchinensis*	Érigée	1.5	10					
Poaceae	*Sacciolepis chevalieri*	Herbe	1	2					
Poaceae	*Sacciolepis cymbiandra*	Érigée	0.5	11					
Poaceae	*Schizachyrium brevifolium*	Grimpante		10					
Poaceae	*Schizachyrium exile*	Érigée	0.5	10					
Poaceae	*Schizachyrium platyphyllum*	Grimpante	0.3	11					
Poaceae	*Schizachyrium sanguineum*	Herbe like	2	11					
Poaceae	*Schizachyrium urceolatum*	Érigée	0.3	10					
Poaceae	*Schoenefeldia gracilis*	Érigée	0.8	9					
Poaceae	*Setaria pumila*			9					
Poaceae	*Setaria sphacelata var. sphacelata*	Érigée	0.8	9					
Poaceae	*Setaria spp.*		2.00	9					
Poaceae	*Setaria verticillata*	Érigée	0.8	10					
Poaceae	*Sorghastrum incompletum*	Érigée	1	10					
Poaceae	*Sorghum arundinaceum*	Érigée	3	10					
Poaceae	*Sporobolus festivus*	Érigée	0.2	10					
Poaceae	*Sporobolus paniculatus*	Érigée	0.80	11					
Poaceae	*Trachypogon spicatus*	Érigée	2.5	11					
Poaceae	*Tragus berteronianus*			9					
Poaceae	*Tripogon minimis*	Érigée	0.10	9					
Poaceae	*Tristachya superba*	Érigée	3.00	9					
Poaceae	*Urelytrum muricatum*	Érigée	2.1	10					
Poaceae	*Urochloa trichopus*	Érigée	0.8	9					
Polygalaceae	*Polygala arenaria*	Grimpante		10					
Polygalaceae	*Polygala multiflora*	Herbe érigée		9					
Polygalaceae	*Securidaca longipedunculata*	Arbuste	4	1		431.55			

Famille	Taxon	Forme	Hauteur (m)	Récolte (mois)	Conser-vation	Poids 1000 (gr)	Germi-nation (%)	Pre-traitement	Temp. Germ. (°C), Lumiere (hrs)
Polygonaceae	*Persicaria senegalensis*	Herbe érigée	0.8	3					
Polygonaceae	*Persicaria senegalensis f. albotomentosa*	Herbe érigée	0.5	11					
Polygonaceae	*Polygonum plebeium*	Grimpante	0.15	5					
Pontederiaceae	*Heteranthera callifolia*	Herbe érigée		9					
Pontederiaceae	*Monochoria africana*	Herbe érigée	0.5	10					
Primulaceae	*Anagallis pumila*			12					
Proteaceae	*Protea madiensis*	Arbuste	2	6					
Ranunculaceae	*Clematis hirsuta*	Liane	3	2					
Rhamnaceae	*Ziziphus abyssinica*	Arbuste	2.5	1					
Rhamnaceae	*Ziziphus mauritiana*	Arbuste	3	3	Ortho.	365.86	87%		25 °C, 12/12
Rhamnaceae	*Ziziphus mucronata*	Arbuste	3	1	Ortho.	466.88	100%	scarifiées	26 °C, 12/12
Rhamnaceae	*Ziziphus spina-christi*	Arbuste	3	3	Ortho.	362.56	90%	sans tégument	20 °C, 8/16
Rubiaceae	*Batopedina tenuis*	Grimpante	0.5	2					
Rubiaceae	*Breonadia salicina*	Arbre	6	8					
Rubiaceae	*Chassalia kolly*	Arbuste	2	8					
Rubiaceae	*Chassalia kolly*	Arbuste	2	8					
Rubiaceae	*Crossopteryx febrifuga*	Arbuste	3	3	Ortho. p	11.94	100%		25°C, 8/16
Rubiaceae	*Diodella sarmentosa*	Grimpante		1					
Rubiaceae	*Duranta spp.*	Arbuste	1.5	9					
Rubiaceae	*Fadogia andersonii*	Herbe	0.6	5					
Rubiaceae	*Fadogia cienkowskii*			8					
Rubiaceae	*Fadogia cienkowskii*	Herbe érigée	0.50	9					
Rubiaceae	*Fadogia erythrophloea*	Arbuste	2	9					
Rubiaceae	*Feretia apodanthera*	Arbuste	3	10					
Rubiaceae	*Gardenia aqualla*	Arbuste	1.5	1					
Rubiaceae	*Gardenia erubescens*	Arbuste	2	1		5.63			
Rubiaceae	*Gardenia imperialis*	Arbre	10	5		4.32			
Rubiaceae	*Gardenia nitida*	Arbuste	3	3					
Rubiaceae	*Gardenia sokotensis*		6			2.7			
Rubiaceae	*Gardenia ternifolia*	Arbuste	3	3					
Rubiaceae	*Gardenia ternifolia*	Arbuste	3	3					
Rubiaceae	*Gardenia ternifolia subsp. Jovis tonantis*	Arbuste	2.5	2					
Rubiaceae	*Ixora brachypoda*	Arbuste	3	5					
Rubiaceae	*Keetia cornelia*	Liane	2.5	9					
Rubiaceae	*Keetia mannii*	Liane	3	9					
Rubiaceae	*Keetia mannii*	Liane	3.00	9					
Rubiaceae	*Keetia multiflora*	liane	7	5					
Rubiaceae	*Keetia venosa*	liane	3	2					
Rubiaceae	*Kohautia grandiflora*	Herbe érigée	0.85	11					
Rubiaceae	*Kohautia tenuis*	Herbe érigée	0.2	2					
Rubiaceae	*Macrosphyra longistyla*	Arbuste	2.5	2					
Rubiaceae	*Mitracarpus hirtus*	Herbe érigée	0.2	1					
Rubiaceae	*Mussaenda arcuata*	Liane	3	4					
Rubiaceae	*Mussaenda elegans*	Liane	3	8					
Rubiaceae	*Nauclea latifolia*	Arbuste	4		Ortho.	0.22	80%		25°C, 8/16
Rubiaceae	*Oldenlandia corymbosa*	Grimpante	0.4	5					
Rubiaceae	*Oldenlandia goreensis*	Grimpante	0.5	3					
Rubiaceae	*Oldenlandia herbacea*	Herbe érigée	0.35	11					
Rubiaceae	*Oldenlandia lancifolia*	Herbe érigée	0.40	9					
Rubiaceae	*Pauridiantha afzelii*	Arbuste	1	8					
Rubiaceae	*Pavetta corymbosa*	Arbuste	1.5	8					
Rubiaceae	*Pavetta crassipes*	Arbuste	2	9					
Rubiaceae	*Pouchetia africana*	Liane	3	3					
Rubiaceae	*Psychotria psychotrioides*	Arbuste	3	2		57.27	60%		30°, 8/16
Rubiaceae	*Psydrax horizontalis*	Liane	2	3					
Rubiaceae	*Psydrax schimperiana subsp. occidentalis*	Arbuste	2	8					
Rubiaceae	*Psydrax splendens*	Arbuste	2	8					
Rubiaceae	*Psydrax subcordata*	Arbre	15	3					
Rubiaceae	*Rothmannia longiflora*	Arbuste	2.5	5					
Rubiaceae	*Rutidea parviflora*	Grimpante	3	2					

Famille	Taxon	Forme	Hauteur (m)	Récolte (mois)	Conser-vation	Poids 1000 (gr)	Germi-nation (%)	Pre-traitement	Temp. Germ. (°C), Lumiere (hrs)
Rubiaceae	*Rytigynia senegalensis*	Arbuste	3	8					
Rubiaceae	*Sarcocephalus latifolius*	Arbuste	4	10					
Rubiaceae	*Sarcocephalus pobeguinii*	Arbre	15	7					
Rubiaceae	*Sericanthe chevalieri var. velutina*	Arbuste	2	10					
Rubiaceae	*Spermacoce filifolia*	Herbe érigée	0.3	2					
Rubiaceae	*Spermacoce hepperiana*	Herbe érigée	1.5	11					
Rubiaceae	*Spermacoce octodon*	Herbe érigée	0.4	11					
Rubiaceae	*Spermacoce radiata*	Herbe érigée	0.2	1					
Rubiaceae	*Spermacoce stachydea*			3					
Rubiaceae	*Spermacoce verticillata*	Herbe érigée	0.25	11					
Rubiaceae	*Tricalysia okelensis var. okelensis*	Arbuste	2	5					
Rubiaceae	*Uncaria africana*	Liane	6	5					
Rubiaceae	*Vangueria agrestis*	Herbe érigée		7					
Rubiaceae	*Vangueria madagascariensis (venosa)*	Arbuste	4			1309.83	60%	scarifiées	25°, 8/16
Rubiaceae	*Virectaria multiflora*	Herbe érigée	0.6	5					
Rutaceae	*Afraegle paniculata*	Arbre	8	5		240.44			
Rutaceae	*Clausena anisata*	Arbre	6			102.13			
Rutaceae	*Zanthoxylum leprieurii*	Arbre	4	11		28.38			
Rutaceae	*Zanthoxylum zanthoxyloides*	Arbre	3	11					
Salvadoraceae	*Salvadora persica*	Arbre	6		Ortho.?	95.59			
Sapindaceae	*Allophylus africanus (?spicatus)*	Arbuste	2	2		56.13			
Sapindaceae	*Allophylus spicatus*	Arbuste	2	8					
Sapindaceae	*Allophylus spicatus*	Arbuste	1.2	8					
Sapindaceae	*Blighia sapida*	arbre	12	6	Incertain	2940	70%		
Sapindaceae	*Cardiospermum halicacabum*	Grimpante		3					
Sapindaceae	*Eriocoelum kerstingii*	Arbre	6	2					
Sapindaceae	*Lecaniodiscus cupanioides*	Arbuste	4	6					
Sapindaceae	*Lecaniodiscus cupanioides*	Arbre	6	6					
Sapindaceae	*Sapindus saponaria (int)*				Incertain	369.28	85%	scarifiées	26 °C, 12/12
Sapotaceae	*Malacantha alnifolia*					349.66			
Sapotaceae	*Manilkara multinervis*	Arbre	10			300.68			
Sapotaceae	*Mimusops kummel*	Arbuste	3	9					
Sapotaceae	*Pouteria alnifolia*	Arbre	8	6					
Sapotaceae	*Synsepalum pobeguinianum*	Arbuste	4	5					
Sapotaceae	*Vitellaria paradoxa*	Arbre	12	7	Recal.	4700			
Scrophulariaceae	*Alectra rigida subsp. paludosa*	Herbe érigée	0.5	11					
Scrophulariaceae	*Bacopa crenata*	Herbe érigée	0.35	12					
Scrophulariaceae	*Bacopa floribunda*	Herbe érigée	0.2	11					
Scrophulariaceae	*Buchnera hispida*	Herbe érigée	0.4	11					
Scrophulariaceae	*Dopatrium longidens*	Herbe	0.3	8					
Scrophulariaceae	*Dopatrium stachytarphe-tioides*	Herbe érigée	0.4	9					
Scrophulariaceae	*Micrargeria filiformis*	Herbe érigée	0.9	11					
Scrophulariaceae	*Rhamphicarpa fistulosa*	Herbe érigée	0.25	9					
Scrophulariaceae	*Stemodia serrata*	Herbe érigée	0.3	1					
Scrophulariaceae	*Striga brachycalyx*	Herbe érigée	0.4	11					
Scrophulariaceae	*Striga gesnerioides*	Herbe érigée	0.2	10					
Scrophulariaceae	*Striga macrantha*	Herbe érigée	1	11					
Simaroubaceae	*Quassia undulata*	Arbuste	4	1					
Smilacaceae	*Smilax anceps*			1					
Solanaceae	*Datura inoxia*	Herbe érigée	2.3	10					
Solanaceae	*Physalis angulata*	Grimpante	0.6	12					
Solanaceae	*Physalis lagascae*		0.2	10					
Solanaceae	*Schwenckia americana*	Herbe érigée	0.35	11					
Solanaceae	*Solanum americanum*	Herbe érigée	0.4	10					
Solanaceae	*Solanum incanum*	Herbe érigée	0.4	2					
Sterculiaceae	*Cola cordifolia*	Arbre	8	5					
Sterculiaceae	*Cola cordifolia*	Arbre	8	5					
Sterculiaceae	*Melochia bracteosa*	Herbe érigée	1	10					
Sterculiaceae	*Melochia corchorifolia*		1.50	9					

Famille	Taxon	Forme	Hauteur (m)	Récolte (mois)	Conser-vation	Poids 1000 (gr)	Germi-nation (%)	Pre-traitement	Temp. Germ. (°C), Lumiere (hrs)
Sterculiaceae	*Sterculia setigera*	Arbre	8	1		395.6	80%	scarifiées	26 °C, 12/12
Sterculiaceae	*Sterculia tragacantha*	Arbuste	4	2	Ortho.				
Sterculiaceae	*Waltheria indica*			3					
Sterculiaceae	*Waltheria lanceolata*	Arbuste	1.5	1					
Taccaceae	*Tacca leontopetaloides*		0.75	9					
Tamaricaceae	*Tamarix aphylla*	Arbre	6		Recal.?	1.59			
Tiliaceae	*Christiana africana*	Arbuste	3	2					
Tiliaceae	*Clappertonia ficifolia*	Arbuste	2.5	2					
Tiliaceae	*Corchorus fascicularis*	Herbe érigée	0.75	11					
Tiliaceae	*Corchorus olitorius*	Herbe		11					
Tiliaceae	*Corchorus tridens*	Herbe érigée	0.2	1					
Tiliaceae	*Corchorus trilocularis*	Herbe érigée	0.8	10					
Tiliaceae	*Grewia bicolor*	Arbuste	3	5		48.51	3%	scarifiées	31 °C, 12/12
Tiliaceae	*Grewia carpinifolia*	Arbuste	2.50	11					
Tiliaceae	*Grewia cissoides*	Arbuste	0.9	1					
Tiliaceae	*Grewia flavescens*	Arbuste	2	5					
Tiliaceae	*Grewia lasiodiscus*		3			116.19			
Tiliaceae	*Grewia mollis*	Arbuste	2.5	9					
Tiliaceae	*Grewia villosa*	Arbuste	2.5	2					
Tiliaceae	*Triumfetta lepidota*	Herbe érigée	1	1					
Tiliaceae	*Triumfetta pentandra*	Herbe érigée	0.5	10					
Typhaceae	*Typha domingensis*	Herbe érigée	2.5	4					
Ulmaceae	*Trema orientalis*	Arbuste	2	10	Incertain	2.7			
Umbelliferae	*Steganotaenia araliacea*					5.67	84%		20 °C, 8/16
Vahliaceae	*Vahlia digyna*	Herbe érigée	0.2	1					
Verbenaceae	*Lantana camara*	Arbuste	1.8	3					
Verbenaceae	*Lantana ukambensis*	Herbe érigée	0.5	10					
Verbenaceae	*Lippia chevalieri*	Herbe érigée	2.5	2					
Verbenaceae	*Phyla nodiflora*	Grimpante	0.05	12					
Violaceae	*Rinorea spp.*	Herbe érigée	0.4	2					
Vitaceae	*Ampelocissus africana*	Liane	3	9					
Vitaceae	*Ampelocissus leonensis*	Liane	3	9					
Vitaceae	*Ampelocissus multistriata*	Liane	3	7					
Vitaceae	*Ampelocissus spp.*	Liane	4	6					
Vitaceae	*Cayratia gracilis*	Liane	3	10					
Vitaceae	*Cissus corylifolia*	Arbuste	1	7					
Vitaceae	*Cissus doeringii*	Grimpante	2	8					
Vitaceae	*Cissus palmatifida*	Arbuste	0.8	6					
Vitaceae	*Cissus polyantha*	Liane	3	1					
Vitaceae	*Cissus populnea*	Liane	3	10					
Vitaceae	*Cissus quadrangularis*	Liane	5	1					
Vitaceae	*Cyphostemma adenocaule*	Liane	3.5	10					
Vitaceae	*Cyphostemma crotalarioides*	Succulent	0.4	7					
Vitaceae	*Cyphostemma cymosum*	Grimpante		10					
Vitaceae	*Cyphostemma flavicans*	Herbe érigée	0.4	5					
Vitaceae	*Cyphostemma waterlotii*	Herbe érigée	0.40	9					
Vitaceae	*Cyphostemma zechiana*	Herbe érigée	0.6	8					
Zingiberaceae	*Aframomum elliotii*	Herbe érigée	2	5					
Zingiberaceae	*Aframomum spp.*	Herbe	1	11					
Zygophyllaceae	*Tribulus terrestris*	Grimpante		9					

Glossaire illustré

♀ – femelle
♂ – male

acuminé – se rétrécissant en pointe étroite

ailé – avec une lame aplatie sur le coté

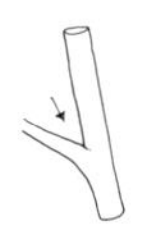

aisselle – intérieur de l'angle du rameau et de la feuille

alternes – des feuilles placées alternativement aux niveaux différents de l'axe; non opposées

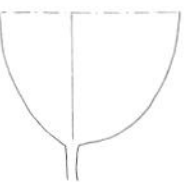

asymétrique – non symétrique, avec les moitiés inégales

axillaire – à l'aisselle du rameau et de la feuille

bipennées – des feuilles composées, dont le division principale est à son tour divisée

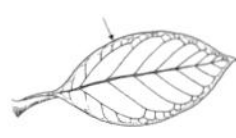

bord (d'une feuille) – (voir image)

composées – des feuilles, divisée en plusieurs parts

composées digitées – des feuilles, divisées en plusieurs parts avec les parts rayonnant du sommet du pétiole

composées pennées – des feuilles, divisées en plusieurs parts avec les parts disposées en deux rangées

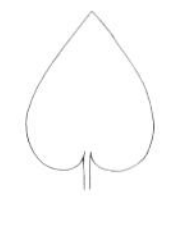

cordée – la base de la feuille échancrée en forme de cœur

crénelé – aux bords avec des dents arrondies

crochet – courbé vers l'intérieur à l'extrémité

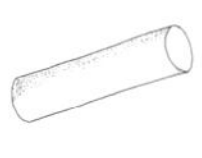

cylindrique – en forme de tube et avec une section circulaire

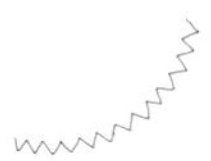

denté – aux bords avec des dents (pointues)

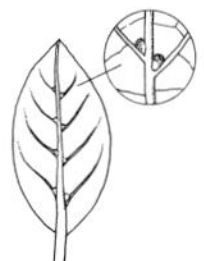

domatie – petites poches, habituellement sur la face inférieure et à l'aisselle des nervures d'une feuille

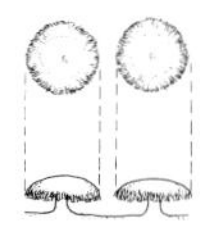

écailles, écailleux – (sur feuilles) (avec) petit disques membraneux

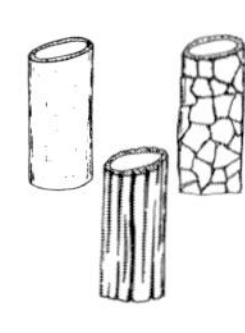

écorce (images de lisse, écailleuse, fissurée, rugueuse, crévassée) – l'extérieur du tronc d'un arbre, couche externe de la tige

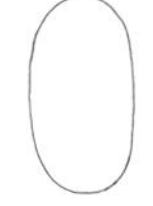

ellipsoide – (voir image) forme 3-dimensionnelle, elliptique en plan vertical

épine – organe dur et pointu

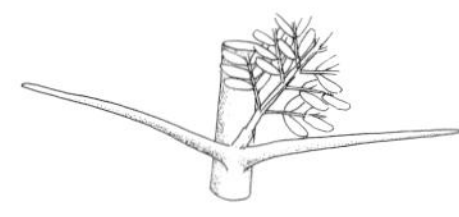

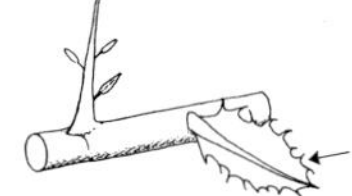

épis – avec fleurs sessiles le long d'un axe (tige) non ramifié

exfoliant – écorce avec des pièces se détachant en plaques

floraison – la période ou les fleurs sont ouvertes

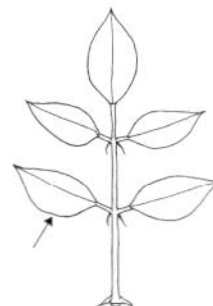

foliole – dans une feuille composée, les divisions (ressemblant aux petites feuilles) de base

galerie forestière – une zone de forêt linéaire le long des cours d'eau

glabre – sans poils

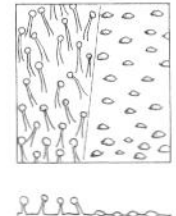

glandes – petit organe sécréteur contenant un liquide ou huile, en surface, enfoncé ou à l'extrémité d'un poil

globuleux – en forme de globe, sphérique

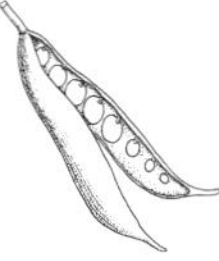

gousse – fruit sec linéaire, contenant des graines et s'ouvrant par fente longitudinale

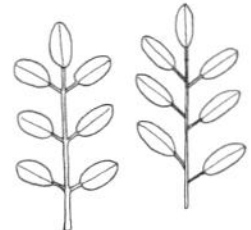

imparipennée – une feuille composée-pennée avec une foliole terminale

latex – sécrétion liquide collante

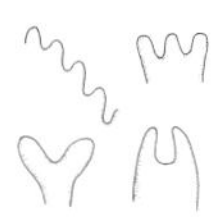

lobé – avec une division partielle (pas jusqu'à la base)

naturalisé – dit d'une plante introduite qui est échappé et produit des fleurs et fruits

nervation, nervures – lignes sur les feuilles, correspondant aux vaisseaux conducteurs

nervures basales – nervures émanant du base de feuille

nervure principale – (voir image) aussi nervure médiane

nervures secondaires – lignes émanant des nervures principales

obovoide – de forme d'un œuf, avec la partie la plus large en haut

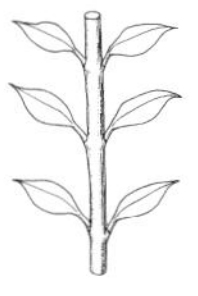

opposé (sub-opposé) – insérée sur un même nœud en se faisant face

ovoide – de forme d'un œuf, avec la partie la plus large en bas

palmée – divergent d'un seul point, avec les lobes ou divisions rayonnant a partir du sommet du pétiole

papyracées – mince comme du papier, pas épais

Glossaire illustré

♀ – femelle
♂ – male

paripennée – une feuille composée-pennée terminée par une paire de folioles

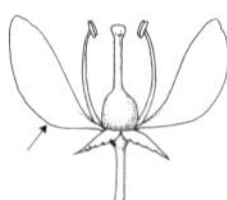
pétale – unité libre et souvent colorée d'une fleur

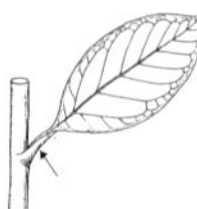
pétiole – partie basale et étroite de la feuille, souvent cylindrique

pétiolule – support basale et étroite d'une foliole

pinnule – l'axe portant les folioles dans une feuille bipennée

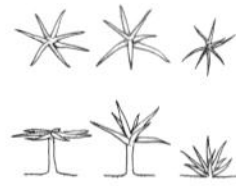
poils stéllés – (voir image) poils en forme d'étoiles, avec branches radieuses

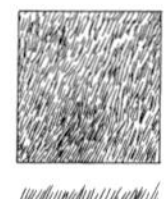
pubescente – avec des poils petits ± denses et formant une couverture ± continue

quadrangulaire – ayant 4 angles

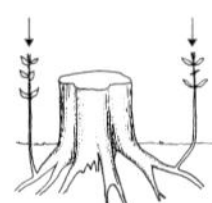
rejets – rameaux émanant des troncs coupés

rugueux, rugueuse – non lisse

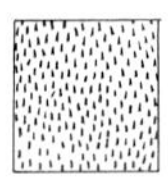
scabres – rugueux au toucher à cause des petits poils pointus (comme papier de verre)

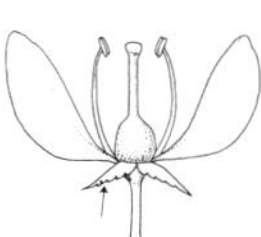
sépale – pièce constituant du calice, généralement verte et protège la fleur dans le bouton

simples (feuilles) – pas divisées

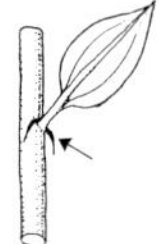
stipules –structures au niveau de l'insertion d'une feuille dans le rameau, en forme de petite feuille ou d'épine

stipelles –structures au niveau de l'insertion d'une foliole, en forme de petite feuille ou glande

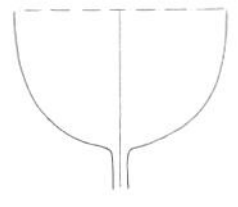
symétrique – un concept simple, mais difficile à définir! Avec les mêmes moitiés; voir image

synonyme – un autre nom scientifique pas correcte, mais utilisé dans une publication quelconque

translucide – presque transparent, avec lumière visible par dessus

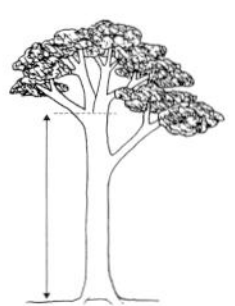
tronc – l'axe principal d'un arbre, partie entre la racine et la première ramification.

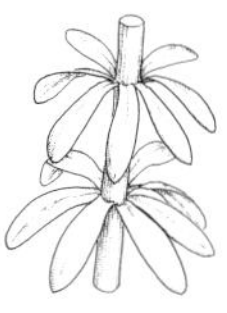
verticillé – disposées en cercle au même niveau autour de la tige, apparaissant au niveau d'un même nœud

Index des noms scientifiques

Les noms acceptés sont en italique, les synonymes sont en texte brut.